中国科学院科学出版基金资助出版

U0337003

现代数学基础丛书·典藏版　70

# 强偏差定理与分析方法

刘　文　著

科学出版社

北　京

## 内 容 简 介

本书论述了强偏差定理与分析方法,内容包括:强极限定理分析方法的基本思想,非齐次马尔可夫链的强极限定理,关于乘积分布的强偏差定理,关于马尔可夫型分布的强偏差定理,强偏差定理中的母函数方法,关于赌博系统的若干强极限定理,连续型及任意随机变量序列的强极限定理,树上马尔可夫链场的若干极限性质.

本书适合于高等学校概率论专业、数学专业和应用数学专业的大学生、研究生及数学研究工作者阅读和参考.

### 图书在版编目(CIP)数据

强偏差定理与分析方法/刘文著.—北京:科学出版社,2003
(现代数学基础丛书·典藏版;70)
ISBN 978-7-03-011562-1

Ⅰ.强… Ⅱ.刘… Ⅲ.①偏差(数学)-定理 ②偏差(数学)-分析方法 Ⅳ.O211 1

中国版本图书馆 CIP 数据核字(2003 第 048676 号)

责任编辑:毕 颖 刘嘉善/责任校对:包志虹
责任印制:徐晓晨/封面设计:陈 敬

科 学 出 版 社 出版
北京东黄城根北街 16 号
邮政编码:100717
http://www.sciencep.com

北京厚诚则铭印刷科技有限公司 印刷
科学出版社发行 各地新华书店经销
*
2003 年 9 月第 一 版 开本:B5(720×1000)
2015 年 7 月 印 刷 印张:21 1/4
字数:403 000
定价:128.00 元
(如有印装质量问题, 我社负责调换)

# 序　言

20 世纪 70 年代末，作者在研究实数展式的概率性质和马尔可夫链的强大数定律时，提出了一种研究强极限定理的分析方法. 这个方法的要点是用区间剖分法在概率空间 $([0,1), \mathcal{F}, P)$（其中 $\mathcal{F}$ 为 $[0,1)$ 中的 Lebesgue 可测集的全体，$P$ 为 Lebesgue 测度）中给出随机变量序列的一种实现，再构造依赖于一个参数的单调函数，并应用 Lebesgue 关于单调函数可微性的定理证明某些极限 a.s. 存在，然后通过纯分析运算来证明所需的结论. 在其后的研究中，作者又将这种方法和母函数、矩母函数、条件矩母函数、Laplace 变换等工具以及测度的网微分法和鞅方法结合起来，扩大了方法的应用范围. 在此基础上，通过引进似然比作为随机变量序列相对于不同测度的差异的一种度量，作者建立了一类新型定理 —— 强偏差定理（也称为小偏差定理)，将概率论中的强极限定理推广到用不等式表示的情形.

近 10 年来，作者和杨卫国、刘国欣、陈爽、刘自宽、汪忠志、张丽娜、陈志刚、刘玉灿、王金亭、王玉津、王丽英诸同志利用这种方法在强偏差定理、Shannon-McMillan 定理、赌博系统、任意相依随机变量序列的强极限定理、马尔可夫链及树上马尔可夫链场的强极限定理等领域做了不少工作. 本书的目的就是要对这方面的研究作一总结，使之系统化，并结合作者的最新研究，对过去的某些结果作出改进.

本书共分八章. 第一章通过给出几个强极限定理的新证明来阐述分析方法的基本思想. 第二章给出非齐次马尔可夫链在区间 $[0,1)$ 上的实现，并在此基础上用分析方法研究其极限性质. 第三章和第四章分别研究关于乘积分布和马尔可夫型分布的强偏差定理. 第五章利用矩母函数和条件矩母函数的工具，研究强偏差定理和随机偏差定理. 第六章阐述赌博系统强极限定理的分析方法，并讨论了具有变化赌注的公平赌博问题. 第七章介绍连续型随机变量和任意随机变量序列的强偏差定理的概念和基本思想，证明了几个相对于某些特殊型连续分布的强偏差定理，并给出在这类定理中应用 Laplace 变换的一种途径. 第八章讨论树上马尔可夫链场的若干极限性质，并将强偏差定理的概念推广到 Cayley 树上马尔可夫链场的情况.

作者衷心感谢导师王梓坤院士数十年来对作者的帮助和鼓励. 王老师对作者的研究工作和学术生涯，给予深刻的启迪和影响，本书就是在他的关心下完成的. 学友杨向群、沈世镒、吴荣、李志阐、戴永隆、侯振廷、韦博成、吴让泉、林春土、孟庆生、张文修、马逢时、叶中行、史道济诸位教授对作者的工作一向给予支持和鼓励，作者在此谨致谢意. 作者十分感谢杨卫国教授，本书所总结的研究成果有很多是作者和他合作得到的. 作者感谢中国科学院科学出版基金委员会对本书出版的大力支持.

　　本书是作者主持的国家自然科学基金课题"相依变量的极限理论"的研究及其前期工作的一个总结, 希望它的出版能起到抛砖引玉的作用. 诚恳欢迎读者对本书的缺点、错误提出批评建议.

刘　文

2002 年 11 月于天津

# 目 录

# 第一章 强极限定理分析方法的基本思想

作者在研究实数展式的概率性质和马尔可夫链的强大数定律时,提出了一种研究强极限定理的分析方法.这个方法的要点是用区间剖分法在概率空间 $([0,1),\mathcal{F},P)$ (其中 $\mathcal{F}$ 为 $[0,1)$ 中 Lebesgue 可测集的全体, $P$ 为 Lebesgue 测度) 中给出随机变量序列的一种实现,再构造依赖于一个参数的单调函数,并应用 Lebesgue 关于单调函数可微性的定理来证明某些极限 a.s. 存在,然后通过纯分析运算来证明所需的结论. 本章中我们通过几个具体问题来说明这一方法.

## §1.1  Borel 强大数定律的分析证明

设 $S_n(n \geq 1)$ 是成功概率为 $p(0 < p < 1)$ 的 $n$ 次 Bernouli 试验中出现成功的次数, 则 Borel 强大数定律断言

$$P\left(\lim_{n \to \infty} \frac{S_n}{n} = p\right) = 1.$$

这一结果通常是应用强有力的概率工具或组合分析的方法来证明的 (参见 Chow 与 Teicher1988, p.42, Chung1974, p.97 及 Rohatgi1976, p.273). Tomkins(1984) 及 Teylor 与 Hu(1987) 给出的证明虽比通常证明要简单, 但他们仍用到基本的概率结果. 本节中, 我们将给出 Borel 强大数定律一种新的分析证明 (见刘文 1991b), 其要点是将关于单调函数几乎处处可微的 Lebesgue 定理 (参见 Hildebrandt1963, p.358) 应用于 a.s. 收敛的研究.

**引理 1.1.1**  设 $f$ 是 $[a,b]$ 上的实值函数,  $\{a_n\},\{b_n\}$ 是任意两个数列, 满足条件:

$$a \leq a_n \leq x \leq b_n \leq b,\ a_n \neq b_n,\ \text{当} n \to \infty \text{时},\ a_n \to x,\ b_n \to x.$$

如果 $f$ 在 $x \in [a,b]$ 处可微, 则

$$\lim_{n \to \infty} \frac{f(b_n) - f(a_n)}{b_n - a_n} = f'(x).$$

**证**  不妨设 $a_n < x < b_n$, 令 $\lambda_n = (b_n - x)/(b_n - a_n)$, 则 $0 < \lambda_n < 1$ 且

$$\frac{f(b_n) - f(a_n)}{b_n - a_n} - f'(x) = \lambda_n \left[\frac{f(b_n) - f(x)}{b_n - x} - f'(x)\right]$$

$$+(1-\lambda_n)\left[\frac{f(b_n)-f(x)}{a_n-x}-f'(x)\right].$$

由此即得引理得结论.

首先我们来构造 Bernouli 序列的一个分析模型.

设 $0 < p < 1$. 按比例 $(1-p):p$ 将区间 $[0,1]$ 分成两个闭区间 $D_0 = [0,1-p], D_1 = [1-p,1]$. 这两个区间都称为一阶 $D$ 区间. 一般地, 将每个 $n$ 阶 $D$ 区间 $D_{x_1\cdots x_n}(x_i = 0,1; i = 1,2,\cdots,n)$ 都按比例 $(1-p):p$ 分成两个闭区间 $D_{x_1\cdots x_n 0}$ 与 $D_{x_1\cdots x_n 1}$ 就得到 $n+1$ 阶 $D$ 区间. 依此类推. 上述程序称为按比例 $(1-p):p$ 逐次分割区间 $[0,1]$.

易知, 对于由 0 与 1 组成的任一无穷序列 $\{x_n\}$, 区间套 $D_{x_1} \subset D_{x_1 x_2} \subset D_{x_1 x_2 x_3} \subset \cdots$ 有惟一的公共点 $\omega \in [0,1]$, 即 $\bigcap_{n=1}^{\infty} D_{x_1\cdots x_n} = \{\omega\}$, 我们用 $0.x_1 x_2 \cdots x_n \cdots (D)$ 来表示这个点. 反之, 对于 $[0,1]$ 中的任一点, 都存在相应的由 0 与 1 组成的序列 $\{x_n\}$, 使得

$$\omega = 0.x_1 x_2 \cdots x_n \cdots (D). \tag{1.1.1}$$

如果 $\omega$ 是 $D$ 区间的端点且 $\omega \neq 0$ 与 1, 则相应于 $\omega$ 的序列有两个, 这时我们约定 (1.1.1) 取末尾各数字恒为 0 的形式.

(1.1.1) 称为 $\omega$ 的广义二进展式. 取 $([0,1),\mathcal{F},P)$ 为所考虑的概率空间, 其中 $\mathcal{F}$ 为 $[0,1]$ 中 Lebesgue 可测集的全体, $P$ 为 Lebesgue 测度, 则 (1.1.1) 的位标序列 $\{x_n\}$ 就是服从成功概率为 $p$(即参数为 $p$) 的 Bernouli 分布的独立随机变量序列.

设 $S_n(\omega)$ 是 (1.1.1) 的前 $n$ 个位标中数字 1 的个数, $D_{x_1\cdots x_n}$ 是包含 $\omega$ 的 $n$ 阶 $D$ 区间, 则

$$S_n(\omega) = x_1 + \cdots + x_n,$$
$$P(D_{x_1\cdots x_n}) = p^{S_n(\omega)}(1-p)^{n-S_n(\omega)}. \tag{1.1.2}$$

Borel 强大数定律可表示为

$$P(\lim_{n\to\infty} \frac{S_n(\omega)}{n} = p) = 1. \tag{1.1.3}$$

下面我们来证明这个定律. 为此先引进辅助函数. 设 $0 < r < 1$, 按比例 $(1-r):r$ 逐次分割区间 $[0,1]$, 得到另一种 $n$ 阶区间 $\Delta_{y_1 y_2 \cdots y_n}(y_i = 0,1; i = 1,2,\cdots,n)$, 我们称它们为 $n$ 阶 $\Delta$ 区间. 与 (1.1.2) 类似, 每个 $y \in [0,1]$ 可表示为

$$y = 0.y_1 y_2 \cdots y_n \cdots (\Delta), \tag{1.1.4}$$

其中 $\{y\} = \bigcap_{n=1}^{\infty} \Delta_{y_1\cdots y_n}$. 设 $\sigma_n(y)$ 是 (1.1.4) 的前 $n$ 个位标中数字 1 的个数, $\Delta_{y_1\cdots y_n}$ 是包含 $y$ 的 $n$ 阶 $\Delta$ 区间, 则

$$\sigma_n(y) = y_1 + \cdots + y_n,$$

$$P(\Delta_{y_1 \cdots y_n}) = r^{\sigma_n(y)}(1-r)^{n-\sigma_n(y)}. \tag{1.1.5}$$

设 $\omega \in [0,1]$, 且由 (1.1.1) 表示. 令

$$f_r(\omega) = 0.x_1 x_2 \cdots x_n \cdots (\Delta). \tag{1.1.6}$$

易知 $f_r$ 是值域为 $[0,1]$ 的严格增函数, 因而它也是连续的. 设 $D_{x_1 \cdots x_n}$ 是包含 $\omega$ 的 $n$ 阶 $D$ 区间, $D_{x_1 \cdots x_n}^-$ 与 $D_{x_1 \cdots x_n}^+$ 分别为 $D_{x_1 \cdots x_n}$ 的左右端点. 令

$$t_n(r,x) = \frac{f_r(D_{x_1 \cdots x_n}^+) - f_r(D_{x_1 \cdots x_n}^-)}{D_{x_1 \cdots x_n}^+ - D_{x_1 \cdots x_n}^-} = \frac{P(\Delta_{x_1 \cdots x_n})}{P(D_{x_1 \cdots x_n})}. \tag{1.1.7}$$

由于当 $y = f_r(\omega)$ 时, $\sigma_n(y) = S_n(\omega)$. 故由 (1.1.2) 及 (1.1.5), 有

$$t_n(r,\omega) = \frac{r^{S_n(\omega)}(1-r)^{n-S_n(\omega)}}{p^{S_n(\omega)}(1-p)^{n-S_n(\omega)}} = \left(\frac{r}{p}\right)^{S_n(\omega)} \left(\frac{1-r}{1-p}\right)^{n-S_n(\omega)}.$$

设 $f_r$ 的可微点的全体为 $A(r)$, 则由 Lebesgue 定理有 $P(A(r)) = 1$. 根据引理 1.1.1, 有

$$\lim_{n \to \infty} t_n(r,\omega) = f_r'(\omega) < \infty, \ \omega \in A(r).$$

由此有

$$\limsup_{n \to \infty} \frac{1}{n} \ln t_n(r,\omega) \leq 0, \ \omega \in A(r). \tag{1.1.8}$$

由 (1.1.7) 与 (1.1.8), 有

$$\limsup_{n \to \infty} \frac{S_n(\omega)}{n} \ln \frac{r(1-p)}{p(1-r)} \leq \ln \frac{1-p}{1-r}, \quad \omega \in A(r). \tag{1.1.9}$$

取 $p < r < 1$, 则

$$\frac{r(1-p)}{p(1-r)} > 1, \ \frac{1-p}{1-r} > 1.$$

于是由 (1.1.9), 有

$$\limsup_{n \to \infty} \frac{S_n(\omega)}{n} \leq \ln \frac{1-p}{1-r} \bigg/ \ln \frac{r(1-p)}{p(1-r)}, \quad \omega \in A(r). \tag{1.1.10}$$

设 $r_k \in (p,1)$, $r_k \to p(k \to \infty)$. 令 $A = \bigcap_{k=1}^{\infty} A(r_k)$, 则当 $\omega \in A$ 时对一切 $k$ 由 (1.1.10), 有

$$\limsup_{n \to \infty} \frac{S_n(\omega)}{n} \leq \ln \frac{1-p}{1-r_k} \bigg/ \ln \frac{r_k(1-p)}{p(1-r_k)}. \tag{1.1.11}$$

又

$$\lim_{k \to \infty} \left[ \ln \frac{1-p}{1-r_k} \bigg/ \ln \frac{r_k(1-p)}{p(1-r_k)} \right] = \lim_{x \to p} \left[ \ln \frac{1-p}{1-x} \bigg/ \ln \frac{x(1-p)}{p(1-x)} \right] = p, \tag{1.1.12}$$

由 (1.1.10) 与 (1.1.12), 得

$$\limsup_{n\to\infty} \frac{S_n(\omega)}{n} \le p, \quad \omega \in A. \tag{1.1.13}$$

设 $\lambda_k \in (0, p)$, $\lambda_k \to p$, 令 $B = \bigcap_{k=1}^{\infty} A(\lambda_k)$. 同理可证,

$$\liminf_{n\to\infty} \frac{S_n(\omega)}{n} \ge p, \quad \omega \in B. \tag{1.1.14}$$

令 $C = A \bigcap B$. 由 (1.1.13) 与 (1.1.14), 有

$$\lim_{n\to\infty} \frac{S_n(\omega)}{n} = p, \quad \omega \in C. \tag{1.1.15}$$

由于 $P(C) = 1$, 故由 (1.1.15) 知 (1.1.3) 成立. 证毕.

**注 1.1.1**　虽然本文的讨论是在特殊的概率空间中进行的, 但这并不影响结果的一般性. 这是因为随机变量序列的任何概率性质都可以通过其有限维联合分布族来表达 (参见 Loéve 1965, 中译本 p.185).

## §1.2　广义 Cantor 展式及其概率性质

本节引进了广义 Cantor 展式的概念, 并讨论其概率性质, 所得结果是 Renyi 结果的推广.

设

$$q_1, q_2, \cdots, q_n, \cdots, (q_n \ge 2) \tag{1.2.1}$$

是一正整数列,

$$p_{nj}, \quad n \ge 1, \quad 0 \le j \le q_n - 1 \tag{1.2.2}$$

是一二重数列, 且满足条件:

$$p_{nj} > 0, \quad \sum_{j=0}^{q_n-1} p_{nj} = 1. \tag{1.2.3}$$

将区间 $[0, 1]$ 按诸 $p_{1j}(j = 0, 1, \cdots, q_1 - 1)$ 的比例分成 $q_1$ 个闭区间:

$$D_0 = [0, \ p_{10}], D_1 = [p_{10}, \ p_{10} + p_{11}], \cdots, D_{q_1-1} = [1 - p_{1,q_1-1}, \ 1],$$

这些区间都称为 1 阶 D 区间. 一般地设 $q_1 q_2 \cdots q_n$ 个 $n$ 阶 D 区间 $\{D_{x_1\cdots x_n}, 0 \le x_i \le q_i - 1, 1 \le i \le n\}$ 已经定义, 将 $D_{x_1\cdots x_n}$ 按诸 $p_{n+1,j}(j = 0, 1, \cdots, q_{n+1} - 1)$ 的

比例分成 $q_{n+1}$ 个闭区间 $D_{x_1 \cdots x_n x_{n+1}}(x_{n+1} = 0, 1, \cdots, q_{n+1} - 1)$，就得到 $n+1$ 阶 $D$ 区间. 设 $P$ 表示 Lebesgue 测度，由归纳法易知

$$P(D_{x_1 \cdots x_n}) = \prod_{i=1}^{n} p_{i x_i}. \tag{1.2.4}$$

令 $d_n$ 表示 $n$ 阶 $D$ 区间的最大长度，即

$$d_n = \max\{P(D_{x_1 \cdots x_n}), 0 \le x_i \le q_i - 1, 1 \le i \le n\}.$$

设 $d_n \to 0 \ (n \to \infty)$. 易知对于满足条件

$$0 \le x_n \le q_n - 1, \ n = 1, 2, \cdots \tag{1.2.5}$$

的任意正整数列 $\{x_n\}(n \ge 1)$，区间套 $D_{x_1} \supset D_{x_1 x_2} \supset D_{x_1 x_2 x_3} \supset \cdots$ 有惟一的公共点 $\omega \in [0, 1]$，即 $\{\omega\} = \bigcap_{n=1}^{\infty} D_{x_1 \cdots x_n}$. 用 $0.x_1 x_2 \cdots x_n \cdots (D)$ 来表示这个点. 反之，对于 $[0, 1]$ 中的任一点 $\omega$，都存在满足条件 (1.2.5) 的相应的正整数列 $\{x_n\}$，使得

$$\omega = 0.x_1 x_2 \ldots x_n \cdots (D). \tag{1.2.6}$$

如果 $\omega$ 是某个 $D$ 区间的端点且 $\omega \ne 0$ 与 1，则相应于 $\omega$ 的序列有两个. 为确定起见，我们约定 (1.2.6) 取末尾各数字恒为 0 的形式.

(1.2.6) 称为 $\omega$ 的由二重数列 (1.2.2) 产生的广义 Cantor 展式，$x_n$ 称为其第 $n$ 个位标. 若

$$p_{nj} = \frac{1}{q_n}, \ n \ge 1, \ 0 \le j \le q_n - 1,$$

则 (1.2.6) 就是通常的 Cantor 展式.

为以下证明的需要，先构造一个辅助函数. 设

$$r_{nj}, \ n \ge 1, \ 0 \le j \le q_n - 1 \tag{1.2.7}$$

是满足条件

$$r_{nj} > 0, \ \sum_{j=0}^{q_n - 1} r_{nj} = 1 \tag{1.2.8}$$

的另一二重数列，类似地按 (1.2.7) 中各元素的比例分割区间 $[0, 1]$ 可得各阶 $\Delta$ 区间:

$$\Delta_{x_1 \cdots x_n}(0 \le x_i \le q_i - 1, 1 \le i \le n, n \ge 1),$$

且有

$$P(\Delta_{x_1 \cdots x_n}) = \prod_{i=1}^{n} r_{i x_i}. \tag{1.2.9}$$

分别记 $D_{x_1 \cdots x_n}$ 与 $\Delta_{x_1 \cdots x_n}$ 的左右端点为 $D_{x_1 \cdots x_n}^-, D_{x_1 \cdots x_n}^+, \Delta_{x_1 \cdots x_n}^-, \Delta_{x_1 \cdots x_n}^+$，并记各阶 $D$ 区间的端点的集合为 $Q$，在 $Q$ 上定义函数如下:

$$f(D_{x_1 \cdots x_n}^-) = \Delta_{x_1 \cdots x_n}^-, f(D_{x_1 \cdots x_n}^+) = \Delta_{x_1 \cdots x_n}^+. \tag{1.2.10}$$

当 $\omega \in [0,1] - Q$ 时，令

$$f(\omega) = \sup\{f(t), t \in Q \cap [0, \omega]\}. \tag{1.2.11}$$

这样就将 $f$ 开拓到 $[0,1]$ 上. 显然 $f$ 是 $[0,1]$ 上的增函数. 令

$$t_n(\omega) = \frac{P(\Delta_{x_1 \cdots x_n})}{P(D_{x_1 \cdots x_n})}, \quad \omega \in D_{x_1 \cdots x_n}. \tag{1.2.12}$$

由 (1.2.4) 及 (1.2.9)—(1.2.12)，有

$$t_n(\omega) = \frac{f(D_{x_1 \cdots x_n}^+) - f(D_{x_1 \cdots x_n}^-)}{D_{x_1 \cdots x_n}^+ - D_{x_1 \cdots x_n}^-}$$

$$= \prod_{i=1}^{n} \frac{r_{ix_i}}{p_{ix_i}}, \quad \omega \in D_{x_1 \cdots x_n}. \tag{1.2.13}$$

设 $\lambda > 0$ 为常数，$k$ 为非负整数. 选取 (1.2.7) 中的 $r_{ij}(i \geq 1, 0 \leq j \leq q_i - 1)$ 如下: 当 $q_i > k$ 时，令

$$r_{ik} = \frac{\lambda p_{ik}}{1 + (\lambda - 1)p_{ik}} \tag{1.2.14}$$

(易见 $0 < r_{ik} < 1$)，并令

$$r_{ij} = \frac{1 - r_{ik}}{1 - p_{ik}} p_{ij}, \quad 0 \leq j \leq q_i - 1, j \neq k; \tag{1.2.15}$$

当 $q_i \leq k$ 时，令

$$r_{ij} = p_{ij}, \quad 0 \leq j \leq q_i - 1. \tag{1.2.16}$$

当 $r_{ij}$ 由 (1.2.14)—(1.2.16) 定义时，并记由 (1.2.10) 与 (1.2.11) 定义的函数为 $f_\lambda$，改记 (1.2.12) 中的 $t_n(\omega)$ 为 $t_n(\lambda, \omega)$.

**引理 1.2.1** 设 $\omega \in [0,1]$，且由 (1.2.6) 表示，$N_n(k, \omega)$ 是 (1.2.6) 的前 $n$ 个位标 $x_1, x_2, \cdots, x_n$ 中出现 $k$ 的次数，则

$$t_n(\lambda, \omega) = \lambda^{N_n(k,\omega)} \prod_{\substack{i \leq n \\ q_i > k}} \frac{1}{1 + (\lambda - 1)p_{ik}}, \tag{1.2.17}$$

**证** (1.2.13) 中的诸因子有以下几种情况:

1) 当 $q_i > k, x_i = k$ 时, 由 (1.2.14), 有

$$\frac{r_{ix_i}}{p_{ix_i}} = \frac{r_{ik}}{p_{ik}} = \frac{\lambda}{1 + (\lambda - 1)p_{ik}};$$ (1.2.18)

2) 当 $q_i > k, x_i \neq k$ 时, 由 (1.2.15) 及 (1.2.14), 有

$$\frac{r_{ix_i}}{p_{ix_i}} = \frac{1 - r_{ik}}{1 - p_{ik}} = \frac{1}{1 + (\lambda - 1)p_{ik}};$$ (1.2.19)

3) 当 $q_i \leq k$ 时, 由 (1.2.16), 有

$$\frac{r_{ix_i}}{p_{ix_i}} = 1.$$ (1.2.20)

以 (1.2.18)—(1.2.20) 代入 (1.2.13), 即得 (1.2.17).

**定理 1.2.1**(刘文、杨卫国 1991)　设 $\omega \in [0, 1]$ 且由 (1.2.6) 表示, $N_n(k, \omega)$ 如前定义. 若

$$\lim_{n \to \infty} \sum_{\substack{i \leq n \\ q_i > k}} p_{ik} = \infty,$$ (1.2.21)

则

$$\lim_{n \to \infty} \frac{N_n(k, \omega)}{\sum\limits_{\substack{i \leq n \\ q_i > k}} p_{ik}} = 1 \quad \text{a.s.}, \quad \omega \in [0, 1].$$ (1.2.22)

**证**　设 $f_\lambda$ 的可微点的全体为 $A(\lambda, k)$, 则由单调函数导数存在定理知 $P(A(\lambda, k)) = 1$. 根据导数的性质, 有

$$\lim_{n \to \infty} t_n(\lambda, \omega) = f_\lambda'(\omega) < \infty, \quad \omega \in A(\lambda, k).$$ (1.2.23)

令 $\sigma_n(k) = \sum\limits_{\substack{i \leq n \\ q_i > k}} p_{ik}$, 则由 (1.2.21), 有

$$\lim_{n \to \infty} \sigma_n(k) = \infty.$$ (1.2.24)

由 (1.2.17), (1.2.23) 与 (1.2.24), 有

$$\limsup_{n \to \infty} \frac{1}{\sigma_n(k)} \left[ N_n(k, \omega) \ln \lambda - \sum_{\substack{i \leq n \\ q_i > k}} \ln(1 + (\lambda - 1)p_{nk}) \right] \leq 0, \quad \omega \in A(\lambda, k).$$ (1.2.25)

取 $\lambda > 1$. 将 (1.2.25) 两端同除以 $\ln \lambda$, 得

$$\limsup_{n \to \infty} \frac{1}{\sigma_n(k)} \left[ N_n(k, \omega) - \sum_{\substack{i \leq n \\ q_i > k}} \frac{\ln(1 + (\lambda - 1)p_{ik})}{\ln \lambda} \right] \leq 0, \quad \omega \in A(\lambda, k).$$ (1.2.26)

由 (1.2.26) 及不等式 $\ln(1+x) < x \ (x > 0)$, 有

$$\limsup_{n\to\infty} \frac{1}{\sigma_n(k)}\Big[N_n(k,\omega) - \sum_{\substack{i\leq n \\ q_i > k}} \frac{(\lambda-1)p_{ik}}{\ln\lambda}\Big] \leq 0, \quad \omega \in A(\lambda,k),$$

即

$$\limsup_{n\to\infty}\left[\frac{N_n(k,\omega)}{\sigma_n(k)} - \frac{\lambda-1}{\ln\lambda}\right] \leq 0, \quad \omega \in A(\lambda,k). \tag{1.2.27}$$

取 $\lambda_i > 1(i = 1,2,\cdots)$ 使 $\lambda_i \to 1+0(i\to\infty)$. 令 $A^*(k) = \bigcap_{i=1}^{\infty} A(\lambda_i,k)$, 则对一切 $i$ 由 (1.2.27), 有

$$\limsup_{n\to\infty}\left[\frac{N_n(k,\omega)}{\sigma_n(k)} - \frac{\lambda_i-1}{\ln\lambda_i}\right] \leq 0, \quad \omega \in A^*(k). \tag{1.2.28}$$

由于 $\lim\limits_{i\to\infty} \frac{\lambda_i-1}{\ln\lambda_i} = 1$, 故由 (1.2.28), 有

$$\limsup_{n\to\infty}\left[\frac{N_n(k,\omega)}{\sigma_n(k)} - 1\right] \leq 0, \quad \omega \in A^*(k). \tag{1.2.29}$$

当 $0 < \lambda < 1$ 时, 将 (1.2.25) 两端同除以 $\ln\lambda$, 得

$$\liminf_{n\to\infty} \frac{1}{\sigma_n(k)}\Big[N_n(k,\omega) - \sum_{\substack{i\leq n \\ q_i > k}} \frac{\ln(1+(\lambda-1)p_{ik})}{\ln\lambda}\Big] \geq 0, \quad \omega \in A(\lambda,k). \tag{1.2.30}$$

由 (1.2.30) 及不等式 $\ln(1+x) < x(-1 < x < 0)$ 并注意到 $\ln\lambda < 0$, 有

$$\liminf_{n\to\infty} \frac{1}{\sigma_n(k)}\Big[N_n(k,\omega) - \sum_{\substack{i\leq n \\ q_i > k}} \frac{(\lambda-1)p_{ik}}{\ln\lambda}\Big] \geq 0, \quad \omega \in A(\lambda,k),$$

即

$$\liminf_{n\to\infty}\left[\frac{N_n(k,\omega)}{\sigma_n(k)} - \frac{\lambda-1}{\ln\lambda}\right] \geq 0, \quad \omega \in A(\lambda,k). \tag{1.2.31}$$

与 (1.2.29) 类似, 取 $0 < \tau_i < 1(i = 1,2,\cdots)$ 使 $\tau_i \to 1-0(i\to\infty)$, 并令 $A_*(k) = \bigcap_{i=1}^{\infty} A(\tau_i,k)$, 则由 (1.2.31), 有

$$\liminf_{n\to\infty}\left[\frac{N_n(k,\omega)}{\sigma_n(k)} - 1\right] \geq 0, \quad \omega \in A_*(k). \tag{1.2.32}$$

令 $A(k) = A^*(k)\bigcap A_*(k)$, 则由 (1.2.29) 与 (1.2.32), 有

$$\lim_{n\to\infty} \frac{N_n(k,\omega)}{\sigma_n(k)} - 1 = 0, \quad \omega \in A(k). \tag{1.2.33}$$

由于 $P(A(k)) = 1$, 故由 (1.2.33) 知 (1.2.22) 成立. 证毕.

在上述定理中令 $p_{nj} = \frac{1}{q_n}(0 \leq j \leq q_n - 1)$ 即得如下 Renyi(1958) 中的结果:

**推论 1.2.1** 设 $\omega \in [0, 1]$,

$$\omega = \sum_{n=1}^{\infty} \frac{x_n(\omega)}{q_1 q_2 \cdots q_n}, \ \ 0 \leq x_n \leq q_n - 1$$

是其 Cantor 展式, $k$ 为非负整数. 如果 $\lim_{n\to\infty} \sum_{\substack{i \leq n \\ q_i > k}} \frac{1}{q_i} = \infty$, 则

$$\lim_{n\to\infty} \frac{N_n(k, \omega)}{\sum_{\substack{i \leq n \\ q_i > k}} \frac{1}{q_i}} = 1 \ \ \text{a.s.}, \ \omega \in [0, 1].$$

## §1.3 Cantor 型随机变量序列的一个强极限定理的证明

令 $\{q_n, n \geq 0\}$ 是一列正整数, $I_n = \{0, 1, \cdots, q_n\}$, $\{X_n, n \geq 0\}$ 是取值于 $I_n$ 的一列随机变量, 并且对所有的 $x_i \in I_i, 0 \leq i \leq n$, 都有 $P(X_1 = x_1, \cdots, X_n = x_n) > 0$. 本文目的是要用分析方法给出上述 Cantor 型随机变量序列涉及条件期望的一个强极限定理的一种证明 (参见刘文 1994d).

**定理 1.3.1** 令 $\{q_n, n \geq 0\}$ 是一列正整数, $I_n = \{0, 1, \cdots, q_n\}$, $\{X_n, n \geq 0\}$ 是一列随机变量, $X_n$ 在 $I_n$ 中取值, 并且

$$P(X_0 = x_0, \cdots, X_n = x_n) = p(x_0, \cdots, x_n) > 0, \quad x_i \in I_i, \ 0 \leq i \leq n. \quad (1.3.1)$$

如果

$$\sum_{n=1}^{\infty} q_n^2 / n^2 < \infty, \quad (1.3.2)$$

那么

$$\lim_{n\to\infty} (1/n) \sum_{i=1}^{n} [X_i - E(X_i | X_0 \cdots, X_{i-1})] = 0 \ \ \text{a.s.}. \quad (1.3.3)$$

**证** 我们取 $([0, 1), \mathcal{F}, P)$ 为所考虑的概率空间, 其 $\mathcal{F}$ 是 $[0, 1)$ 区间上的 Lebesgue 可测集的全体, $P$ 是 Lebesgue 测度. 在上述概率空间中我们首先给出一列具有分布 (1.3.1) 的随机变量. 把 $[0, 1)$ 分割成 $q_0 + 1$ 个左闭右开区间:

$$D_0 = [0, p(0)), \ D_1 = [p(0), p(0) + p(1)), \cdots.$$

这些区间都叫做 0 阶区间. 如此进行下去, 假设 $(q_0+1)(q_1+1)\cdots(q_n+1)$ 个 $n$ 阶区间 $\{D_{x_0\cdots x_n}, x_i = 0,1,\cdots,q_i,\ 0 \le i \le n\}$ 已经被定义. 把左闭右开区间 $D_{x_0\cdots x_n}$ 按比率

$$p(x_0,\cdots,x_n,0):p(x_0,\cdots,x_n,1):\cdots:p(x_0,\cdots,x_n,q_{n+1})$$

分割成 $q_{n+1}+1$ 个左闭右开区间 $D_{x_0\cdots x_n x_{n+1}}(x_{n+1}=0,1,\cdots,q_{n+1})$, 这样就得到 $n+1$ 阶区间. 对 $n \ge 0$, 定义一个随机变量 $X_n:[0,1) \to S$ 如下:

$$X_n(\omega) = x_n,\quad \omega \in D_{x_0\cdots x_n}. \tag{1.3.4}$$

容易得到

$$P(X_0=x_0,\cdots,X_n=x_n)=P(D_{x_0\cdots x_n})=p(x_0,\cdots,x_n), \tag{1.3.5}$$

故 $\{X_n, n \ge 0\}$ 具有分布 (1.3.1).

令 $\mathcal{A}$ 为所有阶区间以及区间 $[0,1)$ 的类, $g$ 是 Borel 可测函数. 记

$$p(x_n|x_0,x_1,\cdots,x_{n-1})=P(X_n=x_n|X_0=x_0,\cdots,X_{n-1}=x_{n-1}),$$

$$E(g(X_n)|x_0,\cdots,x_{n-1})=E(g(X_n)|X_0=x_0,\cdots,X_{n-1}=x_{n-1}).$$

假设 $\lambda = 1$ 或 $-1$. 令

$$\begin{aligned}
&\sigma_n(x_0,\cdots,x_{n-1})\\
&= E\{\exp[\lambda(X_n-E(X_n|x_0,\cdots,x_{n-1}))/n]|x_0,\cdots,x_{n-1}\}\\
&= \sum_{x_n=0}^{q_n} p(x_n|x_0,x_1,\cdots,x_{n-1})\exp\{\lambda[x_n-E(X_n|x_0,\cdots,x_{n-1})]/n\}.
\end{aligned} \tag{1.3.6}$$

在 $\mathcal{A}$ 上定义一个集合函数 $\mu$: 如果 $n \ge 1$, 令

$$\mu(D_{x_0\cdots x_n}) = \dfrac{P(D_{x_0\cdots x_n})\prod\limits_{i=1}^{n}\exp\{\lambda[x_i-E(X_i|x_0,\cdots,x_{i-1})]/i\}}{\prod\limits_{i=1}^{n}\sigma_i(x_0,\cdots,x_{i-1})}, \tag{1.3.7}$$

并令

$$\mu(D_{x_0}) = \sum_{x_1=0}^{q_1}\mu(D_{x_0 x_1}); \tag{1.3.8}$$

$$\mu([0,1)) = \sum_{x_0=0}^{q_0}\mu(D_{x_0}). \tag{1.3.9}$$

当 $n \geq 1$ 时, 由 (1.3.7), 可得

$$\mu(D_{x_0 \cdots x_n})$$
$$= \frac{\mu(D_{x_0 \cdots x_{n-1}}) p(x_n | x_0, x_1, \cdots, x_{n-1}) \exp\{\lambda[x_n - E(X_n | x_0, \cdots, x_{n-1})]/n\}}{\sigma_n(x_0, \cdots, x_{n-1})}.$$
$$(1.3.10)$$

由 (1.3.6) 和 (1.3.10), 可得

$$\sum_{x_n=0}^{q_n} \mu(D_{x_0 \cdots x_n}) = \mu(D_{x_0 \cdots x_{n-1}}), \quad n \geq 1. \tag{1.3.11}$$

由 (1.3.8), (1.3.9) 和 (1.3.11), 可知 $\mu$ 在 $\mathcal{A}$ 上是一个可加集函数. 因此存在一个定义在 $[0,1)$ 上的递增函数 $f_\lambda$, 使得对于任意的 $D_{x_0 \cdots x_n}$, 有

$$\mu(D_{x_0 \cdots x_n}) = f_\lambda(D_{x_0 \cdots x_n}^+) - f_\lambda(D_{x_0 \cdots x_n}^-) \tag{1.3.12}$$

在这里 $D_{x_0 \cdots x_n}^+$ 和 $D_{x_0 \cdots x_n}^-$ 分别代表 $D_{x_0 \cdots x_n}$ 的右、左端点. 令

$$t_n(\lambda, \omega) = \frac{\mu(D_{x_0 \cdots x_n})}{P(D_{x_0 \cdots x_n})} = \frac{f_\lambda(D_{x_0 \cdots x_n}^+) - f_\lambda(D_{x_0 \cdots x_n}^-)}{D_{x_0 \cdots x_n}^+ - D_{x_0 \cdots x_n}^-}, \quad \omega \in D_{x_0 \cdots x_n}. \tag{1.3.13}$$

令 $A(\lambda)$ 是 $f_\lambda$ 的所有可微点的集合, 那么

$$\lim_{n \to \infty} t_n(\lambda, \omega) = \text{有限数}, \quad \omega \in A(\lambda). \tag{1.3.14}$$

由单调函数导数存在定理可知 $P(A(\lambda)) = 1$. 由 (1.3.13), (1.3.7) 和 (1.3.4), 可得

$$t_n(\lambda, \omega) = \frac{\prod_{i=1}^{n} \exp\{\lambda[X_i - E(X_i | X_0, \cdots, X_{i-1})]/i\}}{\prod_{i=1}^{n} \sigma_i(X_0, \cdots, X_{i-1})}, \quad \omega \in [0,1). \tag{1.3.15}$$

注意到

$$\sum_{x_n=0}^{q_n} [x_n - E(X_n | X_0, \cdots, X_{n-1})] p(x_n | x_0, \cdots, x_{n-1}) = 0,$$

由 (1.3.6) 和不等式 $0 \leq e^x - 1 - x \leq x^2 e^{|x|}$, 有

$$0 \leq \sigma_n(X_0, \cdots, X_{n-1}) - 1$$
$$= \sum_{x_n=0}^{q_n} \{\exp[(\lambda/n)(x_n - E(X_n | X_0, \cdots, X_{n-1}))] - 1 - (\lambda/n)[x_n - E(X_n | X_0, \cdots, X_{n-1})]\}$$

$$\times p(x_n|X_0, \cdots, X_{n-1})$$

$$\leq \sum_{x_n=0}^{q_n} (1/n^2)[x_n - E(X_n|X_0, \cdots, X_{n-1})]^2 \exp[(1/n)|x_n - E(X_n|X_0, \cdots, X_{n-1})|]$$

$$\times p(x_n|X_0, \cdots, X_{n-1})$$

$$\leq (q_n/n)^2 \exp(q_n/n). \tag{1.3.16}$$

由 (1.3.2) 知 $q_n/n \to 0$. 由 (1.3.2) 和 (1.3.16) 可知

$$\prod_{i=1}^{\infty} \sigma_n(X_0, \cdots, X_{n-1}) \text{ 收敛.} \tag{1.3.17}$$

由 (1.3.14),(1.3.15) 和 (1.3.17), 可得

$$\lim_{n\to\infty} \prod_{i=1}^{n} \exp\{\lambda[X_i - E(X_i|X_0, \cdots, X_{i-1})]/i\}$$

$$= \lim_{n\to\infty} \exp\{\prod_{i=1}^{n} (\lambda/i)[X_i - E(X_i|X_0, \cdots, X_{i-1})]\}$$

$$= \text{有限数}, \quad \omega \in A(\lambda). \tag{1.3.18}$$

令 $A = A(1) \cap A(-1)$. 由 (1.3.18), 可得

$$\sum_{i=1}^{n} (i/1)[X_i - E(X_i|X_0, \cdots, X_{i-1})] \quad \text{收敛}, \quad \omega \in A. \tag{1.3.19}$$

由 (1.3.19) 和 Kronecker 引理, 得

$$\lim_{n\to\infty} (1/n) \sum_{i=1}^{n} [X_i - E(X_i|X_0, \cdots, X_{i-1})] = 0, \quad \omega \in A. \tag{1.3.20}$$

由于 $P(A) = 1$, (1.3.3) 可由 (1.3.20) 得到. 定理证毕.

令 $q_n \geq 2(n = 1, 2, \cdots)$. 众所周知每一个实数 $\omega \in (0, 1)$ 可以表示成以下形式:

$$\omega = \sum_{n=1}^{\infty} \frac{X_n(\omega)}{q_1 q_2 \cdots q_n}, \tag{1.3.21}$$

其中第 $n$ 个位标 $X_n(\omega)$ 在 $0,1,2,\cdots,q_n-1$ 中取值. 表达式 (1.3.21) 称为 Cantor 展式. (除了一些有理数之外, 这种分解式是惟一的.)

令 $X_0 \equiv 0$, $\omega \in (0, 1)$. 显然有

$$E(X_n|X_0, \cdots, X_{n-1}) = E(X_n), \quad n = 1, 2, \cdots. \tag{1.3.22}$$

因此可得出下面的推论:

**推论 1.3.1** 令 $q_n \geq 2(n = 1, 2, \cdots)$, $X_n(\omega)$ 是 $\omega \in (0,1)$ 在 Cantor 展式 (1.3.21) 中的第 $n$ 个位标. 如果

$$\sum_{n=1}^{\infty} q_n^2/n^2 < \infty \quad \text{a.s.,} \tag{1.3.23}$$

那么

$$\lim_{n \to \infty} (1/n) \sum_{i=1}^{n} [X_i - E(X_i)] = 0 \quad \text{a.s..} \tag{1.3.24}$$

推论 1.3.1 就是随机变量序列 $\{X_n, n \geq 1\}$ 的强大数定律. 如果 $q_n$ 是常数, 以上推论可由众所周知的关于正规数的结论推得 (参见 Feller 1957, p.195—197). Renyi 研究了对一般的 $q_n$, Cantor 展式 (1.3.21) 中的 $X_1(\omega), X_2(\omega), \cdots$ 的统计性质 (参见 Reverz 1968, p.52).

**注 1.3.1** 在上述推论中 $\{X_n, n \geq 1\}$ 是独立随机变量, 并且有离散一致分布, 其方差 $D(X_n) = (q_n^2 - 1)/12$, 显然条件 (1.3.23) 等同于 Kolmogorov 强大数定律中的条件 (见 Halmos 1974, p.204):

$$\sum_{i=1}^{\infty} D(X_n)/n^2 < \infty. \tag{1.3.25}$$

众所周知, 任意独立随机变量序列的强大数定律对方差的限制 (条件 1.3.25) 在一般情况下是不能被减弱的 (参见 Halmos1974, p.204, 问题 (3)).

**注 1.3.2** 上述推论的较弱的逆定理是成立的. 如果存在一个正数 $c$, 使得 $q_n/n \leq c$, $n = 1, 2, \cdots$, 并且 (1.3.24) 成立, 那么

$$\sum_{n=1}^{\infty} q_n^2/n^{2+\varepsilon} < \infty \tag{1.3.26}$$

对每一个 $\varepsilon$ 都成立 (参见 Halmos 1974, p.205, 问题 (5)).

## §1.4 相依二值随机变量序列的强极限定理

本节给出在无独立性、平稳性, 或各种相依假设条件下的二值序列的强极限定理. 方法的要点是应用单调函数的导数存在定理来研究几乎处处收敛.

**定理 1.4.1**( 刘自宽、刘文 1997) 设 $\{X_n, n \geq 1\}$ 是一列取值于 $S = \{0, 1\}$ 的随机变量, 其联合分布为

$$P(X_1 = x_1, \cdots, X_n = x_n) = p(x_1, \cdots, x_n) > 0, \ x_i \in S, \ 1 \leq i \leq n, \tag{1.4.1}$$

并令

$$p_n(x_n|x_1,\cdots,x_{n-1}) = P(X_n = x_n|X_1 = x_1,\cdots,X_{n-1}=x_{n-1}),$$
$$x_i \in S,\ 1 \le i \le n,\ n \ge 2; \tag{1.4.2}$$

$$D = \{\omega : \lim_{n\to\infty}\sum_{k=2}^{n} p_k(1|X_1,\cdots,X_{k-1}) = \infty\}, \tag{1.4.3}$$

则

$$\lim_{n\to\infty}\frac{S_n}{\displaystyle\sum_{k=2}^{n} p_k(1|X_1,\cdots,X_{k-1})} = 1 \ \text{ a.s. 于 } D, \tag{1.4.4}$$

此处 $S_n = \sum\limits_{k=2}^{n} X_k$.

**证** 本文我们取概率空间 $([0,1),\mathcal{F},P)$, 此处 $\mathcal{F}$ 是 $[0,1)$ 上所有 Lebesgue 可测集的全体, $P$ 是 Lebesgue 测度. 首先给出在此空间具有分布 (1.4.1) 的随机变量序列的一种实现. 把区间 $[0,1)$ 分割成两个左闭右开区间 $D_0 = [0,p(0))$ 和 $D_1 = [p(0),1)$. 这些区间称为一阶区间. 依次类推, 假定 $2^n$ 个 $n$ 阶区间 $\{D_{x_1\cdots x_n}, x_i \in S, 1 \le i \le n\}$ 已经定义, 把区间 $D_{x_1\cdots x_n}$ 按照比例 $p(x_1,\cdots,x_n,0) : p(x_1,\cdots,x_n,1)$ 分割成两个左闭右开区间 $D_{x_1\cdots x_n 0}$ 和 $D_{x_1\cdots x_n 1}$ 就得到 $n+1$ 阶区间. 易见, 对 $n \ge 1$,

$$P(D_{x_1\cdots x_n}) = p(x_1,\cdots,x_n). \tag{1.4.5}$$

对 $n \ge 1$, 定义随机变量 $X_n : [0,1) \to S$ 如下:

$$X_n(\omega) = x_n, \quad \omega \in D_{x_1\cdots x_n} \tag{1.4.6}$$

$(X_n(\omega)$ 简记为 $X_n)$. 由 (1.4.5) 和 (1.4.6), 有

$$P(X_1 = x_1,\cdots,X_n = x_n) = P(D_{x_1\cdots x_n}) = p(x_1,\cdots,x_n).$$

因此 $\{X_n, n \ge 1\}$ 具有分布 (1.4.1). 现在我们在 $\{X_n, n \ge 1\}$ 的上述实现的基础上来证明定理.

设 $\mathcal{A}$ 表示所有阶区间的集合 (包括区间 $[0,1)$), $\lambda > 0$ 是一常数. 定义 $\mathcal{A}$ 上集函数 $\mu$ 如下: 当 $n \ge 2$, 令

$$\mu(D_{x_1\cdots x_n}) = \frac{\mathrm{e}^{\lambda \sum\limits_{k=2}^{n} x_k} p(x_1,\cdots,x_n)}{\prod\limits_{k=2}^{n}[1 + (\mathrm{e}^\lambda - 1)p_k(1|x_1,\cdots,x_{k-1})]}, \tag{1.4.7}$$

$$\mu(D_{x_1}) = \mu(D_{x_1 0}) + \mu(D_{x_1 1}); \tag{1.4.8}$$

$$\mu([0,1)) = \mu(D_0) + \mu(D_1). \tag{1.4.9}$$

当 $n \geq 2$, 注意到

$$p(x_1, \cdots, x_n) = p(x_1, \cdots, x_{n-1}) p_n(x_n | x_1, \cdots, x_{n-1}),$$

由 (1.4.7), 有

$$\mu(D_{x_1 \cdots x_n}) = \mu(D_{x_1 \cdots x_{n-1}}) \frac{\mathrm{e}^{\lambda x_n} p_n(x_n | x_1, \cdots, x_{n-1})}{1 + (\mathrm{e}^{\lambda} - 1) p_k(1 | x_1, \cdots, x_{k-1})},$$

并且

$$\mu(D_{x_1 \cdots x_{n-1} 0}) + \mu(D_{x_1 \cdots x_{n-1} 1}) = \mu(D_{x_1 \cdots x_{n-1}}). \tag{1.4.10}$$

(1.4.8)—(1.4.10) 表明 $\mu$ 是可加集函数. 因此存在 $[0,1)$ 上的单增函数 $f_\lambda$ 使得对任一区间 $D_{x_1 \cdots x_n}$, 有

$$\mu(D_{x_1 \cdots x_n}) = f_\lambda(D^+_{x_1 \cdots x_n}) - f_\lambda(D^-_{x_1 \cdots x_n}), \tag{1.4.11}$$

此处 $D^+_{x_1 \cdots x_n}$, $D^-_{x_1 \cdots x_n}$ 分别表示 $D_{x_1 \cdots x_n}$ 的右、左端点. 令

$$t_n(\lambda, \omega) = \frac{f_\lambda(D^+_{x_1 \cdots x_n}) - f_\lambda(D^-_{x_1 \cdots x_n})}{D^+_{x_1 \cdots x_n} - D^-_{x_1 \cdots x_n}} = \frac{\mu(D_{x_1 \cdots x_n})}{P(D_{x_1 \cdots x_n})}, \quad \omega \in Dx_1 \cdots x_n. \tag{1.4.12}$$

设 $A(\lambda)$ 是 $f_\lambda$ 的可微点的集合, 则由单调函数导数存在定理得 $P(A(\lambda)) = 1$. 设 $\omega \in A(\lambda)$ 和 $\omega \in D_{x_1 \cdots x_n}(n = 1, 2, \cdots)$. 如果 $\lim\limits_{n \to \infty} P(D_{x_1 \cdots x_n}) = 0$, 则由导数的性质有

$$\lim_{n \to \infty} t_n(\lambda, \omega) = f'_\lambda(\omega) < +\infty;$$

如果 $\lim\limits_{n \to \infty} P(d_{x_1 \cdots x_n}) = d > 0$, 则

$$\lim_{n \to \infty} t_n(\lambda, \omega) = d^{-1} \lim_{n \to \infty} \mu(D_{x_1 \cdots x_n}) < +\infty.$$

由 (1.4.13) 和 (1.4.14), 有

$$\lim_{n \to \infty} t_n(\lambda, \omega) = \text{有限数}, \quad \omega \in A(\lambda). \tag{1.4.15}$$

由 (1.4.3), (1.4.15), 有

$$\limsup_{n \to \infty} \frac{\ln t_n(\lambda, \omega)}{\sum\limits_{k=2}^{n} p_k(1 | X_1, \cdots, X_{k-1})} \leq 0, \quad \omega \in A(\lambda) \cap D. \tag{1.4.16}$$

由 (1.4.7) 与 (1.4.15), 有

$$\ln t_n(\lambda, \omega) = \lambda S_n - \sum_{k=2}^{n} \ln[1 + (e^\lambda - 1)p_k(1|X_1, \cdots, X_{k-1})]. \tag{1.4.17}$$

由 (1.4.16), (1.4.17), 有

$$\limsup_{n \to \infty} \frac{\lambda S_n}{\sum_{k=2}^{n} p_k(1|X_1, \cdots, X_{k-1})}$$

$$\leq \limsup_{n \to \infty} \frac{\sum_{k=2}^{n} \ln[1 + (e^\lambda - 1)p_k(1|X_1, \cdots, X_{k-1})]}{\sum_{k=2}^{n} p_k(1|X_1, \cdots, X_{k-1})}, \quad \omega \in A(\lambda) \cap D. \tag{1.4.18}$$

由 (1.4.18) 和不等式 $\ln(1+x) \leq x, \quad x > -1$, 得

$$\limsup_{n \to \infty} \frac{\lambda S_n}{\sum_{k=2}^{n} p_k(1|X_1, \cdots, X_{k-1})} \leq e^\lambda - 1, \quad \omega \in A(\lambda) \cap D. \tag{1.4.19}$$

当 $\lambda > 0$, 将 (1.4.19) 的两边同除以 $\lambda$, 得

$$\limsup_{n \to \infty} \frac{\lambda S_n}{\sum_{k=2}^{n} p_k(1|X_1, \cdots, X_{k-1})} \leq \frac{e^\lambda - 1}{\lambda}, \quad \omega \in A(\lambda) \cap D. \tag{1.4.20}$$

取 $\lambda_k > 0 (k = 1, 2, \cdots)$ 使得 $\lambda_k \downarrow 0 (当 k \to \infty)$, 且设 $A_1 = \cap_{k=1}^{\infty} A(\lambda_k)$. 则由 (1.4.20) 有

$$\limsup_{n \to \infty} \frac{S_n}{\sum_{k=2}^{n} p_k(1|X_1, \cdots, X_{k-1})} \leq 1, \quad \omega \in A_1 \cap D. \tag{1.4.21}$$

当 $\lambda < 0$, 将 (1.4.19) 的两边同除以 $\lambda$, 得

$$\liminf_{n \to \infty} \frac{S_n}{\sum_{k=2}^{n} p_k(1|X_1, \cdots, X_{k-1})} \geq \frac{e^\lambda - 1}{\lambda}, \quad \omega \in A(\lambda) \cap D. \tag{1.4.22}$$

取 $\tau_k < 0 (k = 1, 2, \cdots)$ 使得 $\tau_k \uparrow 0 (当 k \to \infty)$, 且设 $A_2 = \cap_{k=1}^{\infty} A(\tau_k)$. 则由 (1.4.22), 有

$$\liminf_{n \to \infty} \frac{S_n}{\sum_{k=2}^{n} p_k(1|X_1, \cdots, X_{k-1})} \geq 1, \quad \omega \in A_2 \cap D. \tag{1.4.23}$$

设 $A = A_1 \cap A_2$, 由 (1.4.21) 和 (1.4.23), 有

$$\limsup_{n \to \infty} \frac{\lambda S_n}{\displaystyle\sum_{k=2}^{n} p_k(1|X_1, \cdots, X_{k-1})} = 1, \quad \omega \in A \cap D. \tag{1.4.24}$$

由于 $P(A) = 1$, 定理证毕.

**推论 1.4.1** 设 $\{A_n, n \geq 1\}$ 是一独立随机事件序列, 且 $P(A_k) = p_k, k \geq 1$ 和 $\displaystyle\sum_{k=1}^{\infty} p_k = \infty$. 令 $J_n = \displaystyle\sum_{k=1}^{n} I(A_k)$, 此处 $I(\cdot)$ 是示性函数. 则

$$\lim_{n \to \infty} \frac{J_n}{\displaystyle\sum_{k=1}^{n} p_k} = 1 \quad \text{a.s..}$$

**推论 1.4.2** 在定理 1.4.1 的假设下, 有

$$\{\omega : \sum_{k=2}^{\infty} p_k(1|X_1, \cdots, X_{k-1}) = \infty\} = \{\omega : \sum_{k=1}^{n} X_k = \infty\} \quad \text{a.s..} \tag{1.4.25}$$

**证** 定理 1.4.1 蕴含

$$\{\omega : \sum_{k=2}^{\infty} p_k(1|X_1, \cdots, X_{k-1}) = \infty\} \subseteq \{\omega : \sum_{k=1}^{n} X_k = \infty\} \quad \text{a.s..} \tag{1.4.26}$$

现在我们证明反面的包含关系. 设

$$\omega_0 \in A(1) \cap \{\omega : \sum_{k=2}^{\infty} p_k(1|X_1, \cdots, X_{k-1}) < \infty\}.$$

则由 (1.4.15), (1.4.12) 和 (1.4.7), 有

$$\lim_{n \to \infty} t_n(1, \omega_0) = \lim_{n \to \infty} \frac{e^{S_n}}{\prod_{k=2}^{n} [1 + (e-1) p_k(1|X_1, \cdots, X_{k-1})]} = \text{有限数}. \tag{1.4.27}$$

由于 $\displaystyle\sum_{k=2}^{\infty} p_k(1|X_1, \cdots, X_{k-1}) < \infty$, 故有

$$\lim_{n \to \infty} \prod_{k=2}^{n} [1 + (e-1) p_k(1|X_1, \cdots, X_{k-1})] < \infty. \tag{1.4.28}$$

由 (1.4.27) 和 (1.4.28), 有

$$\lim_{n \to \infty} e^{S_n} < \infty, \tag{1.4.29}$$

即

$$\omega_0 \in \{\omega : \sum_{k=1}^{\infty} X_k < \infty\}.$$

因此

$$A(1) \cap \{\omega : \sum_{k=2}^{\infty} p_k(1|X_1, \cdots, X_{k-1}) < \infty\} \subseteq A(1) \cap \{\omega : \sum_{k=1}^{\infty} X_k < \infty\}. \quad (1.4.30)$$

再由 (1.4.26), 即得 $P(A(1)) = 1$. 证毕.

## §1.5 离散随机变量多元函数序列的若干极限性质

设 $S = \{t_0, t_1, \cdots\}$, $\{X_n, n \geq 0\}$ 为一列取值于 $S$ 上的随机变量, 其联合分布为

$$P(X_0 = x_0, \cdots, X_n = x_n) = p_n(x_0, \cdots, x_n), \quad x_i \in S, \ 0 \leq i \leq n. \quad (1.5.1)$$

不失一般性我们不妨设 $p_n(x_0, \cdots, x_n) > 0$. 令

$$p_n(x_n|x_0, \cdots, x_{n-1}) = P(X_n = x_n|X_0 = x_0, \cdots, X_{n-1} = x_{n-1}), \quad n \geq 1. \quad (1.5.2)$$

对 $n \geq 0$, 令 $g_n(x_0, \cdots, x_n)$ 为定义于 $S^{n+1}$ 上的实值函数, $t$ 为一实数. 令

$$M_0(t) = E[e^{tg_0(X_0)}].$$

对 $k \geq 1$, 设

$$M_k(t, x_0, \cdots, x_{k-1}) = E[e^{tg_k(X_0, \cdots, X_k)}|X_0 = x_0, \cdots, X_{k-1} = x_{k-1}]$$

$$= \sum_{x_k \in S} e^{tg_k(x_0, \cdots, x_{k-1}, x_k)} p_k(x_k|x_0, \cdots, x_{k-1}). \quad (1.5.3)$$

$M_k(t, x_0, \cdots, x_{k-1})$ 称为 $g_k(X_0, \cdots, X_k)$ 在条件 $X_0 = x_0, \cdots, X_{k-1} = x_{k-1}$ 下的条件矩母函数, 令

$$m_k(t, x_0, \cdots, x_k) = \frac{e^{tg_k(x_0, \cdots, x_k)} p_k(x_k|x_0, \cdots, x_{k-1})}{M_k(t, x_0, \cdots, x_{k-1})}. \quad (1.5.4)$$

则由 (1.5.3), 有

$$\sum_{x_k \in S} m_k(t, x_0, \cdots, x_k) = 1. \quad (1.5.5)$$

本节的目的是利用条件矩母函数和测度的网微分法给出关于离散随机变量多元函数序列的若干强极限定理. 作为主要结果 (定理 1.5.1) 的推论得到了关于条件概率的调和平均值的一个定理.

**定理 1.5.1** (刘文 2003) 令 $\{X_n, n \geq 0\}$ 和 $\{g_n, n \geq 1\}$ 如上定义, 且设 $\{\sigma_n, n \geq 0\}$ 为一列定义在同一空间 $\Omega$ 上的随机变量. 假设存在一正实数 $\alpha$, 使得当 $|t| < \alpha$ 时, 对一切 $k \geq 1$ 和 $x_0, \cdots, x_{k-1} \in S$, $M_k(t, x_0, \cdots, x_{k-1})$ 都有定义. 令

$$B = \{\omega : \lim_{n \to \infty} \sigma_n(\omega) = \infty\}. \tag{1.5.6}$$

设 $D(\alpha)$ 为 $B$ 中满足下列条件的点的集合:

$$\limsup_{n \to \infty} \frac{1}{\sigma_n(\omega)} \sum_{k=1}^{n} E[g_k^2(X_0, \cdots X_k)e^{\alpha|g_k(X_0, \cdots, X_k)|} | X_0, \cdots, X_{k-1}]$$

$$= M(\omega) < \infty, \tag{1.5.7}$$

则

$$\lim_{n \to \infty} \frac{1}{\sigma_n(\omega)} \sum_{k=1}^{n} \{g_k(X_0, \cdots, X_k) - E[g_k(X_0, \cdots, X_k)|X_0, \cdots, X_{k-1}]\} = 0$$

$$\text{a.s.} \ \exists \ D(\alpha). \tag{1.5.8}$$

**证** 令

$$D_{x_0 \cdots x_n} = \{\omega : X_k = x_k, 0 \leq k \leq n\}, \quad x_k \in S.$$

则有

$$P(D_{x_0}) = p(x_0);$$

$$P(D_{x_0 \cdots x_n}) = p_n(x_0, \cdots, x_n) = p(x_0) \prod_{k=1}^{n} p_k(x_k | x_0, \cdots, x_{k-1}), \quad n \geq 1, \tag{1.5.9}$$

$D_{x_0 \cdots x_n}$ 称为 $n$ 阶基本柱集, 其全体为 $\boldsymbol{N}_n$. 令 $\boldsymbol{N} = \{\phi, \Omega, \} \cup (\cup_{n=0}^{\infty} \boldsymbol{N}_n)$, 并设 $|t| \leq \alpha$. 在 $\boldsymbol{N}$ 上定义一集函数 $\mu_t$ 如下:

$$\mu_t(\phi) = 0, \ \mu_t(\Omega) = 1, \ \mu_t(D_{x_0}) = p(x_0); \tag{1.5.10}$$

$$\mu_t(D_{x_0 \cdots x_n}) = \mu_t(D_{x_0 \cdots x_{n-1}})m_n(t, x_0, \cdots, x_n)$$

$$= p_0(x_0) \prod_{k=1}^{n} m_k(t, x_0, \cdots, x_k), \quad n \geq 1. \tag{1.5.11}$$

由 (1.5.10), (1.5.11),(1.5.5) 可知 $\mu_t$ 为 $\boldsymbol{N}$ 上的一个测度. 由于 $\boldsymbol{N}$ 为一半代数, 故 $\mu_t$ 可惟一开拓到 $\sigma-$ 代数 $\sigma(\boldsymbol{N})$ 上. 令

$$T_n(t,\omega) = \sum_{D \in N_n} \frac{\mu_t(D_{x_0 \cdots x_n})}{P(D_{x_0 \cdots x_n})} I_{D_{x_0 \cdots x_n}},$$

其中 $I_{D_{x_0 \cdots x_n}}$ 代表 $D_{x_0 \cdots x_n}$ 的示性函数, 即

$$T_n(t,\omega) = \frac{\mu_t(D_{X_0(\omega) \cdots X_n(\omega)})}{P(D_{X_0(\omega) \cdots X_n(\omega)})}. \tag{1.5.12}$$

易知 $\{\boldsymbol{N}_n, n \geq 0\}$ 为一个网. 由网微分法 (参见 Hewitt 和 Stromberg 1978, p. 373) 知, 存在 $A(t) \in \sigma(N)$, $P(A(t) = 1$, 使得

$$\lim_{n \to \infty} T_n(t,\omega) = 有限数, \quad \omega \in A(t). \tag{1.5.13}$$

由 (1.5.6) 和 (1.5.13), 我们有

$$\limsup_{n \to \infty} \frac{1}{\sigma_n(\omega)} \ln T_n(t,\omega) \leq 0, \quad \omega \in A(t) \cap B.$$

注意 $D(\alpha) \subset B$, 则由上式可得

$$\limsup_{n \to \infty} \frac{1}{\sigma_n(\omega)} \ln T_n(t,\omega) \leq 0, \quad \omega \in A(t) \cap D(\alpha). \tag{1.5.14}$$

由 (1.5.4), (1.5.9), 和 (1.5.11), 可得

$$T_n(t,\omega) = \prod_{k=1}^{n} \frac{e^{tg_k(X_0,\cdots,X_k)}}{M_k(t, X_0, \cdots, X_{k-1})}, \quad \omega \in \Omega. \tag{1.5.15}$$

由 (1.5.14) 和 (1.5.15), 得

$$\limsup_{n \to \infty} \frac{1}{\sigma_n(\omega)} \sum_{k=1}^{n} [g_k(X_0,\cdots,X_k)t - \ln M_k(t, X_0, \cdots, X_{k-1})] \leq 0,$$

$$\omega \in A(t) \cap D(\alpha). \tag{1.5.16}$$

利用

$$\limsup_{n \to \infty}(a_n - b_n) \leq 0 \Longrightarrow \limsup_{n \to \infty}(a_n - c_n) \leq \limsup_{n \to \infty}(b_n - c_n),$$

令

$$a_n = [1/\sigma_n(\omega)] \sum_{k=1}^{n} g_k(X_0,\cdots,X_k)t,$$

$$b_n = [1/\sigma_n(\omega)] \sum_{k=1}^{n} \ln M_k(t, X_0, \cdots, X_{k-1}),$$

$$c_n = [1/\sigma_n(\omega)] \sum_{k=1}^{n} \sum_{x_k \in S} g_k(X_0, \cdots, X_{k-1}, x_k) p_k(x_k | X_0, \cdots, X_{k-1}) t,$$

由 (1.5.16), (1.5.7) 和不等式 $\ln x \le x - 1 \ (x > 0), \ 0 \le e^x - 1 - x \le 2^{-1} x^2 e^{|x|}$, 有

$$\limsup_{n \to \infty} \frac{1}{\sigma_n(\omega)} \sum_{k=1}^{n} [g_k(X_0, \cdots, X_k)t$$
$$- \sum_{x_k \in S} g_k(X_0, \cdots, X_{k-1}, x_k) p_k(x_k | X_0, \cdots, X_{k-1})t]$$
$$\le \limsup_{n \to \infty} \frac{1}{\sigma_n(\omega)} \sum_{k=1}^{n} [\ln M_k(t, X_0, \cdots, X_{k-1})$$
$$- \sum_{x_k \in S} g_k(X_0, \cdots, X_{k-1}, x_k) p_k(x_k | X_0, \cdots, X_{k-1})t]$$
$$\le \limsup_{n \to \infty} \frac{1}{\sigma_n(\omega)} \sum_{k=1}^{n} [M_k(t, X_0, \cdots, X_{k-1})$$
$$-1 - \sum_{x_k \in S} g_k(X_0, \cdots, X_{k-1}, x_k) p_k(x_k | X_0, \cdots, X_{k-1})t]$$
$$= \limsup_{n \to \infty} \frac{1}{\sigma_n(\omega)} \sum_{k=1}^{n} \sum_{x_k \in S} p_k(x_k | X_0, \cdots, X_{k-1})$$
$$\times [e^{t g_k(X_0, \cdots, X_{k-1}, x_k)} - 1 - g_k(X_0, \cdots, X_{k-1}, x_k)t]$$
$$\le \frac{t^2}{2} \limsup_{n \to \infty} \frac{1}{\sigma_n(\omega)} \sum_{k=1}^{n} \sum_{x_k \in S} p_k(x_k | X_0, \cdots, X_{k-1})$$
$$\times g_k^2(X_0, \cdots, X_{k-1}, x_k) e^{|t g_k(X_0, \cdots, X_{k-1}, x_k)|}$$
$$\le \frac{t^2}{2} \limsup_{n \to \infty} \frac{1}{\sigma_n(\omega)} \sum_{k=1}^{n} E[g_k^2(X_0, \cdots, X_k) e^{|t g_k(X_0, \cdots, X_k)|} | X_0, \cdots, X_{k-1}]$$
$$\le \frac{t^2}{2} M(\omega), \quad \omega \in A(t) \cap D(\alpha), \quad |t| < \alpha. \tag{1.5.17}$$

令 $0 < t \le \alpha$. 由 (1.5.17), 我们可得

$$\limsup_{n \to \infty} \frac{1}{\sigma_n(\omega)} \sum_{k=1}^{n} \{g_k(X_0, \cdots, X_k) - E[g_k(X_0, \cdots, X_k) | X_0, \cdots, X_{k-1}]\}$$

$$\le \frac{t}{2} M(\omega), \quad \omega \in A(t) \cap D(\alpha). \tag{1.5.18}$$

选择 $t_k \in (0, \alpha], k = 1, 2, \cdots$, 使得 $t_k \to 0$(当 $k \to \infty$), 并令 $A^* = \bigcap_{k=1}^{\infty} A(t_k)$. 由 (1.5.18), 得

$$\limsup_{n \to \infty} \frac{1}{\sigma_n(\omega)} \sum_{k=1}^{n} \{g_k(X_0, \cdots, X_k) - E[g_k(X_0, \cdots, X_k)|X_0, \cdots, X_{k-1}]\}$$
$$\leq 0, \ \omega \in A^* \cap D(\alpha). \tag{1.5.19}$$

令 $-\alpha \leq t < 0$. 由 (1.5.17), 得

$$\liminf_{n \to \infty} \frac{1}{\sigma_n(\omega)} \sum_{k=1}^{n} \{g_k(X_0, \cdots, X_k) - E[g_k(X_0, \cdots, X_k)|X_0, \cdots, X_{k-1}]\}$$
$$\geq \frac{t}{2} M(\omega), \ \ \omega \in A(t) \cap D(\alpha). \tag{1.5.20}$$

选择 $\tau_k \in (-\alpha, 0], k = 1, 2, \cdots$, 使得 $\tau_k \to 0$(当 $k \to \infty$), 并令 $A_* = \bigcap_{k=1}^{\infty} A(\tau_k)$. 由 (1.5.20), 得

$$\liminf_{n \to \infty} \frac{1}{\sigma_n(\omega)} \sum_{k=1}^{n} \{g_k(X_0, \cdots, X_k) - E[g_k(X_0, \cdots, X_k)|X_0, \cdots, X_{k-1}]\} \geq 0,$$
$$\omega \in A_* \cap D(\alpha). \tag{1.5.21}$$

令 $A = A^* \cap A_*$. 由 (1.5.19), (1.5.21), 得

$$\lim_{n \to \infty} \frac{1}{\sigma_n(\omega)} \sum_{k=1}^{n} \{g_k(X_0, \cdots, X_k) - E[g_k(X_0, \cdots, X_k)|X_0, \cdots, X_{k-1}]\} = 0, \ \ \omega \in A. \tag{1.5.22}$$

则由 (1.5.22) 可直接得到 (1.5.8). 定理证毕.

**定理 1.5.2** ( 刘文 2000c) 设 $S = \{1, 2, \cdots, N\}$, 且

$$a_k = \min\{p_k(x_k|x_0, \cdots, x_{k-1}), \ x_i \in S, \ 0 \leq i \leq k\}, \ \ k \geq 1. \tag{1.5.23}$$

若存在 $\lambda > 0$, 使得

$$\limsup_{n \to \infty} \frac{1}{n} \sum_{k=1}^{n} e^{\lambda/a_k} = M < \infty, \tag{1.5.24}$$

则条件概率 $\{p_k(X_k|X_0, \cdots, X_{k-1}), 1 \leq k \leq n\}$ 的调和平均几乎处处收敛到 $N^{-1}$, 即

$$\lim_{n \to \infty} \frac{n}{\sum_{k=1}^{n} p_k(X_k|X_0, \cdots, X_{k-1})^{-1}} = \frac{1}{N} \ \text{a.s.}. \tag{1.5.25}$$

**证** 令 $\sigma_n(\omega) = n$, $B = \Omega$, $g_k(x_0, \cdots, x_k) = p_k(x_k|x_0, \cdots, x_{k-1})^{-1}$, 取 $\alpha \in (0, \lambda)$. 注意到

$$\sup\{a_k^{-1} e^{(\alpha-\lambda)/a_k}, \ k \geq 1\} = m < \infty, \tag{1.5.26}$$

由 (1.5.23) 和 (1.5.24), 可得

$$
\begin{aligned}
&\limsup_{n\to\infty} \frac{1}{n} \sum_{k=1}^{n} E\left[g_k^2(X_0,\cdots,X_k)e^{\alpha g_k(X_0,\cdots,X_k)}|X_0,\cdots,X_{k-1}\right] \\
&= \limsup_{n\to\infty} \frac{1}{n} \sum_{k=1}^{n} \sum_{x_k=1}^{N} p_k(x_k|X_0,\cdots,X_{k-1})^{-1} e^{\alpha p_k(x_k|X_0,\cdots,X_{k-1})^{-1}} \\
&\leq N \limsup_{n\to\infty} \frac{1}{n} \sum_{k=1}^{n} a_k^{-1} e^{\alpha/a_k} \\
&= N \limsup_{n\to\infty} \frac{1}{n} \sum_{k=1}^{n} a_k^{-1} e^{(\alpha-\lambda)/a_k} e^{\lambda/a_k} \leq NMm.
\end{aligned} \tag{1.5.27}
$$

由 (1.5.27) 可知 $D(\alpha)=\Omega$. 注意到 $E[g_k(X_0,\cdots,X_k)|X_0,\cdots,X_{k-1}]=N$, 由 (1.5.8) 可得 (1.5.25). 证毕.

## §1.6　任意离散信源的一个极限性质

信息论中的一个重要问题是对 Shannon-McMillan 定理的研究. 以往的研究大都对信源作了平稳性或遍历性假设 (参见 Algoet 与 Cover 1988, Barron 1985, Breiman 1957, Chung 1961, Kieffer 1973, McMillan 1953 及 Shannon 1948). 在本节中我们避免这些假设, 用分析方法给出了关于相对熵密度和随机条件熵的一个强极限定理.

设 $\{X_n, n\geq 1\}$ 是字母集为 $S=\{1,2,\cdots,N\}$ 的任意信源, 其联合分布为

$$
P(X_1=x_1,\cdots,X_n=x_n)=p(x_1,\cdots,x_n)>0. \tag{1.6.1}
$$

令

$$
f_n(\omega)=-(1/n)\ln p(X_1,\cdots,X_n), \tag{1.6.2}
$$

其中 $\omega$ 是样本点, $X_i$ 是 $X_i(\omega)$ 的缩写, $f_n(\omega)$ 为 $\{X_i, 1\leq i\leq n\}$ 的相对熵密度. 令

$$
p_n(x_n|x_1,\cdots,x_{n-1})=P(X_n=x_n|X_1=x_1,\cdots,X_{n-1}=x_{n-1}),\quad n\geq 2. \tag{1.6.3}
$$

则

$$
p(x_1,\cdots,x_n)=p(x_1)\prod_{k=2}^{n} p_k(x_k|x_1,\cdots x_{k-1}); \tag{1.6.4}
$$

$$
f_n(\omega)=-(1/n)\Big[\ln p(X_1)+\sum_{k=2}^{n}\ln p_k(X_k|X_1,\cdots,X_{k-1})\Big]. \tag{1.6.5}
$$

本文中我们以 $([0,1), \mathcal{F}, P)$ 为所考虑的概率空间, 其中 $\mathcal{F}$ 是区间 $[0,1)$ 上的 Lebesgue 可测集的全体, $P$ 是 Lebesgue 测度. 我们首先给出具有分布 (1.6.1) 的任意信源在上述空间的一种实现.

将区间 $[0,1)$ 分成 $N$ 个左闭右开区间:

$$D_1 = [0, \ p(1)), D_2 = [p(1), \ p(1) + p(2)), \cdots, D_N = [1 - p(N), \ 1).$$

这些区间都称为 1 阶区间. 继续这种做法, 将每一个 $n$ 阶区间 $D_{x_1 \cdots x_n}$ 按比例 $p(x_1, \cdots, x_n, 1) : p(x_1, \cdots, x_n, 2) : \cdots : p(x_1, \cdots, x_n, N)$ 分成 $N$ 个左闭右开区间 $D_{x_1 \cdots x_n 1}, D_{x_1 \cdots x_n 2}, \cdots, D_{x_1 \cdots x_n N}$, 这样就得到 $n + 1$ 阶区间. 对 $n \geq 1$ 易知

$$P(D_{x_1 \cdots x_n}) = p(x_1, \cdots, x_n). \tag{1.6.6}$$

对 $n \geq 1$ 定义随机变量 $X_n : [0,1) \to S$ 如下:

$$X_n(\omega) = x_n, \quad \text{当} \quad \omega \in D_{x_1 \cdots x_n}. \tag{1.6.7}$$

由 (1.6.6) 与 (1.6.7), 知 $\{X_n, n \geq 1\}$ 具有分布 (1.6.1).

我们将利用上述实现来证明以下极限定理.

**定义 1.6.1** 对 $k \geq 2$, 令

$$h_k(x_1, \cdots, x_{k-1}) = -\sum_{x_k=1}^{N} p_k(x_k | x_1, \cdots, x_{k-1}) \ln p_k(x_k | x_1, \cdots, x_{k-1}), \tag{1.6.8}$$

$$H_k(\omega) = h_k(X_1, \cdots, X_{k-1}). \tag{1.6.9}$$

$H_k(\omega)$ 称为随机条件熵.

**定理 1.6.1**(刘文 1999d) 令 $\{X_n, n \geq 1\}$ 是字母集为 $S$ 的任意信源, 其联合分布为 (1.6.1), $\{a_n, n \geq 1\}$ 是一单调升的正实数列, 且

$$\sum_{n=1}^{\infty} (1/a_n)^2 < \infty, \tag{1.6.10}$$

$f_n(\omega)$ 与 $H_k(\omega)$ 分别由 (1.6.2) 与 (1.6.9) 定义. 则

$$\sum_{k=2}^{\infty} (1/a_k)[\ln p_k(X_1, \cdots, X_{k-1}) + H_k(\omega)] < \infty \quad \text{a.s.}, \tag{1.6.11}$$

$$\lim_{n \to \infty} (1/a_n) \sum_{k=2}^{n} [\ln p_k(X_k | X_1, \cdots, X_{k-1}) + H_k(\omega)] = 0 \quad \text{a.s.}. \tag{1.6.12}$$

**证** 对 $k \geq 2$, $\lambda = 1$ 或 $-1$, 令

$$Q_k(\lambda; x_1, \cdots, x_{k-1}) = \sum_{x_k=1}^{N} p_k(x_k | x_1, \cdots, x_{k-1})$$

$$\exp\{\lambda[\ln p_k(x_k | x_1, \cdots, x_{k-1})$$

$$+ h_k(x_k | x_1, \cdots, x_{k-1})]/a_k\}. \tag{1.6.13}$$

令 $\mathcal{A}$ 为所有阶区间的集合, 在 $\mathcal{A}$ 上定义集和函数 $\mu$ 如下: 令

$$\mu(D_{x_1}) = p(x_1), \tag{1.6.14}$$

对 $n \geq 2$, 令

$$\mu(D_{x_1 \cdots x_n})$$

$$= \frac{p(x_1, \cdots, x_n) \exp\{\lambda \sum_{k=2}^{n} [\ln p_k(x_k | x_1, \cdots, x_{k-1}) + h_k(x_1, \cdots, x_{k-1})]/a_k\}}{\prod_{k=2}^{n} Q_k(\lambda; x_1, \cdots, x_{k-1})}. \tag{1.6.15}$$

由 (1.6.4) 和 (1.6.13)—(1.6.15) 易知 $\mu$ 是 $\mathcal{A}$ 上的可加函数, 因此存在一个定义在 $[0,1)$ 上增函数 $f_\lambda$, 使得对任何区间 $D_{x_1 \cdots x_n}$ 有

$$\mu(D_{x_1 \cdots x_n}) = f_\lambda(D_{x_1 \cdots x_n}^+) - f_\lambda(D_{x_1 \cdots x_n}^-), \tag{1.6.16}$$

其中 $D_{x_1 \cdots x_n}^+$ 与 $D_{x_1 \cdots x_n}^-$ 分别是 $D_{x_1 \cdots x_n}$ 左右端点. 令

$$t_n(\lambda, \omega) = \frac{f_\lambda(D_{x_1 \cdots x_n}^+) - f_\lambda(D_{x_1 \cdots x_n}^-)}{D_{x_1 \cdots x_n}^+ - D_{x_1 \cdots x_n}^-}$$

$$= \frac{\mu(D_{x_1 \cdots x_n})}{P(D_{x_1 \cdots x_n})}, \quad \omega \in D_{x_1 \cdots x_n}. \tag{1.6.17}$$

设 $A(\lambda)$ 为 $f_\lambda$ 的可微点集, 则由单调函数导数存在定理, 有 $P(A(\lambda)) = 1$. 令 $\omega \in A(\lambda)$, 且 $\omega \in D_{x_1 \cdots x_n} (n = 1, 2, \cdots)$. 由 (1.6.17), 得

$$\lim_{n \to \infty} t_n(\lambda, \omega) = \text{有限数}, \quad \omega \in A(\lambda). \tag{1.6.18}$$

由 (1.6.17), (1.6.14), (1.6.6) 和 (1.6.7), 有

$$t_n(\lambda, \omega) = \frac{\mu(D_{X_1 \cdots X_n})}{P(D_{X_1 \cdots X_n})}$$

$$= \frac{\exp\{\lambda \sum_{k=2}^{n} [\ln p_k(X_k | X_1, \cdots, X_{k-1}) + h_k(X_1, \cdots, X_{k-1})]/a_k\}}{\prod_{k=2}^{n} Q_k(\lambda; X_1, \cdots, X_{k-1})}. \tag{1.6.19}$$

为简单起见, 分别记 $p_k(x_k|x_1, \cdots, x_{k-1})$ 和 $h_k(x_1, \cdots, x_{k-1})$ 为 $p_k$ 和 $h_k$. 由 (1.6.8), 有

$$\sum_{x_k=1}^{N} p_k(\ln p_k + h_k) = 0. \tag{1.6.20}$$

由 (1.6.13), (1.6.20), 不等式 $0 \le e^x - 1 - x \le x^2 e^{|x|}$ 和熵不等式 $h_k \le \ln N$, 有

$$0 \le Q_k(\lambda; x_1, \cdots, x_{k-1}) - 1$$

$$= \sum_{x_k=1}^{N} p_k\{\exp[\lambda(\ln p_k + h_k)/a_k] - 1 - \lambda(\ln p_k + h_k)/a_k\}$$

$$\le (1/a_k)^2 \sum_{x_k=1}^{N} p_k(\ln p_k + h_k)^2 \exp[(-\ln p_k + \ln N)/a_k]. \tag{1.6.21}$$

由于 $a_k \to \infty$(当$k \to \infty$), 故存在一个正整数 $m$ 使得当 $k \ge m$ 时 $a_k \ge 2$. 因此当 $k \ge m$ 时, 由 (1.6.21) 和熵不等式, 有

$$0 \le Q_k(\lambda; x_1, \cdots, x_{k-1}) - 1$$

$$\le N(1/a_k)^2 \sum_{x_k=1}^{N} p_k^{1/2}(\ln p_k + h_k)^2$$

$$< N(1/a_k)^2 \sum_{x_k=1}^{N} [p_k^{1/2}(\ln p_k)^2 - 2(\ln N)p_k^{1/2}\ln p_k + (\ln N)^2]. \tag{1.6.22}$$

令

$$M_1 = \max\{x^{1/2}(\ln x)^2, \quad 0 < x \le 1\},$$
$$M_2 = \max\{-x^{1/2}\ln x, \quad 0 < x \le 1\}.$$

由 (1.6.22) 和 (1.6.10), 得

$$\sum_{k=m}^{\infty} [Q_k(\lambda; X_1, \cdots, X_{k-1}) - 1]$$

$$< \sum_{k=m}^{\infty} (N/a_k)^2\{M_1 + 2M_2\ln N + (\ln N)^2\} < \infty. \tag{1.6.23}$$

由无穷乘积的收敛定理, 由 (1.6.23), 得

$$\prod_{k=2}^{\infty} Q_k(\lambda; X_1, \cdots, X_{k-1}) \quad 收敛. \tag{1.6.24}$$

由 (1.6.18), (1.6.19) 和 (1.6.20), 得

$$\lim_{n\to\infty} \exp\{\lambda \sum_{k=2}^{n}[\ln p_k(X_k|X_1,\cdots,X_{k-1}) + h_k(X_1,\cdots,X_{k-1})]/a_k\} = \text{有限数} \quad \text{a.s..}$$

$$(1.6.25)$$

令 $\lambda$ 分别等于 1 和 $-1$, 有

$$\lim_{n\to\infty} \exp\{\sum_{k=2}^{n}[\ln p_k(X_k|X_1,\cdots,X_{k-1}) + h_k(X_1,\cdots,X_{k-1})]/a_k\} = \text{有限数} \quad \text{a.s.,}$$

$$(1.6.26)$$

$$\lim_{n\to\infty} \exp\{-\sum_{k=2}^{n}[\ln p_k(X_k|X_1,\cdots,X_{k-1}) + h_k(X_1,\cdots,X_{k-1})]/a_k\} = \text{有限数} \quad \text{a.s..}$$

$$(1.6.27)$$

由 (1.6.26) 和 (1.6.27), 得

$$\sum_{k=2}^{n}\{[\ln p_k(X_k|X_1,\cdots,X_{k-1}) + h_k(X_1,\cdots,X_{k-1})]/a_k\} \quad \text{收敛} \quad \text{a.s..} \qquad (1.6.28)$$

即 (1.6.11) 成立. 由 Kronecker 引理, 由 (1.6.28), 得 (1.6.12). 定理得证.

**推论 1.6.1** 令 $f_n(\omega)$ 如 (1.6.5) 所定义, 则在定理 1.6.1 的假设下, 有

$$\lim_{n\to\infty}[f_n(\omega) - (1/n)\sum_{k=1}^{n}H_k(\omega)] = 0 \quad \text{a.s..} \qquad (1.6.29)$$

**证** 令 $a_n = n$. 则由 (1.6.12) 和 (1.6.5), 知 (1.6.29) 成立.

**推论 1.6.2** 令 $p > 1/2$ 为一常数, 则在定理 1.6.1 假设下, 有

$$\lim_{n\to\infty} n^{-1/2}(\ln n)^{-p}\sum_{k=2}^{n}\ln p_k(X_k|X_1,\cdots,X_{k-1}) + H_k(\omega)] = 0 \quad \text{a.s..} \qquad (1.6.30)$$

**证** 由于 $\sum_{n=2}^{\infty} n^{-1}(\ln n)^{-2p} < \infty$, 故推论 1.6.2 由定理 1.6.1 立即得到.

**推论 1.6.3** 设 $\{X_n, n \geq 1\}$ 是一列非齐次马氏链, 其初始分布和转移矩阵分别为

$$p(1), p(2), \cdots, p(N), \quad p(i) > 0, \quad i \in S; \qquad (1.6.31)$$

$$\boldsymbol{P}_n = (p_n(i,j)), \quad p_n(i,j) > 0, \quad i,j \in S, \quad n \geq 1, \qquad (1.6.32)$$

其中 $p_n(i,j) = P(X_n = j|X_{n-1} = i), \{a_n, n \geq 1\}$ 是一列使 (1.6.10) 单调增加的正数列, $H(p_1,\cdots,p_n)$ 是分布 $(p_1,\cdots,p_n)$ 的熵. 则

$$\lim_{n\to\infty}(1/a_n)\sum_{k=1}^{n}\{\ln p_k(X_{k-1}, X_k) + H[p_k(X_{k-1}, 1),\cdots,p_k(X_{k-1}, N)]\} = 0 \quad \text{a.s..}$$

$$(1.6.33)$$

**证**  由马氏性质，(1.6.33) 由 (1.6.12) 立即可得.

**推论 1.6.4**  令 $p > 1/2$ 为一常数，则在推论 1.6.3 的假设下，有

$$\lim_{n \to \infty} \{f_n(\omega) - (1/n) \sum_{k=1}^{n} H[p_k(X_{k-1}, 1), \cdots, p_k(X_{k-1}, N)]\} = 0 \quad \text{a.s.,} \qquad (1.6.34)$$

其中

$$f_n(\omega) = -(1/n)[\ln p(X_0) + \sum_{k=1}^{n} \ln p_k(X_{k-1}, X_k)] \qquad (1.6.35)$$

是马氏信源的相对熵密度.

**证**  令 $a_n = n$. 则 (1.6.34) 可由 (1.6.33) 和 (1.6.5) 直接得到.

# 第二章 非齐次马尔可夫链的强极限定理

非齐次马尔可夫链的强极限定理曾被一些作者研究过 (例如参见 Rosenbatt-Roth 1963,1964, 朱成熹等 1988, 陈永义等 1996). 本章提出一种与传统方法不同的分析方法 —— 区间剖分法来研究这一课题, 其要点是在区间 [0,1) 中给出马氏链的一种实现, 并定义适当的单调函数, 然后应用单调函数导数存在定理来证明有关极限几乎处处存在 (这种方法的雏形见刘文 1978).

## §2.1 非齐次马尔可夫链随机转移概率几何平均的若干强极限定理

本节中我们将给出有限非齐次马式链随机转移概率几何平均的两个用不等式表示的强极限定理. 在证明中使用了作者提出的分析方法 —— 区间剖分法.

**定理 2.1.1**(刘文 1994c)  设 $\{X_n, n \geq 0\}$ 为一马氏链, 其状态空间为 $S = \{1, 2, \cdots, m\}$, 初分布为

$$q(1), q(2), \cdots, q(m), \tag{2.1.1}$$

转移矩阵为

$$\boldsymbol{P}_n = (p_n(i,j)), \ i,j \in S, \ \ n = 1, 2, \cdots, \tag{2.1.2}$$

此处 $p_n(i,j) = P(X_n = j | X_{n-1} = i)$. 则

$$\liminf_{n \to \infty} [\prod_{k=1}^{n} p_k(x_{k-1}, x_k)]^{1/n} \geq 1/m \ \ \text{a.s..} \tag{2.1.3}$$

即当 $n \to \infty$ 时, 随机转移概率 $\{p_k(X_{k-1}, X_k), 1 \leq k \leq n\}$ 几何平均的下极限几乎处处不小于 $1/m$.

**证**  取 $([0,1), \mathcal{F}, P)$ 为所考虑的概率空间, 此处 $\mathcal{F}$ 为区间 $[0,1)$ 中的 Lebesgue 集的全体, $P$ 为 Lebesgue 测度. 首先我们给出初始分布为 (2.1.1), 转移矩阵为 (2.1.2) 的马氏链在此概率空间中的实现.

令

$$q(n_i), \ \ i = 1, 2, 3, \cdots$$

为 (2.1.1) 中大于 0 的项, 此处, $1 \leq n_1 < n_2 < n_3 \cdots$. 按比例

$$q(n_1) : q(n_2) : \cdots$$

将区间 $[0,1)$ 分成有限个左闭右开区间 $D_{x_0}(x_0 = n_1, n_2, \cdots)$, 即

$$D_{n_1} = [0, q(n_1)), \ \ D_{n_2} = [0, q(n_1), q(n_1) + q(n_2)), \cdots,$$

我们称之为 0 阶区间. 一般地, 假设 $n$ 阶区间 $D_{x_0 \cdots x_n}$ 已经定义, $P_{n+1}$ 中第 $x_n$ 行中大于 0 的项为

$$p_{n+1}(x_n, m_i), \ \ i = 1, 2, 3, \cdots, \ \ 1 \le m_1 < m_2 < m_3 \cdots. \tag{2.1.4}$$

按比例

$$p_{n+1}(x_n, m_1) : p_{n+1}(x_n, m_2) : p_{n+1}(x_n, m_3) : \cdots,$$

将 $D_{x_0 \cdots x_n}$ 划分成有限个左闭右开区间

$$D_{x_0 \cdots x_n x_{n+1}}, \ \ (x_{n+1} = m_i, \ i = 1, 2, 3, \cdots)$$

这样得到 $n+1$ 阶区间. 由以上构造法可知

$$P(D_{x_0 \cdots x_n}) = q(x_0) \prod_{k=1}^{n} p_k(x_{k-1}, x_k). \tag{2.1.5}$$

对 $n \ge 0$, 定义随机变量 $X_n : [0, 1) \to S$ 如下:

$$X_n(\omega) = x_n, \ \omega \in D_{x_1 \cdots x_n}. \tag{2.1.6}$$

由 (2.1.4) 和 (2.1.5), 有

$$P(X_0 = x_0, \cdots, X_n = x_n) = P(D_{x_0 \cdots x_n}) = q(x_0) \prod_{k=1}^{n} p_k(x_{k-1}, x_k). \tag{2.1.7}$$

因此 $\{X_n, n \ge 0\}$ 为具有初分布为 (2.1.1) 转移阵为 (2.1.2) 的马氏链.

为证明定理, 我们先构造一个辅助函数.

设 $\mathcal{A}$ 为 $[0,1)$ 和所有阶区间的类. $N_0$ 为初分布 (2.1.1) 中大于 0 的项的个数, $N_n(t)(n \ge 1)$ 为转移阵 $\boldsymbol{P}_n$ 第 $t$ 行中大于 0 的项的个数. 在 $\mathcal{A}$ 上定义一个集函数 $\mu$ 如下: 设 $D_{x_0 \cdots x_n}$ 为 $n$ 阶区间, 令

$$\mu(D_{x_0 \cdots x_n}) = [1/N_n(x_{n-1})]\mu(D_{x_0 \cdots x_{n-1}}), \ \ n \ge 1; \tag{2.1.8}$$

$$\mu(D_{x_0}) = 1/N_0; \ \ \mu([0, 1)) = 1. \tag{2.1.9}$$

易知 $\mu$ 为 $\mathcal{A}$ 上的可加集函数. 因此存在一个定义在 $[0,1)$ 上的单增函数 $f$ 使得对任意的 $D_{x_0 \cdots x_n}$, 有

$$\mu(D_{x_0 \cdots x_n}) = f(D_{x_0 \cdots x_n}^+) - f(D_{x_0 \cdots x_n}^-), \tag{2.1.10}$$

此处 $D_{x_0 \cdots x_n}^-$ 和 $D_{x_0 \cdots x_n}^+$ 分别表示 $D_{x_0 \cdots x_n}$ 的左端点和右端点. 令

$$t_n(\omega) = \frac{f(D_{x_0 \cdots x_n}^+) - f(D_{x_0 \cdots x_n}^-)}{D_{x_0 \cdots x_n}^+ - D_{x_0 \cdots x_n}^-} = \frac{\mu(D_{x_0 \cdots x_n})}{P(D_{x_0 \cdots x_n})}, \quad \omega \in D_{x_0 \cdots x_n}. \tag{2.1.11}$$

设 $A$ 为 $f$ 可微点的集合, 则由单调函数导数存在定理知 $P(A) = 1$. 设 $\omega \in A$, $\omega \in D_{x_0 \cdots x_n}(n = 0, 1, 2, \cdots)$. 若 $\lim_{n \to \infty} P(D_{x_0 \cdots x_n}) = d > 0$, 则

$$\lim_{n \to \infty} t_n(\omega) = \lim_{n \to \infty} \mu(D_{x_0 \cdots x_n})/d < +\infty; \tag{2.1.12}$$

若 $\lim_{n \to \infty} P(D_{x_0 \cdots x_n}) = 0$, 则由导数的性质 (参见 Billingsley 1986, p.423) 和 (2.1.11), 有

$$\lim_{n \to \infty} t_n(\omega) = f'(\omega) < +\infty. \tag{2.1.13}$$

由 (2.1.12) 和 (2.1.13), 得

$$\limsup_{n \to \infty} [t_n(\omega)]^{1/n} \leq 1, \quad \omega \in A. \tag{2.1.14}$$

由 (2.1.6)—(2.1.11), 我们有

$$t_n(\omega) = \frac{1/[N_0 \prod_{k=1}^n N_k(x_{k-1})]}{q(X_0) \prod_{k=1}^n p_k(X_{k-1}, X_k)}, \quad \omega \in [0, 1). \tag{2.1.15}$$

由 (2.1.14) 和 (2.1.15), 得

$$\liminf_{n \to \infty} [\prod_{k=1}^n N_k(X_{k-1}) p_k(X_{k-1}, X_k)]^{1/n} \geq 1 \quad \text{a.s.}. \tag{2.1.16}$$

由于 $N_k(X_{k-1}) \leq m$, (2.1.3) 可由 (2.1.16) 得到. 定理证毕.

**定理 2.1.2**(刘文 1994c)　设 $\{X_n, n \geq 0,\}$ 为一马氏链, 其状态空间为 $S = \{1, 2, \cdots, m\}$, 初分布为

$$(q(1), q(2), \cdots, q(m)), \quad q(i) > 0, \quad i \in S, \tag{2.1.17}$$

转移矩阵为

$$(p_n(i, j)), \quad p_n(i, j) > 0. \quad i, j \in S, \quad n = 1, 2, \cdots. \tag{2.1.18}$$

令 $i \in S$, $S_n(i, \omega)$ 为 $X_0(\omega), X_1(\omega), \cdots, X_n(\omega)$ 中 $i$ 的个数, 即

$$S_n(i, \omega) = \sum_{k=0}^n \delta_i(X_k(\omega)), \tag{2.1.19}$$

此处 $\delta_i(\cdot)$ 为 Kronecker 函数.

(1) 若存在一个常量 $r \in [1/m, 1)$ 使得

$$\limsup_{n \to \infty}[\prod_{k=1}^{n} p_k(X_{k-1}, X_k)]^{1/n} \le r \quad \text{a.s.,} \tag{2.1.20}$$

则

$$\limsup_{n \to \infty}(1/n)S_n(i, \omega) \le p \quad \text{a.s..} \tag{2.1.21}$$

此处 $p$ 为方程

$$\lambda^{\lambda}[(1-\lambda)/(m-1)]^{1-\lambda} = r \tag{2.1.22}$$

的惟一解.

(2) 若存在一个常量 $r \in [1/m, 1/(m-1))$ 使得 (2.1.20) 成立, 则

$$\liminf_{n \to \infty}(1/n)S_n(i, \omega) \ge q \quad \text{a.s..} \tag{2.1.23}$$

此处 $q$ 为 (2.1.22) 在区间 $(0, 1/m]$ 中的惟一解.

**证**  令 $i \in S, \lambda \in (0,1)$ 为一常量. 在 $\mathcal{A}$ 上定义一个集函数 $\mu$ 如下: 对于任意的区间 $D_{x_0 \cdots x_n}$,

$$\mu(D_{x_0 \cdots x_n}) = \lambda^{\sum_{k=0}^{n} \delta_i(X_k)}[(1-\lambda)/(m-1)]^{\sum_{k=0}^{n}[1-\delta_i(X_k)]}, \tag{2.1.24}$$

且

$$\mu([0,1)) = \sum_{x_0=1}^{m} \mu(D_{x_0}). \tag{2.1.25}$$

易知 $\mu$ 为 $\mathcal{A}$ 上得可加集函数, 因此存在一定义在 $[0,1]$ 上的增函数 $f_{\lambda}$ 使得对任意的 $D_{x_0 \cdots x_n}$, 有

$$f_{\lambda}(D_{x_0 \cdots x_n}^{+}) - f_{\lambda}(D_{x_0 \cdots x_n}^{-}) = \mu(D_{x_0 \cdots x_n}). \tag{2.1.26}$$

令

$$t_n(\omega) = \frac{f_{\lambda}(D_{x_0 \cdots x_n}^{+}) - f_{\lambda}(D_{x_0 \cdots x_n}^{-})}{D_{x_0 \cdots x_n}^{+} - D_{x_0 \cdots x_n}^{-}}, \quad \omega \in D_{x_0 \cdots x_n}. \tag{2.1.27}$$

令 $A(\lambda)$ 为 $f_{\lambda}$ 可微点的全体, 类似于 (2.1.14) 的证明, 可得

$$\limsup_{n \to \infty}[t_n(\omega)]^{1/n} \le 1, \quad \omega \in A(\lambda). \tag{2.1.28}$$

由 (2.1.6), (2.1.7), (2.1.19), (2.1.24) 和 (2.1.27), 有

$$t_n(\lambda, \omega) = [\lambda^{S_n(i,\omega)}(\frac{1-\lambda}{m-1})^{n-S_n(i,\omega)}]/[q(X_0)\prod_{k=1}^{n} p_k(X_{k-1}X_k)]. \tag{2.1.29}$$

令

$$D = \{\omega : \limsup_{n \to \infty} [\prod_{k=1}^{n} (X_{k-1}, X_k)]^{1/n} \leq r\}. \tag{2.1.30}$$

则 (2.1.20) 蕴含 $P(D) = 1$. 由 (2.1.28)—(2.1.30), 有

$$\limsup_{n \to \infty} \lambda^{S_n(i,\omega)/n}[(1-\lambda)/(m-1)]^{1-S_n(i,\omega)/n} \leq r, \quad \omega \in A(\lambda) \cap D. \tag{2.1.31}$$

即

$$\limsup_{n \to \infty} [\lambda(m-1)/(1-\lambda)]^{S_n(i,\omega)/n} \leq r(m-1)/(1-\lambda), \quad \omega \in A(\lambda) \cap D. \tag{2.1.32}$$

(1) 令 $1/m < \lambda < 1$. 由 (2.1.32), 有

$$\limsup_{n \to \infty} (1/n)S_n(i,\omega) \leq [\ln \frac{r(m-1)}{1-\lambda}]/\ln \frac{\lambda(m-1)}{1-\lambda}, \quad \omega \in A(\lambda) \cap D. \tag{2.1.33}$$

令

$$\phi(\lambda) = [\ln \frac{r(m-1)}{1-\lambda}]/\ln \frac{\lambda(m-1)}{1-\lambda}. \tag{2.1.34}$$

由 $\phi'(\lambda) = 0$, 有

$$\lambda^{\lambda}[(1-\lambda)/(m-1)]^{1-\lambda} = r. \tag{2.1.35}$$

令

$$g(\lambda) = \lambda^{\lambda}[(1-\lambda)/(m-1)]^{1-\lambda}. \tag{2.1.36}$$

易知 $g(\lambda)$ 在 $[1/m, 1)$ 上单增, 且

$$g(1/m) = 1/m, \quad \lim_{\lambda \to 1-0} g(\lambda) = 1.$$

因此当 $1/m < r < 1$ 时 (2.1.35) 在区间 $(1/m, 1)$ 上有惟一解, 记为 $p$. 易知 $\phi(\lambda)$ 在 $\lambda = p$ 处达到它在区间 $(1/m, 1)$ 上的最小值, 且

$$\phi(p) = p. \tag{2.1.37}$$

在 (2.1.33) 中令 $\lambda = p$, 利用 (2.1.37), 有

$$\limsup_{n \to \infty} (1/n)S_n(i,\omega) \leq p, \quad \omega \in A(p) \cap D. \tag{2.1.38}$$

很明显, 当 $r = 1/m$ 时, $1/m$ 为 (2.1.35) 在区间 $[1/m, 1)$ 上的惟一解. 选择 $\lambda_k \in (1/m, 1), k = 1, 2, \cdots$, 使得 $\lambda_k \to 1/m$(当 $k \to \infty$), 并令

$$A_1 = \bigcap_{k=1}^{\infty} A(\lambda_k).$$

则对于任意的 $k \geq 1$, 我们有

$$\limsup_{n \to \infty}(1/n)S_n(i,\omega) \leq \phi(\lambda_k), \ \omega \in A_1 \cap D. \tag{2.1.39}$$

由于

$$\lim_{\lambda \to 1/m} \phi(\lambda) = 1/m, \tag{2.1.40}$$

则由 (2.1.39), 有

$$\limsup_{n \to \infty}(1/n)S_n(i,\omega) \leq 1/m, \ \ \omega \in A_1 \cap D. \tag{2.1.41}$$

由于 $P(A(p) \cap D) = P(A_1 \cap D) = 1$, 故由 (2.1.38) 和 (2.1.41), 可得 (2.1.12).

(2) 令 $0 < \lambda < 1/m$. 由 (2.1.32), 有

$$\liminf_{n \to \infty}(1/n)S_n(i,\omega) \geq [\ln \frac{r(m-1)}{1-\lambda}]/\ln \frac{\lambda(m-1)}{1-\lambda}, \ \omega \in A(\lambda) \cap D. \tag{2.1.42}$$

设 $\phi(\lambda), g(\lambda)$ 分别由 (2.1.34) 和 (2.1.36) 定义. 易知 $g(\lambda)$ 在 $(0,1/m]$ 上单增, 且 $\lim_{\lambda \to 0+} g(\lambda) = 1/m$. 因此当 $1/m < r < 1/(m-1)$ 时, (2.1.35) 在区间 $(0,1/m)$ 上有惟一解, 记为 $q$. 易知 $\phi(\lambda)$ 在 $\lambda = q$ 处达到它在区间 $(0,1/m)$ 上的最大值, 且有

$$\phi(q) = q. \tag{2.1.43}$$

在 (2.1.42) 中令 $\lambda = q$, 利用 (2.1.43), 有

$$\liminf_{n \to \infty}(1/n)S_n(i,\omega) \geq q, \ \ \omega \in A(q) \cap D. \tag{2.1.44}$$

很明显, 当 $r = 1/m$ 时, $1/m$ 为 (2.1.35) 在区间 $(0,1/m)$ 上的惟一解. 选择 $\tau_k \in (0,1/m)$, $k = 1,2,\cdots$, 使得 $\tau_k \to 1/m(k \to \infty)$, 并令

$$A_2 = \bigcap_{k=1}^{\infty} A(\tau_k).$$

类似于 (2.1.41) 的证明可以证得, 当 $r = 1/m$ 时,

$$\liminf_{n \to \infty}(1/n)S_n(i,\omega) \geq 1/m, \ \ \omega \in A_2 \cap D. \tag{2.1.45}$$

由 (2.1.44) 和 (2.1.45), 可得 (2.1.23). 证毕.

**推论 2.1.1** 在定理 2.1.2 的条件下, 并将 (2.1.20) 换为

$$\limsup_{n \to \infty}(1/n)\sum_{k=1}^{n} p_k(X_{k-1}, X_k) \leq r \ \ \text{a.s.}, \tag{2.1.46}$$

则 (2.1.21) 和 (2.1.23) 成立.

由算术几何平均不等式可知，(2.1.46) 蕴含 (2.1.20).

**推论 2.1.2**　在定理 2.1.2 或推论 2.1.1 的假设下，如果 $r = 1/m$, 则

$$\lim_{n \to \infty} (1/n) S_n(i, \omega) = 1/m \quad \text{a.s..} \tag{2.1.47}$$

## §2.2　关于可列非齐次马尔可夫链相对频率的两个不等式

本节的目的是要给出非齐次马氏链状态序偶的两个用不等式表示的强极限定理.

设 $\{X_n, n \geq 0\}$ 是以 $S = \{1, 2, \cdots\}$ 为状态空间的马尔可夫链，其初始分布和转移概率分别为

$$q(1), q(2), \cdots, q(n), \cdots \tag{2.2.1}$$

$$P_n = (p_n(i, j)), \quad n = 0, 1, 2, \cdots, \tag{2.2.2}$$

其中 $p_n(i, j) = P(X_{n+1} = j | X_n = i)$. 令 $k, j \in S$, $S_n(k, \omega)$ 是序列 $X_0, X_1, \cdots, X_{n-1}$ 中 $k$ 出现的次数，$S_n(k, j, \omega)$ 是序偶序列 $(X_0, X_1), (X_1, X_2), \cdots, (X_{n-1}, X_n)$ 中序偶 $(k, j)$ 出现的次数，即

$$S_n(k, \omega) = \sum_{m=0}^{n-1} \delta_k(X_m), \tag{2.2.3}$$

$$S_n(k, j, \omega) = \sum_{m=0}^{n-1} \delta_k(X_m) \delta_j(X_{m+1}), \tag{2.2.4}$$

其中 $\delta_i(\cdot)$ 是 $S$ 上的 Kronecker $\delta$ 函数.

**定理 2.2.1**(刘文 1996b)　设 $\{X_n, n \geq 0\}$ 是具有初分布 (2.2.1) 和转移矩阵 (2.2.2) 的马氏链，$S_n(k, \omega)$ 与 $S_n(k, j, \omega)$ 分别由 (2.2.3) 和 (2.2.4) 定义. 令

$$D(k) = \{\omega : \lim_{n \to \infty} S_n(k, \omega) = \infty\}, \tag{2.2.5}$$

则

$$\limsup_{n \to \infty} \frac{S_n(k, j, \omega)}{S_n(k, \omega)} \leq \limsup_{n \to \infty} p_n(k, j) \quad \text{a.s. 于} \quad D(k), \tag{2.2.6}$$

$$\liminf_{n \to \infty} \frac{S_n(k, j, \omega)}{S_n(k, \omega)} \geq \liminf_{n \to \infty} p_n(k, j) \quad \text{a.s. 于} \quad D(k). \tag{2.2.7}$$

**证**　在本节中以 $([0, 1), \mathcal{F}, P)$ 为所考虑的概率空间，其中 $\mathcal{F}$ 是 $[0, 1)$ 区间中的 Lebesgue 可测集的全体，$P$ 是 Lebesgue 测度. 首先给出具有分布 (2.2.1) 和转移矩阵 (2.2.2) 的马氏链在上述概率空间的一种实现.

设 (2.2.1) 中的非零元素依次为

$$q_{n_i},\ i = 1, 2, 3, \cdots,$$

其中 $1 \le n_1 < n_2 < n_3 < \cdots$. 将 $[0,1)$ 按 $q(n_1) : q(n_2) : \cdots$ 的比例分成可列 (包括有限) 个左闭右开区间 $D_{x_0}$ $(x_0 = n_1, n_2, \cdots)$, 并依次记之为

$$D_{n_1} = [0, q_{n_1}),\ D_{n_2} = [q_{n_1}, q_{n_1} + q_{n_2}), \cdots,$$

这些区间都称为 0 阶 $D$ 区间. 归纳地, 设 $n$ 阶 $D$ 区间 $D_{x_0 \cdots x_n}$ 已经定义, 且 $P_n$ 中第 $x_n$ 行的非零元素依次为

$$\boldsymbol{P}_n(x_n, m_i),\ (i = 1, 2, 3, \cdots), 1 \le m_1 < m_2 < m_3 < \cdots. \tag{2.2.8}$$

按 (2.2.8) 中各元素的比例将 $D_{x_0 \cdots x_n}$ 分成可列个左闭右开的区间, 并依次记之为

$$D_{x_0 \cdots x_n x_{n+1}}\ (x_{n+1} = m_i,\ i = 1, 2, 3, \cdots),$$

这样就得到 $n+1$ 阶 $D$ 区间. 如此继续下去就可得出一切阶 $D$ 区间. 根据以上的构造显然有

$$P(D_{x_0 \cdots x_n}) = q_{x_0} \prod_{m=0}^{n-1} p_m(x_m, x_{m+1}). \tag{2.2.9}$$

定义随机变量 $X_n : [0, 1) \to S$ 如下:

$$X_n(\omega) = x_n,\ 当\ \omega \in D_{x_0 \cdots x_n}. \tag{2.2.10}$$

由 (2.2.9) 与 (2.2.10), 有

$$P(X_0 = x_0, \cdots, X_n = x_n) = P(D_{x_0 \cdots x_n}) = q_{x_0} \prod_{m=0}^{n-1} p_m(x_m, x_{m+1}). \tag{2.2.11}$$

故 $\{X_n, n \ge 0\}$ 构成一马氏链, 其初始分布与转移矩阵分别为 (2.2.1) 和 (2.2.2).

为了证明此定理首先构造一辅助函数.

记区间 $[0, 1)$ 和所有各阶区间的集合为 $\mathcal{A}$, 设 $\lambda > 0$ 为一常数. 在 $\mathcal{A}$ 上定义一集函数如下: 设 $D_{x_0 \cdots x_n}$ 是一 $n$ 阶区间. 当 $n \ge 1$, 令

$$\mu(D_{x_0 \cdots x_n}) = P(D_{x_0 \cdots x_n}) \lambda^{\sum_{m=0}^{n-1} \delta_k(x_m) \delta_j(x_{m+1})}$$

$$\cdot \prod_{m=1}^{n-1} \left[ \frac{1}{1 + (\lambda - 1) p_m(k, j)} \right]^{\delta_k(x_m)}, \tag{2.2.12}$$

且

$$\mu(D_{x_0}) = \sum_{x_1} \mu(D_{x_0 x_1}), \qquad (2.2.13)$$

$$\mu([0,1)) = \sum_{x_0} \mu(D_{x_0}), \qquad (2.2.14)$$

其中 $\sum_{x_n}$ 表示取遍所有 $x_n$ 的值的和.

设 $n \geq 2$. 由 (2.2.12) 和 (2.2.9), 有

$$\mu(D_{x_0 \cdots x_n}) = \mu(D_{x_0 \cdots x_{n-1}}) p_{n-1}(x_{n-1}, x_n) \lambda^{\delta_k(x_{n-1}) \delta_j(x_n)}$$

$$\cdot \left[ \frac{1}{1 + (\lambda - 1) p_{n-1}(k,j)} \right]^{\delta_k(x_{n-1})}. \qquad (2.2.15)$$

分别考虑 $x_{n-1} = k$ 和 $x_{n-1} \neq k$, 由 (2.2.15), 有

$$\sum_{x_n} \mu(D_{x_0 \cdots x_n}) = \mu(D_{x_0 \cdots x_{n-1}}). \qquad (2.2.16)$$

由 (2.2.13), (2.2.14) 和 (2.2.16), 知 $\mu$ 是 $\mathcal{A}$ 上的可加集函数. 因此存在一个 $[0,1]$ 上的增函数 $f_\lambda$, 使得对任意 $D_{x_0 \cdots x_n}$, 有

$$\mu(D_{x_0 \cdots x_n}) = f_\lambda(D^+_{x_0 \cdots x_n}) - f_\lambda(D^-_{x_0 \cdots x_n}), \qquad (2.2.17)$$

其中 $D^+_{x_0 \cdots x_n}$ 和 $D^-_{x_0 \cdots x_n}$ 分别表示 $D_{x_0 \cdots x_n}$ 的左、右端点. 令

$$t_n(\lambda, \omega) = \frac{f_\lambda(D^+_{x_0 \cdots x_n}) - f_\lambda(D^-_{x_0 \cdots x_n})}{D^+_{x_0 \cdots x_n} - D^-_{x_0 \cdots x_n}}$$

$$= \frac{\mu(D_{x_0 \cdots x_n})}{P(D_{x_0 \cdots x_n})}, \quad \omega \in D_{x_0 \cdots x_n}. \qquad (2.2.18)$$

记 $A(\lambda, k, j)$ 为 $f_\lambda$ 的可微点集合, 则根据单调函数导数存在定理有 $P(A(\lambda, k, j)) = 1$. 令 $\omega \in A(\lambda, k, j)$, 且 $\omega \in D_{x_0 \cdots x_n} (n = 0, 1, 2, \cdots)$. 如果 $\lim_{n \to \infty} P(D_{x_0 \cdots x_n}) = d > 0$, 则

$$\lim_{n \to \infty} t_n(\lambda, \omega) = \lim_{n \to \infty} \mu(D_{x_0 \cdots x_n})/d < +\infty; \qquad (2.2.19)$$

如果 $\lim_{n \to \infty} P(D_{x_0 \cdots x_n}) = 0$, 则根据导数的性质, 有

$$\lim_{n \to \infty} t_n(\lambda, \omega) = f'_\lambda(\omega) < +\infty. \qquad (2.2.20)$$

由 (2.2.19), (2.2.20) 和 (2.2.5), 有

$$\limsup_{n \to \infty} [1/S_n(k, \omega)] \ln t_n(\lambda, \omega) \leq 0, \quad \omega \in A(\lambda, k, j) \cap D(k). \qquad (2.2.21)$$

设 $\omega \in [0,1)$. 如果 $\omega \in D_{x_0 \cdots x_n}(n \geq 0)$, 则 $X_n(\omega) = x_n$. 由 (2.2.18) 和 (2.2.12), 有

$$t_n(\lambda, \omega) = \lambda^{S_n(k,j,\omega)} \prod_{m=0}^{n-1} \left[ \frac{1}{1 + (\lambda - 1)p_m(k,j)} \right]^{\delta_k(X_m)}. \tag{2.2.22}$$

令 $\epsilon$ 为一任意正数, $b = \limsup_{n \to \infty} p_n(k,j)$. 则存在一个正整数 $N$ 使得

$$p_n(k,j) \leq b + \epsilon, \quad n \geq N. \tag{2.2.23}$$

令 $\lambda > 1$, 由 (2.2.22), (2.2.23) 和 (2.2.3), 有

$$t_n(\lambda, \omega) \geq \lambda^{S_n(k,j,\omega)} \prod_{m=0}^{N-1} \left[ \frac{1}{1 + (\lambda - 1)p_m(k,j)} \right]^{\delta_k(X_m)}$$

$$\cdot \prod_{m=N}^{n-1} \left[ \frac{1}{1 + (\lambda - 1)(b + \epsilon)} \right]^{\delta_k(X_m)}$$

$$= \lambda^{S_n(k,j,\omega)} \left[ \frac{1}{1 + (\lambda - 1)(b + \epsilon)} \right]^{S_n(k,\omega)}$$

$$\cdot \prod_{m=0}^{N-1} \left[ \frac{1 + (\lambda - 1)(b + \epsilon)}{1 + (\lambda - 1)p_m(k,j)} \right]^{\delta_k(X_m)}$$

$$\geq \lambda^{S_n(k,j,\omega)} \left[ \frac{1}{1 + (\lambda - 1)(b + \epsilon)} \right]^{S_n(k,\omega)} A, \tag{2.2.24}$$

其中 $A = \min\{1, [(1 + (\lambda - 1)(b + \epsilon))/(1 + (\lambda - 1))]^N\}$. 由 (2.2.21) 与 (2.2.24), 有

$$\limsup_{n \to \infty} \left\{ \frac{S_n(k,j,\omega)}{S_n(k,\omega)} \ln \lambda - \ln[1 + (\lambda - 1)(b + \epsilon)] \right\} \leq 0,$$

$$\omega \in A(\lambda, k, j,) \cap D(k). \tag{2.2.25}$$

由 (2.2.25), 有

$$\limsup_{n \to \infty} \frac{S_n(k,j,\omega)}{S_n(k,\omega)} \leq \frac{\ln[1 + (\lambda - 1)(b + \epsilon)]}{\ln \lambda}, \quad \omega \in A(\lambda, k, j) \cap D(k). \tag{2.2.26}$$

在 (2.2.26) 中令 $\epsilon \to 0$, 则有

$$\limsup_{n \to \infty} \frac{S_n(k,j,\omega)}{S_n(k,\omega)} \leq \frac{\ln[1 + (\lambda - 1)b]}{\ln \lambda}, \quad \omega \in A(\lambda, k, j) \cap D(k). \tag{2.2.27}$$

取 $\lambda_i > 1$, $i = 1, 2, \cdots$, 使 $\lambda_i \to 1$ (当 $i \to \infty$), 令 $A^*(k,j) = \bigcap_{i=1}^{\infty} A(\lambda_i, k, j)$. 则对所有 $i \geq 1$, 由 (2.2.27), 得

$$\limsup_{n \to \infty} \frac{S_n(k,j,\omega)}{S_n(k,\omega)} \leq \frac{\ln[1 + (\lambda_i - 1)b]}{\ln \lambda_i}, \quad \omega \in A^*(k,j) \cap D(k). \tag{2.2.28}$$

由于

$$\frac{\ln[1 + (\lambda_i - 1)b]}{\ln \lambda_i} \to b \quad (当 \ i \to \infty),$$

由 (2.2.28), 得

$$\limsup_{n \to \infty} \frac{S_n(k, j, \omega)}{S_n(k, \omega)} \leq b, \quad \omega \in A^*(k, j) \cap D(k). \tag{2.2.29}$$

由于 $P(A^*(k, j)) = 1$, 由 (2.2.29) 得 (2.2.6) 成立.

取 $0 < \tau_i < 1$, $i = 1, 2, \cdots$, 使 $\tau_i \to 1$ (当 $i \to \infty$), 令

$$A_*(k, j) = \bigcap_{i=1}^{\infty} A(\tau_i, k, j), \quad a = \liminf_{n \to \infty} p_n(k, j).$$

与 (2.2.29) 类似, 易得

$$\liminf_{n \to \infty} \frac{S_n(k, j, \omega)}{S_n(k, \omega)} \geq a, \quad \omega \in A_*(k, j) \cap D(k). \tag{2.2.30}$$

由于 $P(A_*(k, j)) = 1$, 由 (2.2.30), 得 (2.2.7) 成立. 证毕.

**注 2.2.1**    由于随机变量的任意族 $\{X_t, t \in T\}$ 的概率性质可由它的有限维子族的分布来表示, 不失一般性, 我们可用 $\{X_n, n \geq 1\}$ 的一个特殊实现来证明定理.

**注 2.2.2**    令 $P(X_m = k) > 0$, 我们有

$$E[\delta_k(X_m)\delta_j(X_{m+1})|X_m = k] = E[\delta_j(X_{m+1})|X_m = k] = p_m(k, j). \tag{2.2.31}$$

则 (2.2.6) 和 (2.2.7) 可改写如下:

$$\limsup_{n \to \infty} \left[ \sum_{m=0}^{n-1} \delta_k(X_m)\delta_j(X_{m+1}) \right] \Big/ \sum_{m=0}^{n-1} \delta_k(X_m)$$

$$\leq \limsup_{n \to \infty} E[\delta_j(X_{n+1})|X_n = k]; \tag{2.2.32}$$

$$\liminf_{n \to \infty} \left[ \sum_{m=0}^{n-1} \delta_k(X_m)\delta_j(X_{m+1}) \right] \Big/ \sum_{m=0}^{n-1} \delta_k(X_m)$$

$$\geq \liminf_{n \to \infty} E[\delta_j(X_{n+1})|X_n = k]. \tag{2.2.33}$$

**推论 2.2.1**    在上述定理的假设下, 如果

$$\lim_{n \to \infty} p_n(k, j) = p(k, j), \tag{2.2.34}$$

则

$$\lim_{n \to \infty} \frac{S_n(k, j, \omega)}{S_n(k, \omega)} = p(k, j) \ \text{a.s.} \ 于 \ D(k). \tag{2.2.35}$$

**证**   由 (2.2.6), (2.2.7) 和 (2.2.34), 立即可得 (2.2.35) 成立.

**推论 2.2.2**   令 $S = \{1, 2, \cdots, N\}$. 如果

$$\lim_{n \to \infty} p_n(k, j) = p(k, j) > 0, \quad k, j \in S, \tag{2.2.36}$$

则对所有的 $k, j \in S$, 有

$$\lim_{n \to \infty} \frac{S_n(k, j, \omega)}{S_n(k, \omega)} = p(k, j) \quad \text{a.s..} \tag{2.2.37}$$

**证**   令 $0 < \lambda < 1$ 是一常数, 则对所有 $i \in S$, 令

$$r(i, k) = \lambda; \tag{2.2.38}$$

$$r(i, j) = (1 - \lambda)p(i, j)/[1 - p(i, k)], \quad j \in S, \quad j \neq k. \tag{2.2.39}$$

易知 $(p(i, j))_{N \times N}$ 和 $(r(i, j))_{N \times N}$ 是转移矩阵. 当 $n \geq 1$, 令

$$\mu(D_{x_0 \cdots x_n}) = q_{x_0} \prod_{m=0}^{n-1} r_m(x_m, x_{m+1}), \tag{2.2.40}$$

其中 $q(x_0)$ 由 (2.2.1) 定义, 且

$$\mu(D_{x_0}) = \sum_{x_1=1}^{N} \mu(D_{x_0 x_1}), \tag{2.2.41}$$

$$\mu([0, 1)) = \sum_{x_0=1}^{N} \mu(D_{x_0}). \tag{2.2.42}$$

易知 $\mu$ 是 $\mathcal{A}$ 上的可加集函数. 因此存在 $[0, 1)$ 上的增函数 $g_\lambda$, 使对任意 $D_{x_0 \cdots x_n}$, 有

$$\mu(D_{x_0 \cdots x_n}) = g_\lambda(D_{x_0 \cdots x_n}^+) - g_\lambda(D_{x_0 \cdots x_n}^-). \tag{2.2.43}$$

令

$$t_n(\lambda, \omega) = \frac{g_\lambda(D_{x_0 \cdots x_n}^+) - g_\lambda(D_{x_0 \cdots x_n}^-)}{D_{x_0 \cdots x_n}^+ - D_{x_0 \cdots x_n}^-}$$

$$= \frac{\mu(D_{x_0 \cdots x_n})}{P(D_{x_0 \cdots x_n})}, \quad \omega \in (D_{x_0 \cdots x_n}). \tag{2.2.44}$$

记 $B(\lambda, k)$ 为 $g_\lambda$ 可微点集合. 仿照 (2.2.18) 和 (2.2.19) 的推导, 有

$$\lim_{n \to \infty} t_n(\lambda, \omega) = \text{有限数}, \quad \omega \in B(\lambda, k), \tag{2.2.45}$$

此式蕴含

$$\lim_{n\to\infty}[t_n(\lambda,\omega)]^{1/n}\leq 1,\quad \omega\in B(\lambda,k).\tag{2.2.46}$$

由 (2.2.44), (2.2.40), (2.2.9) 和 (2.2.10), 有

$$t_n(\lambda,\omega)=\prod_{m=0}^{n-1}\frac{r(X_m,X_{m+1})}{p_m(X_m,X_{m+1})}=R_n(\omega)\prod_{m=0}^{n-1}\frac{r(X_m,X_{m+1})}{p(X_m,X_{m+1})},\tag{2.2.47}$$

其中

$$R_n(\lambda,\omega)=\prod_{m=0}^{n-1}\frac{p(X_m,X_{m+1})}{p_m(X_m,X_{m+1})}.\tag{2.2.48}$$

显然由 (2.2.36), 得

$$\lim_{n\to\infty}[R_n(\omega)]^{1/n}=1.\tag{2.2.49}$$

此式与 (2.2.46) 和 (2.2.17) 蕴含

$$\limsup_{n\to\infty}\left[\prod_{m=0}^{n-1}\frac{r(X_m,X_{m+1})}{p(X_m,X_{m+1})}\right]^{1/n}\leq 1,\quad \omega\in B(\lambda,k).\tag{2.2.50}$$

令

$$a_k=\min_{1\leq i\leq N}\{p(i,k)\},\quad b_k=\max_{1\leq i\leq N}\{p(i,k)\}.\tag{2.2.51}$$

由 (2.2.38), (2.2.39) 和 (2.2.51), 有

$$\prod_{m=0}^{n-1}\frac{r(X_m,X_{m+1})}{p(X_m,X_{m+1})}=\prod_{m=0}^{n-1}\prod_{i=1}^{N}\prod_{j=1}^{N}\left[\frac{r(i,j)}{p(i,j)}\right]^{\delta_i(X_{m-1})\delta_j(X_m)}$$

$$=\prod_{m=0}^{n-1}\prod_{i=1}^{N}\left\{\left[\frac{\lambda}{p(i,k)}\right]^{\delta_i(X_{m-1})\delta_k(X_m)}\prod_{j\neq k}\left[\frac{1-\lambda}{1-p(i,k)}\right]^{\delta_i(X_{m-1})\delta_j(X_m)}\right\}$$

$$=\prod_{i=1}^{N}\left\{\left[\frac{\lambda}{p(i,k)}\right]^{\sum_{m=0}^{n-1}\delta_i(X_{m-1})\delta_k(X_m)}\left[\frac{1-\lambda}{1-p(i,k)}\right]^{\sum_{m=0}^{n-1}\delta_i(X_{m-1})\delta_k(X_m)}\right\}$$

$$=\prod_{i=1}^{N}\left\{\left[\frac{\lambda}{p(i,k)}\right]^{S_n(i,k,\omega)}\left[\frac{1-\lambda}{1-p(i,k)}\right]^{S_n(i,\omega)-S_n(i,k,\omega)}\right\}$$

$$\geq\prod_{i=1}^{N}\left[\left(\frac{\lambda}{b_k}\right)^{S_n(i,k,\omega)}\left(\frac{1-\lambda}{1-a_k}\right)^{S_n(i,\omega)-S_n(i,k,\omega)}\right]$$

$$=\left(\frac{\lambda}{b_k}\right)^{S_n(k,\omega)}\left(\frac{1-\lambda}{1-a_k}\right)^{n-S_n(k,\omega)}.\tag{2.2.52}$$

由 (2.2.50) 和 (2.2.52), 得

$$\limsup_{n \to \infty} \left[ \left( \frac{\lambda}{b_k} \right)^{S_n(k,\omega)/n} \left( \frac{1-\lambda}{1-a_k} \right)^{1-S_n(k,\omega)/n} \right] \leq 1, \quad \omega \in B(\lambda, k). \tag{2.2.53}$$

由此得

$$\limsup_{n \to \infty} (1/n) S_n(k,\omega) \ln \frac{\lambda(1-a_k)}{b_k(1-\lambda)} \leq \ln \frac{1-a_k}{1-\lambda}, \quad \omega \in B(\lambda, k). \tag{2.2.54}$$

取 $\lambda_k \in (0, a_k)$, 则

$$0 < \frac{\lambda_k(1-a_k)}{b_k(1-\lambda_k)} < 1, \quad 0 < \frac{1-a_k}{1-\lambda_k} < 1. \tag{2.2.55}$$

由 (2.2.54) 和 (2.2.55), 得

$$\liminf_{n \to \infty} (1/n) S_n(k,\omega) \geq \left[ \ln \frac{1-a_k}{1-\lambda} \right] / \ln \frac{\lambda_k(1-a_k)}{b_k(1-\lambda_k)} > 0,$$

$$\omega \in B(\lambda_k, k). \tag{2.2.56}$$

显然由 (2.2.56) 知 $B(\lambda_k, k) \subset D(k)$, 其中 $D(k)$ 如 (2.2.15) 所定义. 由于 $P(B(\lambda_k, k)) = 1$, 故有 $P(D(k)) = 1$. 由 (2.2.35), 即得 (2.2.37) 成立.

**推论 2.2.3**　在推论 2.2.2 的假设下, 对所有的 $k \in S$, 有

$$\lim_{n \to \infty} (1/n) S_n(k,\omega) = p_k \quad \text{a.s.,} \tag{2.2.57}$$

其中 $\{p_k, 1 \leq k \leq N\}$ 是由转移概率 $(p(i,j))_{N \times N}$ 决定的平稳分布.

　　**证**　令

$$D = \{\omega : \lim_{n \to \infty} S_n(k,j,\omega)/S_n(k,\omega) = p(k,j), \quad \forall \ k, j \in S\}. \tag{2.2.58}$$

由推论 2.2.2, 有 $P(D) = 1$. 令 $\omega \in D$, 由 (2.2.58), 有

$$S_n(j,k,\omega) = p(j,k)S_n(j,\omega) + \alpha_n(j,k,\omega)S_n(j,\omega), \tag{2.2.59}$$

其中 $\alpha_n(j,k,\omega) \to 0$(当 $n \to \infty$). 在 (2.2.59) 中对 $j = 1, 2, \cdots, N$ 求和, 得

$$S_n(k,\omega) = \sum_{j=1}^{N} p(j,k)S_n(j,\omega) + \sum_{j=1}^{N} \alpha_n(j,k,\omega)S_n(j,\omega). \tag{2.2.60}$$

令

$$u_n(k,\omega) = (1/n)S_n(k,\omega), \tag{2.2.61}$$

$$\beta_n(k,\omega) = (1/n)\sum_{j=1}^{N}\alpha_n(j,k,\omega)S_n(j,\omega). \tag{2.2.62}$$

显然 $\beta_n(k,\omega) \to 0$(当 $n \to \infty$). 由 (2.2.60)—(2.2.62), 得

$$u_n(k,\omega) = \sum_{j=1}^{N}p(j,k)u_n(j,\omega) + \beta_n(k,\omega),\quad 1 \le k \le N. \tag{2.2.63}$$

易知存在一个正整数的增数列 $\{n_i, i = 1,2,\cdots\}$(依赖于 $\omega$), 使对任意 $k \in S$, 有

$$\lim_{i\to\infty}u_{n_i}(k,\omega) = q_k, \tag{2.2.64}$$

其中

$$\sum_{k=1}^{N}q_k = 1,\quad q_k \ge 0,\quad 1 \le k \le N. \tag{2.2.65}$$

由 (2.2.63), 得

$$u_{n_i}(k,\omega) = \sum_{j=1}^{N}p(j,k)u_{n_i}(j,\omega) + \beta_{n_i}(k,\omega). \tag{2.2.66}$$

令 $i \to \infty$. 由 (2.2.65) 和 (2.2.66), 得

$$q_k = \sum_{j=1}^{N}p(j,k)q_j,\quad q_k \ge 0,\quad 1 \le k \le N. \tag{2.2.67}$$

由 (2.2.65) 和 (2.2.67), 知 $\{q_k, 1 \le k \le N\}$ 与由转移概率 $(p(i,j))_{N\times N}$ 决定的平稳分布 $\{p_k, 1 \le k \le N\}$ 是一致的. 这就意味着子列 $\{u_n(k,\omega), n \ge 1\}$ 的收敛极限是惟一的, 因此

$$\lim_{n\to\infty}u_n(k,\omega) = p_k,\quad \omega \in D. \tag{2.2.68}$$

由于 $P(D) = 1$, 由 (2.2.68), 即得 (2.2.57) 成立. 即得证推论 2.2.3.

## §2.3　有限非齐次马尔可夫链的若干极限性质

设 $\{X_n, n \ge 0\}$ 是取值于状态空间 $S = \{1,2,\cdots,m\}$ 上的马氏链, 其联合分布为 $p(x_0)\prod_{k=1}^{n}p_k(x_{k-1},x_k)$, 其中 $p_k(i,j)$ 是转移概率 $P(X_k = j|X_{k-1} = i)$. 令 $g_k(i,j)$ 是定义在 $S \times S$ 上的函数, $F_n(\omega) = (1/n)\sum_{k=1}^{n}g_k(X_{k-1},X_k)$. 本节研究了 $F_n(\omega)$ 与相对熵密度

$$f_n(\omega) = -(1/n)\left[\ln p(X_0) + \sum_{k=1}^{n}p_k(X_{k-1},X_k)\right]$$

的极限性质, 得到了关于 $\{X_n, n \geq 0\}$ 几乎处处收敛的若干定理, 并且把 Shannon-McMillan 定理推广到非齐次马氏链的情形. 本节结果见刘文与杨卫国 (1996b).

## §2.3.1　引　言

设 $\{X_n, n \geq 0\}$ 是取值于状态空间 $S = \{1, 2, \cdots, m\}$ 上的一列随机变量, 其联合分布为

$$P(X_0 = x_0, \cdots, X_n = x_n) = p(x_0, \cdots, x_n) > 0, \ x_i \in S, \ 1 \leq i \leq n. \qquad (2.3.1)$$

令

$$f_n(\omega) = -(1/n) \ln p(X_0, \cdots, X_n). \qquad (2.3.2)$$

$f_n(\omega)$ 称为 $\{X_k, 1 \leq k \leq n\}$ 的相对熵密度 (参见 Barron,1985). 如果 $\{X_n, n \geq 0\}$ 是取值于状态空间 $S = \{1, 2, \cdots, m\}$ 上的非齐次马氏链, 其初始分布与转移矩阵分别为

$$(p(1), p(2), \cdots, p(m)), \ p(i) > 0, \ i \in S, \qquad (2.3.3)$$

$$\boldsymbol{P}_n = (p_n(i, j)), \ p_n(i, j) > 0, \ i, j \in S, \ n \geq 1, \qquad (2.3.4)$$

其中 $p_n(i, j) = P(X_n = j | X_{n-1} = i)(n \geq 1)$, 则

$$p(x_0, \cdots, x_n) = p(x_0) \prod_{k=1}^{n} p_k(x_{k-1}, x_k), \qquad (2.3.5)$$

$$f_n(\omega) = -(1/n) \left[ \ln p(X_0) + \sum_{k=1}^{n} \ln p_k(X_{k-1}, X_k) \right]. \qquad (2.3.6)$$

信息论中的一个重要问题是相对熵密度的极限性质. Shannon 于 1948 年首次证明了平稳遍历马氏链 $f_n(\omega)$ 依概率收敛于一常数. McMillan(1953) 和 Breiman(1957) 分别证明了如果 $\{X_n\}$ 是平稳遍历的, 那么 $f_n(\omega)$ 分别依 $L_1$ 收敛与 a.s. 收敛到一常数. 这就是著名的 Shannon-McMillan 定理. 后来有不少作者讨论了更为一般的情况 (参见 Barron1985, Chung1961, Feinstein1954 与 Kiefer1974).

本节的目的是用一种新的方法推广 Shannon-McMillan 定理, 并给出有限非齐次马氏链得一类极限定理. 在第二部分中我们证明了这篇论文的主要结果, 即关于非齐次马氏链的两个随机变量的函数的收敛定理. 在第三部分中, 我们得到了马氏链的其他一些极限性质及其相对熵密度的若干极限定理. 最后, 我们把 Shannon-McMillan 定理推广到非齐次马氏链的情况. 在证明中, 使用了刘文 (1990) 提出的研究 a.s. 收敛的分析技巧.

## §2.3.2　主要结果

设 $\{X_n, n \geq 0\}$ 是具有初始分布 (2.3.3) 与转移矩阵 (2.3.4) 的马氏链，$g_n(i,j)$ 是定义在 $S \times S$ 上的实函数，令

$$F_n(\omega) = (1/n)\sum_{k=1}^{n} g_k(X_{k-1}, X_k). \tag{2.3.7}$$

特别地，令 $g_k(i,j) = -\ln p_k(i,j)$，除第一项外立即可得 (2.3.6).

对 $i \in S$, 令 $\delta_i(\cdot)$ 是 Kronecker 函数，即

$$\delta_i(j) = \begin{cases} 1, & \text{如果} j = i; \\ 0, & \text{如果} j \neq i. \end{cases} \tag{2.3.8}$$

显然有

$$F_n(\omega) = (1/n)\sum_{k=1}^{n}\sum_{i=1}^{m}\sum_{j=1}^{m} g_k(i,j)\delta_i(X_{k-1})\delta_j(X_k). \tag{2.3.9}$$

**定理 2.3.1**　设 $\{X_n, n \geq 0\}$ 是具有初始分布 (2.3.3) 与转移矩阵 (2.3.4) 的马氏链，$F_n(\omega)$ 由 (2.3.7) 定义. 如果存在常数 $\alpha > 0$, 满足

$$b_\alpha(i,j) = \limsup_{n\to\infty}\sum_{k=1}^{n} g_k{}^2(i,j)p_k(i,j)e^{\alpha|g_k(i,j)|} < \infty, \ \forall\, i,j \in S, \tag{2.3.10}$$

则

$$\lim_{n\to\infty}\left[F_n(\omega) - (1/n)\sum_{k=1}^{n}\sum_{j=1}^{m} g_k(X_{k-1}, j)p_k(X_{k-1}, j)\right] = 0 \ \text{ a.s.}, \tag{2.3.11}$$

即

$$\lim_{n\to\infty}\left[\sum_{k=1}^{n} g_k(X_{k-1}, X_k) - (1/n)\sum_{k=1}^{n}\sum_{j=1}^{m} g_k(X_{k-1}, j)p_k(X_{k-1}, j)\right] = 0 \ \text{ a.s..} \tag{2.3.12}$$

**证**　我们考虑基本的概率空间 $([0,1), \mathcal{F}, P)$, 其中 $\mathcal{F}$ 是 $[0,1)$ 区间上的 Lebesgue 可测集的全体，$P$ 是 Lebesgue 测度. 我们首先给出具有初始分布 (2.3.3) 与转移矩阵 (2.3.4) 的马氏链在此概率空间的一种实现. 将区间 $[0,1)$ 分成 $m$ 个左闭右开区间：

$$D_1 = [0, p(1)), D_2 = [p(1), p(1)+p(2)), \cdots, D_m = [1-p(m), 1).$$

这些区间都称为 0 阶区间. 很明显有

$$P(D_{x_0}) = p(x_0), \ x_0 = 1, 2, \cdots, m. \tag{2.3.13}$$

假定 $m^n$ 个 $n-1$ 阶区间 $\{D_{x_0\cdots x_{n-1}}, \ x_i = 1, 2, \cdots, m, \ 0 \leq i \leq n-1\}$ 已经定义. 将右半开区间 $D_{x_0\cdots x_{n-1}}$ 按比例:

$$p_n(x_{n-1}, 1) : p_n(x_{n-1}, 2) : \cdots, p_n(x_{n-1}, m)$$

分成 $m$ 个右半开区间 $D_{x_0\cdots x_{n-1}1}, D_{x_0\cdots x_{n-1}2}, \cdots, D_{x_0\cdots x_{n-1}m}$. 这样就得到 $n$ 阶区间. 对 $n \geq 1$, 易得

$$P(D_{x_0\cdots x_n}) = p(x_0) \prod_{k=1}^{n} p_k(x_{k-1}, x_k). \tag{2.3.14}$$

对 $n \geq 0$, 定义随机变量 $X_n : [0, 1) \to S$ 如下:

$$X_n(\omega) = x_n, \ 如果 \ \omega \in D_{x_0\cdots x_n}. \tag{2.3.15}$$

由 (2.3.13) 与 (2.3.14), 得

$$\{\omega : X_0 = x_0, \cdots, X_n = x_n\} = D_{x_0\cdots x_n},$$

$$P(X_0 = x_0, \cdots, X_n = x_n) = p(x_0 \cdots x_n) = p(x_0) \prod_{k=1}^{n} p_k(x_{k-1}, x_k).$$

因此 $\{X_n, n \geq 0\}$ 是具有初始分布 (2.3.3) 与转移矩阵 (2.3.4) 的马氏链.

设各阶区间 (包括零阶区间 $[0, 1)$) 的全体为 $\mathcal{A}$, $r$ 为非零常数, $i, j \in S$. 定义集函数 $\mu$ 如下: 假定 $D_{x_0\cdots x_n}$ 是 $n$ 阶区间. 对 $n \geq 1$, 令

$$\mu(D_{x_0\cdots x_n}) = \exp\left[r\sum_{k=1}^{n}(\delta_i x_{k-1})\delta_j(x_k)g_k\right] \prod_{k=1}^{n}\left[\frac{1}{1(\mathrm{e}^{rg_k}-1)p_k(i,j)}\right]^{\delta_i(x_{k-1})}$$

$$\times p(x_0) \prod_{k=1}^{n} p_k(x_{k-1}, x_k), \tag{2.3.16}$$

其中 $g_k(i, j)$ 简记为 $g_k$. 令

$$\mu(D_{x_0}) = \sum_{x_1=1}^{m} \mu(D_{x_0 x_1}), \tag{2.3.17}$$

$$\mu([0, 1)) = \sum_{x_0=1}^{m} \mu(D_{x_0}). \tag{2.3.18}$$

由 (2.3.16), 当 $n \geq 2$ 时有

$$\sum_{x_n=1}^{m} \mu(D_{x_0 \cdots x_n}) = \mu(D_{x_0 \cdots x_{n-1}}) \frac{\sum\limits_{x_n=1}^{m} p_n(x_{n-1}, x_n) \exp[r\delta_i(x_{n-1})\delta_j(x_n)g_n]}{[1 + (e^{rg_n} - 1)p_n(i,j)]^{\delta_i(x_{n-1})}}$$

$$= \mu(D_{x_0 \cdots x_{n-1}}) \frac{p_n(x_{n-1}, j) \exp[r\delta_i(x_{n-1})g_n] + (1 - p_n(x_{n-1}, j))}{[1 + (e^{rg_n} - 1)p_n(i,j)]^{\delta_i(x_{n-1})}}$$

$$= \mu(D_{x_0 \cdots x_{n-1}}) \tag{2.3.19}$$

(考虑两种情况 $\delta_i(x_{n-1}) = 0$ 和 $\delta_i(x_{n-1}) = 1$, 最后的等式成立). 由 (2.3.17) —
(2.3.19), 易知存在定义在 $[0,1)$ 上的增函数 $f_r$, 对任何 $(D_{x_0 \cdots x_n})$ 满足

$$\mu(D_{x_0 \cdots x_n}) = f_r(D_{x_0 \cdots x_n}^+) - f_r(D_{x_0 \cdots x_n}^-), \tag{2.3.20}$$

其中 $D_{x_0 \cdots x_n}^-$ 与 $D_{x_0 \cdots x_n}^+$ 分别表示 $D_{x_0 \cdots x_n}$ 的左、右端点. 事实上, 设各阶区间端
点的集合为 $Q$, 我们定义 $f_r$ 如下:

$$f_r(0) = 0, \ f_r(1) = 1$$

$$f_r(D_k^+) = \mu(\bigcup_{i=1}^{k} D_i), \ k = 1, 2, \cdots, m,$$

$$f_r(D_{x_0 \cdots x_n k}^+) = f_r(D_{x_0 \cdots x_n}^-) + \mu(\bigcup_{i=1}^{k} D_{x_0 \cdots x_n i}),$$

$$f_r(x) = \sup\{f_r(t), t \in [0, x) \bigcap Q\}, \ 如果 x \in [0,1] - Q.$$

易知 $f_r$ 是定义在 $[0,1]$ 上的增函数且满足 (2.3.20). 令

$$t_n(r, \omega) = \frac{\mu(D_{x_0 \cdots x_n})}{P(D_{x_0 \cdots x_n})} = \frac{f_r(D_{x_0 \cdots x_n}^+) - f_r(D_{x_0 \cdots x_n}^-)}{D_{x_0 \cdots x_n}^+ - D_{x_0 \cdots x_n}^-}, \ \omega \in D_{x_0 \cdots x_n}. \tag{2.3.21}$$

设 $f_r$ 的可微点的全体为 $A_{ij}(r)$, 则 (参见 Billingsley 1986, p.423)

$$\lim_{n \to \infty} t_n(r, \omega) = 有限数, \ \omega \in A_{ij}(r), \tag{2.3.22}$$

且由单调函数导数存在定理, 有 $P(A_{ij}(r)) = 1$. 由 (2.3.22), 得

$$\limsup_{n \to \infty} (1/n) \ln t_n(r, \omega) \leq 0, \ \omega \in A_{ij}(r). \tag{2.3.23}$$

由 (2.3.14)—(2.3.16) 与 (2.3.21), 得

$$(1/n) \ln t_n(r, \omega)$$

$$= (r/n) \sum_{k=1}^{n} \delta_i(X_{k-1})\delta_j(X_k)g_k - (1/n) \sum_{k=1}^{n} \delta_i(X_{k-1}) \ln[1 + (\mathrm{e}^{rg_k} - 1)p_k(i,j)],$$
$$\omega \in [0,1). \tag{2.3.24}$$

由 (2.3.23) 与 (2.3.24), 有

$$\limsup_{n\to\infty} \left\{ (r/n) \sum_{k=1}^{n} \delta_i(X_{k-1})\delta_j(X_k)g_k - (1/n) \sum_{k=1}^{n} \delta_i(X_{k-1}) \ln[1 + (\mathrm{e}^{rg_k} - 1)p_k] \right\}$$
$$\leq 0, \ \omega \in A_{ij}(r), \tag{2.3.25}$$

其中 $p_k(i,j)$ 简记为 $p_k$.

(a) 令 $r > 0$, 在 (2.3.25) 两边同除以 $r$, 得

$$\limsup_{n\to\infty} \left\{ (1/n) \sum_{k=1}^{n} \delta_i(X_{k-1})\delta_j(X_k)g_k - (1/r) \sum_{k=1}^{n} \delta_i(X_{k-1}) \ln[1 + (\mathrm{e}^{rg_k} - 1)p_k] \right\}$$
$$\leq 0, \ \omega \in A_{ij}(r). \tag{2.3.26}$$

由 (2.3.26) 与上极限的性质

$$\limsup_{n\to\infty}(a_n - b_n) \leq 0 \Longrightarrow \limsup_{n\to\infty}(a_n - c_n) \leq \limsup_{n\to\infty}(b_n - c_n), \tag{2.3.27}$$

及不等式

$$\ln(1 + x) \leq x \ \ (x > -1), \tag{2.3.28}$$

有

$$0 \leq e^x - 1 - x \leq x^2 e^{|x|}, \tag{2.3.29}$$

$$\limsup_{n\to\infty}(1/n) \left[ \sum_{k=1}^{n} \delta_i(X_{k-1})\delta_j(X_k)g_k - \sum_{k=1}^{n} \delta_i(X_{k-1})g_k p_k \right]$$
$$\leq \limsup_{n\to\infty}(1/n) \sum_{k=1}^{n} \delta_i(X_{k-1})\{(1/r) \ln[1 + (\mathrm{e}^{rg_k} - 1)p_k] - g_k p_k\}$$
$$\leq \limsup_{n\to\infty}(1/n) \sum_{k=1}^{n} \delta_i(X_{k-1})(p_k/r)(e^{rg_k} - 1 - rg_k)$$
$$\leq \limsup_{n\to\infty}(1/n) \sum_{k=1}^{n} g_k{}^2 p_k e^{r|g_k|}, \ \omega \in A_{ij}(r). \tag{2.3.30}$$

取 $r_l \in (0,\alpha), l = 1,2,\cdots$ 满足 $r_l \to 0(l \to \infty)$, 并令

$$A_{ij}{}^* = \bigcap_{l=1}^{\infty} A_{ij}(r_l),$$

则对一切 $l \geq 1$, 由 (2.3.30) 与 (2.3.10), 得

$$\limsup_{n \to \infty}(1/n)\left[\sum_{k=1}^{n}\delta_i(X_{k-1})\delta_j(X_k)g_k - \sum_{k=1}^{n}\delta_i(X_{k-1})g_kp_k\right]$$

$$\leq \limsup_{n \to \infty}(1/n)\sum_{k=1}^{n}g_k{}^2p_ke^{r|g_k|}$$

$$= r_lb_\alpha(i,j), \quad \omega \in A_{ij}{}^*. \tag{2.3.31}$$

由于 $r_l \to 0(l \to \infty)$ 及 (2.3.31), 得

$$\limsup_{n \to \infty}(1/n)\left[\sum_{k=1}^{n}\delta_i(X_{k-1})\delta_j(X_k)g_k - \sum_{k=1}^{n}\delta_i(X_{k-1})g_kp_k\right] \leq 0, \ \omega \in A_{ij}{}^*. \tag{2.3.32}$$

(b) 令 $r < 0$, 在 (2.3.25) 两边同除以 $r$, 得

$$\liminf_{n \to \infty}(1/n)\left\{\sum_{k=1}^{n}\delta_i(X_{k-1})\delta_j(X_k)g_k - (1/r)\sum_{k=1}^{n}\delta_i(X_{k-1})\ln[1 + (e^{rg_k} - 1)p_k]\right\}$$

$$\leq 0, \ \omega \in A_{ij}(r). \tag{2.3.33}$$

由 (2.3.33) 与下极限的性质

$$\liminf_{n \to \infty}(a_n - b_n) \geq 0 \Longrightarrow \liminf_{n \to \infty}(a_n - c_n) \geq \liminf_{n \to \infty}(b_n - c_n), \tag{2.3.34}$$

及不等式 (2.3.28) 与 (2.3.29), 有

$$\liminf_{n \to \infty}(1/n)\left[\sum_{k=1}^{n}\delta_i(X_{k-1})\delta_j(X_k)g_k - \sum_{k=1}^{n}\delta_i(X_{k-1})g_kp_k\right]$$

$$\geq \liminf_{n \to \infty}(1/n)\sum_{k=1}^{n}\delta_i(X_{k-1})\{(1/r)\ln[1 + (e^{rg_k} - 1)p_k] - g_kp_k\}$$

$$\geq \liminf_{n \to \infty}(1/n)\sum_{k=1}^{n}\delta_i(X_{k-1})p_k(e^{rg_k} - 1 - rg_k)$$

$$= (1/r)\limsup_{n \to \infty}(1/n)\sum_{k=1}^{n}\delta_i(X_{k-1})(p_k/r)(e^{rg_k} - 1 - rg_k)$$

$$\geq r\limsup_{n \to \infty}(1/n)\sum_{k=1}^{n}g_k{}^2p_ke^{r|g_k|}, \quad \omega \in A_{ij}(r). \tag{2.3.35}$$

取 $s_l \in (-\alpha, 0), l = 1, 2, \cdots$, 满足 $s_l \to 0 \ (l \to \infty)$, 并令

$$A_{ij}{}^{**} = \bigcap_{l=1}^{\infty}A_{ij}(s_l),$$

则对一切 $l \geq 1$, 由 (2.3.35) 与 (2.3.10), 得

$$\liminf_{n \to \infty} (1/n) \left[ \sum_{k=1}^{n} \delta_i(X_{k-1}) \delta_j(X_k) g_k - \sum_{k=1}^{n} \delta_i(X_{k-1}) g_k p_k \right]$$

$$\geq s_l \limsup_{n \to \infty} (1/n) \sum_{k=1}^{n} g_k^2 p_k e^{r|g_k|}$$

$$= s_l b_\alpha(i,j), \quad \omega \in A_{ij}^{**}. \tag{2.3.36}$$

由于 $s_l \to 0 (l \to \infty)$, 由 (2.3.36), 得

$$\liminf_{n \to \infty} (1/n) \left[ \sum_{k=1}^{n} \delta_i(X_{k-1}) \delta_j(X_k) g_k - \sum_{k=1}^{n} \delta_i(X_{k-1}) g_k p_k \right] \geq 0, \ \omega \in A_{ij}^{**}. \tag{2.3.37}$$

令 $A_{ij} = A_{ij}^* \bigcap A_{ij}^{**}$. 由 (2.3.32) 与 (2.3.37), 并注意到 $g_k = g_k(i,j), p_k = p_k(i,j)$, 得

$$\lim_{n \to \infty} (1/n) \left[ \sum_{k=1}^{n} \delta_i(X_{k-1}) \delta_j(X_k) g_k - \sum_{k=1}^{n} \delta_i(X_{k-1}) g_k p_k \right] \geq 0, \quad \omega \in A_{ij}. \tag{2.3.38}$$

令 $A = \bigcap_{i,j=1}^{m} A_{ij}$. 由 (2.3.38), (2.3.9) 与 (2.3.8), 有

$$\lim_{n \to \infty} (1/n) \left[ \sum_{k=1}^{n} g_k(X_{k-1}, X_k) - \sum_{k=1}^{n} \sum_{j=1}^{n} g_k(X_{k-1}, j) \right]$$

$$= \lim_{n \to \infty} (1/n) \sum_{k=1}^{n} \left[ \sum_{i=1}^{m} \sum_{j=1}^{m} \delta_i(X_{k-1}) \delta_j(X_k) g_k(i,j) - \sum_{i=1}^{m} \sum_{j=1}^{m} \delta_i(X_{k-1}) g_k i, j) p_k(i,j) \right]$$

$$= \sum_{i=1}^{m} \sum_{j=1}^{m} \lim_{n \to \infty} (1/n) \sum_{k=1}^{n} \delta_i(X_{k-1}) g_k(i,j) [\delta_j(X_k) - p_k(i,j)] = 0, \quad \omega \in A. \tag{2.3.39}$$

由于 $P(A) = 1$, (2.3.12) 由 (2.3.39) 立即可得. 证毕.

**推论 2.3.1** 设 $\{X_n, n \geq 0\}$ 与 $\{g_n(i,j), n \geq 1\}$ 如定理所述. 如果存在 $\alpha > 0$ 满足对所有的 $i,j \in S$, $\{p_k(i,j)e^{\alpha|g_k(i,j)|}, k \geq 1\}$ 有界, 即存在有限数 $M(i,j)$ 满足

$$0 \leq p_k(i,j)e^{\alpha|g_k(i,j)|} \leq M(i,j), \ \forall \ k \geq 1, \tag{2.3.40}$$

则 (2.3.12) 成立.

**证** 取 $\beta \in (0, \alpha)$. 由 (2.3.40), 有

$$b_\beta(i,j) = \limsup_{n \to \infty} (1/n) \sum_{k=1}^{n} g_k^2(i,j) p_k(i,j) e^{\beta|g_k(i,j)|}$$

$$= \limsup_{n \to \infty}(1/n) \sum_{k=1}^{n} p_k(i,j)p_k(i,j)e^{\alpha|g_k(i,j)|}g_k{}^2(i,j)e^{(\beta-\alpha)|g_k(i,j)|}$$

$$\leq M(i,j)\limsup_{n \to \infty}(1/n)\sum_{k=1}^{n}g_k{}^2(i,j)e^{(\beta-\alpha)|g_k(i,j)|} < \infty. \tag{2.3.41}$$

由定理 2.3.1, (2.3.12) 从 (2.3.41) 立即可得. 证毕.

## §2.3.3　马尔可夫链的若干其他极限性质 与 Shannon-McMillan 定理的推广

**定理 2.3.2**　设 $\{X_n, n \geq 0\}$ 是具有初始分布 (2.3.3) 与转移矩阵 (2.3.4) 的马氏链，$f_n(\omega)$ 是由 (2.3.6) 定义的相对熵密度，则

$$\lim_{n \to \infty}\left\{f_n(\omega) + (1/n)\sum_{k=1}^{n}\sum_{j=1}^{m}p_k(X_{k-1},j)\ln p_k(X_{k-1},j)\right\} = 0 \quad \text{a.s..} \tag{2.3.42}$$

**证**　在定理 2.3.1 中令 $g_k(i,j) = -\ln p_k(i,j)$, 则有

$$F_n(\omega) = (1/n)g_k(X_{k-1},X_k) = -(1/n)\sum_{k=1}^{n}\ln p_k(X_{k-1},X_k), \tag{2.3.43}$$

及

$$p_k(i,j)e^{|g_k(i,j)|} = p_k(i,j)e^{-\ln p_k(i,j)} = 1. \tag{2.3.44}$$

由 (2.3.43), (2.3.44), (2.3.6) 及定理 2.3.1 的推论知 (2.3.42) 成立. 证毕.

**引理 2.3.1**　$\{Y_n, n \geq 1\}$ 是在 $S = \{1, 2, \cdots, m\}$ 中取值的随机变量序列，$g$ 与 $g_k, k \geq 1$, 是定义在 $S$ 上的函数，$S_n(i,\omega), i \in S$, 是序列 $Y_1(\omega), \cdots, Y_n(\omega)$ 中 $i$ 出现的个数，即有

$$S_n(i,\omega) = \sum_{k=1}^{n}\delta_i(Y_k(\omega)). \tag{2.3.45}$$

如果

(a)

$$\lim_{n \to \infty}(1/n)\sum_{k=1}^{n}|g_k(i) - g(i)| = 0, \quad \forall\, i \in S; \tag{2.3.46}$$

(b) 下列极限存在:

$$\lim_{n \to \infty}(1/n)S_n(i,\omega) = p_i \quad \text{a.s.,} \quad \forall i \in S. \tag{2.3.47}$$

则

$$\lim_{n\to\infty} (1/n) \sum_{k=1}^{n} g_k(Y_k) = \sum_{i=1}^{m} p_i g(i) \quad \text{a.s..} \tag{2.3.48}$$

**证** 应用三角不等式:

$$|a - b| \le |a - c| + |c - b|, \tag{2.3.49}$$

由 (2.3.8) 与 (2.3.45), 得

$$|(1/n) \sum_{k=1}^{n} g_k(Y_k) - \sum_{i=1}^{m} p_i g(i)|$$

$$\le |(1/n) \sum_{k=1}^{n} \sum_{i=1}^{m} \delta_i(Y_k) g_k(i) - (1/n) \sum_{k=1}^{n} \sum_{i=1}^{m} \delta_i(Y_k) g(i)|$$

$$+ |(1/n) \sum_{k=1}^{n} \sum_{i=1}^{m} \sum_{i=1}^{m} p_i g(i)|$$

$$\le (1/n) \sum_{k=1}^{n} \sum_{i=1}^{m} \delta_i(Y_k) |g_k(i) - g(i)| + \sum_{i=1}^{m} |(1/n) \sum_{k=1}^{n} \delta_i(Y_k) - p_i| |g(i)|$$

$$\le (1/n) \sum_{i=1}^{m} \sum_{k=1}^{n} |g_k(i) - g(i)| + \sum_{i=1}^{m} |(1/n) S_n(i,\omega) - p_i| |g(i)|. \tag{2.3.50}$$

由 (2.3.47), 有

$$\lim_{n\to\infty} \sum_{i=1}^{m} |(1/n) S_n(i,\omega) - p_i| |g(i)| = 0 \quad \text{a.s..} \tag{2.3.51}$$

且由 (2.3.46), 得

$$\lim_{n\to\infty} (1/n) \sum_{i=1}^{m} \sum_{k=1}^{n} |g_k(i) - g(i)| = 0. \tag{2.3.52}$$

则由 (2.3.50)—(2.3.52), 立即可得 (2.3.48).

**定理 2.3.3** 设马氏链 $\{X_n, n \ge 0\}$, $g_k(i,j)$ 与 $F_n(\omega)$ 如定理 2.3.1 所述, 令 $g(i)$ 是定义在 $S$ 上的函数, $S_n(i,\omega)$, $i \in S$, 是序列 $X_0(\omega), \cdots, X_{n-1}(\omega)$ 中 $i$ 出现的次数, 即

$$S_n(i,\omega) = \sum_{k=1}^{n} \delta_i(X_{k-1}(\omega)). \tag{2.3.53}$$

如果

(a) 存在 $\alpha > 0$ 对所有的 $i,j \in S$ 满足 (2.3.10);

(b)

$$\lim_{n\to\infty} (1/n) \sum_{k=1}^{n} |\sum_{j=1}^{m} p_k(i,j)g_k(i,j) - g(i)| = 0, \quad \forall i \in S; \tag{2.3.54}$$

(c) 下列极限存在:

$$\lim_{n\to\infty} (1/n)S_n(i,\omega) = p_i \quad \text{a.s.,} \quad \forall i \in S. \tag{2.3.55}$$

则

$$\lim_{n\to\infty} F_n(\omega) = \sum_{i=1}^{m} p_i g(i) \quad \text{a.s..} \tag{2.3.56}$$

**证**　在引理 2.3.1 中令 $Y_k = X_{k-1}$,

$$g_k(i) = \sum_{j=1}^{m} p_k(i,j)g_k(i,j), \ k \geq 1, \tag{2.3.57}$$

由 (2.3.53) 与 (2.3.54), 有

$$\lim_{n\to\infty} (1/n) \sum_{k=1}^{n} \sum_{j=1}^{m} p_k(X_{k-1},j)g_k(X_{k-1},j) = \sum_{i=1}^{m} p_i g(i) \quad \text{a.s..} \tag{2.3.58}$$

由 (a) 及定理 2.3.1,(2.3.11) 成立, 则由 (2.3.11) 与 (2.3.58), 立得 (2.3.56). 证毕.

**定理 2.3.4**　设 $\{X_n, n \geq 0\}$, $g(i)$ 与 $S_n(i,\omega)$ 如定理 2.3.3 中所定义, 且设 $f_n(\omega)$ 是由 (2.3.6) 定义的 $\{X_k, 0 \leq k \leq n\}$ 的相对熵密度. 如果

(a)

$$\lim_{n\to\infty} (1/n) \sum_{k=1}^{n} |\sum_{j=1}^{m} p_k(i,j) \ln p_k(i,j) + g(i)| = 0, \quad \forall i \in S; \tag{2.3.59}$$

(b) 对所有的 $i \in S$, 等式 (2.3.55) 成立. 则

$$\lim_{n\to\infty} f_n(\omega) = \sum_{i=1}^{m} p_i g(i) \quad \text{a.s..} \tag{2.3.60}$$

**证**　在引理 2.3.1 中令 $Y_k = X_{k-1}$,

$$g_k(i) = \sum_{j=1}^{m} p_k(i,j) \ln p_k(i,j), \quad k \geq 1. \tag{2.3.61}$$

由 (2.3.59) 与 (2.3.55), 有

$$\lim_{n\to\infty} (1/n) \sum_{k=1}^{n} |\sum_{j=1}^{m} p_k(X_{k-1},j) \ln p_k(X_{k-1},j) = \sum_{i=1}^{m} p_i g(i) \quad \text{a.s..} \tag{2.3.62}$$

由定理 2.3.2, (2.3.42) 成立, 由 (2.3.62) 与 (2.3.42) 易得 (2.3.60). 证毕.

**定理 2.3.5**　设马氏链 $\{X_n, n \geq 0\}$ 与 $S_n(i, \omega)$ 如定理 2.3.3 所定义, 则

$$\lim_{n \to \infty} (1/n) \left[ S_n(i, \omega) - \sum_{k=1}^{n} p_k(X_{k-1}, i) \right] = 0 \quad \text{a.s..} \tag{2.3.63}$$

**证**　在定理 2.3.1 中令 $g_k = \delta_i(y)(k \geq 1)$, 由 (2.3.53), 得

$$\sum_{k=1}^{n} \{ g_k(X_{k-1}, j) p_k(X_{k-1}, j) \}$$

$$= \sum_{k=1}^{n} \left\{ \delta_i(X_k) - \sum_{j=1}^{m} \delta_i(j) p_k(X_{k-1}, j) \right\}$$

$$= S_n(i, \omega) + \delta_i(X_n) - \delta_i(X_0) - \sum_{k=1}^{n} p_k(X_{k-1}, i). \tag{2.3.64}$$

由 (2.3.64) 与定理 2.3.1, (2.3.63) 成立. 证毕.

**定理 2.3.6**　设马氏链 $\{X_n, n \geq 0\}$ 与 $S_n(i, \omega)$ 如定理 2.3.3 所定义. 设 $\boldsymbol{P} = (p(i, j))$ 是遍历转移矩阵, 且设 $(p_1, \cdots, p_m)$ 是由 $\boldsymbol{P}$ 决定的平稳分布. 对任意实数, 令

$$a^+ = \max(a, 0), \quad a^- = (-a)^+.$$

(a) 如果

$$\lim_{n \to \infty} (1/n) \sum_{k=1}^{n} [p_k(i, j) - p(i, j)]^+ = 0, \quad \forall\, i, j \in S, \tag{2.3.65}$$

则

$$\limsup_{n \to \infty} (1/n) S_n(j, \omega) \leq p_j \quad \text{a.s.;} \tag{2.3.66}$$

(b) 如果

$$\lim_{n \to \infty} (1/n) \sum_{k=1}^{n} [p_k(i, j) - p(i, j)]^- = 0, \quad \forall\, i, j \in S, \tag{2.3.67}$$

则

$$\liminf_{n \to \infty} (1/n) S_n(j, \omega) \geq p_j, \quad \text{a.s.;} \tag{2.3.68}$$

(c) 如果

$$\lim_{n \to \infty} (1/n) \sum_{k=1}^{n} |p_k(i, j) - p(i, j)| = 0, \quad \forall\, i, j \in S, \tag{2.3.69}$$

则

$$\lim_{n\to\infty}(1/n)S_n(j,\omega)=p_j \quad \text{a.s..} \tag{2.3.70}$$

**证**　由 (2.3.63), 得

$$\lim_{n\to\infty}(1/n)\left[S_n(j,\omega)-\sum_{k=1}^{n}p_k(X_{k-1},j)\right]=0,\quad \omega\in A,\ \forall\,j\in S, \tag{2.3.71}$$

其中 $A\in\mathcal{F}$ 且 $P(A)=1$. 易得

$$\sum_{k=1}^{n}p_k(X_{k-1},j)=\sum_{i=1}^{m}S_n(i,\omega)p(i,j),\ \forall j\in S. \tag{2.3.72}$$

应用上、下极限的性质 (2.3.27) 与 (2.3.34), 由 (2.3.71) 与 (2.3.72), 有

$$\limsup_{n\to\infty}(1/n)\left[S_n(j,\omega)-\sum_{i=1}^{m}S_n(i,\omega)p(i,j)\right]$$
$$\le\limsup_{n\to\infty}(1/n)\sum_{k=1}^{n}[p_k(X_{k-1},j)-p(X_{k-1},j)],\quad \omega\in A,\ \forall\,j\in S, \tag{2.3.73}$$

$$\liminf_{n\to\infty}(1/n)\left[S_n(j,\omega)-\sum_{i=1}^{m}S_n(i,\omega)p(i,j)\right]$$
$$\ge\liminf_{n\to\infty}(1/n)\sum_{k=1}^{n}[p_k(X_{k-1},j)-p(X_{k-1},j)],\quad \omega\in A,\forall\,j\in S. \tag{2.3.74}$$

很明显,

$$p_k(X_{k-1},j)-p(X_{k-1},j)\le[p_k(X_{k-1},j)-p(X_{k-1},j)]^+$$
$$\le\sum_{i=1}^{m}[p_k(i,j)-p(i,j)]^+, \tag{2.3.75}$$

$$p_k(X_{k-1},j)-p(X_{k-1},j)\ge[p_k(X_{k-1},j)-p(X_{k-1},j)]^-$$
$$\ge-\sum_{i=1}^{m}[p_k(i,j)-p(i,j)]^-. \tag{2.3.76}$$

(a) 假定 (2.3.65) 成立. 由 (2.3.75) 与 (2.3.73), 有

$$\limsup_{n\to\infty}(1/n)\left[S_n(j,\omega)-\sum_{i=1}^{m}S_n(i,\omega)p(i,j)\right]\le 0,\quad \omega\in A,\ \forall\,j\in S. \tag{2.3.77}$$

在 (2.3.77) 两边同乘以 $p(j,k)$, 然后将所有的不等式对 $j=1,2,\cdots,m$ 求和, 有

$$0 \geq \limsup_{n\to\infty}\left[\sum_{j=1}^{m}S_n(j,\omega)p(j,k)-\sum_{j=1}^{m}\sum_{i=1}^{m}S_n(i,\omega)p(i,j)p(j,k)\right]$$

$$=\limsup_{n\to\infty}(1/n)\left[\sum_{j=1}^{m}S_n(j,\omega)p(j,k)-S_n(k,\omega)+S_n(k,\omega)-\sum_{i=1}^{m}S_n(i,\omega)p^2(i,k)\right]$$

$$\geq\limsup_{n\to\infty}(1/n)\left[S_n(k,\omega)-\sum_{i=1}^{m}S_n(i,\omega)p^2(i,k)\right]$$

$$-\limsup_{n\to\infty}\left[S_n(k,\omega)-\sum_{j=1}^{m}S_n(j,\omega)p(j,k)\right],\quad \omega\in A, \tag{2.3.78}$$

其中 $p^{(l)}(i,k)(l$ 是一正数) 表示由转移矩阵 $P$ 决定的 $l$ 步转移概率. 由 (2.3.77), 有

$$\limsup_{n\to\infty}(1/n)\left[S_n(k,\omega)-\sum_{j=1}^{m}S_n(j,\omega)p(k,j)\right]\leq 0,\quad \omega\in A. \tag{2.3.79}$$

由 (2.3.78) 与 (2.3.79), 有

$$\limsup_{n\to\infty}(1/n)\left[S_n(k,\omega)-\sum_{j=1}^{m}S_n(i,\omega)p^2(i,k)\right]\leq 0,\quad \omega\in A. \tag{2.3.80}$$

由归纳法对所有的 $l\geq 1$, 有

$$\limsup_{n\to\infty}(1/n)\left[S_n(k,\omega)-\sum_{i=1}^{m}S_n(i,\omega)p^l(i,k)\right]\leq 0,\quad \omega\in A, \tag{2.3.81}$$

从而

$$0\geq\limsup_{n\to\infty}(1/n)\left[S_n(k,\omega)-np_k+\sum_{i=1}^{m}S_n(i,\omega)(p_k-p^l(i,k))\right]$$

$$\geq\limsup_{n\to\infty}[(1/n)S_n(k,\omega)-p_k]-\sum_{i=1}^{m}|p_k-p^l(i,k)|,\quad \omega\in A. \tag{2.3.82}$$

因为 $p^l(i,k)\to p_k(l\to\infty)$, 由 (2.3.82), 得

$$\limsup_{n\to\infty}(1/n)S_n(k,\omega)\leq p_k,\quad \omega\in A. \tag{2.3.83}$$

因为 $P(A)=1$, 故 (2.3.66) 成立.

(b) 假定 (2.3.67) 成立. 由 (2.3.74) 与 (2.3.76), 有

$$\liminf_{n\to\infty}(1/n)\left[S_n(j,\omega)-\sum_{i=1}^{m}S_n(i,\omega)p(i,j)\right]\geq 0,\quad \omega\in A,\forall\, j\in S. \tag{2.3.84}$$

因此用类似于 (2.3.83) 的论证, 可得

$$\liminf_{n\to\infty}(1/n)S_n(k,\omega)\geq p_k,\quad \omega\in A. \tag{2.3.85}$$

因为 $P(A)=1$, 故 (2.3.68) 成立.

(c) 假定 (2.3.69) 成立. 显然 (2.3.65) 与 (2.3.67) 可从 (2.3.69) 得到. 因此 (2.3.66) 与 (2.3.68) 成立, 且 (2.3.70) 得证.

**定理 2.3.7** 设 $\{X_n, n\geq 0\}$ 与 $S_n(i,\omega)$, $p(i,j),(p_1,\cdots,p_m)$ 如定理 2.3.6 所定义, 且令 $g$ 与 $g_k, k\geq 1$ 是定义在 $S$ 上的函数. 如果 (2.3.46) 与 (2.3.69) 成立, 则

$$\lim_{n\to\infty}(1/n)\sum_{k=1}^{n}g_k(X_k)=\sum_{i=1}^{m}p_i g(i)\quad \text{a.s.,} \tag{2.3.86}$$

**证** 由定理 2.3.6(c), 有

$$\lim_{n\to\infty}(1/n)S_n(j,\omega)=p_j,\quad \forall\, j\in S. \tag{2.3.87}$$

应用引理 2.3.1, 由 (2.3.87) 与 (2.3.46), 可知 (2.3.86) 成立. 证毕.

**引理 2.3.2** 设 $\{a_k, k\geq 1\}$ 是一非负有界实数列, $M$ 为 $\{a_k, k\geq 1\}$ 的一个上界, $\delta$ 是一正数, $N_n(\delta)$ 是大于 $\delta$ 的项 $a_k, 1\leq k\leq n$, 的个数. 则

$$\lim_{n\to\infty}(1/n)\sum_{k=1}^{n}a_k=0 \tag{2.3.88}$$

的充分必要条件为

$$\lim_{n\to\infty}(1/n)N_n(\delta)=0,\ \forall\delta>0. \tag{2.3.89}$$

**证** 先证充分性, 假定 (2.3.89) 成立. 对任意正数 $\delta$, 有

$$(1/n)\sum_{k=1}^{n}a_k=(1/n)\sum_{\substack{a_k\leq\delta\\k\leq n}}a_k+(1/n)\sum_{\substack{a_k\geq\delta\\k\leq n}}a_k\leq\delta+(M/n)N_n(\delta). \tag{2.3.90}$$

由 (2.3.89) 与 (2.3.90), 有

$$\limsup_{n\to\infty}(1/n)\sum_{k=1}^{n}a_k\leq\delta. \tag{2.3.91}$$

令 $\delta \to 0$, 由 (2.3.91), 得 (2.3.88).

下证必要性, 假定 (2.3.88) 成立. 对任意正数 $\delta$, 有

$$(1/n)\sum_{k=1}^{n} a_k \geq (1/n)\sum_{\substack{a_k > \delta \\ k \leq n}} a_k \geq (1/n)\delta N_n(\delta). \tag{2.3.92}$$

则由 (2.3.92) 与 (2.3.88), 可得 (2.3.89). 证毕.

**引理 2.3.3** 设 $f(x)$ 是定义在区间 $I$ 上的有界函数, $\{a_k, k \geq 1\}$ 是区间 $I$ 中的序列. 如果

$$\lim_{n\to\infty} (1/n)\sum_{k=1}^{n} |a_k - a| = 0, \tag{2.3.93}$$

且 $f(x)$ 在点 a 连续, 则

$$\lim_{n\to\infty} (1/n)\sum_{k=1}^{n} |f(a_k) - f(a)| = 0. \tag{2.3.94}$$

**证** 由连续性定义, 给定 $\varepsilon > 0$, 存在 $\delta > 0$, 对所有的 $x \in I$ 当 $|x - a|$ 时, 有

$$|f(x) - f(a)| \leq \varepsilon. \tag{2.3.95}$$

令 $N_n(\delta)$ 是序列 $\{|a_k - a|, k \geq 1\}$ 的前 $n$ 项中大于 $\delta$ 的项的个数, $M_n(\varepsilon)$ 是序列 $\{|f(a_k) - f(a)|, k \geq 1\}$ 的前 $n$ 项中大于 $\varepsilon$ 的项的个数. 由 (2.3.95), 有

$$M_n(\varepsilon) \leq N_n(\delta). \tag{2.3.96}$$

由引理 2.3.2 的必要性部分, 由 (2.3.93) 与 (2.3.96), 得

$$\lim_{n\to\infty} (1/n)M_n(\varepsilon) = 0. \tag{2.3.97}$$

因为 $\{|f(a_k) - f(a)|, k \geq 1\}$ 有界, 由 (2.3.97) 及引理 2.3.2 的充分性部分, (2.3.94) 得证. 证毕.

**定理 2.3.8** 设 $\{X_n, n \geq 0\}$ 是具有初始分布 (2.3.3) 与转移矩阵 (2.3.4) 的马氏链, 且设 $g(x)$ 是定义在区间 $(0,1]$ 的连续函数, 满足

$$\lim_{x\to 0+} xg(x) = A(\text{有限数}). \tag{2.3.98}$$

设 $\boldsymbol{P} = (p(i,j))$ 是遍历转移矩阵, $(p_1, \cdots, p_m)$ 是由 $\boldsymbol{P}$ 决定的平稳分布, 令

$$F_n(\omega) = (1/n)\sum_{k=1}^{n} g[p_k(X_{k-1}, X_k)]. \tag{2.3.99}$$

如果

(a) 存在 $\alpha > 0$ 满足

$$\limsup_{n\to\infty}(1/n)\sum_{k=1}^{n}g^2[p_k(i,j)]p_k(i,j)e^{\alpha|g[p_k(i,j)]|} < \infty, \quad \forall\, i,j \in S; \qquad (2.3.100)$$

(b)

$$\lim_{n\to\infty}(1/n)\sum_{k=1}^{n}|p_k(i,j) - p(i,j)| = 0, \quad \forall\, i,j \in S, \qquad (2.3.101)$$

则

$$\lim_{n\to\infty}F_n(\omega) = \sum_{i=1}^{m}\sum_{j=1}^{m}p_i p(i,j)g[p(i,j)] \quad \text{a.s.} \qquad (2.3.102)$$

**证　令**

$$f(x) = \begin{cases} xg(x), & \text{如果 } 0 < x < 1, \\ A, & \text{如果 } x = 0. \end{cases} \qquad (2.3.103)$$

由 (2.3.98) 与 (2.3.103)，$f(x)$ 在 $[0,1]$ 上连续，因此由 (2.3.101) 及引理 2.3.3，有

$$\lim_{n\to\infty}(1/n)\sum_{k=1}^{n}|p_k(i,j)g[p_k(i,j)] - p(i,j)g[p(i,j)]| = 0, \quad \forall\, i,j \in S. \qquad (2.3.104)$$

由 (2.3.101) 与定理 2.3.6，得

$$\lim_{n\to\infty}(1/n)S_n(i,\omega) = p_i \quad \text{a.s.,} \quad \forall\, i \in S. \qquad (2.3.105)$$

应用定理 2.3.3 于 $g_k(i,j) = g[p_k(i,j)]$，由 (2.3.104) 与 (2.3.105)，即得 (2.3.102). 证毕.

最后，我们把 Shannon-McMillan 定理推广到非齐次马氏链的情况.

**定理 2.3.9**　设马氏链 $\{X_n, n \geq 0\}$，$p(i,j)$ 与 $(p_1,\cdots,p_m)$ 如定理 2.3.8 所定义，设 $f_n(\omega)$ 是由 (2.3.6) 定义的 $\{X_k, 0 \leq k \leq n\}$ 的相对熵密度. 如果

$$\lim_{n\to\infty}(1/n)\sum_{k=1}^{n}|p_k(i,j) - p(i,j)| = 0, \quad \forall\, i,j \in S, \qquad (2.3.106)$$

则

$$\lim_{n\to\infty}f_n(\omega) = -\sum_{i=1}^{m}\sum_{j=1}^{m}p_i p(i,j)\ln p(i,j) \quad \text{a.s..} \qquad (2.3.107)$$

**证**　在定理 2.3.8 中，令 $g(x) = \ln x$，易证存在 $\alpha > 0$ 满足 (2.3.100)(参见定理 2.3.1 的推论及 (2.3.44)). 因此从 (2.3.6) 与定理 2.3.8，可得 (2.3.107). 证毕.

**推论 2.3.2**   设马氏链 $\{X_n, n \geq 0\}$, $\boldsymbol{P}$ 与 $(p_1, \cdots, p_m)$ 如定理 2.3.8 所定义,如果

$$\lim_{n \to \infty} p_n(i, j) = p(i, j), \quad \forall \, i, j \in S,$$

则 (2.3.107) 成立.

## §2.4  可列非齐次马尔可夫链泛函的一类强极限定理

设 $\{f_n(X_n)\}$ 是可列非齐次马氏链 $\{X_n\}$ 的泛函, 本节应用分析的方法来研究 $\{f_n(X_n)\}$ 的极限性质, 得到一类不同于通常强大数定律的强极限定理. 在本节的定理中, 条件期望 $E(f_n(X_n|X_{n-1}))$ 取代了通常强大数定理中的 $E(f_n(X_n))$. 本节的结果包含了独立随机变量序列的一些经典的强律. 有关讨论参见刘文、刘国欣 (1995) 及刘国欣、刘文 (1994).

设 $\{X_n, n \geq 0\}$ 是在状态空间 $S = \{1, 2, \cdots\}$ 上取值的非齐次马氏链, $\{f_n(x_n), n \geq 0\}$ 是定义在 $S$ 上的实函数序列, 又设

$$Y_n = f_n(X_n), \quad n \geq 0 \tag{2.4.1}$$

是 $\{X_n, n \geq 0\}$ 的函数. Rosenblatt-Roth(1963, 1964) 对这类随机过程强大数定律有所研究. 本节的目的是给出有关条件期望的一类强律, 根据所得定理, 很容易导出独立随机变量序列的一些经典的强大数定律. 在本节中应用了作者提出的分析方法, 它与传统的概率方法截然不同, 其要点是应用单调函数导数存在定理来证明有关极限几乎处处存在.

取 $([0, 1), \mathcal{F}, P)$ 为所考虑的概率空间, 其中 $\mathcal{F}$ 为区间 $[0, 1)$ 中 Lebesgue 可测集的全体, $P$ 是 Lebesgue 测度. 首先给出初始分布与转移概率矩阵分别为

$$q(1), q(2), q(3), \cdots, \tag{2.4.2}$$

$$\boldsymbol{P}_n = (p_n(i, j)), \quad i, j \in S, \quad n \geq 0 \tag{2.4.3}$$

(其中 $p_n(i, j) = P(X_{n+1} = j | X_n = i)$) 的马氏链在上述概率空间的一种实现.

设 $q(n_i), i = 1, 2, 3, \cdots$ 是 (2.4.2) 中的正项, 此处 $n_1 < n_2 < n_3 < \cdots$. 将区间 $[0,1)$ 按诸元素比例分成可列 (包括有限) 个左闭右开区间: $D_{x_0}, x_0 = n_1, n_2, n_3, \cdots$, 即

$$D_{n_1} = [0, q(n_1)), D_{n_2} = [q(n_1), \, q(n_1) + q(n_2)), \cdots.$$

这些区间都称为零阶区间. 归纳地, 设 $n$ 阶区间 $D_{x_0 \cdots x_n}$ 已经定义, 且 $\boldsymbol{P}_n$ 中第 $x_n$ 行非零元素依次为

$$p_n(x_n, m_i), \, i = 1, 2, 3, \cdots.$$

按比例

$$p_n(x_n, m_1) : p_n(x_n, m_2) : p_n(x_n, m_3) : \cdots$$

将 $D_{x_0 \cdots x_n}$ 分成可列个左闭右开区间 $D_{x_0 \cdots x_{n+1}}(x_{n+1} = m_i, \ i = 1, 2, 3, \cdots)$，这样就得到 $n+1$ 阶 $D$ 区间. 根据以上的构造，显然有

$$P(D_{x_0 \cdots x_n}) = q_{x_0} \prod_{m=0}^{n-1} p_m(x_m, x_{m+1}). \tag{2.4.4}$$

定义随机变量 $X_n : [0, 1) \to S \ (n \geq 0))$ 如下：

$$X_n(\omega) = x_n, \quad \omega \in D_{x_0 \cdots x_n}. \tag{2.4.5}$$

由 (2.4.4) 与 (2.4.5)，有

$$P(X_0 = x_0, \cdots X_n = x_n) = P(D_{x_0 \cdots x_n}) = q_{x_0} \prod_{m=0}^{n-1} p_m(x_m, x_{m+1}). \tag{2.4.6}$$

故 $\{X_n, n \geq 0\}$ 构成一马氏链，其初始分布与转移矩阵分别为 (2.4.2) 与 (2.4.3).

设 $\{a_n, n \geq 1\}$ 是常数序列，$0 < a_n \uparrow$，定义 $f_n^*(x)$ 如下：

$$f_n^*(x) = \begin{cases} f_n(x), & \text{当 } |f_n(x)| \leq a_n, \\ 0, & \text{当 } |f_n(x)| > a_n. \end{cases} \tag{2.4.7}$$

设 $i \in S$，$\lambda$ 是一非零常数，如果 $P(X_{n-1} = i) > 0$，令

$$b_n^*(i) = E[f_n^*(X_n)|X_{n-1} = i], \quad n \geq 1. \tag{2.4.8}$$

$$Q_n(\lambda, i) = E\{\exp[\lambda(f_n^*(X_n) - b_n^*(i))/a_n]|X_{n-1} = i\}$$

$$= \sum_{j=1}^{m} p_{n-1}(i, j)\exp\{\lambda[f_n^*(j) - b_n^*(i)]/a_n\}. \tag{2.4.9}$$

易见

$$|[f_n^*(X_n) - b_n^*(i)]/a_n| \leq 2. \tag{2.4.10}$$

**引理 2.4.1** 对任意非负常数 $\lambda$，

$$\lim_{n \to \infty} \frac{\exp\{\lambda \Sigma_{m=1}^{n}[f_m^*(X_m) - b_m^*(X_{m-1})]/a_m\}}{\prod_{m=1}^{n} Q_m(\lambda, X_{m-1})} \quad \text{存在且有限 \quad a.s..}$$

**证** 设各阶区间及区间 $[0, 1)$ 所组成的类为 $\mathcal{A}$. 定义 $\mathcal{A}$ 上的集函数 $\mu$ 如下：

$$\mu(D_{x_0 \cdots x_n}) = \frac{P(D_{x_0 \cdots x_n})\exp\{\lambda \Sigma_{m=1}^{n}[f_m^*(x_m) - b_m^*(x_{m-1})]/a_m\}}{\prod_{m=1}^{n} Q_m(\lambda, x_{m-1})}, \quad n \geq 1, \tag{2.4.11}$$

$$\mu(D_{x_0}) = \sum_{x_1} \mu(D_{x_0 x_1}),    \tag{2.4.12}$$

$$\mu([0,1)) = \sum_{x_0} \mu(D_{x_0}),    \tag{2.4.13}$$

此处 $\sum_{x_i}$ 表示对所有取值 $x_i$ 的和. 改写 (2.4.9) 如下:

$$Q_n(\lambda, x_{n-1}) = \sum_{x_n} p_{n-1}(x_{n-1}, x_n)\exp\{\lambda[f_n^*(x_n) - b_n^*(x_{n-1})]/a_n\}.    \tag{2.4.14}$$

由 (2.4.11), (2.4.14) 和 (2.4.6), 易见

$$\sum_{x_n} \mu(D_{x_0 \cdots x_n}) = \mu(D_{x_0 \cdots x_{n-1}}).    \tag{2.4.15}$$

由 (2.4.12), (2.4.13) 和 (2.4.5) 知, $\mu$ 是 $\mathcal{A}$ 上 $\sigma-$ 可加集函数.

在 $[0,1)$ 上定义一单调函数 $f_\lambda(t)$ 如下:

$$f_\lambda(t) = \inf\{\mu(A) : A \supset [0,t), A \in \sigma(\mathcal{A})\},$$

此处 $\sigma(\mathcal{A})$ 是由 $\mathcal{A}$ 生成的 $\sigma$ 代数. 易见对任意的 $D_{x_0 \cdots x_n}$, 有

$$\mu(D_{x_0 \cdots x_n}) = f_\lambda(D_{x_0 \cdots x_n}^+) - f_\lambda(D_{x_0 \cdots x_n}^-),    \tag{2.4.16}$$

此处 $D_{x_0 \cdots x_n}^-$ 和 $D_{x_0 \cdots x_n}^+$ 分别表示 $D_{x_0 \cdots x_n}$ 的左右端点. 令

$$t_n(\lambda, \omega) = \frac{f_\lambda(D_{x_0 \cdots x_n}^+) - f_\lambda(D_{x_0 \cdots x_n}^-)}{D_{x_0 \cdots x_n}^+ - D_{x_0 \cdots x_n}^-} = \frac{\mu(D_{x_0 \cdots x_n})}{P(D_{x_0 \cdots x_n})}, \quad \omega \in D_{x_0 \cdots x_n}, \ n \geq 1.    \tag{2.4.17}$$

设 $A(\lambda)$ 是 $f_\lambda$ 的所有可微点的集合, 由单调函数导数存在定理知, $P(A(\lambda)) = 1$. 设 $\omega \in A(\lambda), D_{x_0 \cdots x_n}$ 是包含 $\omega$ 的 $n$ 阶区间. 如果 $\lim_{n \to \infty} P(D_{x_0 \cdots x_n}) = 0$, 根据导数的性质 (参见 Billingsley 1986, p. 423) 和 (2.4.17), 有

$$\lim_{n \to \infty} t_n(\lambda, \omega) = f_\lambda'(\omega) < \infty;    \tag{2.4.18}$$

如果 $\lim_{n \to \infty} P(D_{x_0 \cdots x_n}) = d > 0$, 则

$$\lim_{n \to \infty} t_n(\lambda, \omega) = (1/d) \lim_{n \to \infty} \mu(D_{x_0 \cdots x_n}) < \infty.    \tag{2.4.19}$$

由 (2.4.18) 和 (2.4.19), 有

$$\lim_{n \to \infty} t_n(\lambda, \omega), \quad \omega \in A(\lambda).    \tag{2.4.20}$$

由 (2.4.6) 和 (2.4.11), 有

$$t_n(\lambda,\omega) = \frac{\exp\{\lambda \sum_{m=1}^n [f_m^*(x_m) - b_m^*(x_{m-1})]/a_m\}}{\prod_{m=1}^n Q_m(\lambda, x_{m-1})}, \ \omega \in D_{x_0 \cdots x_n}. \qquad (2.4.21)$$

由 (2.4.21) 和 (2.4.5), 有

$$t_n(\lambda,\omega) = \frac{\exp\{\lambda \sum_{m=1}^n [f_m^*(X_m) - b_m^*(X_{m-1})]/a_m\}}{\prod_{m=1}^n Q_m(\lambda, X_{m-1})}, \ \omega \in D_{x_0 \cdots x_n}, \ \omega \in [0,1). \qquad (2.4.22)$$

由 (2.4.20), (2.4.22), 知 $P(A(\lambda)) = 1$, 由此有

$$\lim_{n\to\infty} \frac{\exp\{\lambda \sum_{m=1}^n [f_m^*(X_m) - b_m^*(X_{m-1})]/a_m\}}{\prod_{m=1}^n Q_m(\lambda, X_{m-1})} < \infty \ \text{a.s.}.$$

引理证毕.

**定理 2.4.1**(刘文、刘国欣 1995) 设 $\{Y_n, \ n \geq 0\}$ 是由 (2.4.1) 定义的可列非齐次马氏链 $\{X_n, \ n \geq 0\}$ 的泛函, $\{\varphi_n(x), \ n \geq 1\}$ 是 $(0,\infty)$ 上的非降连续正偶函数序列. 设 $\{a_n, \ n \geq 1\}$ 是常数序列 $0 < a_n \uparrow$ 且

$$\sum_{n=1}^\infty E[\varphi(Y_n)/\varphi(a_n)] < \infty. \qquad (2.4.23)$$

(a) 如果当 $|x|$ 递增时, $\varphi_n(x)/|x|$ 非增, 则

$$\sum_{n=1}^\infty Y_n/a_n \ \text{收敛 a.s.}, \qquad (2.4.24)$$

$$(1/a_n) \sum_{m=1}^n Y_m \to 0 \ \text{a.s.}. \qquad (2.4.25)$$

(b) 如果当 $|x|$ 递增时, $\varphi_n(x)/|x|$ 非减并且 $\varphi_n(x)/x^2$ 非增, 则

$$\sum_{n=1}^\infty [Y_n - E(Y_n|X_{n-1})]/a_n \ \text{收敛 a.s.}, \qquad (2.4.26)$$

$$(1/a_n) \sum_{m=1}^n [Y_m - E(Y_m|X_{m-1})] \to 0 \ \text{a.s.}. \qquad (2.4.27)$$

**证** 因为假设 (2.4.23) 可写为

$$\sum_{n=1}^\infty E[E[\varphi_n(Y_n)|X_{n-1}]/\varphi_n(a_n)] < \infty, \qquad (2.4.28)$$

而 $E[\varphi_n(Y_n)|X_{n-1}]$ $(n \geq 1)$ 是非负随机变量, 故有

$$\sum_{n=1}^{\infty} E[\varphi_n(Y_n)|X_{n-1}]/\varphi_n(a_n) \quad 收敛 \quad \text{a.s..} \tag{2.4.29}$$

由假设, 当 $|x|$ 递增时 $\varphi_n(x)\uparrow$, 于是由 (2.4.23), 得

$$\sum_{m=1}^{\infty} P(f_m(X_m) \neq f_m^*(X_m)) = \sum_{m=1}^{\infty} \int_{|f_m(X_m)|>a_m} P(\mathrm{d}\omega)$$

$$\leq \sum_{m=1}^{\infty} \int_{|f_m(X_m)|>a_m} [\varphi_m(f_m(X_m))/\varphi_m(a_m)]P(\mathrm{d}\omega)$$

$$\leq \sum_{m=1}^{\infty} E[\varphi_m(Y_m)]/\varphi_m(a_m) < \infty. \tag{2.4.30}$$

由 (2.4.30) 及 Borel-Cantelli 引理, 有

$$f_m(X_m) \neq f_m^*(X_m) \quad 仅有限项成立 \quad \text{a.s..}$$

因此

$$\sum_{m=1}^{\infty} (1/a_m)[f_m(X_m) - f_m^*(X_m)] \quad 收敛 \quad \text{a.s..} \tag{2.4.31}$$

由 (2.4.8) 及 (2.4.9), 有

$$E\{[\lambda(f_n^*(X_n) - b_n^*(i))/a_n]|X_{n-1} = i\} = 0, \tag{2.4.32}$$

$$Q_n(\lambda, i) - 1 = E\{[\exp(\lambda(f_n^*(X_n) - b_n^*(i))/a_n) - 1$$
$$- \lambda(f_n^*(X_n) - b_n^*(i))/a_n]|X_{n-1} = i\}. \tag{2.4.33}$$

再由 (2.4.8), 有

$$|b_n^*(i)| = |\int_{-\infty}^{\infty} f_n^*(x)\mathrm{d}F_{X_n|X_{n-1}}(x|i)| \leq \int_{-\infty}^{\infty} |f_n^*(x)|\mathrm{d}F_{X_n|X_{n-1}}(x|i), \tag{2.4.34}$$

此处 $F_{X_n|X_{n-1}}(x|i) = P(X_n \leq x|X_{n-1} = i)$ 是关于 $\{X_{n-1} = i\}$ 的条件分布函数. 由下面的不等式

$$e^x - 1 - x \geq 0 \ \forall x; \ |e^x - 1| \leq |x|e^t, \ -t \leq x \leq t$$

及 $(2.4.33), (2.4.9), (2.4.10), (2.4.34), (2.4.7)$, 有

$$0 \leq E\{[\exp(\lambda(f_n^*(X_n) - b_n^*(i))/a_n) - 1 - \lambda(f_n^*(X_n) - b_n^*(i))/a_n]|X_{n-1} = i\}$$

$$= Q_n(\lambda) - 1$$

$$= E\{[\exp(\lambda(f_n^*(X_n) - b_n^*(i))/a_n) - 1]|X_{n-1} = i\}$$

$$\leq \int_{-\infty}^{\infty} |\exp(\lambda(f_n^*(x) - b_n^*(i)/a_n) - 1|\mathrm{d}F_{X_n|X_{n-1}}(x|i)$$

$$\leq (1/a_n) \int_{-\infty}^{\infty} |(\lambda(f_n^*(x_n) - b_n^*(i))|e^{2|\lambda|}\mathrm{d}F_{X_n|X_{n-1}}(x|i)$$

$$\leq 2|\lambda|e^{2|\lambda|} \int_{-\infty}^{\infty} (1/a_n)|f_n^*(x)|\mathrm{d}F_{X_n|X_{n-1}}(x|i)$$

$$= 2|\lambda|e^{2|\lambda|} \int_{|f_n(x)| \leq a_n} (1/a_n)|f_n(x)|\mathrm{d}F_{X_n|X_{n-1}}(x|i). \tag{2.4.35}$$

现假定 (a) 中的假设成立, 易知

$$|f_n(x)|/a_n \leq \varphi_n(f_n(x))/\varphi_n(a_n), \quad \text{因为} \ |f_n(x)| \leq a_n. \tag{2.4.36}$$

由 (2.4.35) 和 (2.4.36), 有

$$0 \leq Q_n(\lambda, i) - 1 \leq 2|\lambda|e^{2|\lambda|} \int_{|f_n(x)| \leq a_n} \varphi_n(f_n(x))/\varphi_n(a_n)\mathrm{d}F_{X_n|X_{n-1}}(x|i)$$

$$\leq 2|\lambda|e^{2|\lambda|} \int_{-\infty}^{\infty} \varphi_n(f_n(x))/\varphi_n(a_n)\mathrm{d}F_{X_n|X_{n-1}}(x|i)$$

$$= 2|\lambda|e^{2|\lambda|} E(\varphi_n(Y_n)|X_{n-1} = i)/\varphi_n(a_n). \tag{2.4.37}$$

由 (2.4.37) 和 (2.4.29), 有

$$\sum_{n=1}^{\infty} [Q_n(\lambda, X_{n-1}) - 1] \ \text{收敛} \quad \text{a.s..}$$

因此,

$$\prod_{n=1}^{\infty} Q_n(\lambda, X_{n-1}) \ \text{收敛} \quad \text{a.s..} \tag{2.4.38}$$

由引理 2.4.1 和 (2.4.38), 有

$$\lim_{n\to\infty} \exp\{\lambda \sum_{m=1}^{n} [f_n^*(X_m) - b_m^*(X_{m-1})]/a_m\} \ \text{存在且有限} \quad \text{a.s..} \tag{2.4.39}$$

在 (2.4.39) 中令 $\lambda = 1, -1$, 可分别得到

$$\lim_{n\to\infty} \exp\{\sum_{m=1}^{n} [f_n^*(X_m) - b_m^*(X_{m-1})]/a_m\} \ \text{存在且有限} \quad \text{a.s.,} \tag{2.4.40}$$

$$\lim_{n\to\infty} \exp\{-\sum_{m=1}^{n} [f_n^*(X_m) - b_m^*(X_{m-1})]/a_m\} \text{ 存在且有限 a.s..} \tag{2.4.41}$$

由 (2.4.40) 和 (2.4.41), 得

$$\sum_{m=1}^{\infty} (1/a_m)[f_n^*(X_m) - b_m^*(X_{m-1})] \text{ 存在且有限 a.s..} \tag{2.4.42}$$

由 (2.4.8), (2.4.7) 和 (2.4.36), 得

$$\sum_{m=1}^{\infty} (1/a_m)|b_m^*(i)| \leq \sum_{m=1}^{\infty} (1/a_m) \int_{|f_m(x)| \leq a_m} |f_m(x)| \mathrm{d}F_{X_m|X_{m-1}}(x|i)$$

$$\leq \sum_{m=1}^{\infty} \int_{|f_m(x)| \leq a_m} [\varphi_m(f_m(x))/\varphi_m(a_m)] \mathrm{d}F_{X_m|X_{m-1}}(x|i)$$

$$\leq \sum_{m=1}^{\infty} E[\varphi_m(f_m(X_m))|X_{m-1} = i]/\varphi_m(a_m),$$

即

$$\sum_{m=1}^{\infty} (1/a_m)|b_m^*(i)| \leq \sum_{m=1}^{\infty} E[\varphi_m(f_m(X_m))|X_{m-1} = i]/\varphi_m(a_m). \tag{2.4.43}$$

由 (2.4.43) 和 (2.4.29), 得

$$\sum_{m=1}^{\infty} (1/a_m)b_m^*(X_{m-1}) \text{ 收敛 a.s..} \tag{2.4.44}$$

由 (2.4.31), (2.4.42) 和 (2.4.44), 得

$$\sum_{m=1}^{\infty} Y_m/a_m \text{ 收敛 a.s.,}$$

即 (2.4.24) 成立. 利用 Kronecker 引理由 (2.4.24) 可得 (2.4.25). 利用

$$0 \leq e^x - 1 - x \leq x^2 e^t, \quad -t \leq x \leq t,$$

由 (2.4.33) 和 (2.4.10), 得

$$0 \leq Q_n(\lambda, i) - 1 \leq \lambda^2 e^{2|\lambda|} E\{[f_n^*(X_n)/a_n]^2 | X_{n-1} = i\}.$$

因此

$$0 \leq Q_n(\lambda, X_{n-1}) - 1 \leq \lambda^2 e^{2|\lambda|} E\{[f_n^*(X_n)/a_n]^2 | X_{n-1}\}. \tag{2.4.45}$$

设 (b) 中的假设成立. 因为当 $|x|$ 递增时 $\varphi_n(x)/x^2 \downarrow$, 故

$$x^2/a_n^2 \leq \varphi_n(x)/\varphi_n(a_n), \quad \text{当} |x| \leq a_n.$$

因为在 $(0,\infty)$ 上 $\varphi_n(x)\uparrow$, 得

$$[f_n^*(X_n)/a_n]^2 \leq \varphi_n[f_n^*(X_n)]/\varphi_n(a_n) \leq \varphi_n(Y_n)/\varphi_n(a_n). \tag{2.4.46}$$

由 (2.4.45) 和 (2.4.46), 得

$$0 \leq Q_n(\lambda, X_{n-1}) - 1 \leq [\lambda^2 e^{2|\lambda|}/\varphi_n(a_n)]E[\varphi_n(Y_n)|X_{n-1}]. \tag{2.4.47}$$

再由 (2.4.47) 和 (2.4.29), 得

$$\sum_{n=1}^{\infty}[Q_n(\lambda, X_{n-1}) - 1] \text{ 收敛 a.s.,}$$

故

$$\prod_{n=1}^{\infty} Q_n(\lambda, X_{n-1}) \text{ 收敛 a.s..} \tag{2.4.48}$$

由于 $P(A(\lambda)) = 1$, 由引理 2.4.1 和 (2.4.48), 得

$$\lim_{n\to\infty} \exp\{\lambda \sum_{m=1}^{\infty}[f_n^*(X_m) - b_m^*(X_{m-1})]/a_m\} \text{ 存在且有限 a.s..} \tag{2.4.49}$$

类似 (2.4.42) 的证明, 由 (2.4.49), 得

$$\sum_{m=1}^{\infty}[f_n^*(X_m) - b_m^*(X_{m-1})]/a_m \text{ 收敛 a.s..} \tag{2.4.50}$$

设

$$b_n(i) = E(Y_n|X_{n-1} = i), \quad n \geq 1. \tag{2.4.51}$$

则 $E(Y_n|X_{n-1}) = b_n(X_{n-1})$. 由 (b) 中的假设, $|x|$ 递增时 $\varphi_n(x)/x\uparrow$. 故

$$|x|/a_m \leq \varphi_m(x)/\varphi_m(a_m), \quad \text{当} |x| \geq a_m. \tag{2.4.52}$$

由 (2.4.8), (2.4.51) 和 (2.4.52), 得

$$(1/a_m)|b_m(i) - b_m^*(i)| = (1/a_m)|\int_{-\infty}^{\infty}[f_m(x) - f_m^*(x)]dF_{X_m|X_{m-1}}(x|i)|$$

$$\leq (1/a_m)\int_{|f_m(x)|>a_m}|f_m(x)|dF_{X_m|X_{m-1}}(x|i)$$

$$\leq \int_{|f_m(x)|>a_m} [\varphi_m(f_m(x))/\varphi_m(a_m)] \mathrm{d}F_{X_m|X_{m-1}}(x|i)$$

$$\leq [1/\varphi_m(a_m)]E[\varphi_m(f_m(X_m))|X_{m-1}=i],$$

即

$$(1/a_m)|b_m(X_{m-1}) - b_m^*(X_{m-1})| \leq [1/\varphi_m(a_m)]E[\varphi_m(f_m(X_m))|X_{m-1}]. \quad (2.4.53)$$

由 (2.4.53) 和 (2.4.29), 得

$$\sum_{m=1}^{\infty} (1/a_m)[b_m^*(X_{m-1}) - b_m(X_{m-1})] \ \text{收敛} \quad \text{a.s..} \quad (2.4.54)$$

由 (2.4.31), (2.4.50) 和 (2.4.54), 得

$$\sum_{m=1}^{\infty} (1/a_m)[f_m(X_{m-1}) - b_m(X_{m-1})] \ \text{收敛} \quad \text{a.s.,}$$

即 (2.4.26) 成立. 由 Kronecker 引理, 由 (2.4.26), 可得到 (2.4.27). 定理证毕.

**推论 2.4.1** 设 $\{X_n\}$, $\{Y_n\}$, $\{a_n\}$ 如定理 2.4.1 中所定义. 设 $\{\varphi_n(x), n \geq 1\}$ 是定义在 $(0,\infty)$ 上的正连续偶函数序列, 且当 $|x|$ 递增时, $\varphi_n(x)/|x|$ 非减, $\varphi_n(x)/x^2$ 非增, 假定 (2.4.23) 成立. 则

$$\sum_{n=1}^{\infty} [Y_n - E(Y_n)]/a_n \ \text{收敛} \quad \text{a.s.,}$$

当且仅当

$$\sum_{n=1}^{\infty} \{E(Y_n|X_{n-1}) - E[E(Y_n|X_{n-1})]\}/a_n \ \text{收敛} \quad \text{a.s.,}$$

$$(1/a_n) \sum_{m=1}^{n} [Y_m - E(Y_m)] \to 0 \ \text{a.s.,}$$

当且仅当

$$(1/a_n) \sum_{m=1}^{n} \{E(Y_m|X_{m-1}) - E[E(Y_m|X_{m-1})]\} \ \text{收敛} \quad \text{a.s..}$$

**证** 由于 $E[E(Y_n|X_{n-1})] = E(Y_n)$, 由定理 2.4.1(b), 即可得证推论.

下面的推论 2.4.2 给出了一些可以由定理 2.4.1 推出的经典的结果 (包括 Kolmogorov, Marcinkiewicz, Zygmund 等的结果).

**推论 2.4.2** 设 $\{X_n,\ n \geq 1\}$ 是独立随机变量序列, $\{a_n,\ n \geq 1\},\ \{\varphi_n(x),\ n \geq 1\}$ 如定理 2.4.1 中所给, 且

$$\sum_{n=1}^{\infty} E[\varphi_n(x_n)]/\varphi_n(a_n) < \infty. \tag{2.4.55}$$

(a) 如果当 $|x|$ 递增时, $\varphi_n(x)/|x|$ 非增, 则

$$\sum_{n=1}^{\infty} x_n/a_n \text{ 收敛 a.s.}, \tag{2.4.56}$$

$$(1/a_n)\sum_{m=1}^{n} X_m \to 0 \text{ a.s.}. \tag{2.4.57}$$

(b) 如果当 $|x|$ 递增时, $\varphi_n(x)/|x|$ 非减, $\varphi_n(x)/x^2$ 非增, 则

$$\sum_{n=1}^{\infty} [X_n - E(X_n)]/a_n \text{ 收敛 a.s.}, \tag{2.4.58}$$

$$(1/a_n)\sum_{m=1}^{n} [X_m - E(X_m)] \to 0 \text{ a.s.}. \tag{2.4.59}$$

**证** 设

$$Y_n = \begin{cases} kh_n, & \text{当 } kh_n \leq X_n < (k+1)h_n, \\ -kh_n, & \text{当 } -(k+1)h_n \leq X_n < -kh_n \end{cases} \tag{2.4.60}$$

$(k \geq 0,\ n \geq 1)$, 此处 $\{h_n,\ n \geq 1\}$ 是正数序列并且使得

$$\sum_{n=1}^{\infty} h_n/a_n < \infty, \tag{2.4.61}$$

则 $\{Y_n/h_n\}$ 是一整值独立随机变量序列. 因此 $\{Y_n\}$ 可以看作是一马氏链泛函. 由 (2.4.60), 得

$$|Y_n - X_n| \leq h_n,\ n \geq 1. \tag{2.4.62}$$

因为当 $|x|$ 递增时, $\varphi_n(x)\uparrow$, 又 $|Y_n| \leq |X_n|$, 由 (2.4.60), 得

$$\varphi_n(Y_n) \leq \varphi_n(X_n).$$

因此由 (2.4.55), 得

$$\sum_{n=1}^{\infty} E[\varphi_n(Y_n)]/\varphi_n(a_n) < \infty,$$

即定理 2.4.1 中的条件 (2.4.23). 因此, 当 (a) 中条件满足时, 由 (2.4.24), (2.4.25), (2.4.61) 和 (2.4.62), 知 (2.4.56) 和 (2.4.57) 成立; 当 (b) 中条件满足时, 由 (2.4.26), (2.4.27), (2.4.61) 和 (2.4.62), 知 (2.4.58) 和 (2.4.5) 成立.

## §2.5 非齐次马尔可夫链的渐近均匀分割性

本节中我们研究非齐次马尔可夫信源的渐近均匀分割性 (AEP). 首先用鞅差序列的收敛定理给出这种信源的二元函数的平均的一个极限定理. 作为推论, 我们得到对任意非齐次马尔可夫信源均成立的几个极限定理. 最后我们得到非齐次马尔可夫信源的一类强大数定律, 并证明一类非齐次马尔可夫信源的 AEP. 本节结果见刘文、杨卫国 (1997b).

设 $\{X_n, n \geq 0\}$ 是字母集为 $S = \{1, 2, \cdots, N\}$ 的任意信源. $\{X_i, 0 \leq i \leq n\}$ 的联合分布及相对熵密度分别为

$$P(X_0 = x_0, \cdots, X_n = x_n) = p(x_0, \cdots, x_n), \ x_k \in S, \ 0 \leq k \leq n, \quad (2.5.1)$$

$$f_n(\omega) = -(1/n) \ln p(X_0, \cdots, X_n), \quad (2.5.2)$$

其中 $\omega$ 为样本点. 如果 $\{X_n, n \geq 0\}$ 为一非齐次马尔可夫信源, 其初始分布为

$$(q(1), q(2), \cdots, q(N)), \quad (2.5.3)$$

转移矩阵为

$$\boldsymbol{P}_n = (p_n(i,j))_{N \times N}, \ i,j \in S, n \geq 1, \quad (2.5.4)$$

此处 $p_n(i,j) = P(X_n = j | X_{n-1} = i)$, 则

$$p(x_0, \cdots, x_n) = q(x_0) \prod_{k=1}^{n} p_k(x_{k-1}, x_k), \quad (2.5.5)$$

$$f_n(\omega) = -(1/n)[\ln q(X_0) + \sum_{k=1}^{n} \ln p_k(X_{k-1}, X_k)]. \quad (2.5.6)$$

信息论中的一个重要问题是 $f_n(\omega)$ 的极限性质, 即信源的渐近均匀分割性 (AEP). Shannon(1948) 首先证明遍历齐次马尔可夫信源的 AEP. McMillan(1953) 及 Breiman(1957) 证明平稳遍历信源的 AEP. 这就是著名的 Shannon-McMillan-Breiman 定理. Barron(1985), Chung(1961), Feinstein(1954) 及 Kieffer(1974) 推广了 Shannon-McMillan-Breiman 定理.

本节主要是研究非齐次马尔可夫信源的 AEP. 我们首先利用鞅差序列的收敛定理给出这种信源的二元函数的平均的一个极限定理. 作为推论, 我们得到几个极限定理及关于相对熵密度的一个强极限定理, 它们对任意非齐次马尔可夫信源成立. 于是, 我们得到非齐次马尔可夫信源的一类强大数定律. 最后我们证明了一类非齐次马尔可夫信源的 AEP.

**定理 2.5.1**　设 $\{X_n, n \geq 0\}$ 是一具有初始分布 (2.5.3) 及转移矩阵 (2.5.4) 的非齐次马尔可夫信源, $f_n(x, y)(n \geq 1)$ 为定义在 $S \times S$ 上的实值函数, $\{a_n, n \geq 1\}$ 是趋向于无穷的一个增序列. 如果

$$\sum_{n=1}^{\infty} a_n^{-2} E f_n^2(X_{n-1}, X_n) < +\infty, \tag{2.5.7}$$

则

$$\lim_{n \to \infty} \frac{1}{a_n} \sum_{k=1}^{n} \{f_k(X_{k-1}, X_k) - E[f_k(X_{k-1}, X_k)|X_{k-1}]\} = 0 \ \text{a.s..} \tag{2.5.8}$$

**证**　令

$$Y_k = f_k(X_{k-1}, X_k) - E[f_k(X_{k-1}, X_k)|X_{k-1}], \ k \geq 1, \tag{2.5.9}$$

我们将证明 $\{Y_k, k \geq 1\}$ 是一个鞅序列. 事实上, 由马尔可夫性, 有

$$E[f_k(X_{k-1}, X_k)|X_0, \cdots, X_{k-1}] = E[f_k(X_{k-1}, X_k)|X_{k-1}] \ \text{a.s..} \tag{2.5.10}$$

因为 $E[f_k(X_{k-1}, X_k)|X_{k-1}]$ 为 $\sigma(X_0, \cdots, X_{k-1})$ 可测, 故

$$E(E[f_k(X_{k-1}, X_k)|X_{k-1}]|X_0, \cdots, X_{k-1}] = E[f_k(X_{k-1}, X_k)|X_{k-1}] \ \text{a.s..} \tag{2.5.11}$$

由 (2.5.9), (2.5.10) 及 (2.5.11), 有

$$E[Y_k|X_0, \cdots, X_{k-1}] = 0 \ \text{a.s.} \ k \geq 1. \tag{2.5.12}$$

因为 $\sigma(Y_0, \cdots, Y_{k-1}) \subset \sigma(X_0, \cdots, X_{k-1})$, 由 (2.5.12), 我们有

$$E[Y_k|Y_0 \cdots Y_{k-1}] = 0 \ \text{a.s.,} \ k \geq 1. \tag{2.5.13}$$

故序列 $\{Y_k, k \geq 1\}$ 是一鞅差序列.

易知

$$E[f_k^2(X_{k-1}, X_k)] = E(E[f_k^2(X_{k-1}, X_k)|X_{k-1}] \ ). \tag{2.5.14}$$

由关于条件期望的 Jensen 不等式, 有

$$E(E[f_k(X_{k-1}, X_k)|X_{k-1}])^2 \leq E(E[f_k^2(X_{k-1}, X_k)|X_{k-1}]) = E[f_k^2(X_{k-1}, X_k)]. \tag{2.5.15}$$

故由 (2.5.15) 与 (2.5.7), 有

$$\sum_{n=1}^{\infty} a_n^{-2} E(E[f_n(X_{n-1}, X_n)|X_{n-1}])^2 \leq \sum_{n=1}^{\infty} a_n^{-2} E[f_n^2(X_{n-1}, X_n)] < \infty. \tag{2.5.16}$$

由 (2.5.7) 与 (2.5.16), 有

$$\sum_{n=1}^{\infty} a_n^{-2} EY_n^2 < +\infty. \tag{2.5.17}$$

由 (2.5.17) 及关于鞅差序列的收敛定理 (见 Chow and Teicher1978, p.249), 有

$$\lim_{n \to \infty} \frac{1}{a_n} \sum_{k=1}^{n} Y_k = 0 \quad \text{a.s..} \tag{2.5.18}$$

由 (2.5.18) 与 (2.5.9), 即得 (2.5.8).

注意 $E[f_k(X_{k-1}, X_k)|X_{k-1}] = \sum_{j=1}^{n} f_k(X_{k-1}, j) p_k(X_{k-1}, j)$, 则 (2.5.8) 式可表示为

$$\lim_{n \to \infty} \frac{1}{a_n} \sum_{k=1}^{n} \{ f_k(X_{k-1}, X_k) - \sum_{j=1}^{n} f_k(X_{k-1}, j) p_k(X_{k-1}, j) \} = 1 \quad \text{a.s..} \tag{2.5.19}$$

**推论 2.5.1** 设 $\{X_n, n \geq 0\}$ 是如上定义的非齐次马尔可夫信源, $f(x, y)$ 是定义在 $S \times S$ 上的任意函数, 则

$$\lim_{n \to \infty} (1/n^{1/2+\varepsilon}) \sum_{k=1}^{n} \{ f(X_{k-1}, X_k) - \sum_{j=1}^{n} f(X_{k-1}, j) p_k(X_{k-1}, j) \} = 0 \quad \text{a.s..} \tag{2.5.20}$$

**证** 因为 $Ef^2(X_{k-1}, X_k) \leq \max_{i,j \in S} f^2(i,j), k \geq 1$, 故有

$$\sum_{n=1}^{\infty} \frac{Ef^2(X_{n-1}, X_n)}{n^{1+2\varepsilon}} \leq \max_{i,j \in S} f^2(i,j) \sum_{n=1}^{\infty} \frac{1}{n^{1+2\varepsilon}} < \infty.$$

由定理 2.5.1, (2.5.20) 由 (2.5.19) 得到.

**推论 2.5.2** 设 $\{X_n, n \geq 0\}$ 是如上定义的非齐次马尔可夫信源, $j \in S$, 并令 $S_n(i, \omega)$ 是序列 $X_0(\omega), X_1(\omega), \cdots, X_{n-1}(\omega)$ 中 $j$ 的个数, 即

$$S_n(j, \omega) = \sum_{k=1}^{n-1} \delta_j(X_k(\omega)), \tag{2.5.21}$$

则

$$\lim_{n \to \infty} (1/n^{1/2+\varepsilon})[S_n(j, \omega) - \sum_{k=1}^{n} p_k(X_{k-1}, j)] = 0 \quad \text{a.s..} \tag{2.5.22}$$

**证** 在推论 2.5.1 中令 $f(x, y) = \delta_j(y), x, y \in S$, 有

$$\sum_{k=1}^{n} \left\{ f(X_{k-1}, X_k) - \sum_{t=1}^{n} f(X_{t-1}, t) p_k(X_{k-1}, t) \right\}$$

$$= \sum_{k=1}^{n} \left\{ \delta_j(X_k) - \sum_{t=1}^{N} \delta_j(t) p_k(X_{k-1}, t) \right\}$$

$$= S_n(j, \omega) + \delta_j(X_n) - \delta_j(X_0) - \sum_{k=1}^{n} p_k(X_{k-1}, j). \tag{2.5.23}$$

由推论 2.5.1 及 (2.5.23), 即得 (2.5.22).

**推论 2.5.3** 设 $\{X_n, n \geq 0\}$ 是如上定义的非齐次马尔可夫信源, $i, j \in S$, 并令 $S_n(i, j, \omega)$ 为序偶序列 $(X_0, X_1), \cdots, (X_{n-1}, X_n)$ 中序偶 $(i, j)$ 的个数, 即

$$S_n(i, j, \omega) = \sum_{k=1}^{n} \delta_i(X_{k-1}) \delta_j(X_k), \tag{2.5.24}$$

则

$$\lim_{n \to \infty} (1/n^{1/2+\varepsilon}) \left[ S_n(i, j, \omega) - \sum_{k=1}^{n} \delta_i(X_{k-1}) p_k(i, j) \right] = 0 \quad \text{a.s..} \tag{2.5.25}$$

**证** 在推论 2.5.2 中令 $f(x, y) = \delta_i(x) \delta_j(y), x, y \in S$, 有

$$\sum_{k=1}^{n} \left\{ f(X_{k-1}, X_k) - \sum_{t=1}^{n} f(X_{t-1}, t) p_k(X_{k-1}, t) \right\}$$

$$= \sum_{k=1}^{n} \left\{ \delta_i(X_{k-1}) \delta_j(X_k) - \sum_{t=1}^{N} \delta_i(X_{k-1}) \delta_j(t) p_k(X_{k-1}, t) \right\}$$

$$= S_n(i, j, \omega) - \sum_{k=1}^{n} \delta_i(X_{k-1}) p_k(i, j). \tag{2.5.26}$$

由 (2.5.26) 及推论 2.5.1, 即得 (2.5.25).

**定理 2.5.2** 设 $\{X_n, n \geq 0\}$ 是具有初始分布 (2.5.3) 及转移矩阵 (2.5.4) 的非齐次马尔可夫信源, $\{f_n(\omega), n \geq 1\}$ 是其相对熵密度序列, $H(p_1, \cdots, p_N)$ 是分布 $(p_1, \cdots, p_N)$ 的熵, 即

$$H(p_1, \cdots, p_N) = -\sum_{j=1}^{N} p_j \ln p_j.$$

则对任意的 $\varepsilon > 0$,

$$\lim_{n \to \infty} n^{1/2+\varepsilon} \{ f_n(\omega) - 1/n \sum_{k=1}^{n} H[p_k(X_{k-1}, 1), \cdots, p_k(X_{k-1}, N)] \} = 0 \quad \text{a.s..} \tag{2.5.27}$$

**证** 在定理 2.5.1 中令 $f_k(x, y) = \ln p_k(x, y)$, 并注意

$$E[\ln p_k(X_{k-1}, X_k)]^2 = \sum_{i=1}^{N} P(X_{k-1} = i) \sum_{j=1}^{N} (\ln p_k(i, j))^2 p_k(i, j) \leq 4N e^{-2},$$

及

$$\sum_{n=1}^{\infty} \frac{E(\ln p_k(X_{k-1}, X_k))^2}{n^{1+2\varepsilon}} \leq 4Ne^{-2} \sum_{n=1}^{\infty} \frac{1}{n^{1+2\varepsilon}} < +\infty,$$

由定理 2.5.1, 有

$$\lim_{n\to\infty} \frac{1}{n^{1/2+\varepsilon}} \sum_{k=1}^{n} \{\ln p_k(X_{k-1}, X_k) - \sum_{j=1}^{N} p_k(X_{k-1}, j) \ln p_k(X_{k-1}, j)\} = 0 \quad \text{a.s..}$$

$$(2.5.28)$$

由 (2.5.6) 及 (2.5.28), 并注意

$$H[p_k(X_{k-1}, 1), \cdots, p_k(X_{k-1}, N)] = -\sum_{j=1}^{N} p_k(X_{k-1}, j) \ln p_k(X_{k-1}, j),$$

即得 (2.5.27).

**定理 2.5.3** 设 $\{X_n, n \geq 0\}$ 是具有初始分布 (2.5.3) 及转移矩阵 (2.5.4) 的非齐次马尔可夫信源, $S_n(i, \omega)$ 与 $S_n(i, j, \omega)$ 如前定义. 设 $f(x, y)$ 是定义在 $S \times S$ 上的任意函数, $g(x)$ 是定义在区间 $[0, 1]$ 上的连续函数, 使得

$$\lim_{x\to 0} xg(x) = A(\text{有限}), \quad \text{且} \quad |xg^2(x)| \leq M, \quad x \in [0, 1]. \tag{2.5.29}$$

设 $\boldsymbol{P} = (p(i, j))$ 是另一个转移矩阵, 且 $\boldsymbol{P}$ 不可约. 如果

$$\lim_{n\to\infty} \frac{1}{n} \sum_{k=1}^{n} |p_k(i, j) - p(i, j)| = 0, \quad \forall \ i, j \in S, \tag{2.5.30}$$

则

(i) $\quad \lim_{n\to\infty} \dfrac{S_n(i, \omega)}{n} = \pi_i$ a.s.; $\hspace{4cm}$ (2.5.31)

(ii) $\quad \lim_{n\to\infty} \dfrac{S_n(i, j, \omega)}{n} = \pi_i p(i, j)$ a.s.; $\hspace{3cm}$ (2.5.32)

(iii) $\quad \lim_{n\to\infty} \dfrac{1}{n} \sum_{k=1}^{n} f(X_{k-1}, X_k) = \sum_{i=1}^{N} \pi_i \sum_{j=1}^{N} f(i, j) p(i, j)$ a.s.; $\hspace{1cm}$ (2.5.33)

(iv) $\quad \lim_{n\to\infty} \dfrac{1}{n} \sum_{k=1}^{n} g[p_k(X_{k-1}, X_k)] = \sum_{i=1}^{N} \pi_i \sum_{j=1}^{N} p(i, j) g[p(i, j)]$ a.s.. $\hspace{0.3cm}$ (2.5.34)

此处 $(\pi_1, \pi_2, \cdots, \pi_N)$ 是被转移矩阵 $\boldsymbol{P}$ 决定的惟一平稳分布.

(i) 的证明. 由定理 2.5.1 的推论 2.5.2, 有

$$\lim_{n\to\infty} \frac{1}{n} [S_n(j, \omega) - \sum_{k=1}^{n} p_k(X_{k-1}, j)] = 0 \quad \text{a.s..} \tag{2.5.35}$$

因为

$$\sum_{k=1}^{n} p_k(X_{k-1}, j) = \sum_{k=1}^{n} \sum_{k=1}^{N} \delta_i(X_{k-1}, j) p_k(i, j), \tag{2.5.36}$$

由 (2.5.30), 有

$$\lim_{n \to \infty} |\frac{1}{n} \sum_{k=1}^{n} \sum_{i=1}^{N} \delta_i(X_{k-1})(p_k(i, j) - p(i, j))|$$

$$\leq \sum_{i=1}^{N} \lim_{n \to \infty} \frac{1}{n} \sum_{k=1}^{n} |p_k(i, j) - p(i, j)| = 0, \tag{2.5.37}$$

由 (2.5.35), (2.5.36), (2.5.37) 及 (2.5.21), 有

$$\lim_{n \to \infty} [\frac{1}{n} S_n(j, \omega) - \sum_{i=1}^{N} \frac{1}{n} S_n(i, \omega) p(i, j)]$$

$$= \lim_{n \to \infty} \frac{1}{n} \sum_{k=1}^{n} \sum_{i=1}^{N} \delta_i(X_{k-1})(p_k(i, j) - p(i, j)) = 0 \quad \text{a.s..} \tag{2.5.38}$$

用 $p(j, k)$ 乘 (2.5.38), 将它们对 $j \in S$ 求和, 并再次应用 (2.5.38), 得

$$0 = \sum_{j=1}^{N} p(j, k) \lim_{n \to \infty} \frac{1}{n} [S_n(j, \omega) - \sum_{i=1}^{N} \frac{1}{n} [S_n(i, \omega) p(i, j)]$$

$$= \lim_{n \to \infty} [\sum_{j=1}^{N} \frac{S_n(j, \omega)}{n} p(j, k) - \frac{S_n(k, \omega)}{n}]$$

$$+ \lim_{n \to \infty} [\frac{S_n(k, \omega)}{n} - \sum_{j=1}^{N} \sum_{i=1}^{N} \frac{S_n(i, \omega)}{n} p(i, j) p(j, k)]$$

$$= \lim_{n \to \infty} [\frac{S_n(k, \omega)}{n} - \sum_{i=1}^{N} \frac{S_n(i, \omega)}{n} p^{(2)}(i, k)] \quad \text{a.s.,} \tag{2.5.39}$$

其中 $p^l(i, k)(l$ 为一整数) 是 $\boldsymbol{P}$ 的 $l$ 步转移概率. 由归纳法, 有

$$\lim_{n \to \infty} [\frac{S_n(k, \omega)}{n} - \sum_{i=1}^{N} \frac{S_n(i, \omega)}{n} p^{(l)}(i, k)] = 0 \quad \text{a.s..} \tag{2.5.40}$$

又由 (2.5.35), 有

$$\lim_{n \to \infty} [\frac{S_n(k, \omega)}{n} - \sum_{i=1}^{N} \frac{S_n(i, \omega)}{n} \frac{1}{m} \sum_{l=1}^{m} p^{(l)}(i, k)] = 0 \quad \text{a.s..} \tag{2.5.41}$$

因为

$$\lim_{m \to \infty} \frac{1}{m} \sum_{l=1}^{m} p^{(l)}(i,k) = \pi_k, \tag{2.5.42}$$

且 $\sum_{i=1}^{N}(S_n(i,\omega))/n = 1$, 由 (2.5.41) 与 (2.5.42), 即得 (2.5.31).

(ii) 的证明. 由定理 2.5.1 及推论 2.5.2, 有

$$\lim_{n \to \infty} \frac{1}{n}[S_n(i,j,\omega) - \sum_{k=1}^{n} \delta_i(X_{k-1})p_k(i,j)] = 0 \quad \text{a.s.}. \tag{2.5.43}$$

由 (2.5.30), 易知

$$\lim_{n \to \infty} \frac{1}{n} \sum_{k=1}^{n} \delta_i(X_{k-1})[p_k(i,j) - p(i,j)] = 0. \tag{2.5.44}$$

由 (2.5.43), (2.5.44) 及 (2.5.21), 有

$$\lim_{n \to \infty} [\frac{1}{n}S_n(i,j,\omega) - \frac{1}{n}S_n(i,\omega)p(i,j)]$$
$$= \lim_{n \to \infty} \frac{1}{n} \sum_{k=1}^{n} \delta_i(X_{k-1})[p_k(i,j) - p(i,j)] = 0 \quad \text{a.s.}. \tag{2.5.45}$$

由 (2.5.45) 及 (2.5.31), 即得 (2.5.32).

(iii) 的证明. 由 (2.5.24), 有

$$\frac{1}{n} \sum_{k=1}^{n} f(X_{k-1}, X_k) = \frac{1}{n} \sum_{k=1}^{n} \sum_{i=1}^{N} \sum_{j=1}^{N} \delta_i(X_{k-1})\delta_i(X_k)f(i,j)$$

$$= \sum_{i=1}^{N} \sum_{j=1}^{N} f(i,j)\frac{S_n(i,j,\omega)}{n}. \tag{2.5.46}$$

由 (2.5.32) 及 (2.5.46), 即得 (2.5.33).

(iv) 的证明. 令

$$f(x) = \begin{cases} xg(x), & 0 < x \le 1, \\ A, & x = 0. \end{cases}$$

由 (2.5.29), $f(x)$ 在区间 $[0,1]$ 中连续. 因为 $|xg^2(x)| \le M, x \in [0,1]$, 故有

$$E[g^2(p_k(X_{k-1}, X_k))] = \sum_{i=1}^{N} P(X_{k-1} = i) \sum_{j=1}^{N} g^2(p_k(i,j))p_k(i,j) \le MN,$$

由此有

$$\sum_{n=1}^{\infty} \frac{1}{n^2} E[g^2(p_k(X_{k-1}, X_k))] \leq \sum_{n=1}^{\infty} \frac{NM}{n^2} < \infty. \tag{2.5.47}$$

由 (2.5.47) 及定理 2.5.1, 有

$$\lim_{n \to \infty} \frac{1}{n} \sum_{k=1}^{n} \{g(p_k(X_{k-1}, X_k)) - \sum_{j=1}^{N} g(p_k(X_{k-1}, j)) p_k(X_{k-1}, j)\} = 0 \quad \text{a.s..} \tag{2.5.48}$$

因为

$$\left| \frac{1}{n} \sum_{k=1}^{n} \sum_{j=1}^{N} g(p_k(X_{k-1}, j)) p_k(X_{k-1}, j) - \sum_{i=1}^{N} \pi_i \sum_{j=1}^{N} g(p(i,j)) p(i,j) \right|$$

$$\leq \left| \frac{1}{n} \sum_{k=1}^{n} \sum_{j=1}^{N} \sum_{i=1}^{N} \delta_i(X_{k-1}) g(p_k(i,j)) p_k(i,j) - \frac{1}{n} \sum_{k=1}^{n} \sum_{j=1}^{N} \sum_{i=1}^{N} \delta_i(X_{k-1}) g(p(i,j)) p(i,j) \right|$$

$$+ \left| \frac{1}{n} \sum_{k=1}^{n} \sum_{j=1}^{N} \sum_{i=1}^{N} \delta_i(X_{k-1}) g(p(i,j)) p(i,j) - \sum_{i=1}^{N} \pi_i \sum_{j=1}^{N} g(p(i,j)) p(i,j) \right|$$

$$\leq \sum_{i=1}^{N} \sum_{j=1}^{N} \frac{1}{n} \sum_{k=1}^{n} |g(p_k(i,j)) p_k(i,j) - g(p(i,j)) f(i,j)$$

$$+ \sum_{i=1}^{N} \sum_{j=1}^{N} |g(p(i,j)) p(i,j)| \cdot \left| \sum_{k=1}^{N} \delta_i(X_{k-1}) - \pi_i \right|, \tag{2.5.49}$$

由 (2.5.30), 引理 2.3.3 及 $f(x)$ 的连续性, 有

$$\lim_{n \to \infty} \frac{1}{n} \sum_{k=1}^{n} |g(p_k(i,j)) p_k(i,j) - g(p(i,j)) f(i,j)| = 0, \quad \forall \ i, j \in S. \tag{2.5.50}$$

由 (2.5.49), (2.5.50) 及 (2.5.31), 有

$$\frac{1}{n} \sum_{k=1}^{n} \sum_{j=1}^{N} g(p_k(X_{k-1}, j)) p_k(X_{k-1}, j) = \sum_{i=1}^{N} \pi_i \sum_{j=1}^{N} g(p(i,j)) p(i,j) \quad \text{a.s..} \tag{2.5.51}$$

由 (2.5.48) 及 (2.5.51), 即得 (2.5.34).

最后, 我们证明非齐次马尔可夫信源的 AEP.

**定理 2.5.4** 设 $\{X_n, n \geq 0\}$ 是一非齐次马尔可夫信源, $\boldsymbol{P} = (p(i,j))$ 及 $(\pi_1, \pi_2, \cdots, \pi_n)$ 如定理 2.5.3 所定义. 设 $f_n(\omega)$ 是由 (2.5.6) 定义的 $\{X_k, 0 \leq k \leq n\}$ 的相对熵密度. 如果 (2.5.30) 成立, 则

$$\lim_{n \to \infty} f_n(\omega) = -\sum_{i=1}^{N} \pi_i \sum_{j=1}^{N} p(i,j) \ln p(i,j) \quad \text{a.s..} \tag{2.5.52}$$

**证**  在定理 2.5.3 中令 $g(X) = -\ln X$, 易知 (2.5.29) 成立. 根据定理 2.5.3, 由 (2.5.6) 与 (2.5.34), 即得 (2.5.52).

## §2.6  非齐次二重马尔可夫链的若干极限定理

本节用分析方法研究非齐次二重马氏信源的若干极限性质, 得到了关于此种信源三元函数一类平均值的一个极限定理. 作为推论, 得到了关于任意非齐次二重马氏信源均成立的几个极限性质和关于非齐次二重马氏信源相对熵密度的几个极限性质, 将 Shannon 定理推广到非齐次二重马氏信源的情况. 参照本文的有关结论, 不难得出一般非齐次 $m$ 重马氏信源的有关极限性质.

设 $\{X_n, n \geq 0\}$ 是字母集为 $S = \{1, 2, \cdots, N\}$ 上任意信源, 其联合分布为

$$P(X_0 = x_0, \cdots, X_n = x_n) = p(x_0, \cdots, x_n), \quad x_i \in S, \ n \geq 0. \tag{2.6.1}$$

令

$$f_n(\omega) = -\frac{1}{n} \ln p(X_0, \cdots, X_n) \tag{2.6.2}$$

为 $\{X_i, 0 \leq i \leq n\}$ 的相对熵密度. 如果 $\{X_n, n \geq 0\}$ 是非齐次二重马氏信源, 其二维初始分布与转移立方矩阵列分别为

$$\boldsymbol{q} = \{q(i, j), i, j \in S\}, \tag{2.6.3}$$

$$_n\boldsymbol{P} = (p_n(i, j, l)), \quad i, j, l \in S, n \geq 1, \tag{2.6.4}$$

其中 $q(i, j) = P(X_0 = i, X_1 = j), p_n(i, j, l) = P(X_{n+1} = l | X_n = j, X_{n-1} = i)$. 则

$$p(x_0, \cdots, x_n) = q(x_0, x_1) \prod_{k=1}^{n-1} p_k(x_{k-1}, x_k, x_{k+1}), \tag{2.6.5}$$

$$f_n(\omega) = -\frac{1}{n} \left[ \ln q(X_0, X_1) + \sum_{k=1}^{n-1} \ln p_k(X_{k-1}, X_k, X_{k+1}) \right]. \tag{2.6.6}$$

关于 Shannon 定理的研究是信息论的一个重要问题 (参见 Barron1985 及所引文献), 而 $m$ 重马氏信源是一类非常重要的信源, 如语声、电视信号等往往是 $m$ 重马氏信源. 本文的目的是要给出二重马氏信源三元函数平均值的一类极限定理. 作为主要结果的推论, 得到了非齐次二重马氏信源相对熵密度的几个极限性质, 将 Shannon 定理推广到非齐次二重马氏信源的情形.

**定理 2.6.1**(杨卫国、刘文 1999)  设 $\{X_n, n \geq 0\}$ 是具有二维初始分布 (2.6.3) 和转移立方矩阵列 (2.6.4) 的非齐次二重马氏信源, $f_k(x, y, z)(k = 1, 2, \cdots)$ 是定

义在 $S^3$ 上的一列三元函数. 如果 $\exists \alpha > 0$, 使对所有 $l \in S$, 有

$$b_\alpha(l) = \limsup_{n\to\infty} \max_{i,j\in S} \frac{1}{n} \sum_{k=1}^{n-1} f_k^2(i,j,l) p_k(i,j,l) e^{\alpha|f_k(i,j,l)|} < +\infty, \qquad (2.6.7)$$

则

$$\lim_{n\to\infty} \frac{1}{n} \sum_{k=1}^{n-1} \{ f_k(X_{k-1}, X_k, X_{k+1}) - E[f_k(X_{k-1}, X_k, X_{k+1})|X_{k-1}, X_k] \} = 0 \quad \text{a.s.}.$$

$$\qquad (2.6.8)$$

注意到

$$E[f_k(X_{k-1}, X_k, X_{k+1})|X_{k-1}, X_k] = \sum_{j=1}^{N} f_k(X_{k-1}, X_k, j) p_k(X_{k-1}, X_k, j), \qquad (2.6.9)$$

(2.6.8) 也可写成如下形式:

$$\lim_{n\to\infty} \frac{1}{n} \sum_{k=1}^{n-1} \{ f_k(X_{k-1}, X_k, X_{k+1}) - \sum_{j=1}^{N} f_k(X_{k-1}, X_k, j) p_k(X_{k-1}, X_k, j) \} = 0, \quad \text{a.s.}.$$

$$\qquad (2.6.10)$$

**证**　我们取 $([0,1), \mathcal{F}, P)$ 为所考虑的概率空间, 其中 $\mathcal{F}$ 为区间 $[0,1)$ 中 Lebesgue 可测集全体, $P$ 为 Lebesgue 测度. 首先我们给出以 (2.6.3) 为二维初始分布, (2.6.4) 为转移立方矩阵列的二重马氏信源在此概率空间的一种实现, 我们就这个实现来证明本定理.

设 $q(i) = \sum_{j=1}^{N} q(i,j), i \in S$. 将区间 $[0,1)$ 按比例 $q(1) : q(2) : \cdots : q(N)$ 分成 $N$ 个左闭右开的区间:

$$D_1 = [0, q(1)), D_2 = [q(1), q(1)+q(2)), \cdots, D_N = [1 - q(N), 1),$$

其中若 $q(i) = 0$, 则定义 $D_i$ 为空集. 这些区间称为零阶区间, 记为 $D_{x_0}, x_0 = 1, 2, \cdots, N$. 设 $D_{x_0}$ 不是空集, 将 $D_{x_0}$ 按比例 $q(x_0, 1) : q(x_0, 2) : \cdots : q(x_0, N)$ 分成 $N$ 个左闭右开的区间, 依次记为 $D_{x_0 x_1}, x_1 = 1, 2, \cdots, N$, 并称为 1 阶区间, 其中若 $q(x_0, i) = 0$, 则规定 $D_{x_0 i}$ 为空集. 易知

$$P(D_{x_0 x_1}) = q(x_0, x_1), \quad x_0, x_1 \in S. \qquad (2.6.11)$$

一般地, 当 $n \geq 2$ 时, 设 $N^{n+1}$ 个 $n$ 阶区间 $\{D_{x_0 \cdots x_n}, x_i \in S, 0 \leq i \leq n\}$ 已经定义, 设 $D_{x_0 \cdots x_n}$ 不是空集, 将 $D_{x_0 \cdots x_n}$ 按比例 $p_n(x_{n-1}, x_n, 1) : p_n(x_{n-1}, x_n, 2) : \cdots :$ $p_n(x_{n-1}, x_n, N)$ 分成 $N$ 个左闭右开区间, 记为 $D_{x_0 \cdots x_n x_{n+1}}, x_{n+1} = 1, 2, \cdots N$, 其

中若 $p_n(x_{n-1}, x_n, i) = 0$, 则规定 $D_{x_0 \cdots x_n i}$ 为空集, 这样就得到 $n+1$ 阶区间. 当 $n \geq 2$ 时, 易知

$$P(D_{x_0 \cdots x_n}) = q(x_0, x_1) \prod_{k=1}^{n-1} p_k(x_{k-1}, x_k, x_{k+1}). \tag{2.6.12}$$

对 $n \geq 0$, 定义随机变量 $X_n \colon [0,1) \longrightarrow S$ 如下:

$$X_n(\omega) = x_n, \quad \text{当} \quad \omega \in D_{x_0 \cdots x_n}. \tag{2.6.13}$$

由 (2.6.11)—(2.6.13), 有

$$\{\omega : X_0 = x_0, \cdots, X_n = x_n\} = D_{x_0 \cdots x_n}, \tag{2.6.14}$$

$$P(X_0 = x_0, X_1 = x_1) = q(x_0, x_1). \tag{2.6.15}$$

当 $n \geq 2$ 时有

$$P(X_0 = x_0, \cdots, X_n = x_n) = q(x_0, x_1) \prod_{k=1}^{n-1} p_k(x_{k-1}, x_k, x_{k+1}). \tag{2.6.16}$$

由 (2.6.15) 与 (2.6.16), 知 $\{X_n, n \geq 0\}$ 构成一二重马氏信源, 其二维初始分布与转移立方矩阵分别为 (2.6.3) 与 (2.6.4).

为了以下证明的需要, 我们先来构造一个辅助函数. 设各阶区间及区间 $[0,1)$ 所成的类为 $\mathcal{A}$, $\lambda$ 为非零常数, $l \in S$ 为固定的状态, 简记 $f_k(x_{k-1}, x_k, l)$ 为 $f_k$. 在 $\mathcal{A}$ 上定义集函数 $\mu$ 如下: 设 $D_{x_0 \cdots x_n}$ 是 $n$ 阶区间, 当 $n \geq 2$ 时, 令

$$\mu(D_{x_0 \cdots x_n}) = \exp\left\{\lambda \sum_{k=1}^{n-1} f_k \delta_l(x_{k+1})\right\}$$

$$\cdot \prod_{k=1}^{n-1} \left[\frac{1}{1 + (e^{\lambda f_k} - 1) p_k(x_{k-1}, x_k, l)}\right] P(D_{x_0 \cdots x_n}), \tag{2.6.17}$$

其中 $\delta_l(\cdot)$ $(l = 1, 2, \cdots, N)$ 是 $S$ 上的 Kronecker 函数. 又令

$$\mu(D_{x_0 x_1}) = \sum_{x_2=1}^{N} \mu(D_{x_0 x_1 x_2}), \tag{2.6.18}$$

$$\mu(D_{x_0}) = \sum_{x_1=1}^{N} \mu(D_{x_0 x_1}), \tag{2.6.19}$$

$$\mu([0,1)) = \sum_{x_0=1}^{N} \mu(D_{x_0}). \tag{2.6.20}$$

当 $n \geq 2$ 时由 (2.6.17) 与 (2.6.12), 有

$$\sum_{x_n=1}^{N} \mu(D_{x_0\cdots x_n})$$

$$= \mu(D_{x_0\cdots x_{n-1}}) \sum_{x_n=1}^{N} \left[\frac{\exp\{\lambda f_{n-1}\delta_l(x_n)\}p_{n-1}(x_{n-1},x_{n-1},x_n)}{1+(e^{\lambda f_{n-1}}-1)p_{n-1}(x_{n-2},x_{n-1},l)}\right]$$

$$= \mu(D_{x_0\cdots x_{n-1}}) \left[\sum_{x_n=l} + \sum_{x_n\neq l}\right] \left[\frac{\exp\{\lambda f_{n-1}\delta_l(x_n)\}p_{n-1}(x_{n-1},x_{n-1},x_n)}{1+(e^{\lambda f_{n-1}}-1)p_{n-1}(x_{n-2},x_{n-1},l)}\right]$$

$$= \mu(D_{x_0\cdots x_{n-1}}) \left[\frac{e^{\lambda f_{n-1}}p_{n-1}(x_{n-2},x_{n-1},l)+1-p_{n-1}(x_{n-2},x_{n-1},l)}{1+(e^{\lambda f_{n-1}}-1)p_{n-1}(x_{n-2},x_{n-1},l)}\right]$$

$$= \mu(D_{x_0\cdots x_{n-1}}). \tag{2.6.21}$$

由 (2.6.18)—(2.6.21), 知 $\mu$ 是 $\mathcal{A}$ 上的可加集函数. 由此知存在 $[0,1)$ 上的增函数 $f_\lambda$, 使得对任何 $D_{x_0\cdots x_n}$, 有

$$\mu(D_{x_0\cdots x_n}) = f_\lambda(D_{x_0\cdots x_n}^+) - f_\lambda(D_{x_0\cdots x_n}^-), \tag{2.6.22}$$

其中 $D_{x_0\cdots x_n}^-$ 与 $D_{x_0\cdots x_n}^+$ 分别表示 $D_{x_0\cdots x_n}$ 的左、右端点. 令

$$t_n(\lambda,\omega) = \frac{f_\lambda(D_{x_0\cdots x_n}^+) - f_\lambda(D_{x_0\cdots x_n}^-)}{D_{x_0\cdots x_n}^+ - D_{x_0\cdots x_n}^-} = \frac{\mu(D_{x_0\cdots x_n})}{P(D_{x_0\cdots x_n})}, \quad \omega \in D_{x_0\cdots x_n}. \tag{2.6.23}$$

设 $f_\lambda$ 的可微点的全体为 $A(\lambda,l)$, 由单调函数导数存在定理知 $P(A(\lambda,l)) = 1$. 设 $\omega \in A(\lambda,l)$, 且 $\omega \in D_{x_0\cdots x_n}, (n = 0,1,2,\cdots)$. 若 $\lim_{n\to\infty} P(D_{x_0\cdots x_n}) = D > 0$, 则

$$\lim_{n\to\infty} t_n(\lambda,\omega) = \lim_{n\to\infty} \mu(D_{x_0\cdots x_n})/D < +\infty. \tag{2.6.24}$$

若 $\lim_{n\to\infty} P(D_{x_0\cdots x_n}) = 0$, 则根据导数的一个性质（参见 Billingsly1986, p.423), 由 (2.6.24), 有

$$\lim_{n\to\infty} t_n(\lambda,\omega) = f_\lambda'(\omega) < +\infty, \tag{2.6.25}$$

所以由 (2.6.24) 与 (2.6.25), 有

$$\limsup_{n\to\infty} \ln t_n(\lambda,\omega)/n \leq 0, \quad \omega \in A(\lambda,l). \tag{2.6.26}$$

由 (2.6.23), (2.6.17), (2.6.12) 与 (2.6.13), 有

$$\frac{1}{n} \ln t_n(\lambda,\omega) = \frac{\lambda}{n} \sum_{k=1}^{n-1} f_k(X_{k-1},X_k,l)\delta_l(X_{k+1})$$

$$- \frac{1}{n} \sum_{k=1}^{n-1} \ln[1 + (\exp\{\lambda f_k(X_{k-1}, X_k, l)\} - 1)p_k(X_{k-1}, X_k, l)], \quad \omega \in [0, 1).$$

$$(2.6.27)$$

在 (2.6.27) 中简记 $f_k(X_{k-1}, X_k, l)$ 为 $f_k$, $p(X_{k-1}, X_k, l)$ 为 $p_k$. 由 (2.6.26) 与 (2.6.27), 有

$$\limsup_{n\to\infty} \left\{ \frac{\lambda}{n} \sum_{k=1}^{n-1} f_k \delta_l(X_{k+1}) - \frac{1}{n} \sum_{k=1}^{n-1} \ln[1 + (e^{\lambda f_k} - 1)p_k] \right\} \leq 0, \quad \omega \in A(\lambda, l).$$

$$(2.6.28)$$

设 $\lambda > 0$, 在 (2.6.28) 两边同除以 $\lambda$, 得

$$\limsup_{n\to\infty} \frac{1}{n} \left\{ \sum_{k=1}^{n-1} f_k \delta_l(X_{k+1}) - \frac{1}{\lambda} \sum_{k=1}^{n-1} \ln[1 + (e^{\lambda f_k} - 1)p_k] \right\} \leq 0, \quad \omega \in A(\lambda, l).$$

$$(2.6.29)$$

由 (2.6.29) 及上极限性质

$$\limsup_{n\to\infty}(a_n - b_n) \leq 0 \implies \limsup_{n\to\infty}(a_n - c_n) \leq \limsup_{n\to\infty}(b_n - c_n), \quad (2.6.30)$$

及不等式

$$\ln(1 + x) \leq x, \quad (x > -1), \quad (2.6.31)$$

$$e^x - 1 - x \leq x^2 e^{|x|}, \quad (2.6.32)$$

有

$$\limsup_{n\to\infty} \frac{1}{n} \left[ \sum_{k=1}^{n-1} f_k \delta_l(X_{k+1}) - \sum_{k=1}^{n-1} f_k p_k \right]$$

$$\leq \limsup_{n\to\infty} \frac{1}{n} \sum_{k=1}^{n-1} \left\{ \frac{1}{\lambda} \ln[1 + (e^{\lambda f_k} - 1)p_k] - f_k p_k \right\}$$

$$\leq \limsup_{n\to\infty} \frac{1}{n} \sum_{k=1}^{n-1} \frac{p_k}{\lambda} (e^{\lambda f_k} - 1 - \lambda f_k)$$

$$\leq \lambda \limsup_{n\to\infty} \frac{1}{n} \sum_{k=1}^{n-1} f_k^2 p_k e^{|\lambda f_k|}, \quad \omega \in A(\lambda, l). \quad (2.6.33)$$

当 $\lambda < \alpha$ 时, 由 (2.6.33) 与 (2.6.7), 有

$$\limsup_{n\to\infty} \frac{1}{n} \left[ \sum_{k=1}^{n-1} f_k \delta_l(X_{k+1}) - \sum_{k=1}^{n-1} f_k p_k \right]$$

$$\leq \lambda \limsup_{n\to\infty} \frac{1}{n} \sum_{k=1}^{n-1} f_k^2 p_k e^{\alpha|f_k|} \leq \lambda b_\alpha(l), \quad q \quad \omega \in A(\lambda, l). \quad (2.6.34)$$

取 $\lambda_k \in (0,\alpha), k = 1, 2, \cdots$，使 $\lambda_k \to 0, (k \to \infty)$，并令 $A^*(l) = \bigcap_{k=1}^{\infty} A(\lambda_k, l)$，则对所有的 $k$，由 (2.6.34)，有

$$\limsup_{n \to \infty} \frac{1}{n} \left[ \sum_{k=1}^{n-1} f_k \delta_l(X_{k+1}) - \sum_{k=1}^{n-1} f_k p_k \right] \leq \lambda_k b_\alpha(l), \quad \omega \in A^*(l). \tag{2.6.35}$$

由于 $\lambda_k \to 0, (k \to \infty)$，故由 (2.6.35)，有

$$\limsup_{n \to \infty} \frac{1}{n} \left[ \sum_{k=1}^{n-1} f_k \delta_l(X_{k+1}) - \sum_{k=1}^{n-1} f_k p_k \right] \leq 0, \quad \omega \in A^*(l). \tag{2.6.36}$$

设 $\lambda < 0$，将 (2.6.28) 两边同除以 $\lambda$，得

$$\liminf_{n \to \infty} \frac{1}{n} \left\{ \sum_{k=1}^{n-1} f_k \delta_l(X_{k+1}) - \frac{1}{\lambda} \sum_{k=1}^{n-1} \ln[1 + (e^{\lambda f_k} - 1)p_k] \right\} \geq 0, \quad \omega \in A(\lambda, l). \tag{2.6.37}$$

由 (2.6.37) 及下极限性质

$$\liminf_{n \to \infty}(a_n - b_n) \geq 0 \implies \liminf_{n \to \infty}(a_n - c_n) \geq \liminf_{n \to \infty}(b_n - c_n),$$

及不等式 (2.6.31) 与 (2.6.32)，有

$$\liminf_{n \to \infty} \frac{1}{n} \left\{ \sum_{k=1}^{n-1} f_k \delta_l(X_{k+1}) - \sum_{k=1}^{n-1} f_k p_k \right\}$$

$$\geq \liminf_{n \to \infty} \frac{1}{n} \sum_{k=1}^{n-1} \left\{ \frac{1}{\lambda} \ln[1 + (e^{\lambda f_k} - 1)p_k] - f_k p_k \right\}$$

$$\geq \liminf_{n \to \infty} \frac{1}{n} \sum_{k=1}^{n-1} \frac{p_k}{\lambda}(e^{\lambda f_k} - 1 - \lambda f_k)$$

$$\geq \liminf_{n \to \infty} \frac{1}{n} \sum_{k=1}^{n-1} f_k^2 p_k e^{|\lambda f_k|}, \quad \omega \in A(\lambda, l). \tag{2.6.38}$$

当 $\lambda \in (-\alpha, 0)$ 时，由 (2.6.38) 与 (2.6.7)，有

$$\liminf_{n \to \infty} \frac{1}{n} \left\{ \sum_{k=1}^{n-1} f_k \delta_l(X_{k+1}) - \sum_{k=1}^{n-1} f_k p_k \right\}$$

$$\geq \lambda \liminf_{n \to \infty} \frac{1}{n} \sum_{k=1}^{n-1} f_k^2 p_k e^{\alpha|f_k|} \geq \lambda b_\alpha(l), \quad \omega \in A(\lambda, l). \tag{2.6.39}$$

取 $\tau_k \in (-\alpha, 0), k = 1, 2, \cdots$，使 $\tau_k \to 0, (k \to \infty)$，并令 $A_*(l) = \bigcap_{k=1}^{\infty} A(\tau_k, l)$，则对所有的 $k$，由 (2.6.39)，有

$$\liminf_{n \to \infty} \frac{1}{n} \sum_{k=1}^{n-1} f_k[\delta_l(X_{k+1}) - p_k] \geq \tau_k b_\alpha(l), \quad \omega \in A_*(l). \tag{2.6.40}$$

由于 $\tau_k \to 0, (k \to \infty)$, 故由 (2.6.40), 有

$$\liminf_{n \to \infty} \frac{1}{n} \sum_{k=1}^{n-1} f_k[\delta_l(X_{k+1}) - p_k] \geq 0, \quad \omega \in A_*(l). \tag{2.6.41}$$

令 $A(l) = A^*(l) \cap A_*(l)$, 由 (2.6.36) 与 (2.6.41), 有

$$\lim_{n \to \infty} \frac{1}{n} \sum_{k=1}^{n-1} f_k(X_{k-1}, X_k, l)[\delta_l(X_{k+1}) - p_k(X_{k-1}, X_k, l)] = 0, \quad \omega \in A(l). \tag{2.6.42}$$

令 $A = \bigcap_{l=1}^{\infty} A(l)$, 注意到

$$f_k(X_{k-1}, X_k, X_{k+1}) - \sum_{l=1}^{N} f_k(X_{k-1}, X_k, l) p_k(X_{k-1}, X_k, l)$$

$$= \sum_{l=1}^{N} f_k(X_{k-1}, X_k, l)\delta_l(X_{k+1}) - \sum_{l=1}^{N} f_k(X_{k-1}, X_k, l) p_k(X_{k-1}, X_k, l)$$

$$= \sum_{L=1}^{N} f_k(X_{k-1}, X_k, l)[\delta_l(X_{k+1}) - p_k(X_{k-1}, X_k, l)]. \tag{2.6.43}$$

由 (2.6.42) 与 (2.6.43), 有

$$\lim_{n \to \infty} \frac{1}{n} \sum_{k=1}^{n-1} \left\{ f_k(X_{k-1}, X_k, X_{k+1}) - \sum_{l=1}^{N} f_k(X_{k-1}, X_k, l) p_k(X_{k-1}, X_k, l) \right\} = 0, \quad \omega \in A. \tag{2.6.44}$$

由于 $P(A) = 1$, 故由 (2.6.44), 知 (2.6.10) 成立. 证毕.

**推论 2.6.1** 设 $\{X_n, n \geq 0\}$ 是一非齐次二重马氏信源如前定义, $f_n(\omega)$ 是由 (2.6.6) 定义的相对熵密度, 则有

$$\lim_{n \to \infty} \left[ f_n(\omega) + \frac{1}{n} \sum_{k=1}^{n-1} \sum_{l=1}^{N} p_k(X_{k-1}, X_k, l) \ln p_k(X_{k-1}, X_k, l) \right] = 0 \text{ a.s.}. \tag{2.6.45}$$

**证** 在定理 2.6.1 中令 $f_k(x, y, z) = -\ln p_k(x, y, z)$, 设 $\alpha = 1/2$, 这时由 (2.6.6), 有

$$\frac{1}{n} \sum_{k=1}^{n-1} \left\{ f_k(X_{k-1}, X_k, X_{k+1}) - \sum_{l=1}^{N} f_k(X_{k-1}, X_k, l) p_k(X_{k-1}, X_k, l) \right\}$$

$$= -\frac{1}{n} \sum_{k=1}^{n-1} \left[ \ln p_k(X_{k-1}, X_k, X_{k+1}) + \sum_{l=1}^{N} p_k(X_{k-1}, X_k, l) \ln p_k(X_{k-1}, X_k, l) \right]$$

$$= \frac{1}{n}q(X_0,X_1)+f_n(\omega)+\frac{1}{n}\sum_{k=1}^{n-1}\sum_{l=1}^{N}p_k(X_{k-1},X_k,l)\ln p_k(X_{K-1},X_k,l). \quad (2.6.46)$$

另由不等式

$$(\ln x)^2 x^{1/2} \le 16e^{-2}, \quad 0 \le x \le 1, \quad (2.6.47)$$

$\forall l \in S$, 有

$$b_{1/2}(l)=\limsup_{n\to\infty}\max_{i,j\in S}\frac{1}{n}\sum_{k=1}^{n-1}[\ln p_k(i,j,l)]^2 p_k(i,j,l)\exp\{\frac{1}{2}|\ln p_k(i,j,l)|\}$$

$$=\limsup_{n\to\infty}\max_{i,j\in S}\frac{1}{n}\sum_{k=1}^{n-1}[\ln p_k(i,j,l)]^2[p_k(i,j,l)]^{1/2}\le 16e^{-2}. \quad (2.6.48)$$

由 (2.6.46), (2.6.48) 和定理 2.6.1, 知 (2.6.45) 成立.

**推论 2.6.2**　设 $\{X_n,n\ge 0\}$ 是一非齐次马氏信源如前定义, $S_n(i,j)$ 是序列 $(X_0,X_1)$, $(X_1,X_2)$, $\cdots$, $(X_{n-2},X_{n-1})$ 中 $(i,j)$ 出现的次数, 即

$$S_n(i,j)=\sum_{n=1}^{n-1}\delta_i(X_{k-1})\delta_j(X_k), \quad (2.6.49)$$

则

$$\lim_{n\to\infty}\left[\frac{S_n(i,j)}{n}-\frac{1}{n}\sum_{k=1}^{n-1}\delta_i(X_k)p_k(X_{k-1},i,j)\right]=0, \quad \text{a.s..} \quad (2.6.50)$$

**证**　在定理 2.6.1 中令 $f_k(x,y,z)=\delta_i(y)\delta_j(z)$, 易知 $f_k(x,y,z)$, $k=1,2,\cdots$ 满足定理 2.6.1 的条件 (2.6.7). 这时

$$\frac{1}{n}\sum_{k=1}^{n-1}\left\{f_k(X_{k-1},X_k,X_{k+1})-\sum_{l=1}^{N}f_k(X_{k-1},X_k,l)p_k(X_{k-1},X_k,l)\right\}$$

$$=\frac{1}{n}\sum_{k=1}^{n-1}\left\{\delta_i(X_k)\delta_j(X_{k+1})-\sum_{l=1}^{N}\delta_i(X_k)\delta_j(l)p_k(X_{k-1},X_k,l)\right\}$$

$$=\frac{\delta_i(X_{n-1})\delta_j(X_n)-\delta_i(X_0)\delta_j(X_1)}{n}+\frac{S_n(i,j)}{n}-\frac{1}{n}\sum_{k=1}^{n-1}\delta_i(X_k)p_k(X_{k-1},i,j).$$

$$(2.6.51)$$

由 (2.6.51) 与定理 2.6.1, 可知 (2.6.50) 成立.

**推论 2.6.3**　设 $\{X_n,n\ge 0\}$ 是一非齐次二重马氏信源如前定义, $S_n(i,j,l)$ 是序列 $(X_0,X_1,X_2)$, $(X_1,X_2,X_3)$, $\cdots$, $(X_{n-2},X_{n-1},X_n)$ 中 $(i,j,l)$ 出现的次数, 即

$$S_n(i,j,l)=\sum_{k=1}^{n-1}\delta_i(X_{k-1})\delta_j(X_k)\delta_l(X_{k+1}), \quad (2.6.52)$$

则

$$\lim_{n\to\infty}\left[\frac{S_n(i,j,l)}{n}-\frac{1}{n}\sum_{k=1}^{n-1}\delta_i(X_{k-1})\delta_j(X_k)p_k(i,j,l)\right]=0 \quad \text{a.s..} \tag{2.6.53}$$

**证**  在定理 2.6.1 中令 $f_k(x,y,z)=\delta_i(x)\delta_j(y)\delta_l(z)$, $k=1,2,\cdots$, 则有

$$\frac{1}{n}\sum_{k=1}^{n-1}\left\{f_k(X_{k-1},X_k,X_{k+1})-\sum_{v=1}^{N}f_k(X_{k-1},X_k,v)p_k(X_{k-1},X_k,v)\right\}$$

$$=\frac{1}{n}\sum_{k=1}^{n-1}\delta_i(X_{k-1})\delta_j(X_k)\delta_l(X_{k+1})-\frac{1}{n}\sum_{k=1}^{n-1}\sum_{v=1}^{N}\delta_i(X_{k-1})\delta_j(X_k)\delta_l(v)p_k(X_{k-1},X_k,v)$$

$$=\frac{S_n(i,j,l)}{n}-\frac{1}{n}\sum_{k=1}^{n-1}\delta_i(X_{k-1})\delta_j(X_k)p_k(i,j,l). \tag{2.6.54}$$

易知 $f_k(x,y,z)$ 满足条件 (2.6.7), 故由定理 2.6.1 与 (2.6.54), 知 (2.6.53) 成立.

设

$$\boldsymbol{P}=(p(i,j,t)),\quad i,j,t\in S \tag{2.6.55}$$

为一转移立方矩阵. 定义一二维转移矩阵如下:

$$\overline{\boldsymbol{P}}=(p((i,j),(s,t))),\quad (i,j),(s,t)\in S^2, \tag{2.6.56}$$

其中

$$p((i,j),(s,t))=\left\{\begin{array}{ll}p(i,j,t), & j=s,\\ 0, & j\neq s,\end{array}\right. \tag{2.6.57}$$

称 $\overline{\boldsymbol{P}}$ 为转移立方阵 $\boldsymbol{P}$ 所确定的二维转移阵.

**引理 2.6.1**  设二维转移矩阵 $\overline{\boldsymbol{P}}$ 是由转移立方阵 $\boldsymbol{P}$ 所确定的. 如果 $\overline{\boldsymbol{P}}$ 是遍历的, 则 $\boldsymbol{P}$ 也是遍历的, 即设

$$(\pi(i,j)),\quad (i,j)\in S^2 \tag{2.6.58}$$

是 $\overline{\boldsymbol{P}}$ 所确定的平稳分布, 则

$$\lim_{n\to\infty}p^{(n)}(i,j,t)=p(t)=\sum_{s=1}^{N}\pi(s,t)=\sum_{s=1}^{N}\pi(t,s), \tag{2.6.59}$$

$\forall i,j,t\in S$ 成立, 其中

$$p^{(n+1)}(i,j,t)=\sum_{l=1}^{N}p^{(n)}(i,j,l)p(j,l,t). \tag{2.6.60}$$

**证**　设 $\{\xi_n, n \geq 0\}$ 为一齐次二重马氏链, 其转移立方阵为 $\boldsymbol{P}$. 令 $\eta_n = (\xi_n, \xi_{n+1})$, 则 $\{\eta_n, n \geq 0\}$ 构成一二维马氏链, 其二维转移矩阵为 $\overline{\boldsymbol{P}}$(参见王梓坤 1978, p.82). 设 $p^{(n)}((i,j),(s,t))$ 是 $\overline{\boldsymbol{P}}$ 所确定的 $n$ 步二维转移概率. 由于 $\overline{\boldsymbol{P}}$ 是遍历的, 故存在平稳分布 (2.6.59) 使

$$\lim_{n\to\infty} P(\eta_n = (s,t)|\eta_0 = (i,j)) = \lim_{n\to\infty} p^{(n)}((i,j),(s,t)) = \pi(s,t), \quad (i,j),(s,t) \in S^2,$$
(2.6.61)

于是由 (2.6.61), 有

$$\begin{aligned}
\lim_{n\to\infty} p^{(n)}(i,j,t) &= \lim_{n\to\infty} P(\xi_{n+1} = t|\xi_0 = i, \xi_1 = j)\\
&= \lim_{n\to\infty} \sum_{s=1}^{N} P(\xi_{n+1} = t, \xi_n = s|\xi_0 = i, \xi_1 = j)\\
&= \lim_{n\to\infty} \sum_{s=1}^{N} P(\eta_n = (s,t)|\eta_0 = (i,j))\\
&= \lim_{n\to\infty} \sum_{s=1}^{N} p^{(n)}((i,j),(s,t)) = \sum_{s=1}^{N} \pi(s,t)\\
&= p(t), \quad i,j,t \in S.
\end{aligned}$$
(2.6.62)

同理可证

$$\lim_{n\to\infty} p^{(n)}(i,j,t) = p(t) = \sum_{s=1}^{N} \pi(t,s).$$
(2.6.63)

**引理 2.6.2**　设 $\overline{\boldsymbol{P}}$ 是由转移立方矩阵 $\boldsymbol{P}$ 所确定的二维转移矩阵. 如果 $\boldsymbol{P}$ 中每个元素均大于 0, 即

$$\boldsymbol{P} = (p(i,j,t)), \quad p(i,j,t) > 0, \quad i,j,t \in S,$$
(2.6.64)

则 $\overline{\boldsymbol{P}}$ 是遍历的.

**证**　设 $\{\xi_n, n \geq 0\}$ 和 $\{\eta_n, n \geq 0\}$ 如同引理 2.6.1, 其转移立方矩阵和二维转移矩阵分别为 $\boldsymbol{P}$ 与 $\overline{\boldsymbol{P}}$. 由于 $\forall (i,j),(s,t) \in S^2$, 有

$$\begin{aligned}
p^{(2)}((i,j),(s,t)) &= P(\eta_2 = (s,t)|\eta_0 = (i,j))\\
&= P(\xi_2 = s, \xi_3 = t|\xi_0 = i, \xi_1 = j)\\
&= P(\xi_3 = t|\xi_1 = j, \xi_2 = s)P(\xi_2 = s|\xi_0 = i, \xi_1 = j)\\
&= p(j,s,t)p(i,j,s) > 0.
\end{aligned}$$
(2.6.65)

由王梓坤 1978, p.86 知 $\overline{\boldsymbol{P}}$ 是遍历的.

**定理 2.6.2**(杨卫国、刘文 1999)  设 $\{X_n, n \geq 0\}$ 是具有二维初始分布 (2.6.3) 和转移立方矩阵列 (2.6.4) 的非齐次二重马氏信源，$S_n(i,j), A_n(i,j,l)$ 如前定义，$f_n(\omega)$ 为其熵密度序列. 设

$$\boldsymbol{P} = (p(i,j,l)) \tag{2.6.66}$$

为另一转移立方矩阵，假设 $\boldsymbol{P}$ 所确定的二维转移矩阵 $\overline{\boldsymbol{P}}$ 是遍历的. 如果 $\forall i,j,l \in S$, 有

$$\lim_{n \to \infty} \frac{1}{n} \sum_{k=1}^{n} |p_k(i,j,l) - p(i,j,l)| = 0, \tag{2.6.67}$$

则有

1° $\quad \lim_{n \to \infty} \dfrac{S_n(i,j)}{n} = \pi(i,j) \quad$ a.s.; $\tag{2.6.68}$

2° $\quad \lim_{n \to \infty} \dfrac{S_n(i,j,l)}{S_n(i,j)} = p(i,j,l) \quad$ a.s.; $\tag{2.6.69}$

3° $\quad \lim_{n \to \infty} f_n(\omega) = -\sum_{i=1}^{N} \sum_{j=1}^{N} \pi(i,j) \sum_{l=1}^{N} p(i,j,l) \ln p(i,j,l) \quad$ a.s., $\tag{2.6.70}$

其中 $\{\pi(i,j), i,j \in S\}$ 是 $\overline{\boldsymbol{P}}$ 所确定的平稳分布.

**证** 1° 由 (2.6.50), 有

$$\lim_{n \to \infty} \left( \frac{S_n(i,j)}{n} - \frac{1}{n} \sum_{k=1}^{n-1} \sum_{l=1}^{N} \delta_l(X_{k-1}) \delta_i(X_k) p_k(l,i,j) \right) = 0 \quad \text{a.s..} \tag{2.6.71}$$

又由 (2.6.67), 有

$$\lim_{n \to \infty} \left| \frac{1}{n} \sum_{k=1}^{n-1} \sum_{l=1}^{N} \delta_l(X_{k-1}) \delta_i(X_k)(p_k(l,i,j) - p(l,i,j)) \right|$$

$$\leq \sum_{l=1}^{N} \lim_{n \to \infty} \frac{1}{n} \sum_{k=1}^{n-1} |p_k(l,i,j) - p(l,i,j)| = 0. \tag{2.6.72}$$

由 (2.6.72) 与 (2.6.71) 并注意到 (2.6.49), 有

$$\lim_{n \to \infty} \left( \frac{S_n(i,j)}{n} - \sum_{l=1}^{N} \frac{S_n(l,i)}{n} p(l,i,j) \right)$$

$$= \lim_{n \to \infty} \frac{1}{n} \sum_{k=1}^{n-1} \sum_{l=1}^{N} \delta_l(X_{k-1}) \delta_i(X_k)(p_k(l,i,j) - p(l,i,j)) = 0 \quad \text{a.s..} \tag{2.6.73}$$

由 (2.6.73) 与 (2.6.57), 有

$$\lim_{n\to\infty}\left(\frac{S_n(i,j)}{n}-\sum_{(l,s)\in S^2}\frac{S_n(l,s)}{n}p((l,s),(i,j))\right)=0 \text{ a.s.}, \forall(i,j)\in S. \qquad (2.6.74)$$

将 (2.6.74) 的第 $(i,j)$ 个式子乘以 $p((i,j),(u,v))$, 然后相加, 并再利用 (2.6.74), 有

$$0=\sum_{(i,j)\in S^2}p((i,j),(u,v))\lim_{n\to\infty}\left(\frac{S_n(i,j)}{n}-\sum_{(l,s)\in S^2}\frac{S_n(l,s)}{n}p((l,s),(i,j))\right)$$

$$=\lim_{n\to\infty}\left[\sum_{(i,j)\in S^2}\frac{S_n(i,j)}{n}p((i,j),(u,v))-\frac{S_n(u,v)}{n}\right]$$

$$+\lim_{n\to\infty}\left[\frac{S_n(u,v)}{n}-\sum_{(l,s)\in S^2}\frac{S_n(l,s)}{n}\sum_{(i,j)\in S^2}p((l,s),(i,j))p((i,j),(u,v))\right]$$

$$=\lim_{n\to\infty}\left[\frac{S_n(u,v)}{n}-\sum_{(l,s)\in S^2}\frac{S_n(l,s)}{n}p^{(2)}((l,s),(u,v))\right] \text{ a.s..} \qquad (2.6.75)$$

由归纳法可以证明

$$\lim_{n\to\infty}\left[\frac{S_n(u,v)}{n}-\sum_{(l,s)\in S^2}\frac{S_n(l,s)}{n}p^{(k)}((l,s),(u,v))\right]=0 \text{ a.s..} \qquad (2.6.76)$$

由于

$$\lim_{k\to\infty}p^{(k)}((l,s),(u,v))=\pi(u,v), \quad \forall(l,s)\in S^2, \qquad (2.6.77)$$

由 (2.6.76) 与 (2.6.77), 可得 (2.6.68) 成立.

2° 由 (2.6.67) 易知

$$\lim_{n\to\infty}\frac{1}{n}\sum_{k=1}^{n-1}\delta_i(X_{k-1})\delta_j(X_k)[p_k(i,j,l)-p(i,j,l)]=0. \qquad (2.6.78)$$

由 (2.6.53) 与 (2.6.78), 有

$$\lim_{n\to\infty}\left[\frac{S_n(i,j,l)}{n}-\frac{S_n(i,j)}{n}p(i,j,l)\right]$$

$$=\lim_{n\to\infty}\frac{1}{n}\sum_{k=1}^{n-1}\delta_i(X_{k-1})\delta_j(X_k)[p_k(i,j,l)-p(i,j,l)]=0 \text{ a.s..} \qquad (2.6.79)$$

由 (2.6.68) 与 (2.6.79), 即得 (2.6.69) 成立.

3° 设 (2.6.67) 成立, 由杨卫国 (1993) 知

$$\lim_{n\to\infty}\frac{1}{n}\sum_{k=1}^{n-1}\big|p_k(i,j,l)\ln p_k(i,j,l)-p(i,j,l)\ln p(i,j,l)\big|=0,\quad\forall i,j,l\in S. \tag{2.6.80}$$

由于

$$\frac{1}{n}\sum_{k=1}^{n-1}\sum_{l=1}^{N}p_k(X_{k-1},X_k,l)\ln p_k(X_{k-1},X_k,l)$$

$$=\frac{1}{n}\sum_{k=1}^{n-1}\sum_{i=1}^{N}\sum_{j=1}^{N}\delta_i(X_{k-1})\delta_j(X_k)\sum_{l=1}^{N}p(i,j,l)\ln p(i,j,l), \tag{2.6.81}$$

由 (2.6.81), 有

$$\Big|f_n(\omega)+\sum_{i=1}^{N}\sum_{j=1}^{N}\pi(i,j)\sum_{l=1}^{N}p(i,j,l)\ln p(i,j,l)\Big|$$

$$\leq\Big|f_n(\omega)+\frac{1}{n}\sum_{k=1}^{n-1}\sum_{i=1}^{N}\sum_{j=1}^{N}\sum_{l=1}^{N}\delta_i(X_{k-1})\delta_j(X_k)p_k(i,j,l)\ln p_k(i,j,l)\Big|$$

$$+\Big|\frac{1}{n}\sum_{k=1}^{n-1}\sum_{i=1}^{N}\sum_{j=1}^{N}\sum_{l=1}^{N}\delta_i(X_{k-1})\delta_j(X_k)[p_k(i,j,l)\ln p_k(i,j,l)-p(i,j,l)\ln p(i,j,l)]\Big|$$

$$+\Big|\sum_{i=1}^{N}\sum_{j=1}^{N}\Big[\frac{1}{n}\sum_{k=1}^{n-1}\delta_i(X_{k-1})\delta_j(X_k)-\pi(i,j)\Big]\sum_{l=1}^{N}p(i,j,l)\ln p(i,j,l)\Big|$$

$$\leq\Big|f_n(\omega)+\frac{1}{n}\sum_{k=1}^{n-1}\sum_{l=1}^{N}p_k(X_{k-1},X_k,l)\ln p_k(X_{k-1},X_k,l)\Big|$$

$$+\sum_{i=1}^{N}\sum_{j=1}^{N}\sum_{l=1}^{N}\frac{1}{n}\sum_{k=1}^{n-1}\big|p_k(i,j,l)\ln p_k(i,j,l)-p(i,j,l)\ln p(i,j,l)\big|$$

$$+\sum_{i=1}^{N}\sum_{j=1}^{N}\big|\frac{1}{n}S_n(i,j)-\pi(i,j)\big|\cdot\big|\sum_{l=1}^{N}p(i,j,l)\ln p(i,j,l)\big|. \tag{2.6.82}$$

由 (2.6.82), (2.6.45), (2.6.68) 与 (2.6.80), 可得 (2.6.70) 成立.

**推论 2.6.4** 设 $\{X_n,n\geq0\}$ 是一齐次二重马氏链, 其转移立方矩阵为

$$\boldsymbol{P}=(p(i,j,t)),\quad p(i,j,t)>0,\quad i,j,t\in S, \tag{2.6.83}$$

则存在 $S^2$ 上的一分布

$$\{\pi(i,j),\quad(i,j)\in S^2\}, \tag{2.6.84}$$

使定理 2.6.2 的诸结论成立.

**证** 由定理 2.6.2 和引理 2.6.2, 可知本推论成立.

# §2.7　利用马尔可夫链构造奇异单调函数

如果非常值函数 $f$ 连续, 且在 Lebesgue 测度 $P$ 下几乎处处有 $f'(x) = 0$, 那么 $f$ 就称为奇异函数. Cantor 函数 (参见 Ash 1972, p.77) 是最有名的不减奇异函数的例子, 严格递增奇异函数的例子已经被许多作者所给出, 如 Freilich(1973), Gelbaum and Olmsted(1964, p.96—98),Hewitt and Stromberg(1955, p.278—282),Riesz and Nagy(1955, p.48—49),Takacs(1978). 本节就是要借助马氏链提出一种构造严格递增奇异函数的方法 (刘文 1998c). 此构造方法不同于其他构造方法的地方在于它依赖马氏链的强律, 而不是 Cantor 函数的变形.

首先介绍实数的广义 $m$ 进展式的概念. $m$ 是整数且 $m \geq 2$. 令

$$\boldsymbol{q} = (q_1, q_2, \cdots, q_m), \quad q_j > 0 \quad (i = 1, 2, \cdots m) \tag{2.7.1}$$

和

$$\boldsymbol{P} = \begin{pmatrix} p_{11} & p_{12} & \cdots & p_{1m} \\ p_{21} & p_{22} & \cdots & p_{2m} \\ \vdots & \vdots & & \vdots \\ p_{m1} & p_{m2} & \cdots & p_{mm} \end{pmatrix}, \quad p_{ij} > 0 \quad (i, j = 1, 2, \cdots m) \tag{2.7.2}$$

是状态空间为 $S = \{1, 2, \cdots, m\}$ 的马氏链的初始分布和转移概率矩阵. 将区间 $[0,1)$ 按 $q_1 : q_2 : \cdots : q_m$ 的比率分成 $m$ 个左闭右开区间 $D_{x_1}, x_1 \in S$:

$$D_1 = [0, q_1), D_2 = [q_1, q_1 + q_2), \cdots, D_m = [1 - q_m, 1).$$

这些区间都称为一阶 $D$ 区间. 一般地, 令 $D_{x_1 \cdots x_n}(x_k \in S, 1 \leq k \leq n)$ 是 $n$ 阶 $D$ 区间, 按 $\boldsymbol{P}$ 中第 $x_n$ 行各元素的比例 $p_{x_n 1} : p_{x_n 2} : p_{x_n m}$ 将区间 $D_{x_1 \cdots x_n}$ 分成 $m$ 个左闭右开区间 $D_{x_1 \cdots x_n x_{n+1}}(x_{n+1} = 1, 2, \cdots, m)$, 这样就得到了 $n+1$ 阶 $D$ 区间. 由归纳法就可得到任意阶的 $D$ 区间. 这些区间被叫做由 $\boldsymbol{q}$ 和 $\boldsymbol{P}$ 产生的区间. 由上述构造容易看出

$$P(D_{x_1}) = q_{x_1}, \tag{2.7.3}$$

$$P(D_{x_1 x_2 \cdots x_n}) = q_{x_1} \prod_{k=1}^{n-1} p_{x_k x_{k+1}}, \quad n \geq 2, \tag{2.7.4}$$

$$\lim_{n \to \infty} P(D_{x_1 x_2 \cdots x_n}) = 0. \tag{2.7.5}$$

考虑区间套

$$D_{x_1} \supset D_{x_1 x_2} \supset D_{x_1 x_2 x_3} \supset \cdots, \tag{2.7.6}$$

并定义

$$D_{x_1 x_2 x_3 \cdots} = \bigcap_{n=1}^{\infty} D_{x_1 \cdots x_n}. \tag{2.7.7}$$

容易看出对任意的 $x \in [0,1)$ 存在惟一的一列正整数 $\{x_n, n \geq 1\}, 0 < x_n \leq m$, 有

$$\{x\} = \bigcap_{n=1}^{\infty} D_{x_1 \cdots x_n}. \tag{2.7.8}$$

(2.7.8) 成立时可简记为

$$x = 0.x_1 x_2 x_3 \cdots (\boldsymbol{q}, \boldsymbol{P}). \tag{2.7.9}$$

$x$ 的这种惟一表示称为由 $\boldsymbol{q}$ 和 $\boldsymbol{P}$ 构造的广义 $m$ 进展式. 由 (2.7.3) 和 (2.7.4) 知在 Lebesgue 测度下数字序列 $\{x_n, n \geq 1\}$ 组成一个初始分布为 $\boldsymbol{q}$, 转移概率为 $\boldsymbol{P}$ 的马氏链. 令 $i, j \in S, S_n(i, x)$ 是序列 $x_1, x_2, \cdots, x_n$ 中 $i$ 的个数, $S_n(i, j, x)$ 是序偶 $(x_1, x_2), (x_2, x_3), \cdots, (x_{n-1}, x_n)$ 中 $(i, j)$ 的个数, $(p_1, p_2, \cdots, p_m)$ 是马氏链 $\{x_n, n \geq 1\}$ 的平稳分布. 令

$$A_{ij} = \{x : \lim_{n \to \infty} S_n(i, x) = \infty, \quad \lim_{n \to \infty} [S_n(i, j, x)/S_n(i, x)] = p_{ij}\}, \tag{2.7.10}$$

$$A_i = \{x : \lim_{n \to \infty} S_n(i, x)/n = p_i\}, \tag{2.7.11}$$

$$A = (\bigcap_{i=1}^{m} A_i) \bigcap (\bigcap_{i,j=1}^{m} A_{ij}). \tag{2.7.12}$$

由马氏链的强大数定律, $P(A) = 1$, 并由 (2.7.4), 有

$$P(D_{x_1 \cdots x_n}) = q_{x_1} \prod_{i,j=1}^{m} p_{ij}^{S_n(i,j,x)}. \tag{2.7.13}$$

令

$$\boldsymbol{R} = \begin{pmatrix} r_{11} & r_{12} & \cdots & r_{1m} \\ r_{21} & r_{22} & \cdots & r_{2m} \\ \vdots & \vdots & & \vdots \\ r_{m1} & r_{m2} & \cdots & r_{mm} \end{pmatrix}, \quad r_{ij} > 0 \tag{2.7.14}$$

是另一个转移矩阵. 令 $\Delta_{x_1 \cdots x_n}(x_k \in S, 1 \leq k \leq n)$ 表示由 $\boldsymbol{q}$ 和 $\boldsymbol{R}$ 构成的 $n$ 阶 $\Delta$ 区间. 由 (2.7.3) 和 (2.7.4), 有

$$P(\Delta_{x_1}) = q_{x_1}, \tag{2.7.15}$$

$$P(\Delta_{x_1 x_2 \cdots x_n}) = q_{x_1} \prod_{k=1}^{n-1} r_{x_k x_{k+1}}. \tag{2.7.16}$$

**定理 2.8.1**(刘文 1998c) 令 $x \in [0,1)$ 由 (2.7.9) 所表示，$\boldsymbol{q}$ 和 $\boldsymbol{R}$ 分别由 (2.7.1) 和 (2.7.14) 给出，定义函数 $f : [0,1) \to [0,1)$ 如下：

$$f(x) = 0.x_1 x_2 x_3 \cdots (\boldsymbol{q}, \boldsymbol{R}), \tag{2.7.17}$$

$$f(1) = 1, \tag{2.7.18}$$

其中 (2.7.17) 是由 $\boldsymbol{q}$ 和 $\boldsymbol{R}$ 构造的 $f(x)$ 的广义 $m$ 进展式. 如果 $\boldsymbol{P} \neq \boldsymbol{R}$, 那么 $f(x)$ 是一个奇异单调函数.

**证** 显而易见 $f(x)$ 是单调的. 下证连续性. $f(x)$ 在 $[0,1)$ 上的每一点都取值. 实际上，令 $y$ 是 $[0,1)$ 中的任意一实数, 其由 q 和 R 所产生的广义 $m$ 进展式为

$$y = 0.x_1 x_2 x_3 \cdots (\boldsymbol{q}, \boldsymbol{R}). \tag{2.7.19}$$

取

$$x = 0.x_1 x_2 x_3 \cdots (\boldsymbol{q}, \boldsymbol{P}), \tag{2.7.20}$$

我们有 $x \in [0,1)$, 且 $f(x) = y$. 现在证明 $f(x)$ 的奇异性. 令 $x \in [0,1)$, 并由 (2.7.9) 表示, $D_{x_1 \cdots x_n}$ 是包含 $x$ 的 $D$ 区间. 易知 $\Delta_{x_1 \cdots x_n}$ 是包含 $f(x)$ 的 $n$ 阶 $\Delta$ 区间. 分别用 $D_{x_1 \cdots x_n}^-$ 和 $D_{x_1 \cdots x_n}^+$ 表示 $D_{x_1 \cdots x_n}$ 的左、右端点, 类似定义 $\Delta_{x_1 \cdots x_n}^-$ 和 $\Delta_{x_1 \cdots x_n}^+$. 显然有

$$f(D_{x_1 \cdots x_n}^-) = \Delta_{x_1 \cdots x_n}^-, \quad f(D_{x_1 \cdots x_n}^+) = \Delta_{x_1 \cdots x_n}^+; \tag{2.7.21}$$

$$P(\Delta_{x_1 \cdots x_n}) = q_{x_1} \prod_{i,j=1}^{m} r_{ij}^{S_n(i,j,x)}. \tag{2.7.22}$$

令

$$\lambda_n(x) = \frac{f(D_{x_1 \cdots x_n}^+) - f(D_{x_1 \cdots x_n}^-)}{D_{x_1 \cdots x_n}^+ - D_{x_1 \cdots x_n}^-}. \tag{2.7.23}$$

由 (2.7.10) 和 (2.7.21)—(2.7.23), 可得

$$\lambda_n(x) = \prod_{i,j=1}^{m} [r_{ij}/p_{ij}]^{S_n(i,j,x)}. \tag{2.7.24}$$

令 $B$ 是 $f$ 的所有可微点的集合, 由单调函数导数存在定理, $P(B) = 1$. 由导数的性质 (Billingsley 1986, p.423) 和 (2.7.23), 可得

$$\lim_{n \to \infty} \lambda_n(x) = f'(x) < \infty, \quad x \in B. \tag{2.7.25}$$

由 (2.7.24), (2.7.25) 和 (2.7.10)—(2.7.12), 有

$$
\begin{aligned}
\lim_{n\to\infty}[\lambda_n(x)]^{1/n} &= \lim_{n\to\infty}\prod_{i,j=1}^{m}[r_{ij}/p_{ij}]^{S_n(i,j,x)/n} \\
&= \prod_{i,j=1}^{m}\lim_{n\to\infty}[r_{ij}/p_{ij}]^{\frac{S_n(i,x)}{n}\frac{S_n(i,j,x)}{S_n(i,x)}} \\
&= \prod_{i,j=1}^{m}[r_{ij}/p_{ij}]^{p_i p_{ij}}, \qquad x\in A\cap B.
\end{aligned}
\tag{2.7.26}
$$

由 $\sum_{i,j=1}^{m}p_i p_{ij}=1$ 和 $\boldsymbol{P}\neq\boldsymbol{R}$, 由算术几何不等式, 可得

$$
\prod_{i,j=1}^{m}[r_{ij}/p_{ij}]^{p_i p_{ij}} < 1.
\tag{2.7.27}
$$

由 (2.7.25)—(2.7.27), 可得

$$
f'(x) = 0, \quad x\in A\cap B.
\tag{2.7.28}
$$

因为 $P(A\cap B)=1$,(2.7.28) 蕴含 $f'(x)=0$ a.s., 定理证毕.

　　广义二进展式的情况. 令 $m=2, 0<p<1$ 是一个常数, 并令

$$
\boldsymbol{q} = (1-p, p),
\tag{2.7.29}
$$

$$
\boldsymbol{P} = \begin{pmatrix} 1-p & p \\ 1-p & p \end{pmatrix}.
\tag{2.7.30}
$$

在此情况我们将 (2.7.9) 表示为

$$
x = 0.x_1 x_2 x_3 \cdots (p).
\tag{2.7.31}
$$

(2.7.31) 叫做参数 $p$ 产生的广义二进展式, 相应的区间 $D_{x_1\cdots x_n}$ 叫做由 $p$ 生成的 $n$ 阶区间. 当 $p=1/2$ 时, (2.7.31) 显然是普通的二进展式. 在 Lebesgue 测度下 (2.7.31) 中的点序列 $\{x_n, n\geq 1\}$ 组成一个成功概率为 $p$ 的 Bernoulli 序列. 令 $S_n(x)$ 是序列 $x_1, x_2, \cdots, x_n$ 中 1 的个数, 代入 (2.7.13) 中得

$$
P(D_{x_1\cdots x_n}) = p^{S_n(x)}(1-p)^{n-S_n(x)}.
\tag{2.7.32}
$$

　　**例 2.8.1**　令 $x\in[0,1)$ 由 (2.7.31) 表示, $0<r<1$ 是一个常数, 定义函数 $[0,1]\to[0,1]$ 如下:

$$
f_{p,r}(x) = 0.x_1 x_2 x_3 \cdots (r),
\tag{2.7.33}
$$

$$f_{p,r}(1) = 1, \tag{2.7.34}$$

(2.7.33) 是参数 $r$ 产生的 $f_{p,r}(x)$ 的广义二进展式. 如果 $r \neq p$, 那么 $f_{p,r}(x)$ 是一个奇异单调函数.

**证**　虽然由定理立即可得上述结论, 但此处我们提供一种避免马氏链强律的简单证明方法. 按定理中的记号, 有

$$P(\Delta_{x_1 \cdots x_n}) = r^{S_n(x)}(1-r)^{n-S_n(x)}. \tag{2.7.35}$$

由 (2.7.21), (2.7.23), (2.7.32) 和 (2.7.35), 可得

$$\lambda_n(x) = \frac{P(\Delta_{x_1 \cdots x_n})}{P(D_{x_1 \cdots x_n})} = (\frac{r}{p})^{S_n(x)}(\frac{1-r}{1-p})^{n-S_n(x)}. \tag{2.7.36}$$

令 $B(p,r)$ 是 $f_{p,r}$ 的可微点的集合, 由 (2.7.25), 有

$$\lim_{n \to \infty} \lambda_n(x) = f'_{p,r}(x) < \infty, \quad x \in B(p,r). \tag{2.7.37}$$

令

$$A(p) = \{x : \lim_{n \to \infty} S_n(x)/n = p\}. \tag{2.7.38}$$

由 Borel 强大数定律, $P(A(p)) = 1$. 由 (2.7.36), (2.7.38), (2.7.25) 和算术几何不等式, 有

$$\begin{aligned}
\lim_{n \to \infty} [\lambda_n(x)]^{1/n} &= \lim_{n \to \infty} (\frac{r}{p})^{S_n(x)/n}(\frac{1-r}{1-p})^{1-S_n(x)/n} \\
&= (\frac{r}{p})^p (\frac{1-r}{1-p})^{1-p} < 1, \quad x \in A(p) \cap B(p,r). \tag{2.7.39}
\end{aligned}$$

(2.7.37) 和 (2.7.39) 蕴含

$$f'_{p,r}(x) = 0, \quad x \in A(p) \cap B(p,r). \tag{2.7.40}$$

因为 $P(A(p) \cap B(p,r)) = 1$, 所以 (2.7.40) 蕴含着 $f'_{p,r}(x) = 0$ a.s..

**注 2.8.1**　当 $p = \frac{1}{2}$ 时, 简记 $f_{p,r}(x)$ 为 $f_r$. 如果 $r \neq \frac{1}{2}$, 那么 $f_r(x)$ 是奇异单调函数.

**注 2.8.2**　由 Riesz 和 Nagy 给出的函数是上例的特殊情况. 为证明这个事实, 我们首先构造一个函数. 令 $n$ 是任意一个非负整数, 称 $[k2^{-n}, (k+1)2^{-n}](k = 0, 1, 2, \cdots, 2^n - 1)$ 为 $n$ 阶区间. 用归纳法在 $[0,1]$ 上定义一列递增函数 $F_n(x)(n = 0, 1, 2, \cdots)$. 令 $F_0(x) = x$. 假设在每个 $n$ 阶区间 $[\alpha, \beta]$ 上连续、递增、线性的 $F_n(x)$ 已经定义. 按如下条件定义 $F_{n+1}(x)$:

$$F_{n+1}(\alpha) = F_n(\alpha), \qquad F_{n+1}(\beta) = F_n(\beta), \tag{2.7.41}$$

$$F_{n+1}(\frac{\alpha+\beta}{2}) = \frac{1-t}{2}F_n(\alpha) + \frac{1+t}{2}F_n(\beta). \tag{2.7.42}$$

当 $t$ 是一个常数, 并且 $0 < t < 1$ 时, $F_{n+1}(x)$ 在 $n+1$ 阶区间 $[\alpha, (\alpha+\beta)/2]$ 和 $[(\alpha+\beta)/2, \beta]$ 上是线性的. 令

$$F(x) = \lim_{n\to\infty} F_n(x). \tag{2.7.43}$$

容易看出 $F(x)$ 是一个递增连续函数, 令 $x \in [0,1]$, 并设它的二进展式为

$$x = 0.x_1 x_2 x_3 \cdots = \sum_{k=1}^{\infty} x_k/2^k, \quad x_k = 0, 1. \tag{2.7.44}$$

令 $\alpha_0 = 0, \beta_0 = 1$, 当 $n \geq 1$ 时令

$$\alpha_n = 0.x_1 \cdots x_n 000 \cdots (x_k = 0 \text{ 当 } k > n),$$
$$\beta_n = 0.x_1 \cdots x_n 111 \cdots (x_k = 1 \text{ 当 } k > n).$$

设 $[\alpha_n, \beta_n]$ 是包含 $x$ 的一个 $n$ 阶区间, 由此可知

$$[\alpha_1, \beta_1] \supset [\alpha_2, \beta_2] \supset [\alpha_3, \beta_3] \supset \cdots, \tag{2.7.45}$$

$$F(\alpha_n) = F_n(\alpha_n), \quad F(\beta_n) = F_n(\beta_n). \tag{2.7.46}$$

容易看出, 如果 $x_n = 0$, 那么

$$\alpha_n = \alpha_{n-1}, \quad \beta_n = (\alpha_{n-1} + \beta_{n-1})/2. \tag{2.7.47}$$

如果 $x_n = 1$, 那么

$$\alpha_n = (\alpha_{n-1} + \beta_{n-1})/2, \quad \beta_n = \beta_{n-1}. \tag{2.7.48}$$

由 (2.7.42) 和 (2.7.46)—(2.7.48), 可得

$$F(\beta_n) - F(\alpha_n) = \frac{1+t}{2}[F(\beta_{n-1}) - F(\alpha_{n-1})] \quad \text{当 } x_n = 0, \tag{2.7.49}$$

$$F(\beta_n) - F(\alpha_n) = \frac{1-t}{2}[F(\beta_{n-1}) - F(\alpha_{n-1})] \quad \text{当 } x_n = 1. \tag{2.7.50}$$

由 (2.7.49) 和 (2.7.50), 可推出

$$F(\beta_n) - F(\alpha_n) = \frac{1}{2^n}(1-t)^{S_n(x)}(1+t)^{n-S_n(x)}. \tag{2.7.51}$$

使用 (2.7.32) 和 (2.7.35) 中的记号, 可得

$$[\alpha_n, \beta_n) = D_{x_1 \cdots x_n}, \quad P(D_{x_1 \cdots x_n}) = 1/2^n, \tag{2.7.52}$$

$$[F(\beta_n), F(\alpha_n)) = \Delta_{x_1 \cdots x_n},$$
$$P(\Delta_{x_1 \cdots x_n}) = (\frac{1-t}{2})^{S_n(x)}[1 - \frac{1-t}{2}]^{n-S_n(x)}. \tag{2.7.53}$$

显然 (2.7.52) 和 (2.7.53) 蕴含 $F(x) = f_r(x)$, 其中 $r = (1-t)/2$.

# 第三章 关于乘积分布的强偏差定理

在刘文 (1990a,1989a 及 1989b) 中，作者通过引进关于乘积分布的对数似然比作为随机变量序列相对于独立情况的差异的一种度量，建立了一种新型定理 —— 强偏差定理 (也称小偏差定理)，将概率论中的强极限定理推广到用不等式表示的情形. 本章将论述这方面的基本思想.

## §3.1 $N$ 值随机变量序列的强偏差定理

设 $\{X_n, n \geq 1\}$ 是在 $S = \{1, 2, \cdots, N\}$ 中取值的随机变量，其分布为

$$P(X_1 = x_1, \cdots, X_n = x_n) = p(x_1, \cdots, x_n) > 0, \; x_i \in S, \; 1 \leq i \leq n. \tag{3.1.1}$$

令

$$f_n(\omega) = -(1/n) \ln p(X_1, \cdots, X_n), \tag{3.1.2}$$

其中 $f_n(\omega)$ 为 $\{X_k, 1 \leq k \leq n\}$ 的相对熵密度 (简称熵密度). 易知 $\{X_n, n \geq 1\}$ 相互独立的充要条件是存在 $S$ 上的一列分布:

$$(p_i(1), p_i(2), \cdots, p_i(N)), \qquad p_i(j) > 0, \; i = 1, 2, \cdots, \; j \in S. \tag{3.1.3}$$

使得

$$p(x_1, \cdots, x_n) = \prod_{i=1}^{n} p_i(x_i). \tag{3.1.4}$$

此时我们有

$$P(X_i = j) = p_i(j), \tag{3.1.5}$$

$$f_n(\omega) = -(1/n) \sum_{i=1}^{n} \ln p_i(X_i), \; n = 1, 2, \cdots. \tag{3.1.6}$$

**定义 3.1.1** 设 $\{X_n, n \geq 1\}$ 是具有分布 (3.1.1) 的一列随机变量，(3.1.3) 是 $S$ 上的一列概率分布. 令

$$r_n(\omega) = \ln \left[ p(X_1, \cdots, X_n) / \prod_{i=1}^{n} p_i(X_i) \right], \tag{3.1.7}$$

$$r(\omega) = \limsup_{n \to \infty} (1/n) r_n(\omega). \tag{3.1.8}$$

$r(\omega)$ 称为样本相对熵率或渐近平均对数似然比. 显然当 $p(x_1, \cdots, x_n) = \prod_{i=1}^{n} p_i(x_i)$ 时 $r(\omega) \equiv 0$. 以下的 (3.1.35) 式表明, 在 $\{X_n, n \geq 1\}$ 相依的一般情况下恒有 $r(\omega) \geq 0$ a.s..

因此 $r(\omega)$ 可以作为 $\{X_n, n \geq 1\}$ 的真实分布 $p(x_1, \cdots, x_n)$ 与参考乘积分布 $\prod_{i=1}^{n} p_i(x_i)$ 之间的偏差的一种随机度量. 粗略地说, 也可以看做是 $\{X_n, n \geq 1\}$ 与具有分布 $\prod_{i=1}^{n} p_i(x_i)$ 的独立情况的偏差的一种度量. $r(\omega)$ 越小, 偏差越小. 本文的目的就是要利用样本相对熵率的概念建立一类用不等式表示的强极限定理, 我们称之为强偏差定理.

**引理 3.1.1**  设 $c \geq 0$ 为常数. 令

$$g(c, \lambda) = \frac{1}{\ln \lambda}(\lambda - 1 + c) - 1, \qquad \lambda > 0, \quad \lambda \neq 1, \tag{3.1.9}$$

则当 $c > 0$ 时, $g(c, \lambda)$ (作为 $\lambda$ 的函数) 在 $\lambda = \beta(c) \in (1, \infty)$ 处达到它在区间 $(1, \infty)$ 上的最小值, 其中 $\beta(c)$ 是方程

$$\lambda(\ln \lambda - 1) + 1 = c \tag{3.1.10}$$

在区间 $(1, \infty)$ 中的惟一解; 当 $0 < c < 1$ 时, $g(c, \lambda)$ 在 $\lambda = \alpha(c) \in (0, 1)$ 处达到它在区间 $(0, 1)$ 上的最大值, 其中 $\alpha(c)$ 是方程 (3.1.10) 在区间 $(0, 1)$ 中的惟一解, 而且

$$g(c, \alpha(c)) = \alpha(c) - 1, \tag{3.1.11}$$

$$g(c, \beta(c)) = \beta(c) - 1, \tag{3.1.12}$$

$$\lim_{c \to 0^+} \alpha(c) = 1, \tag{3.1.13}$$

$$\lim_{c \to 0^+} \beta(c) = 1. \tag{3.1.14}$$

**证**  将 $g(c, \lambda)$ 对 $\lambda$ 求导, 得

$$g'(c, \lambda) = [\lambda(\ln \lambda - 1) + 1 - c]/\lambda(\ln \lambda)^2.$$

令 $g'(c, \lambda) = 0$, 即得 (3.1.10). 令

$$\phi(\lambda) = \lambda(\ln \lambda - 1) + 1, \qquad \lambda > 0. \tag{3.1.15}$$

因为 $\phi(\lambda)$ 在区间 $(1, \infty)$ 上递增, 且 $\phi(1) = 0, \lim_{\lambda \to \infty} \phi(\lambda) = \infty$, 故 (3.1.10) 在区间 $(1, \infty)$ 中有惟一解 $\beta(c)$. 显然 $g$ 在 $\lambda = \beta(c)$ 处达到它在区间 $(1, \infty)$ 上的最大值. 又由 (3.1.10) 有

$$\ln \beta(c) = 1 + (c - 1)/\beta(c). \tag{3.1.16}$$

由 (3.1.16) 与 (3.1.9), 可得 (3.1.12). 因为 $\phi(\lambda)$ 在区间 $(0,1)$ 上递减且 $\phi(1) = 0$, $\lim_{\lambda \to 0^+} \phi(\lambda) = 1$. 故 (3.1.10) 在区间 $(0,1)$ 中有惟一解 $\alpha(c)$, 且 $g$ 在 $\lambda = \alpha(c)$ 处达到它在区间 $(0,1)$ 上的最大值. 类似地, 由 (3.1.9) 与 (3.1.10), 可得 (3.1.11). 因为 $\phi(1) = 0$, 由连续性可知 (3.1.13) 与 (3.1.14) 成立.

**定理 3.1.1** (刘文 1990a)　设 $\{X_n, n \geq 1\}$ 是一列具有分布 (3.1.1) 的随机变量, $k \in S$, $S_n(k, \omega)$ 是序列 $X_1(\omega), X_2(\omega), \cdots, X_n(\omega)$ 中 $k$ 的个数, $r(\omega)$ 由 (3.1.8) 定义, $c$ 为非负常数. 令

$$b_k = \limsup_{n \to \infty} (1/n) \sum_{i=1}^{n} p_i(k), \qquad (3.1.17)$$

$$D(c) = \{\omega : r(\omega) \leq c\}, \qquad (3.1.18)$$

则 (a) 当 $c \geq 0$ 且 $b_k > 0$ 时有

$$\limsup_{n \to \infty} (1/n)[S_n(k, \omega) - \sum_{i=1}^{n} p_i(k)] \leq b_k[\beta(c/b_k) - 1] \qquad \text{a.s. 于} \quad D(c), \quad (3.1.19)$$

其中 $\beta(0) = 1$. 当 $c > 0$ 时 $\beta(c/b_k)$ 如引理中所定义.

**(b)** 当 $0 \leq c < b_k$ 且 $b_k > 0$ 时有

$$\liminf_{n \to \infty} (1/n)[S_n(k, \omega) - \sum_{i=1}^{n} p_i(k)] \geq b_k[\alpha(c/b_k) - 1] \quad \text{a.s. 于} \quad D(c), \qquad (3.1.20)$$

其中 $\alpha(0) = 1$. 当 $c > 0$ 时 $\alpha(c/b_k)$ 如引理中所定义.

**(c)** 当 $c \geq 0$ 时有

$$\liminf_{n \to \infty} (1/n)[S_n(k, \omega) - \sum_{i=1}^{n} p_i(k)] \geq -b_k \quad \text{a.s. 于} \quad D(c). \qquad (3.1.21)$$

**(d)** 当 $c \geq 0$ 且 $b_k = 0$ 时有

$$\lim_{n \to \infty} (1/n)[S_n(k, \omega) - \sum_{i=1}^{n} p_i(k)] = 0 \quad \text{a.s. 于} \quad D(c). \qquad (3.1.22)$$

**注 3.1.1**　设 $(\Omega, \mathcal{F}, P)$ 是一概率空间, $D \in \mathcal{F}$, $N$ 为零概率集. 如果一个命题 $p$ 对 $D - N$ 中的所有 $\omega$ 成立, 则称此命题对 $D$ 中几乎所有点成立, 记为 "$p$ a.s. 于 $D$".

**注 3.1.2**　以上定理给出平均偏差 $[S_n(k, \omega) - \sum_{i=1}^{n} p_i(k)]/n$ 的一种估计, 由于得到的估计式对 $D$ 中几乎所有点成立, 故我们称它为强偏差定理, 这是一类用不等式表示的 $D$ 上的强极限定理. 它是用等式表示的通常的强极限定理的一种推广.

**注 3.1.3** 根据样本相对熵率的意义, 在样本空间的子集 $D(c)$ 上给出的限制 $r(\omega) \leq c$ 也可以看成是对 $\{X_n, n \geq 1\}$ 与具有乘积分布 (3.1.4) 的独立情况的偏差的一种限制. 上述定理表明, 在此限制下, 平均偏差 $[S_n(k, \omega) - \sum_{i=1}^{n} p_i(k)]/n$ 也受到相应的限制, (3.1.19) 与 (3.1.20) 中的 $b_k[\beta(c/b_k) - 1]$ 与 $b_k[\alpha(c/b_k) - 1]$ 就是相应于 $c$ 的后一偏差的上、下限. 由 (3.1.13) 与 (3.1.14), 知当 $c$ 很小时, 上述偏差也很小. 基于这一情况, 我们也称上述定理为小偏差定理.

**定理 3.1.1 的证明**   取 $([0, 1), \mathcal{F}, P)$ 为所考虑的概率空间, 其中 $\mathcal{F}$ 是 $[0, 1)$ 中的 Lebesgue 可测集的全体, $P$ 为 Lebesgue 测度. 我们首先在此概率空间中给出具有分布 (3.1.1) 的随机变量的一种实现.

将区间 $[0, 1)$ 分成 $N$ 个左闭右开的区间:

$$D_1 = [0, \ p(1)), D_2 = [p(1), \ p(1) + p(2)), \cdots, D_N = [1 - p(N), \ 1).$$

这些区间都称为一阶区间. 按归纳法, 设 $N^n$ 个 $n$ 阶区间 $\{D_{x_1 \cdots x_n}, x_i = 1, 2, \cdots, N, 1 \leq i \leq n\}$ 已经定义. 按比例

$$p(x_1, \cdots, x_n, 1) : p(x_1, \cdots, x_n, 2) : \cdots : p(x_1, \cdots, x_n, N)$$

将左闭右开区间 $D_{x_1 \cdots x_n}$ 分成 $N$ 个左闭右开区间 $D_{x_1 \cdots x_n 1}, D_{x_1 \cdots x_n 2}, \cdots, D_{x_1 \cdots x_n N}$ 就得到 $n + 1$ 阶区间. 易知当 $n \geq 1$ 时有

$$P(D_{x_1 \cdots x_n}) = p(x_1, \cdots x_n). \tag{3.1.23}$$

定义随机变量 $X_n : [0, 1) \to S$ 如下:

$$X_n(\omega) = x_n, \quad \text{当} \ \omega \in D_{x_1 \cdots x_n}. \tag{3.1.24}$$

由 (3.1.23) 与 (3.1.24), 有

$$\{\omega : X_1 = x_1, \cdots, X_n = x_n\} = D_{x_1 \cdots x_n}, \tag{3.1.25}$$

$$P(X_1 = x_1, \cdots, X_n = x_n) = p(x_1, \cdots, x_n), \tag{3.1.26}$$

故 $\{X_n, n \geq 1\}$ 具有分布 (3.1.1).

设一切阶区间 (包括零阶区间 $[0, 1)$) 的类记为 $\mathcal{A}, \lambda > 0$ 为一常数, $D_{x_1 \cdots x_n}$ 是一个 $n$ 阶区间, $k \in S, s_n(k, x_1, \cdots, x_n)$ 是 $x_1, \cdots, x_n$ 中 $k$ 的个数, 简记为 $s_n(k)$, $\delta_k(\cdot)$ 是 $S$ 上的 Kronecker $\delta$ 函数. 易知

$$\sum_{j=1}^{N} \delta_j(x_i) = 1, \quad \sum_{i=1}^{N} \delta_j(i) = 1,$$

$$s_n(k, x_1, \cdots, x_n) = \sum_{i=1}^{n} \delta_k(x_i), \qquad (3.1.27)$$

$$s_n(k, x_1, \cdots, x_n) = s_{n-1}(k, x_1 \cdots, x_{n-1}) + \delta_k(x_n) \quad (n > 1). \qquad (3.1.28)$$

定义 $\mathcal{A}$ 上的集函数如下:

$$\mu(D_{x_1 \cdots x_n}) = \lambda^{s_n(k)} \prod_{i=1}^{n} [p_i(x_i)/(1 + (\lambda - 1)p_i(k))]. \qquad (3.1.29)$$

当 $n > 1$ 时由 (3.1.28), (3.1.29), 有

$$\sum_{x_n=1}^{N} \mu(D_{x_1 \cdots x_n}) = (\lambda^{s_{n-1}(k)} \prod_{i=1}^{n-1} \frac{p_i(x_i)}{1 + (\lambda-1)p_i(k)})(\sum_{x_n=1}^{N} \lambda^{\delta_k(x_n)} \frac{p_n(x_n)}{1 + (\lambda-1)p_n(k)})$$

$$= \mu(D_{x_1 \cdots x_{n-1}})[\sum_{x_n \neq k} \frac{p_n(x_n)}{1 + (\lambda-1)p_n(k)} + \frac{\lambda p_n(k)}{1 + (\lambda-1)p_n(k)}]$$

$$= \mu(D_{x_1 \cdots x_{n-1}}). \qquad (3.1.30)$$

类似有

$$\sum_{x_1=1}^{N} \mu(D_{x_1}) = 1 = \mu([0,1)). \qquad (3.1.31)$$

由 (3.1.30) 与 (3.1.31), 知 $\mu$ 是 $\mathcal{A}$ 上的可加集函数. 由此可知存在定义在 $[0, 1)$ 上的增函数 $f_\lambda$, 使得对任何 $D_{x_1 \cdots x_n}$ 有

$$\mu(D_{x_1 \cdots x_n}) = f_\lambda(D_{x_1 \cdots x_n}^+) - f_\lambda(D_{x_1 \cdots x_n}^-), \qquad (3.1.32)$$

其中 $D_{x_1 \cdots x_n}^-$ 与 $D_{x_1 \cdots x_n}^+$ 分别表示 $D_{x_1 \cdots x_n}$ 的左右端点. 令

$$t_n(\lambda, \omega) = \frac{\mu(D_{x_1 \cdots x_n})}{P(D_{x_1 \cdots x_n})} = \frac{f_\lambda(D_{x_1 \cdots x_n}^+) - f_\lambda(D_{x_1 \cdots x_n}^-)}{D_{x_1 \cdots x_n}^+ - D_{x_1 \cdots x_n}^-}, \quad \omega \in D_{x_1 \cdots x_n}. \qquad (3.1.33)$$

设 $f_\lambda$ 的可微点的全体为 $A_k(\lambda)$, 则 $P(A_k(\lambda)) = 1$ 且

$$\lim_{n \to \infty} t_n(\lambda, \omega) = 有限数, \quad \omega \in A_k(\lambda). \qquad (3.1.34)$$

由 (3.1.34), 有

$$\limsup_{n \to \infty}(1/n) \ln t_n(\lambda, \omega) \leq 0, \quad \omega \in A_k(\lambda). \qquad (3.1.35)$$

由 (3.1.23), (3.1.29) 与 (3.1.33), 有

$$t_n(\lambda, \omega) = [\lambda^{S_n(k,\omega)} \prod_{i=1}^{n} \frac{p_i(X_i)}{1 + (\lambda-1)p_i(k)}]/p(X_1, \cdots, X_n), \quad \omega \in [0,1). \qquad (3.1.36)$$

由 (3.1.36) 与 (3.1.7), 有

$$\frac{1}{n}\ln t_n(\lambda,\omega) = \frac{S_n(k,\omega)}{n}\ln\lambda - \frac{1}{n}\sum_{i=1}^{n}\ln\left(1+(\lambda-1)p_i(k)\right) - r_n(\omega), \quad \omega\in[0,1).$$

(3.1.37)

由 (3.1.37) 与 (3.1.35), 有

$$\limsup_{n\to\infty}\left[\frac{S_n(k,\omega)}{n}\ln\lambda - \frac{1}{n}\sum_{i=1}^{n}\ln\left(1+(\lambda-1)p_i(k)\right) - r_n(\omega)\right]\leq 0, \quad \omega\in A_k(\lambda).$$

(3.1.38)

(a) 设 $\lambda>1$. 将 (3.1.38) 式两端除以 $\ln\lambda$, 得

$$\limsup_{n\to\infty}\left[\frac{1}{n}S_n(k,\omega) - \frac{1}{n}\sum_{i=1}^{n}\frac{\ln\left(1+(\lambda-1)p_i(k)\right)}{\ln\lambda} - \frac{r_n(\omega)}{\ln\lambda}\right]$$
$$= \limsup_{n\to\infty}\left\{\frac{1}{n}[S_n(k,\omega) - \sum_{i=1}^{n}p_i(k)] - \frac{1}{n}\sum_{i=1}^{n}[\frac{\ln\left(1+(\lambda-1)p_i(k)\right)}{\ln\lambda} - p_i(k)] - \frac{r_n(\omega)}{\ln\lambda}\right\}$$
$$\leq 0, \quad \omega\in A_k(\lambda).$$

(3.1.39)

由 (3.1.39),(3.1.17),(3.1.18) 及不等式 $\ln(1+x)\leq x, x\geq 0$, 有

$$\limsup_{n\to\infty}\frac{1}{n}[S_n(k,\omega) - \sum_{i=1}^{n}p_i(k)]$$
$$\leq \limsup_{n\to\infty}\frac{1}{n}\sum_{i=1}^{n}[\frac{(\lambda-1)p_i(k)}{\ln\lambda} - p_i(k)] + \frac{c}{\ln\lambda}$$
$$= (\frac{\lambda-1}{\ln\lambda} - 1)\limsup_{n\to\infty}\frac{1}{n}\sum_{i=1}^{n}p_i(k) + \frac{c}{\ln\lambda}$$
$$= b_k(\frac{\lambda-1}{\ln\lambda} - 1) + \frac{c}{\ln\lambda}, \quad \omega\in A_k(\lambda)\cap D(c).$$

(3.1.40)

当 $b_k>0$ 时, 由 (3.1.40) 与 (3.1.9), 有

$$\limsup_{n\to\infty}(1/n)[S_n(k,\omega) - \sum_{i=1}^{n}p_i(k)]\leq b_k g(c/b_k,\lambda), \quad \omega\in A_k(\lambda)\cap D(c).$$ (3.1.41)

当 $c>0$ 时, 令 $\lambda=\beta(c/b_k)$, 由 (3.1.41) 与 (3.1.12), 有

$$\limsup_{n\to\infty}(1/n)[S_n(k,\omega) - \sum_{i=1}^{n}p_i(k)]\leq b_k[\beta(c/b_k) - 1], \quad \omega\in A_k(\beta(c/b_k))\cap D(c).$$

(3.1.42)

因为 $P(A_k(\lambda)) = 1$, 由 (3.1.42) 即得 (3.1.19). 当 $c = 0$ 时, 取 $\lambda_i > 1, i = 1, 2, \cdots$, 使得当 $i \to \infty$ 时 $\lambda_i \to 1$, 并令

$$H^*(k) = \bigcap_{i=1}^{\infty}(A_k(\lambda_i) \cap D(0)),$$

则对一切 $i \geq 1$, 由 (3.1.41), 有

$$\limsup_{n \to \infty}(1/n)[S_n(k,\omega) - \sum_{i=1}^{n} p_i(k)] \leq b_k g(0, \lambda_i), \quad \omega \in H^*(k). \tag{3.1.43}$$

因为 $\lim_{i \to \infty} g(0, \lambda_i) = 0$, 由 (3.1.43), 有

$$\limsup_{n \to \infty}(1/n)[S_n(k,\omega) - \sum_{i=1}^{n} p_i(k)] \leq 0, \quad \omega \in H^*(k). \tag{3.1.44}$$

因为 $H^*(k) \subset D(0)$ 且 $P(H^*(k)) = P(D(0))$, 故当 $c = 0$ 时由 (3.1.44) 即得 (3.1.19).

(b) 设 $0 < \lambda < 1$. 将 (3.1.38) 两端除以 $\ln \lambda$, 得

$$\liminf_{n \to \infty}\{\frac{1}{n}[S_n(k,\omega) - \sum_{i=1}^{n} \frac{\ln(1 + (\lambda-1)p_i(k))}{\ln \lambda}] - \frac{r_n(\omega)}{\ln \lambda}\}$$

$$= \liminf_{n \to \infty}\{\frac{1}{n}[S_n(k,\omega) - \sum_{i=1}^{n} p_i(k)] - \frac{1}{n}\sum_{i=1}^{n}[\frac{\ln(1 + (\lambda-1)p_i(k))}{\ln \lambda} - p_i(k)] - \frac{r_n(\omega)}{\ln \lambda}\}$$

$$\geq 0, \qquad \omega \in A_k(\lambda). \tag{3.1.45}$$

由 (3.1.45), (3.1.18), (3.1.17) 及不等式 $\ln(1+x) \leq x, -1 \leq x \leq 0$, 与 $0 < (\lambda-1)/\ln \lambda < 1, 0 < \lambda < 1$, 可得

$$\liminf_{n \to \infty} \frac{1}{n}[S_n(k,\omega) - \sum_{i=1}^{n} p_i(k)]$$

$$\geq \liminf_{n \to \infty} \frac{1}{n}\sum_{i=1}^{n}[\frac{\ln(1 + (\lambda-1)p_i(k))}{\ln \lambda} - p_i(k)] + \liminf_{n \to \infty} \frac{r_n(\omega)}{\ln \lambda}$$

$$\geq \liminf_{n \to \infty}(\frac{\lambda-1}{\ln \lambda} - 1)\frac{1}{n}\sum_{i=1}^{n} p_i(k) + \frac{c}{\ln \lambda}$$

$$= (\frac{\lambda-1}{\ln \lambda} - 1)b_k + \frac{c}{\ln \lambda}, \qquad \omega \in A_k(\lambda) \cap D(c). \tag{3.1.46}$$

当 $b_k > 0$ 时, 由 (3.1.46) 与 (3.1.9), 有

$$\liminf_{n \to \infty}(1/n)[S_n(k,\omega) - \sum_{i=1}^{n} p_i(k)] \geq b_k g(c/b_k, \lambda), \quad \omega \in A_k(\lambda) \cap D(c). \tag{3.1.47}$$

当 $0 < c < b_k$ 时，令 $\lambda = \alpha(c/b_k)$，由 (3.1.11)，有

$$\liminf_{n\to\infty}(1/n)[S_n(k,\omega) - \sum_{i=1}^{n} p_i(k)] \geq b_k[\alpha(c/b_k) - 1], \qquad \omega \in A_k(\alpha(c/b_k)) \cap D(c).$$

$$(3.1.48)$$

因为 $P(A_k(\lambda)) = 1$，由 (3.1.48) 即得 (3.1.20)。当 $c = 0$ 时，取 $\tau_i \in (0,1), i = 1, 2, \cdots,$ 使得当 $i \to \infty$ 时 $\tau_i \to 1$，并令

$$H_*(k) = \bigcap_{i=1}^{\infty}(A_k(\tau_i) \cap D(0)),$$

则对一切 $i \geq 1$，由 (3.1.47) 有

$$\liminf_{n\to\infty}(1/n)[S_n(k,\omega) - \sum_{i=1}^{n} p_i(k)] \geq b_k g(0, \tau_i), \quad \omega \in H_*(k). \qquad (3.1.49)$$

因为 $\lim_{i\to\infty} g(0, \tau_i) = 0$，由 (3.1.49)，有

$$\liminf_{n\to\infty}(1/n)[S_n(k,\omega) - \sum_{i=1}^{n} p_i(k)] \geq 0, \qquad \omega \in H_*(k). \qquad (3.1.50)$$

因为 $H_*(k) \subset D(0)$ 且 $P(H_*(k)) = P(D(0))$，当 $c = 0$ 时由 (3.1.50) 即得 (3.1.20)。

(c) 对任意 $c \geq 0$，取 $\lambda_i \in [0,1), i = 1, 2, \cdots,$ 使得当 $i \to \infty$ 时，$\lambda_i \to 0$，并令 $A = \bigcap_{i=1}^{\infty}[A(\lambda_i) \cap D(c)]$，则对一切 $i \geq 1$，由 (3.1.46)，有

$$\liminf_{n\to\infty}\frac{1}{n}[S_n(k,\omega) - \sum_{i=1}^{n} p_i(k)] \geq (\frac{\lambda_i - 1}{\ln \lambda_i} - 1)b_k + \frac{c}{\ln \lambda_i}, \qquad \omega \in A. \qquad (3.1.51)$$

因为

$$\lim_{i\to\infty}[(\frac{\lambda_i - 1}{\ln \lambda_i} - 1)b_k + \frac{c}{\ln \lambda_i}] = -b_k,$$

由 (3.1.51) 即得

$$\liminf_{n\to\infty}(1/n)[S_n(k,\omega) - \sum_{i=1}^{n} p_i(k)] \geq -b_k, \qquad \omega \in A. \qquad (3.1.52)$$

因为 $A \subset D(c)$ 且 $P(A) = P(D(c))$，由 (3.1.52) 即得 (3.1.21)。

(d) 当 $b_k = 0$ 时，取 $\lambda_i \in (0,1), \tau_i \in (1,\infty)$，使得当 $i \to \infty$ 时，$\lambda_i \to 0, \tau_i \to \infty$，并令 $B = \bigcap_{i=1}^{\infty}[A(\tau_i) \cap A(\lambda_i) \cap D(c)]$，则对一切 $i \geq 1$，由 (3.1.40) 与 (3.1.46)，有

$$\limsup_{n\to\infty}\frac{1}{n}[S_n(k,\omega) - \sum_{i=1}^{n} p_i(k)] \leq \frac{c}{\ln \tau_i}, \qquad \omega \in B, \qquad (3.1.53)$$

$$\liminf_{n\to\infty} \frac{1}{n}[S_n(k,\omega) - \sum_{i=1}^{n} p_i(k)] \geq \frac{c}{\ln\lambda_i}, \quad \omega\in B. \tag{3.1.54}$$

因为

$$\lim_{i\to\infty}(c/\ln\tau_i) = \lim_{i\to\infty}(c/\ln\lambda_i) = 0,$$

由 (3.1.53) 与 (3.1.54), 有

$$\lim_{n\to\infty}(1/n)[S_n(k,\omega) - \sum_{i=1}^{n} p_i(k)] = 0, \quad \omega\in B. \tag{3.1.55}$$

因为 $B\subset D(c)$ 且 $P(B) = P(D(c))$, 由 (3.1.55) 即得 (3.1.22).

**推论 3.1.1** 在定理 3.1.1 的条件下,

$$\lim_{n\to\infty}(1/n)[S_n(k,\omega) - \sum_{i=1}^{n} p_i(k)] = 0 \qquad \text{a.s. 于 } D(0). \tag{3.1.56}$$

**证** 在定理 3.1.1 中令 $c = 0$, 由 (3.1.19) 与 (3.1.20) 即得 (3.1.56).

如果 $P(D(c)) = 0$, 则定理 3.1.1 的结论平凡地成立. 在下面的例子中我们将给出 $P(D(c)) > 0$ 的几种非平凡情况.

**例 3.1.1** 设 $N = 2$, $p_i(k) = 1/2$, $k = 1, 2$; $i = 1, 2, \cdots$, 并令

$$d_n = \max p(x_1, \cdots, x_n), \ x_i = 1, 2; \ i = 1, 2, \cdots, n.$$

如果

$$\limsup_{n\to\infty} d_n^{1/n} \leq \frac{1}{2}\mathrm{e}^c, \tag{3.1.57}$$

则 $D(c) = [0, 1)$.

**证 令**

$$r_n(\omega) = p(X_1, \cdots, X_n)/\prod_{i=1}^{n} p_i(X_i), \quad \omega\in[0,1). \tag{3.1.58}$$

则

$$D(c) = \{\omega, \limsup_{n\to\infty}[r_n(\omega)]^{1/n} \leq \mathrm{e}^c\}. \tag{3.1.59}$$

由假设及 (3.1.58), 有

$$r_n(\omega) = 2^n p(X_1, \cdots, X_n) \leq 2^n d_n. \tag{3.1.60}$$

于是由 (3.1.60), (3.1.59) 与 (3.1.59), 即得 $D(c) = [0, 1)$.

**例 3.1.2** 设 $N = 2$, $p_i(k) = \frac{1}{2}$, $k = 1, 2$; $i = 1, 2, \cdots$ 如果

$$\limsup_{n\to\infty} p(X_1, \cdots, X_{n+1})/p(X_1, \cdots, X_n) \leq \frac{1}{2}e^c \quad \text{a.s.,} \tag{3.1.61}$$

则 $P(D(c)) = 1$.

**证**  因为 $\limsup_{n\to\infty} a_n^{1/n} \leq \limsup_{n\to\infty} a_{n+1}/a_n$ 对任意正数列 $\{a_n, n \geq 1\}$ 成立，故由 (3.1.58) 与 (3.1.61)，有

$$\limsup_{n\to\infty}[r_n(\omega)]^{1/n} = 2\limsup_{n\to\infty}[p(X_1,\cdots,X_n)]^{1/n}$$
$$\leq 2\limsup_{n\to\infty} p(X_1,\cdots,X_{n+1})/p(x_1,\cdots,X_n) \leq e^c \quad \text{a.s..} \tag{3.1.62}$$

于是由 (3.1.62) 与 (3.1.59)，即得 $P(D(c)) = 1$.

**定理 3.1.2**(刘文 1990a)  在定理 3.1.1 的假设下，如果 $c \geq 0$，$b_k > 0$，则

$$\limsup_{n\to\infty}(1/n)[S_n(k,\omega) - \sum_{i=1}^{n} p_i(k)] \leq 2\sqrt{b_k c} + c \quad \text{a.s. 于 } D(c); \tag{3.1.63}$$

如果 $0 \leq c \leq b_k$，$b_k > 0$，则

$$\liminf_{n\to\infty}(1/n)[S_n(k,\omega) - \sum_{i=1}^{n} p_i(k)] \geq -2\sqrt{b_k c} \quad \text{a.s. 于 } D(c). \tag{3.1.64}$$

**证**  设 $\lambda > 1$，利用不等式 $\ln\lambda > 1 - 1/\lambda, \lambda > 1$，由 (3.1.40)，有

$$\limsup_{n\to\infty}\frac{1}{n}[S_n(k,\omega) - \sum_{i=1}^{n} p_i(k)]$$
$$\leq b_k(\frac{\lambda-1}{1-1/\lambda} - 1) + \frac{c}{1-1/\lambda}$$
$$= b_k(\lambda-1) + \frac{c\lambda}{\lambda-1}, \quad \omega \in A_k(\lambda) \cap D(c). \tag{3.1.65}$$

易知如果 $c > 0, b_k > 0$，则函数 $\psi(\lambda) = b_k(\lambda-1) + c\lambda/(\lambda-1), \lambda > 1$ 达到它在区间 $(1,\infty)$ 上的最小值 $\psi(1 + \sqrt{c/b_k}) = 2\sqrt{b_k c}$. 在 (3.1.65) 中令 $\lambda = 1 + \sqrt{c/b_k}$，得

$$\limsup_{n\to\infty}(1/n)[S_n(k,\omega) - \sum_{i=1}^{n} p_i(k)] \leq 2\sqrt{b_k c} + c, \quad \omega \in A_k(1 + \sqrt{c/b_k}) \cap D(c).$$
$$\tag{3.1.66}$$

因为 $P(A_k(\lambda)) = 1$，由 (3.1.66)，即得 (3.1.63).

令 $0 < \lambda < 1$，利用不等式 $1 - 1/\lambda < \ln\lambda < 0$ 及 $\ln\lambda < \lambda - 1 < 0, 0 < \lambda < 1$，由 (3.1.46)，有

$$\liminf_{n\to\infty}\frac{1}{n}[S_n(k,\omega) - \sum_{i=1}^{n} p_i(k)] \geq (\frac{\lambda-1}{1-1/\lambda})b_k + \frac{c}{\lambda-1}$$
$$= b_k(\lambda-1) + \frac{c}{\lambda-1}, \quad \omega \in A_k(\lambda) \cap D(c). \tag{3.1.67}$$

易知如果 $0 < c < b_k$, 则函数 $h(\lambda) = b_k(\lambda - 1) + c/(\lambda - 1), 0 < \lambda < 1$, 达到它在区间 $(0,1)$ 上的最大值 $h(1 - \sqrt{c/b_k}) = -2\sqrt{b_k c}$. 在 (3.1.67) 中令 $\lambda = 1 - \sqrt{c/b_k}$, 得

$$\liminf_{n \to \infty}(1/n)[S_n(k,\omega) - \sum_{i=1}^{n} p_i(k)] \geq -2\sqrt{b_k c}, \quad \omega \in A_k(1 - \sqrt{c/b_k}) \cap D(c). \quad (3.1.68)$$

因为 $\dot{P}(A_k(\lambda)) = 1$, 由 (3.1.68), 即得 (3.1.64).

由 (3.1.56) 与 (3.1.22) 知, 当 $c = 0$ 或 $b_k = 0$ 时 (3.1.63) 与 (3.1.64) 仍成立.

## §3.2　关于几何分布的强偏差定理

本节引进对数似然比作为整值随机变量序列相对于服从几何分布的独立随机变量序列的偏差的一种度量, 并通过限制对数似然比给出了样本空间的一个子集. 在此子集上得到了一类用不等式表示的强律, 其中包含整值随机变量序列与相对熵密度及几何分布的熵函数有关的若干极限性质.

设 $\{X_n, n \geq 1\}$ 是在 $S = \{1, 2, \cdots\}$ 中取值的随机变量序列, 其联合分布为

$$P\{X_1 = x_1, X_2 = x_2, \cdots, X_n = x_n\} = f(x_1, x_2, \cdots, x_n) > 0, \ x_i \in S, \ 1 \leq i \leq n.$$
$$(3.2.1)$$

为了表征 $\{X_n, n \geq 1\}$ 与服从几何分布的独立随机变量序列之间的差异, 我们引进

**定义 3.2.1**　设 $0 < p < 1, g(j,p) = (1-p)^{j-1}p(j = 1, 2, \cdots)$ 表示几何分布, $\{X_n, n \geq 1\}$ 是具有分布 (3.2.1) 的随机变量序列, $\{p_k, k \geq 1\}$ 是在 $(0,1)$ 中取值的一列正数. 分别称

$$R_n(\omega) = \frac{\prod\limits_{k=1}^{n} g(X_k, p_k)}{f(X_1, X_2, \cdots, X_n)} \quad (3.2.2)$$

与

$$r_n(\omega) = \ln R_n(\omega) = \sum_{k=1}^{n} \ln g(X_k, p_k) - \ln f(X_1, X_2, \cdots, X_n) \quad (3.2.3)$$

为 $\{X_n, n \geq 1\}$ 相对于乘积几何分布

$$\prod_{k=1}^{n} g(x_k, p_k), \ x_k \in S, \ 1 \leq k \leq n \quad (3.2.4)$$

的似然比和对数似然比, 其中 $\omega$ 为样本点, $X_k(\omega)$ 简记为 $X_k$.

本节将通过限制对数似然比而给定样本空间的一个子集, 并利用上节中作者提出的方法研究整值随机变量序列在此子集上的极限性质.

**定理 3.2.1**(刘文、刘自宽 1997) 设 $\{X_n, n \geq 1\}$ 是具有分布 (3.2.1) 的随机变量序列，$r_n(\omega)$ 由 (3.2.3) 定义，且

$$\alpha = \inf\{p_n, n \geq 1\} > 0. \tag{3.2.5}$$

又设 $0 \leq c \leq 1$ 为常数. 令

$$D(c) = \{\omega : \liminf_{n \to \infty} (\frac{1}{n}) r_n(\omega) \geq -c\}, \tag{3.2.6}$$

则

$$\limsup_{n \to \infty} \frac{1}{n} \sum_{k=1}^{n} (X_k - \frac{1}{p_k}) \leq \frac{\sqrt{c}}{\alpha}[\frac{1}{1-\alpha} + 2(1-\alpha)] + c \quad \text{a.s. } \mp D(c), \tag{3.2.7}$$

$$\liminf_{n \to \infty} \frac{1}{n} \sum_{k=1}^{n} (X_k - \frac{1}{p_k}) \geq -\sqrt{c}(1 + \frac{1}{\alpha^2}) + c \quad \text{a.s. } \mp D(c). \tag{3.2.8}$$

**注 3.2.1** 在定理 3.2.1 中，我们通过条件 $\liminf_{n \to \infty}(1/n)r_n(\omega) \geq -c$ 限定样本空间的一个子集 $D(c)$，并在此子集上考虑比值 $(1/n)[S_n - \sum_{k=1}^{n}(1/p_k)]$ 的极限性质，其中对数似然比 $r_n(\omega)$ 可以看做是 $\{X_k, 1 \leq k \leq n\}$ 与具有乘积几何分布 (3.2.4) 的独立随机变量序列之间偏差的一种随机性度量. 当且仅当 $\{X_k, 1 \leq k \leq n\}$ 服从参数为 $p_k$ 的几何分布且相互独立时，$r_n(\omega) = 0$. 下面的推论 3.2.3 表明在任何情况下，

$$\limsup_{n \to \infty} \frac{r_n(\omega)}{n} \leq 0 \quad \text{a.s.} \tag{3.2.9}$$

恒成立. 因此，粗略地说，(3.2.6) 中的条件可以看成是对 $\{X_n, n \geq 1\}$ 与具有分布 (3.2.4) 的独立随机变量序列之间偏差的一种限制. $c$ 越小，偏离越小. 定理 3.2.1 表明，在此限制下，比值 $(1/n)[S_n - \sum_{k=1}^{n}(1/p_k)]$ 也受到相应的限制，(3.2.7) 与 (3.2.8) 给出的就是此比值相应于 $c$ 的上、下限. 当 $c$ 很小时，此上、下限的绝对值也很小. (3.2.9) 也表明，当 $c < 0$ 时，$\{\omega : \liminf_{n \to \infty}(1/n)r_n(\omega) \geq -c\}$ 为零概率事件. 因此我们无需考虑 (3.2.6) 式中的 $c$ 为负数的情况.

**证** 取 $\Omega = [0,1)$，其中的 Lebesgue 可测集的全体 $\mathcal{F}$ 和 Lebesgue 测度 $P$ 组成所考虑的概率空间. 首先给出具有分布 (3.2.1) 的随机变量序列在此概率空间中的一种实现.

将区间 $[0,1)$ 按比例 $f(1) : f(2) : \cdots$ 分成可列个左闭右开的区间. 这些区间：$D_1 = [0, f(1)), D_2 = [f(1), f(1) + f(2), \cdots)$ 都称为一阶区间. 易知 $P(D_{x_1}) = f(x_1), x_1 \in S$. 设 $n$ 阶区间 $D_{x_1 \cdots x_n}$ 已经定义，将它按比例 $f(x_1, x_2, \cdots x_n, 1) : f(x_1, x_2, \cdots x_n, 2) : \cdots$ 分成可列个左闭右开的区间：$D_{x_1 \cdots x_n x_{n+1}}(x_{n+1} = 1, 2, \cdots)$，这样就得到 $n + 1$ 阶区间. 由归纳法知，对任何 $n \geq 1$，有

$$P(D_{x_1 \cdots x_n}) = f(x_1, x_2, \cdots, x_n). \tag{3.2.10}$$

定义随机变量序列 $X_n : [0,1) \to S$ 如下:

$$X_n(\omega) = x_n, \quad \text{当} \ \omega \in D_{x_1 \cdots x_n}. \tag{3.2.11}$$

由 (3.2.10) 与 (3.2.11), 有

$$\{\omega : X_1 = x_1, \cdots, X_n = x_n\} = D_{x_1 \cdots x_n}, \tag{3.2.12}$$

$$P(X_1 = x_1, \cdots, X_n = x_n) = f(x_1, \cdots, x_n). \tag{3.2.13}$$

于是 $\{X_n, n \geq 1\}$ 具有分布 (3.2.1). 下面我们就按 $\{X_n, n \geq 1\}$ 的上述实现来证明定理.

设各阶区间的全体为 $\mathcal{A}$, $\lambda \in (0, \frac{1}{1-\alpha})$ 为常数, 在 $\mathcal{A}$ 上定义集函数 $\mu$ 如下:

$$\mu(D_{x_1 \cdots x_n}) = \prod_{k=1}^{n} g[x_k, 1 - \lambda(1 - p_k)], \tag{3.2.14}$$

其中 $g[x_k, 1 - \lambda(1 - p_k)], x_k \in S$ 表示参数值为 $1 - \lambda(1 - p_k)$ 的几何分布. 易知 $\mu$ 是 $\mathcal{A}$ 上的可加集函数, 由此知存在 $[0,1)$ 上的增函数 $f_\lambda$, 使得对任何 $D_{x_1 \cdots x_n}$, 有

$$\mu(D_{x_1 \cdots x_n}) = f_\lambda(D_{x_1 \cdots x_n}^+) - f_\lambda(D_{x_1 \cdots x_n}^-), \tag{3.2.15}$$

其中 $D_{x_1 \cdots x_n}^+, D_{x_1 \cdots x_n}^-$ 分别表示 $D_{x_1 \cdots x_n}$ 的左、右端点. 令

$$t_n(\lambda, \omega) = \frac{f_\lambda(D_{x_1 \cdots x_n}^+) - f_\lambda(D_{x_1 \cdots x_n}^-)}{D_{x_1 \cdots x_n}^+ - D_{x_1 \cdots x_n}^-} = \frac{\mu(D_{x_1 \cdots x_n})}{f(x_1, \cdots, x_n)}, \quad \omega \in D_{x_1 \cdots x_n}. \tag{3.2.16}$$

设 $f_\lambda$ 的可微点的全体为 $A(\lambda)$. 由单调函数导数存在定理知, $P(A(\lambda)) = 1$, 设 $\omega \in A(\lambda)$, $D_{x_1 \cdots x_n}$ 是包含 $\omega$ 的 $n$ 阶区间. 当 $\lim_{n \to \infty} P(D_{x_1 \cdots x_n}) = 0$ 时, 根据导数的性质, 由 (3.2.16) 有

$$\lim_{n \to \infty} t_n(\lambda, \omega) = f_\lambda'(\omega) < \infty, \tag{3.2.17}$$

当 $\lim_{n \to \infty} P(D_{x_1 \cdots x_n}) = d > 0$ 时, 有

$$\lim_{n \to \infty} t_n(\lambda, \omega) = \frac{1}{d} \lim_{n \to \infty} \mu(D_{x_1 \cdots x_n}) < \infty. \tag{3.2.18}$$

故有

$$\lim_{n \to \infty} t_n(\lambda, \omega) = \text{有限数}, \quad \omega \in A(\lambda). \tag{3.2.19}$$

由 (3.2.19), 有

$$\limsup_{n \to \infty} \frac{1}{n} \ln t_n(\lambda, \omega) \leq 0, \quad \omega \in A(\lambda) \cap D(c). \tag{3.2.20}$$

由 (3.2.14) 与 (3.2.16), 有

$$
t_n(\lambda, \omega) = \frac{\prod\limits_{k=1}^{n} [\lambda(1-p_k)]^{x_k-1} [1-\lambda(1-p_k)]}{f(x_1, x_2, \cdots, x_n)}
$$

$$
= \frac{1}{f(x_1, x_2, \cdots, x_n)} \lambda^{\sum_{k=1}^{n} x_k} \prod_{k=1}^{n} (1-p_k)^{x_k-1} p_k \prod_{k=1}^{n} \frac{1-\lambda(1-p_k)}{\lambda p_k}, \quad \omega \in D_{x_1 \cdots x_n}.
$$

(3.2.21)

令

$$
S_n = \sum_{k=1}^{n} X_k.
$$

(3.3.22)

由 (3.2.21), (3.2.11), (3.2.3) 与 (3.2.22), 有

$$
\ln t_n(\lambda, \omega) = S_n \ln \lambda - \sum_{k=1}^{n} \ln \frac{\lambda p_k}{1-\lambda(1-p_k)} + r_n(\omega).
$$

(3.2.23)

由 (3.2.20) 与 (3.2.23), 有

$$
\limsup_{n\to\infty} \frac{1}{n} [S_n \ln \lambda - \sum_{k=1}^{n} \ln \frac{\lambda p_k}{1-\lambda(1-p_k)} + r_n(\omega)] \le 0, \quad \omega \in A(\lambda).
$$

(3.2.24)

由 (3.2.6), 有

$$
\liminf_{n\to\infty} \frac{1}{n} r_n(\omega) \ge -c, \quad \omega \in D(c).
$$

(3.2.25)

由 (3.2.24) 与 (3.2.25), 有

$$
\limsup_{n\to\infty} \frac{1}{n} [S_n \ln \lambda - \sum_{k=1}^{n} \ln \frac{\lambda p_k}{1-\lambda(1-p_k)}] \le c, \quad \omega \in A(\lambda) \cap D(c).
$$

(3.2.26)

取 $\lambda \in (1, \frac{1}{1-\alpha})$, 将 (3.2.26) 两边同除以 $\ln \lambda$, 得

$$
\limsup_{n\to\infty} \frac{1}{n} \Big[ S_n - \sum_{k=1}^{n} \frac{\ln \dfrac{\lambda p_k}{1-\lambda(1-p_k)}}{\ln \lambda} \Big] \le \frac{c}{\ln \lambda}, \quad \omega \in A(\lambda) \cap D(c).
$$

(3.2.27)

由 (3.2.27) 及上极限的性质

$$
\limsup_{n\to\infty} (a_n - b_n) \le d \Longrightarrow \limsup_{n\to\infty} (a_n - c_n) \le \limsup_{n\to\infty} (b_n - c_n) + d,
$$

有

$$
\limsup_{n\to\infty} \frac{1}{n} [S_n - \sum_{k=1}^{n} \frac{1}{p_k}] \le \limsup_{n\to\infty} \frac{1}{n} \Big[ \sum_{k=1}^{n} \frac{\ln \dfrac{\lambda p_k}{1-\lambda(1-p_k)}}{\ln \lambda} - \frac{1}{p_k} \Big] + \frac{c}{\ln \lambda},
$$

$$\omega \in A(\lambda) \cap D(c). \tag{3.2.28}$$

由 (3.2.28), 不等式

$$1 - 1/x \leq \ln x \leq x - 1 \quad (x > 0), \tag{3.2.29}$$

及 (3.2.5), 有

$$\limsup_{n \to \infty} \frac{1}{n} [S_n - \sum_{k=1}^{n} \frac{1}{p_k}] \leq \limsup_{n \to \infty} \frac{1}{n} \Big[ \sum_{k=1}^{n} \frac{\frac{\lambda - 1}{1 - \lambda(1 - p_k)}}{1 - \frac{1}{\lambda}} - \frac{1}{p_k} \Big] + \frac{c}{1 - \frac{1}{\lambda}}$$

$$= \limsup_{n \to \infty} \frac{1}{n} \sum_{k=1}^{n} \frac{\lambda - 1}{p_k [1 - \lambda(1 - p_k)]} + \frac{c}{\lambda - 1} + c$$

$$\leq \frac{\lambda - 1}{\alpha[1 - \lambda(1 - \alpha)]} + \frac{c}{\lambda - 1} + c, \ 1 < \lambda < \frac{1}{1 - \alpha}, \ \omega \in A(\lambda) \cap D(c). \tag{3.2.30}$$

当 $1 < \lambda \leq \frac{1 - \alpha/2}{1 - \alpha} = 1 + \frac{\alpha}{2(1 - \alpha)}$ 时, $1 - \lambda(1 - \alpha) \geq \alpha/2$, 故有

$$\frac{\lambda - 1}{1 - \lambda(1 - \alpha)} \leq \frac{2(\lambda - 1)}{\alpha}. \tag{3.2.31}$$

由 (3.2.30) 与 (3.2.31), 有

$$\limsup_{n \to \infty} \frac{1}{n} [S_n - \sum_{k=1}^{n} \frac{1}{p_k}] \leq \frac{2(\lambda - 1)}{\alpha^2} + \frac{c}{\lambda - 1} + c, \ \omega \in A(\lambda) \cap D(c). \tag{3.2.32}$$

当 $0 < c \leq 1$ 时, 在 (3.2.32) 中, 令 $\lambda = 1 + \frac{\alpha\sqrt{c}}{2(1 - \alpha)}$, 得

$$\limsup_{n \to \infty} \frac{1}{n} [S_n - \sum_{k=1}^{n} \frac{1}{p_k}] \leq \frac{\sqrt{c}}{\alpha} \Big[ \frac{1}{1 - \alpha} + 2(1 - \alpha) \Big] + c,$$

$$\omega \in A(1 + \frac{\alpha\sqrt{c}}{2(1 - \alpha)}) \cap D(c). \tag{3.2.33}$$

由于 $P(A(1 + \alpha\sqrt{c}/[2(1 - \alpha)])) = 1$, 故由 (3.2.33) 知, 当 $0 < c \leq 1$ 时 (3.2.7) 成立. 当 $c = 0$ 时, 取 $\lambda_i \in (1, \frac{1 - \alpha/2}{1 - \alpha})$, $i = 1, 2, \cdots$, 使 $\lambda_i \to 1 (i \to \infty)$, 并令 $A_1 = \bigcap_{i=1}^{\infty} A(\lambda_i)$, 则对一切 $i$ 由 (3.2.32), 有

$$\limsup_{n \to \infty} \frac{1}{n} [S_n - \sum_{k=1}^{n} \frac{1}{p_k}] \leq 0, \ \omega \in A_1 \cap D(0). \tag{3.2.34}$$

由于 $P(A_1) = 1$, 故由 (3.2.34) 知, 当 $c = 0$ 时 (3.2.7) 也成立.

取 $\lambda \in (0,1)$. 将 (3.2.26) 两边同除以 $\ln\lambda$, 得

$$\liminf_{n\to\infty} \frac{1}{n}\Big[S_n - \sum_{k=1}^{n} \frac{\ln\frac{\lambda p_k}{1-\lambda(1-p_k)}}{\ln\lambda}\Big] \geq \frac{c}{\ln\lambda}, \quad \omega \in A(\lambda) \cap D(c). \tag{3.2.35}$$

由 (3.2.35) 及下极限的性质

$$\liminf_{n\to\infty}(a_n - b_n) \geq d \Longrightarrow \liminf_{n\to\infty}(a_n - c_n) \geq \liminf_{n\to\infty}(b_n - c_n) + d$$

有

$$\liminf_{n\to\infty} \frac{1}{n}\Big[S_n - \sum_{k=1}^{n}\frac{1}{p_k}\Big] \geq \liminf_{n\to\infty}\frac{1}{n}\sum_{k=1}^{n}\Big[\frac{\ln\frac{\lambda p_k}{1-\lambda(1-p_k)}}{\ln\lambda} - \frac{1}{p_k}\Big] + \frac{c}{\ln\lambda},$$
$$\omega \in A(\lambda) \cap D(c). \tag{3.2.36}$$

由 (3.2.36), 不等式 (3.2.29) 及 (3.2.5), 有

$$\liminf_{n\to\infty}\frac{1}{n}\Big[S_n - \sum_{k=1}^{n}\frac{1}{p_k}\Big] \geq \liminf_{n\to\infty}\frac{1}{n}\Big[\sum_{k=1}^{n}\frac{\frac{\lambda-1}{1-\lambda(1-p_k)}}{1-\frac{1}{\lambda}} - \frac{1}{p_k}\Big] + \frac{c}{\lambda-1} + c$$

$$= \liminf_{n\to\infty}\frac{1}{n}\sum_{k=1}^{n}\frac{\lambda-1}{p_k[1-\lambda(1-p_k)]} + \frac{c}{\lambda-1} + c \geq \frac{\lambda-1}{\alpha[1-\lambda(1-\alpha)]} + \frac{c}{\lambda-1} + c$$

$$\geq \frac{\lambda-1}{\alpha^2} + \frac{c}{\lambda-1} + c, \quad 0 < \lambda < 1 \;\; \omega \in A(\lambda) \cap D(c). \tag{3.2.37}$$

当 $0 < c < 1$ 时, 在 (3.2.37) 中令 $\lambda = 1 - \sqrt{c}$, 得

$$\liminf_{n\to\infty}\frac{1}{n}\Big[S_n - \sum_{k=1}^{n}\frac{1}{p_k}\Big] \geq -\sqrt{c}\Big(1 + \frac{1}{\alpha^2}\Big) + c, \quad \omega \in A(1-\sqrt{c}) \cap D(c). \tag{3.2.38}$$

由于 $P(A(1-\sqrt{c})) = 1$, 故由 (3.2.38) 知, 当 $0 < c < 1$ 时 (3.2.8) 成立. 当 $c = 1$ 时, 取 $\lambda_i \in (0,1)$, 使 $\lambda_i \to 1(i \to \infty)$, 并令 $A_2 = \bigcap_{i=1}^{\infty} A(\lambda_i)$, 则对一切 $i$ 由 (3.2.37), ss 有

$$\liminf_{n\to\infty}\frac{1}{n}\Big[S_n - \sum_{k=1}^{n}\frac{1}{p_k}\Big] \geq -\frac{1}{\alpha^2}, \quad \omega \in A_2 \cap D(1). \tag{3.2.39}$$

由于 $P(A_2) = 1$, 故由 (3.2.39) 知, 当 $c = 1$ 时 (3.2.8) 仍成立. 仿照 (3.2.34) 的证明可知当 $c = 0$ 时 (3.2.8) 也成立. 证毕.

**注 3.2.2** 在以上的证明中, (3.2.33) 与 (3.2.38) 是通过用试探性的方法适当选取 $\lambda$ 的值而得到的. 这种方法虽然不够精细, 但所得出的 $\limsup_{n\to\infty}(1/n)\sum_{k=1}^{n}(X_k -$

$1/p_k)$ 的上限与 $\liminf_{n\to\infty}\sum_{k=1}^{n}(X_k - 1/p_k)$ 的下限, 当 $c\to 0$ 时, 都是与 $\sqrt{c}$ 同阶的无穷小. 这正是我们所预期的结果, 有待改进的是比例系数的问题.

**推论 3.2.1** 在定理 3.2.1 的假设下, 有

$$\lim_{n\to\infty}\frac{1}{n}\sum_{k=1}^{n}(X_k - \frac{1}{p_k}) = 0 \quad \text{a.s.} \ \mathcal{F} \ D(0). \tag{3.2.40}$$

**证** 在 (3.2.7) 与 (3.2.8) 中令 $c=0$ 即得.

**推论 3.2.2** 设 $\{X_n, n = 1, 2, \cdots\}$ 相互独立, 且服从参数为 $p_n$ 的几何分布, 其中 $\{p_n, n \geq 1\}$ 满足条件 (3.2.5), 则 $\{X_n, n \geq 1\}$ 满足强大数定律, 即

$$\lim_{n\to\infty}\frac{1}{n}\sum_{k=1}^{n}(X_k - \frac{1}{p_k}) = 0 \quad \text{a.s.}. \tag{3.2.41}$$

**证** 注意到此时 $r_n(\omega) \equiv 0$, $D(0) = [0, 1)$, 于是由 (3.2.40) 即得 (3.2.41).

**推论 3.2.3** 设 $\{X_n, n \geq 1\}$ 是具有分布 (3.2.1) 的随机变量序列, $r_n(\omega)$ 由 (3.2.3) 定义, 则

$$\limsup_{n\to\infty}\frac{r_n(\omega)}{n} \leq 0 \quad \text{a.s.}. \tag{3.2.42}$$

**证** 在 (3.2.24) 中令 $\lambda = 1$, 得

$$\limsup_{n\to\infty}\frac{r_n(\omega)}{n} \leq 0 \quad \text{a.s.} \ \mathcal{F} \ A(1). \tag{3.2.43}$$

由于 $P(A(1)) = 1$, 故由 (3.2.43) 知 (3.2.42) 成立.

**注 3.2.3** 设当 $c < 0$ 时, $D(c)$ 仍由 (3.2.6) 定义, 故由 (3.2.42) 知 $P(D(c)) = 0$. 这就是定理中假设 $c \geq 0$ 的原因.

设 $\{X_n, n \geq 1\}$ 是具有分布 (3.2.1) 的随机变量序列. 令

$$\varphi_n(\omega) = -\frac{1}{n}\ln f(X_1, X_2, \cdots, X_n). \tag{3.2.44}$$

$\varphi_n(\omega)$ 称为 $\{X_k, 1 \leq k \leq n\}$ 的相对熵密度. 关于 $\varphi_n(\omega)$ 的极限性质的研究是信息论中的一个重要课题.

**推论 3.2.4** 设 $\{X_n, n \geq 1\}$ 是具有分布 (3.2.1) 的随机变量序列. $\varphi_n(\omega)$ 与 $S_n$ 分别由 (3.2.44) 与 (3.2.22) 定义. 则

$$\limsup_{n\to\infty}\varphi_n(\omega) \leq (\ln 2)\limsup_{n\to\infty}\frac{S_n}{n} \quad \text{a.s.}. \tag{3.2.45}$$

**证** 令 $p_k = 1/2, k = 1, 2, \cdots$. 由 (3.2.3) 与 (3.2.42), 得

$$\limsup_{n\to\infty}\frac{1}{n}[-\sum_{k=1}^{n}X_k \ln 2 - \ln f(X_1, X_2, \cdots, X_n)] \leq 0 \quad \text{a.s.}. \tag{3.2.46}$$

利用上极限的性质, 由 (3.2.46) 与 (3.2.44), 即得 (3.2.45).

**定理 3.2.2**(刘文、刘自宽 1997) 设 $\{X_n, n \geq 1\}$ 是具有分布 (3.2.1) 的随机变量序列, $\varphi_n(\omega)$ 与 $S_n$ 分别由 (3.2.44) 与 (3.2.22) 定义, $p \in (0, 1]$ 为常数, $H(p)$ 表示参数为 $p$ 的几何熵, 即

$$H(p) = -\frac{1}{p}[p\ln p + (1-p)\ln(1-p)]. \tag{3.2.47}$$

(约定 $0\ln 0 = 0$) 如果

$$\limsup_{n \to \infty} \frac{S_n}{n} \leq \frac{1}{p} \quad \text{a.s.}, \tag{3.2.48}$$

则有

$$\limsup_{n \to \infty} \varphi_n(\omega) \leq H(p) \quad \text{a.s..} \tag{3.2.49}$$

**证** 当 $0 < p < 1$ 时, 令 $p_k = p, k = 1, 2, \cdots$, 则由 (3.2.3) 与 (3.2.42), 得

$$\limsup_{n \to \infty}[(\frac{S_n}{n} - 1)\ln(1-p) + \ln p - \frac{1}{n}\ln f(X_1, X_2, \cdots, X_n)] \leq 0 \quad \text{a.s..} \tag{3.2.50}$$

根据上极限的性质, 由 (3.2.50) 与 (3.2.48), 得

$$\limsup_{n \to \infty} \varphi_n(\omega) \leq \limsup_{n \to \infty}[-(\frac{S_n}{n} - 1)\ln(1-p) - \ln p] \leq H(p) \quad \text{a.s..} \tag{3.2.51}$$

当 $p = 1$ 时, 对一切 $k \geq 2$, 由 (3.2.48), 有

$$\limsup_{n \to \infty} \frac{S_n}{n} \leq \frac{1}{1 - \frac{1}{k}} \quad \text{a.s..} \tag{3.2.52}$$

由 (3.2.51) 与 (3.2.52), 有

$$\limsup_{n \to \infty} \varphi_n(\omega) \leq H(1 - \frac{1}{k}) \quad \text{a.s.} \forall k \geq 2. \tag{3.2.53}$$

由 (3.2.53) 知当 $p = 1$ 时, (3.2.49) 仍成立.

**定理 3.2.3**(刘文、刘自宽 1997) 设 $\{X_n, n \geq 1\}$ 是具有分布 (3.2.1) 的随机变量序列, $\varphi_n(\omega), S_n$ 与 $H(p)$ 分别由 (3.2.44),(3.2.22) 与 (3.2.47) 定义, $c$ 为常数. 如果

$$\liminf_{n \to \infty} \varphi_n(\omega) \geq c \quad \text{a.s.}, \tag{3.2.54}$$

则

$$\liminf_{n \to \infty} \frac{S_n}{n} \geq \frac{1}{p} \quad \text{a.s.}, \tag{3.2.55}$$

其中 $p$ 是方程

$$H(x) = c \tag{3.2.56}$$

在区间 (0,1) 内的惟一解.

**证**  由 (3.2.50)(其中的 $p$ 定义为方程 (3.2.56) 的解), 有

$$\limsup_{n\to\infty}(\frac{S_n}{n}-1)\ln(1-p)+\ln p+\liminf_{n\to\infty}\varphi_n(\omega)\le 0 \quad \text{a.s..} \tag{3.2.57}$$

由 (3.2.57) 与 (3.2.54), 有

$$[\ln(1-p)]\liminf_{n\to\infty}(\frac{S_n}{n}-1)+\ln p\le -c=-H(p) \quad \text{a.s..} \tag{3.2.58}$$

由 (3.2.58) 与 (3.2.47), 即得 (3.2.55).

**注 3.2.4**  因为熵函数 $H(x)$ 在区间 (0,1) 内严格递减, 且 $H(1-0)=0, h(0+)=\infty$, 故方程 (3.2.56) 在 (0,1) 内有惟一解.

**注 3.2.5**  值得注意的是定理 3.2.2 与定理 3.2.3 的条件与几何分布无关, 而作为定理的结论的 (3.2.49) 与 (3.2.55) 却与几何分布有关, 这反映出几何分布的一种特殊地位.

**推论 3.2.5**  在定理 3.2.3 的假设下, 有

$$\liminf_{n\to\infty}H(\frac{n}{S_n})\ge c \quad \text{a.s..} \tag{3.2.59}$$

**证**  由 (3.2.55), 有

$$\limsup_{n\to\infty}\frac{n}{S_n}\le p \quad \text{a.s..} \tag{3.2.60}$$

注意到 $H(p)=c$, 由 (3.2.60) 与 $H(x)$ 的递减性, 即得 (3.2.5).

## §3.3  关于 Poisson 分布的强偏差定理

本节引进似然比作为整值随机变量序列相对于服从 Poisson 分布的独立随机变量序列的偏差的一种度量, 并通过限制似然比给出了样本空间的一个子集, 在此子集上得到了任意整值随机变量序列的一类用不等式表示的强极限定理. 并得到了服从 Poisson 分布的独立随机变量序列的一族强大数定理.

设 $\{X_n, n\ge 1\}$ 是在 $S=\{0,1,2,\cdots\}$ 中取值的随机变量序列, 其联合分布为

$$P(X_1=x_1,\cdots,X_n=x_n)=f(x_1,\cdots,x_n)>0, \quad x_i\in S, \quad 1\le i\le n. \tag{3.3.1}$$

为了表征 $\{X_n, n\ge 1\}$ 与服从 Poisson 分布的独立随机变量序列之间的差异, 我们引进如下的定义.

**定义 3.3.1**  设 $p(j,\lambda), j=0,1,\cdots$, 为参数为 $\lambda$ 的 Poisson 分布, $\{X_n, n\ge 1\}$ 具有分布 (3.3.1) 的随机变量序列, $\{\lambda_n, n\ge 1\}$ 是一正实数列, 并令

$$r_n(\omega)=[\prod_{k=1}^{n}p(X_k,\lambda_k)]/f(X_1,\cdots,X_n) \tag{3.3.2}$$

为 $\{X_n, n \geq 1\}$ 相对于乘积 Poisson 分布

$$\prod_{k=1}^{n} p(x_k, \lambda_k), \quad x_k \in S \tag{3.3.3}$$

的似然比, 此处 $\omega$ 为样本点. 简记 $X_k(\omega)$ 为 $X_k$.

在本节中, 通过限制似然比给出了样本空间的一个子集, 在此子集上得到了一类用不等式表示的强极限定理.

**定理 3.3.1**(刘文、刘自宽 1995) 设 $\{X_n, n \geq 1\}$ 是具有分布 (3.3.1) 的随机变量序列, $r_n(\omega)$ 由 (3.3.2) 定义, $\sigma_n(t_1, \cdots, t_n)$ 是一定义在 $S^n$ 上正的实函数列, 并令 $M > 0, c > 0$ 为常数. 简记 $\sigma_n(X_1, \cdots, X_n)$ 为 $\sigma$.

设 $D(c)$ 为满足下列条件的样本点的集合:

$$\lim_{n \to \infty} \sigma_n = \infty, \tag{3.3.4}$$

$$\limsup_{n \to \infty} (1/\sigma_n) \sum_{k=1}^{n} \lambda_k \leq M, \tag{3.3.5}$$

$$\liminf_{n \to \infty} (1/\sigma_n) \ln r_n(\omega) \geq -c, \tag{3.3.6}$$

则

$$\limsup_{n \to \infty} (1/\sigma_n) \sum_{k=1}^{n} (X_k - \lambda_k) \leq 2\sqrt{Mc} + c \quad \text{a.s.} \ \text{于} \ D(c). \tag{3.3.7}$$

若 $0 \leq c < M$, 则

$$\liminf_{n \to \infty} (1/\sigma_n) \sum_{k=1}^{n} (X_k - \lambda_k) \geq -2\sqrt{Mc} \quad \text{a.s.} \ \text{于} \ D(c). \tag{3.3.8}$$

若 $c \geq M$, 则

$$\liminf_{n \to \infty} (1/\sigma_n) \sum_{k=1}^{n} (X_k - \lambda_k) \geq -M - c \quad \text{a.s.} \ \text{于} \ D(c). \tag{3.3.9}$$

**注 3.3.1** 在上述定理中, 样本空间的子集由 (3.3.4)—(3.3.6) 定义, 在此子集上得到了 $\sum_{k=1}^{n}(X_k - \lambda_k)/\sigma_n$ 在 $n \to \infty$ 时的极限性质, 此处 $\sigma_n$ 为强极限定理中 $n$ 的推广. 因此条件 (3.3.4) 是自然的. 条件 (3.3.5) 表明当 $\sum_{k=1}^{n} \lambda_k \to \infty$ 时, $\sigma_n \to \infty$ 的阶不小于 $\sum_{k=1}^{n} \lambda_k$ 的阶. 此条件为本节所用方法的适用范围的限制. 若此条件不满足, 要研究上述比率, 则需用更好的方法, 例如在研究叠对数律时所用的方法. (3.3.6) 是决定 $D(c)$ 的关键条件, 此处似然比可以看做为 $\{X_n, n \geq 1\}$ 与服从 Poisson 分布的独立随机变量序列之间的差异的度量. 易知当且仅当 $X_k(1 \leq k \leq n)$ 为服从参数为 $\lambda_k(1 \leq k \leq n)$ 的 Poisson 分布独立随机变量时, $r_n(\omega) = 1$.

推论 3.3.4 表明当 $\sigma_n \to \infty$ 时，$\liminf_{n\to\infty}(1/\sigma_n)\ln r_n(\omega) \geq 0$ a.s.. 粗略地讲，条件 (3.3.6) 可以看做为 $\{X_n, n \geq 1\}$ 与服从分布 (3.3.3) 的随机变量序列之间偏差的度量. $c$ 越小，偏差越小. 上述定理表明在此限制下，$\sum_{k=1}^{n}(X_k - \lambda_k)/\sigma_n$ 也相应的得到限制. (3.3.7)—(3.3.9) 给出了关于 $c$ 的上极限与下极限，当 $c$ 很小时，此比值的绝对值也小. 此定理的情形类似于微分方程的解的稳定性.

**定理 3.3.1 的证明** 取 $\Omega = [0,1)$，其中 Lebesgue 可测集的全体和 Lebesgue 测度 $P$ 组成所考虑的概率空间. 首先给出具有分布 (3.3.1) 的随机变量序列在此概率空间中的一种实现.

将区间 $[0,1)$ 按比例 $f(0) : f(1) : \cdots$ 分成可列个左闭右开区间：

$$D_0 = [0, f(0)), \quad D_1 = [f(0), f(0) + f(1)), \quad \cdots$$

这些区间都称为一阶区间，易知

$$P(D_{x_1}) = f(x_1), \quad x_1 \in S.$$

设 $n$ 阶区间 $D_{x_1\cdots x_n}, x_i \in S, 1 \leq i \leq n$ 已定义，将它按比例

$$f(x_1, \cdots, x_n, 0) : f(x_1, \cdots, x_n, 1) : \cdots$$

分成可列个左闭右开区间 $D_{x_1\cdots x_n x_{n+1}}(x_{n+1} = 0, 1, \cdots)$，这样就得到 $n+1$ 阶区间. 易知对任何 $n \geq 1$, 有

$$P(D_{x_1\cdots x_n}) = f(x_1, \cdots, x_n). \tag{3.3.10}$$

定义随机变量 $X_n : [0,1) \to S$ 如下：

$$X_n(\omega) = X_n, \quad 当 \omega \in D_{x_1\cdots x_n}. \tag{3.3.11}$$

由 (3.3.10) 与 (3.3.11), 有

$$\{\omega : X_1 = x_1, \cdots, X_n = x_n\} = D_{x_1\cdots x_n}, \tag{3.3.12}$$

$$P(X_1 = x_1, \cdots, X_n = x_n) = f(x_1, \cdots, X_n). \tag{3.3.13}$$

于是 $\{X_n, n \geq 1\}$ 具有分布 (3.3.1). 下面我们就 $\{X_n\}$ 的上述实现来证明定理.

设各阶区间 (包括零区间 $[0,1)$) 的全体为 $\mathcal{A}$，$\lambda$ 为一正实数，在 $\mathcal{A}$ 上定义集函数 $\mu$ 如下：

$$\mu(D_{x_1\cdots x_n}) = \prod_{k=1}^{n} p(x_k, \lambda\lambda_k), \tag{3.3.14}$$

此处 $p(x_k, \lambda\lambda_k)$ 为参数为 $\lambda$ 的 Poisson 分布. 易知 $\mu$ 是 $\mathcal{A}$ 上的可加集函数，由此知存在 $[0,1)$ 上的增函数 $f_\lambda$，使得对任何 $D_{x_1\cdots x_n}$, 有

$$\mu(D_{x_1\cdots x_n}) = f_\lambda(D_{x_1\cdots x_n}^+) - f_\lambda(D_{x_1\cdots x_n}^-), \tag{3.3.15}$$

其中 $D_{x_1\cdots x_n}^+, D_{x_1\cdots x_n}^-$ 分别表示 $D_{x_1\cdots x_n}$ 的右、左端点. 令

$$t_n(\lambda,\omega) = \frac{f_\lambda(D_{x_1\cdots x_n}^+) - f_\lambda(D_{x_1\cdots x_n}^-)}{D_{x_1\cdots x_n}^+ - D_{x_1\cdots x_n}^-} = \frac{\mu(D_{x_1\cdots x_n})}{f(x_1,\cdots,X_n)}, \quad \omega \in D_{x_1\cdots x_n}. \quad (3.3.16)$$

设 $f_\lambda$ 的可微点的全体为 $A(\lambda)$. 由单调函数导数存在定理知 $P(A(\lambda)) = 1$. 设 $\omega \in A(\lambda),\ \omega \in D_{x_1\cdots x_n}$. 当 $\lim_{n\to\infty} P(D_{x_1\cdots x_n}) = 0$ 时根据导数的性质 (参见 Billingsley1986, p, 423), 由 (3.3.16) 有

$$\lim_{n\to\infty} t_n(\lambda,\omega) = f_\lambda'(\omega) < \infty,$$

当 $\lim_{n\to\infty} P(D_{x_1\cdots x_n}) = d > 0$ 时, 有

$$\lim_{n\to\infty} t_n(\lambda,\omega) = \lim_{n\to\infty} \frac{\mu(D_{x_1\cdots x_n})}{d} < \infty,$$

故

$$\lim_{n\to\infty} t_n(\lambda,\omega) = \text{有限数}, \quad \omega \in A(\lambda). \quad (3.3.17)$$

由 (3.3.4) 与 (3.3.17), 有

$$\limsup_{n\to\infty} \frac{1}{\sigma_n} \ln t_n(\lambda,\omega) \le 0, \quad \omega \in A(\lambda) \cap D(c). \quad (3.3.18)$$

由 (3.3.2), (3.3.11), (3.3.14) 和 (3.3.16), 有

$$\ln t_n(\omega,\lambda) = \sum_{k=1}^n X_k \ln\lambda - \sum_{k=1}^n (\lambda-1)\lambda_k + \ln r_n(\omega). \quad (3.3.19)$$

由 (3.3.18), (3.3.19), 可得

$$\liminf_{n\to\infty}(1/\sigma_n)\sum_{k=1}^n\left[X_k\ln\lambda - \sum_{k=1}^n(\lambda-1)\lambda_k + \ln r_n(\omega)\right] \ge,\ \omega \in A(\lambda)\cap D(c). \quad (3.3.20)$$

由 (3.3.6), 有

$$\liminf_{n\to\infty} \frac{1}{\sigma_n} \ln r_n(\omega) \ge -c, \quad \omega \in D(c). \quad (3.3.21)$$

由 (3.3.20), (3.3.21), 有

$$\limsup_{n\to\infty}(1/\sigma_n)\sum_{k=1}^n\left[X_k\ln\lambda - \sum_{k=1}^n(\lambda-1)\lambda_k+\right] \le c, \quad \omega \in A(\lambda)\cap D(c). \quad (3.3.22)$$

取 $\lambda > 1$, 将 (3.3.22) 两边同除以 $\ln\lambda$, 得

$$\limsup_{n\to\infty}(1/\sigma_n)\sum_{k=1}^n\left[X_k - \sum_{k=1}^n\frac{\lambda-1}{\ln\lambda}\lambda_k\right] \le c/\ln\lambda, \quad \omega \in A(\lambda)\cap D(c). \quad (3.3.23)$$

由 (3.3.23),(3.3.5) 及上极限的性质

$$\limsup_{n\to\infty}(a_n - b_n) \le d \Longrightarrow \limsup_{n\to\infty}(a_n - c_n) \le \limsup_{n\to\infty}(b_n - c_n) + d,$$

有

$$\limsup_{n\to\infty}(1/\sigma_n)\left[\sum_{k=1}^{n}(X_k - \lambda_k)\right]$$

$$\le \limsup_{n\to\infty}(1/\sigma_n)\left[\sum_{k=1}^{n}(\frac{\lambda-1}{\ln\lambda}-1)\lambda_k\right] + \le c/\ln\lambda$$

$$\le \frac{\lambda-1}{\ln\lambda}M+ \le c/\ln\lambda, \quad \omega \in A(\lambda)\cap D(c). \tag{3.3.24}$$

由 (3.3.24) 及不等式 $1 - 1/x \le \ln x \le x - 1$ $(x>0)$, 得

$$\limsup_{n\to\infty}(1/\sigma_n)\left[\sum_{k=1}^{n}(X_k - \lambda_k)\right] \le \left(\frac{\lambda-1}{1-1/\lambda}-1\right) + \frac{c}{1-1/\lambda}$$

$$= (\lambda-1)M + c + c/(\lambda-1), \quad \omega \in A(\lambda)\cap D(c). \tag{3.3.25}$$

当 $c>0$ 时, 易知函数 $g(\lambda) = (\lambda-1)M + c + c/(\lambda-1)(\lambda>1)$ 在 $\lambda = 1 + \sqrt{c/M}$ 处达到它的最小值 $g(1+\sqrt{c/M}) = 2\sqrt{Mc} + c$. 因此由 (3.3.25), 有

$$\limsup_{n\to\infty}(1/\sigma_n)\left[\sum_{k=1}^{n}(X_k - \lambda_k)\right] \le 2\sqrt{Mc} + c, \quad \omega \in A(1+\sqrt{c/M})\cap D(c). \tag{3.3.26}$$

由于 $P(A(1+\sqrt{c/M}) = 1$, 当 $c>0$ 时, (3.3.7) 可由 (3.3.26) 得到. 当 $c=0$ 时, 选取 $\alpha_i > 1(i=1,2,\cdots)$ 使得 $\alpha_i \to 1(i \to \infty)$. 令 $A_1 = \bigcap_{i=1}^{\infty} A(\alpha_i)$, 则对于任意的 $i$, 由 (3.3.25), 可得

$$\limsup_{n\to\infty}(1/\sigma_n)\left[\sum_{k=1}^{n}(X_k - \lambda_k)\right] \le (\alpha_i-1)M, \quad \omega \in A_1 \cap D(0). \tag{3.3.27}$$

由于 $\alpha_i \to 1$, 由 (3.3.27), 可得

$$\limsup_{n\to\infty}(1/\sigma_n)\left[\sum_{k=1}^{n}(X_k - \lambda_k)\right] \le 0, \quad \omega \in A_1 \cap D(0). \tag{3.3.28}$$

由于 $P(A_1) = 1$, 故由 (3.3.28) 知, 当 $c=0$ 时 (3.3.7) 成立.

令 $0 < \lambda < 1$, 将 (3.3.22) 两边同除以 $\ln\lambda$, 得

$$\liminf_{n\to\infty}(1/\sigma_n)\sum_{k=1}^{n}\left[X_k - \sum_{k=1}^{n}\frac{\lambda-1}{\ln\lambda}\lambda_k\right] \ge c/\ln\lambda, \quad \omega \in A(\lambda)\cap D(c). \tag{3.3.29}$$

由 (3.3.29), (3.3.5) 及下极限的性质

$$\liminf_{n\to\infty}(a_n - b_n) \geq d \Longrightarrow \liminf_{n\to\infty}(a_n - c_n) \geq \liminf_{n\to\infty}(b_n - c_n) + d$$

有

$$\liminf_{n\to\infty}(1/\sigma_n)\left[\sum_{k=1}^{n}(X_k - \lambda_k)\right]$$

$$\geq \liminf_{n\to\infty}(1/\sigma_n)\left[\sum_{k=1}^{n}(\frac{\lambda-1}{\ln\lambda} - 1)\lambda_k\right] + c/\ln\lambda$$

$$= \left(\frac{\lambda-1}{\ln\lambda} - 1\right)\limsup_{n\to\infty}(1/\sigma_n)\sum_{k=1}^{n}\lambda_k + c/\ln\lambda$$

$$\geq (\frac{\lambda-1}{\ln\lambda} - 1)M + c/\ln\lambda, \quad \omega \in A(\lambda) \cap D(c). \tag{3.3.30}$$

由 (3.3.30) 及不等式 $1 - 1/x \leq \ln x \leq x - 1(x > 0)$,

$$\liminf_{n\to\infty}(1/\sigma_n)\left[\sum_{k=1}^{n}(X_k - \lambda_k)\right] \geq \left(\frac{\lambda-1}{1-1/\lambda} - 1\right)M + \frac{c}{\lambda-1}$$

$$= (\lambda-1)M + c/(\lambda-1), \quad \omega \in A(\lambda) \cap D(c). \tag{3.3.31}$$

易知, 当 $0 < c < M$ 时, 函数 $h(\lambda) = (\lambda-1)M + c/(\lambda-1)(0 < \lambda < 1)$ 在 $\lambda = 1-\sqrt{c/M}$ 处达到它的最大值 $h(1 - \sqrt{c/M}) = -2\sqrt{cM}$. 因此, 由 (3.3.31), 有

$$\liminf_{n\to\infty}(1/\sigma_n)\left[\sum_{k=1}^{n}(X_k - \lambda_k)\right] \geq -2\sqrt{cM}, \quad \omega \in A(1 - \sqrt{c/M}) \cap D(c). \tag{3.3.32}$$

由于 $P(A(1 - \sqrt{c/M})) = 1$, 当 $0 < c < M$ 时, (3.3.8) 可由 (3.3.32) 得到. 当 $c = 0$ 时, 选取 $0 < \beta_i < 1(i = 1, 2, \cdots)$ 使得 $\beta_i \to 1(i \to \infty)$, 并令 $A_2 = \bigcap_{i=1}^{\infty} A(\beta_i)$, 类似 (3.3.28) 的证明, 由 (3.3.31), 可得

$$\liminf_{n\to\infty}(1/\sigma_n)\left[\sum_{k=1}^{n}(X_k - \lambda_k)\right] \geq 0, \quad \omega \in A_2 \cap D(c). \tag{3.3.33}$$

由于 $P(A_2) = 1$, 故由 (3.3.33) 知, 当 $c = 0$ 时 (3.3.8) 成立.

若 $c \geq M$, 选择 $0 < \tau_i < 1$, 使得 $\tau_i \to 0(i \to \infty)$. 令 $A_3 = \bigcap_{i=1}^{\infty} A(\tau_i)$, 则对于任意的 $i$, 由 (3.3.31), 可得

$$\liminf_{n\to\infty}(1/\sigma_n)\left[\sum_{k=1}^{n}(X_k - \lambda_k)\right] \geq (\tau_i - 1)M + c/(\tau_i - 1), \quad \omega \in A_3 \cap D(c). \tag{3.3.34}$$

于是

$$\liminf_{n\to\infty}(1/\sigma_n)\left[\sum_{k=1}^{n}(X_k-\lambda_k)\right]\geq -M-c,\quad \omega\in A_3\cap D(c). \tag{3.3.35}$$

由于 $P(A_3)=1$, 故由 (3.3.35) 知, 当 $c=0$ 时 (3.3.9) 成立.

**推论 3.3.1** 在定理假设的条件下, 有

$$\liminf_{n\to\infty}(1/\sigma_n)\left[\sum_{k=1}^{n}(X_k-\lambda_k)\right]=0\quad \text{a.s. 于 } D(0). \tag{3.3.36}$$

**证** 在 (3.3.7), (3.3.8) 中令 $c=0$, 可得推论 3.3.1.

由上述定理可得服从 Poisson 分布独立随机变量序列的强大数定理 (参见 Ross1983, p.58).

**推论 3.3.2** 设 $\{X_n,\ n\geq 1\}$ 为服从参数为 $\lambda_k(1\leq k\leq n)$ 的 Poisson 分布独立随机变量序列. 若

$$\sum_{k=1}^{n}\lambda_k=\infty,$$

则

$$\lim_{n\to\infty}\frac{\sum_{k=1}^{n}X_k}{\sum_{k=1}^{n}\lambda_k}=1\quad \text{a.s..} \tag{3.3.37}$$

**证** 令 $\sigma_n(t_1,\cdots,t_n)=\sum_{k=1}^{n}\lambda_k, M=1$, 则条件 (3.3.4) 与 (3.3.5) 满足. 这时 $r_n(\omega)\equiv 1$, $(1/\sigma_n)\ln r_n(\omega)\equiv 0$, 这表明当 $c=0$ 时条件 (3.3.6) 仍成立. 此时有 $D(0)=[0,1)$, (3.3.37) 可由 (3.3.36) 得到.

**推论 3.3.3** 设 $\{X_n,\ n\geq 1\}$ 为服从参数为 $\lambda_k(1\leq k\leq n)$ 的 Poisson 分布独立随机变量序列. 若

$$\limsup_{n\to\infty}(1/n)\sum_{k=1}^{n}\lambda_k<\infty, \tag{3.3.38}$$

则

$$\lim_{n\to\infty}(1/n)\sum_{k=1}^{n}(X_k-\lambda_k)=0\quad \text{a.s..} \tag{3.3.39}$$

**证** 令 $\sigma_n(t_1,\cdots,t_n)\equiv n$, 则条件 (3.3.4) 满足, (3.3.5) 可由 (3.3.38) 得到. 类似于推论 3.3.2 中的证明, 知 $D(0)=[0,1)$, 故可由 (3.3.36) 得到 (3.3.39).

**推论 3.3.4** 令

$$D=\{\omega:\limsup_{n\to\infty}=\infty\}, \tag{3.3.40}$$

则

$$\limsup_{n\to\infty}(1/\sigma_n)\ln r_n(\omega) \le 0 \quad \text{a.s.} \ \ \exists \ \ D. \tag{3.3.41}$$

**证** 由 (3.3.19) 可得

$$t_n(1,\omega) = r_n(\omega). \tag{3.3.42}$$

由于 $P(A(1)) = 1$, 故可由 (3.3.17), (3.3.42), 得

$$\lim_{n\to\infty} r_n(\omega) = \text{有限数} \quad \text{a.s.}. \tag{3.3.43}$$

于是由 (3.3.43),(3.3.40), 得到 (3.3.41).

**注 3.3.2** 假设 $c < 0$, 令 $D(c)$ 为满足 (3.3.4)—(3.3.6) 点的集合. 由于 $D(c) \subset D$, 由 (3.3.41) 和 (3.3.6) 知, 当 $c < 0$ 时, $P(D(c)) = 0$. 这就是我们在定理中假设 $c \ge 0$ 的原因.

下面的例子证明了在某些非平凡情况下 $P(D(c)) > 0$.

**例 3.3.1** 令 $0 < \lambda_k \le M$, $k = 1, 2, \cdots$, $\{X_n, n \ge 1\}$ 为一马氏链, 它的初始分布和转移矩阵分别为

$$\boldsymbol{q} = (q(0), q(1), \cdots), \quad q(j) > 0$$

和

$$_n\boldsymbol{P} = (p_n(i,j)), \quad p_n(i,j) > 0, \ i,j \in S, \ n \ge 2,$$

此处 $p_n(i,j) = P(X_n = j | X_{n-1} = i)$. 若对任意的 $i, j \in S$, 一致地有

$$\liminf_{n\to\infty} \frac{p(j,\lambda)}{p_n(i,j)} \ge 1, \tag{3.3.44}$$

则

$$\lim_{n\to\infty}(1/n)\sum_{k=1}^{n}(X_k - \lambda_k) = 0 \quad \text{a.s.}. \tag{3.3.45}$$

**证** 此时

$$r_n(\omega) = [\prod_{k=1}^{n} p(X_k, \lambda_k)]/[q(X_1)\prod_{k=2}^{n} p_k(X_{k-1}, X_k)]. \tag{3.3.46}$$

对任意的正实数列 $\{a_n, n \ge 1\}$,

$$\liminf_{n\to\infty} \sqrt[n]{a_n} \ge \liminf_{n\to\infty}(a_n/a_{n-1}), \tag{3.3.47}$$

则由 (3.3.44), (3.3.46) 和 (3.3.47), 得

$$\liminf_{n\to\infty}[r_n(\omega)]^{1/n} \ge \liminf_{n\to\infty}[r_n(\omega)/r_{n-1}(\omega)]$$

$$= \liminf_{n \to \infty}[p(X_n, \lambda_n)/p_n(X_{n-1}, X_n)] \geq 1. \tag{3.3.48}$$

令 $\sigma_n = n$, 则显然 (3.3.4), (3.3.5) 满足. 令 $c = 0$, 则可由 (3.3.48), 得到 (3.3.6), 因此 $D(0) = [0, 1)$, 并且可由定理得到 (3.3.45).

## §3.4 关于负二项分布的强偏差定理

本节引进似然比作为整值随机变量序列相对于服从负二项分布的独立随机变量序列的偏差的一种度量, 并通过限制似然比给出了样本空间的一个子集, 在此子集上得到了任意整值随机变量序列的一类用不等式表示的极限定理.

设 $\{X_n, n \geq 1\}$ 是在 $S = \{0, 1, 2, \cdots\}$ 中取值的随机变量序列, 其联合分布为

$$P(X_1 = x_1, \cdots, X_n = x_n) = f(x_1, \cdots, x_n) > 0, \quad x_i \in S, \; 1 \leq i \leq n. \tag{3.4.1}$$

为了表征 $\{X_n, n \geq 1\}$ 与服从负二项分布的独立随机变量序列之间的差异, 我们引进如下的定义.

**定义 3.4.1** 设 $\{X_n, n \geq 1\}$ 是具有分布 (3.4.1) 的随机变量序列, $\{r_n, n \geq 1\}$ 与 $\{f_n, n \geq 1\}$ 是正数列, 其中 $f_n \in (0, 1)$, 并令 $q_n = 1 - f_n$. 称

$$R_n(\omega) = \frac{\prod_{k=1}^{n} \begin{pmatrix} -r_k \\ X_k \end{pmatrix} f_k^{r_k}(-q_k)^{X_k}}{f(X_1, \cdots, X_n)} \tag{3.4.2}$$

为 $\{X_k, 1 \leq k \leq n\}$ 相对于乘积负二项分布

$$\prod_{k=1}^{n} \begin{pmatrix} -r_k \\ X_k \end{pmatrix} f_k^{r_k}(-q_k)^{x_k}, \quad x_k \in S, \, 1 \leq k \leq n \tag{3.4.3}$$

的似然比, 其中 $\omega$ 为样本点, $X_k(\omega)$ 简记为 $X_k$.

**定理 3.4.1**(刘文、刘玉灿 1995) 设 $\{X_n, n \geq 1\}$ 是具有分布 (3.4.1) 的随机变量序列, $\sigma_n(t_1, \cdots, t_n)$ 是定义在 $S^n$ 上的实值函数, 简记 $\sigma_n(X_1, \cdots, X_n)$ 为 $\sigma_n$, $R_n(\omega)$ 由 (3.4.2) 定义, 且

$$\alpha = \inf\{f_n, n \geq 1\} > 0. \tag{3.4.4}$$

又设 $M > 0$, $0 \leq c \leq 1$ 为常数, $D(c)$ 为满足下列条件的样本点 $\omega$ 的全体:

$$\lim_{n \to \infty} \sigma_n = +\infty, \tag{3.4.5}$$

$$\limsup_{n \to \infty} \frac{1}{\sigma_n} \sum_{k=1}^{n} r_k q_k \leq M, \tag{3.4.6}$$

$$\liminf_{n \to \infty} \frac{1}{\sigma_n} \ln R_n(\omega) \geq -c, \qquad (3.4.7)$$

则

$$\limsup_{n \to \infty} \frac{1}{\sigma_n} \sum_{k=1}^{n} \left( X_k - \frac{r_k q_k}{f_k} \right) \leq \frac{1}{\alpha} \sqrt{c} \left[ \frac{M}{1-\alpha} + 2(1-\alpha) \right] + c \quad \text{a.s. 于} \quad D(c), \quad (3.4.8)$$

$$\liminf_{n \to \infty} \frac{1}{\sigma_n} \sum_{k=1}^{n} \left( X_k - \frac{r_k q_k}{f_k} \right) \geq -\sqrt{c} \left[ M + \frac{1}{\alpha^2} \right] + c \quad \text{a.s. 于} \quad D(c). \qquad (3.4.9)$$

**注 3.4.1** 在以上定理中, 我们通过条件 (3.4.5)—(3.4.7) 限定样本空间的一个子集 $D(c)$, 并在此子集上研究比值 $(1/\sigma_n) \sum_{k=1}^{n} (X_k - r_k q_k)$ 当 $n \to \infty$ 时的极限性质. $\sigma_n$ 是强大数定理的和式中的项数 $n$ 的推广, 所以自然要求 $\sigma_n$ 满足条件 (3.4.5). 条件 (3.4.6) 表示, 在 $\sum_{k=1}^{n} r_k q_k \to \infty$ 的情况下, $\sigma_n \to \infty$ 的阶应不低于 $\sum_{k=1}^{n} r_k q_k$ 的阶. 这个条件是对本文所用方法适用范围的一种限制. 当此条件不满足时, 研究上述比值的极限性质需要更精细的方法. (3.4.7) 是限定 $D(c)$ 的核心条件, 其中的似然比可以看做是 $\{X_k, 1 \leq k \leq n\}$ 与具有乘积负二项分布 (3.4.3) 的独立随机变量序列之间的偏差的一种随机度量. 当且仅当 $X_k(1 \leq k \leq n)$ 服从参数为 $(r_k, f_k)$ 的负二项分布且相互独立时, $R_n(\omega) \equiv 1$. 推论 3.4.5 表明, 在一般情况下恒有 $\limsup_{n \to \infty} (1/\sigma_n) \ln R_n(\omega) \leq 0$ a.s., $\omega \in D$. 因此粗略地说, 条件 (3.4.7) 可以看成是对 $\{X_n, n \geq 1\}$ 与具有分布 (3.4.3) 的独立随机变量序列的偏离的一种限制, $c$ 越小 (即越接近 0), 偏离越小. 上述定理表明, 在此限制下, 比值 $(1/\sigma_n) \sum_{k=1}^{n} (X_k - r_k q_k/f_k)$ 也受到相应的限制. (3.4.8) 与 (3.4.9) 给出的就是此比值相应于 $c$ 的上、下限. 易见当 $c$ 很小时, 此上、下限的绝对值很小. 从以下的证明可以看出, 以似然比作为上述偏差的度量对这种情况的出现起着关键作用.

**证** 采用刘文 (1990a) 中提出的方法. 取 $\omega = [0, 1)$, 其中 Lebesgue 可测集的全体和 Lebesgue 测度 $P$ 组成所考虑的概率空间. 首先给出具有分布 (3.4.1) 的随机变量序列在此概率空间中的一种实现.

将区间 $[0, 1)$ 按比例 $f(0) : f(1) : \cdots$ 分成可列个左闭右开区间:

$$D_0 = [0, f(0)), \quad D_1 = [f(0), f(0) + f(1)), \quad \cdots$$

这些区间都称为一阶区间, 易知

$$P(D_{x_1}) = f(x_1), \quad x_1 \in S.$$

设 $n$ 阶区间 $D_{x_1 \cdots x_n}$ 已定义, 将它按比例

$$f(x_1, \cdots, x_n, 0) : f(x_1, \cdots, x_n, 1) : \cdots$$

分成可列个左闭右开区间 $D_{x_1 \cdots x_n x_{n+1}}(x_{n+1} = 0, 1, \cdots)$，这样就得到 $n+1$ 阶区间. 由归纳法知对任何 $n$ 有

$$P(D_{x_1 \cdots x_n}) = f(x_1, \cdots, x_n). \tag{3.4.10}$$

定义随机变量 $X_n : [0, 1) \to S$ 如下：

$$X_n(\omega) = X_n, \quad \text{当 } \omega \in D_{x_1 \cdots x_n}. \tag{3.4.11}$$

由 (3.4.10) 与 (3.4.11)，有

$$\{\omega : X_1 = x_1, \cdots, X_n = x_n\} = D_{x_1 \cdots x_n}, \tag{3.4.12}$$

$$P(X_1 = x_1, \cdots, X_n = x_n) = f(x_1, \cdots, X_n). \tag{3.4.13}$$

于是 $\{X_n, n \geq 1\}$ 具有分布 (3.4.1). 下面我们就 $\{X_n\}$ 的上述实现来证明定理.

设各阶区间（包括零区间 $[0, 1)$）的全体为 $\mathcal{A}$, $\lambda \in (0, \frac{1}{1-\alpha})$ 为常数，在 $\mathcal{A}$ 上定义集函数 $\mu$ 如下：

$$\mu(D_{x_1 \cdots x_n}) = \lambda^{\sum_{k=1}^n x_k} \prod_{k=1}^n \left( \frac{1 - \lambda q_k}{f_k} \right) \binom{-r_k}{X_k} f_k^{r_k} q_k^{x_k}, \tag{3.4.14}$$

$$\mu([0, 1)) = \sum_{x_1 \in S} \mu(D_{x_1}). \tag{3.4.15}$$

由 (3.4.14)，当 $n > 1$ 时有

$$\sum_{X_n \in S} \mu(D_{x_1 \cdots x_n}) = \mu(D_{x_1 \cdots x_{n-1}}) \sum_{X_n \in S} \binom{-r_n}{X_n} (1 - \lambda q_n)^{r_n} (-\lambda q_n^{x_n})$$

$$= \mu(D_{x_1 \cdots x_{n-1}}). \tag{3.4.16}$$

由 (3.4.15) 与 (3.4.16)，知 $\mu$ 是 $\mathcal{A}$ 上的可加集函数，由此知存在 $[0, 1)$ 上的增函数 $f_\lambda$，使得对任何 $D_{x_1 \cdots x_n}$ 有

$$\mu(D_{x_1 \cdots x_n}) = f_\lambda(D_{x_1 \cdots x_n}^+) - f_\lambda(D_{x_1 \cdots x_n}^-), \tag{3.4.17}$$

其中 $D_{x_1 \cdots x_n}^+, D_{x_1 \cdots x_n}^-$ 分别表示 $D_{x_1 \cdots x_n}$ 的右、左端点. 令

$$t_n(\lambda, \omega) = \frac{f_\lambda(D_{x_1 \cdots x_n}^+) - f_\lambda(D_{x_1 \cdots x_n}^-)}{D_{x_1 \cdots x_n}^+ - D_{x_1 \cdots x_n}^-} = \frac{\mu(D_{x_1 \cdots x_n})}{f(x_1, \cdots, X_n)}, \quad \omega \in D_{x_1 \cdots x_n}. \tag{3.4.18}$$

设 $f_\lambda$ 的可微点的全体为 $A(\lambda)$. 由单调函数导数存在定理，知 $P(A(\lambda)) = 1$，设 $\omega \in A(\lambda)$, $D_{x_1 \cdots x_n}$ 是包含 $\omega$ 的 $n$ 阶区间. 当 $\lim_{n \to \infty} P(D_{x_1 \cdots x_n}) = 0$ 时根据导数的性质，由 (3.4.18)，有

$$\lim_{n \to \infty} t_n(\lambda, \omega) = f_\lambda'(\omega) < \infty.$$

当 $\lim_{n\to\infty} P(D_{x_1\cdots x_n}) = d > 0$ 时，有

$$\lim_{n\to\infty} t_n(\lambda,\omega) = \lim_{n\to\infty} \frac{\mu(D_{x_1\cdots x_n})}{d} < \infty,$$

故

$$\lim_{n\to\infty} t_n(\lambda,\omega) = \text{有限数}, \quad \omega \in A(\lambda). \tag{3.4.19}$$

由 (3.4.5) 与 (3.4.19)，有

$$\limsup_{n\to\infty} \frac{1}{\sigma_n} \ln t_n(\lambda,\omega) \le 0, \quad \omega \in A(\lambda) \cap D(c). \tag{3.4.20}$$

令

$$S_n = \sum_{k=1}^{n} X_k, \tag{3.4.21}$$

由 (3.4.2), (3.4.11) 与 (3.4.14)，有

$$\ln t_n(\lambda,\omega) = S_n \ln \lambda - \sum_{k=1}^{n} r_k \ln \frac{f_k}{1-\lambda q_k} + \ln R_n(\omega). \tag{3.4.22}$$

由 (3.4.7)，有

$$\liminf_{n\to\infty} \frac{1}{\sigma_n} \ln R_n(\omega) \ge -c, \quad \omega \in D(c). \tag{3.4.23}$$

由 (3.4.20), (3.4.22) 与 (3.4.23)，有

$$\limsup_{n\to\infty} \frac{1}{\sigma_n} \left( S_n \ln \lambda - \sum_{k=1}^{n} r_k \ln \frac{f_k}{1-lq_k} \right) \le c, \quad \omega \in A(\lambda) \cap D(c). \tag{3.4.24}$$

取 $\lambda \in (1, \frac{1}{1-\alpha})$，将 (3.4.24) 两边同除以 $\ln\lambda$，得

$$\limsup_{n\to\infty} \frac{1}{\sigma_n} \left( S_n - \frac{\sum_{k=1}^{n} r_k \ln \frac{f_k}{1-\lambda q_k}}{\ln \lambda} \right) \le \frac{c}{\ln \lambda}, \quad \omega \in A(\lambda) \cap D(c). \tag{3.4.25}$$

由 (3.4.25) 及上极限的性质

$$\limsup_{n\to\infty}(a_n - b_n) \le d \Longrightarrow \limsup_{n\to\infty}(a_n - c_n) \le \limsup_{n\to\infty}(b_n - c_n) + d, \tag{3.4.26}$$

有

$$\limsup_{n\to\infty} \frac{1}{\sigma_n} \left( S_n - \sum_{k=1}^{n} \frac{r_k q_k}{f_k} \right)$$

$$\le \limsup_{n\to\infty} \frac{1}{\sigma_n} \sum_{k=1}^{n} r_k \left( \frac{\ln \frac{f_k}{1-\lambda q_k}}{\ln \lambda} - \frac{q_k}{f_k} \right) + \frac{c}{\ln \lambda}, \quad \omega \in A(\lambda) \cap D(c). \tag{3.4.27}$$

由 (3.4.27), 不等式

$$1 - 1/x \leq \ln x \leq x - 1 \quad (x > 0), \tag{3.4.28}$$

及 (3.4.4) 与 (3.4.6), 有

$$\limsup_{n \to \infty} \frac{1}{\sigma_n} \left( \sigma_n - \sum_{k=1}^{n} \frac{r_k q_k}{f_k} \right)$$

$$\leq \limsup_{n \to \infty} \frac{1}{\sigma_n} \sum_{k=1}^{n} r_k \left( \frac{(\lambda - 1) q_k}{(1 - \lambda q_k) \ln \lambda} - \frac{q_k}{f_k} \right) + \frac{c}{\ln \lambda}$$

$$\leq \limsup_{n \to \infty} \frac{1}{\sigma_n} \sum_{k=1}^{n} r_k q_k \left( \frac{\lambda}{1 - \lambda q_k} - \frac{1}{f_k} \right) + \frac{c}{\lambda - 1} + c$$

$$\leq \frac{(\lambda - 1) M}{\alpha [1 - \lambda (1 - \alpha)]} + \frac{c}{\lambda - 1} + c, \quad \omega \in A(\lambda) \cap D(c). \tag{3.4.29}$$

下面我们进一步限制 $\lambda$ 的取值范围, 并通过适当放大来简化 (3.4.29) 右端的表达式. 设 $1 < \lambda \leq \frac{1 - \alpha/2}{1 - \alpha} = 1 + \frac{\alpha}{2(1 - \alpha)}$, 此时 $1 - \lambda(1 - \alpha) \geq \alpha/2$, 故有

$$\frac{\lambda - 1}{1 - \lambda(1 - \alpha)} \leq \frac{2(\lambda - 1)}{\alpha}. \tag{3.4.30}$$

由 (3.4.29) 与 (3.4.30), 有

$$\limsup_{n \to \infty} \frac{1}{\sigma_n} \left( S_n - \sum_{k=1}^{n} \frac{r_k q_k}{f_k} \right) \leq \frac{2M(\lambda - 1)}{\alpha^2} + \frac{c}{\lambda - 1} + c, \quad \omega \in A(\lambda) \cap D(c). \tag{3.4.31}$$

当 $0 < c \leq 1$ 时, 在 (3.4.31) 中令 $\lambda = 1 + \alpha\sqrt{c}/[2(1 - \alpha)]$, 得

$$\limsup_{n \to \infty} \frac{1}{\sigma_n} \left( \sigma_n - \sum_{k=1}^{n} \frac{r_k q_k}{f_k} \right) \leq \frac{1}{\alpha} \sqrt{c} \left[ \frac{M}{1 - \alpha} + 2(1 - \alpha) \right] + c,$$

$$\omega \in A \left( 1 + \frac{\alpha\sqrt{c}}{2(1 - \alpha)} \right) \cap D(c). \tag{3.4.32}$$

由于 $P(A(1 + \alpha\sqrt{c}/[2(1 - \alpha)])) = 1$, 故由 (3.4.32), 知当 $0 < c \leq 1$ 时 (3.4.8) 成立. 当 $c = 0$ 时, 取 $\lambda_i \in (1, \frac{1 - \alpha/2}{1 - \alpha})$, $i = 1, 2, \cdots$, 使 $\lambda_i \to 1 (i \to \infty)$, 并令 $A_* = \bigcap_{i=1}^{\infty} A(\lambda_i)$, 则对一切 $i$ 由 (3.4.31), 有

$$\limsup_{n \to \infty} \frac{1}{\sigma_n} \left( S_n - \sum_{k=1}^{n} \frac{r_k q_k}{f_k} \right) \leq 0, \quad \omega \in A_* \cap D(0). \tag{3.4.33}$$

由于 $P(A_*) = 1$, 故由 (3.4.33) 知, 当 $c = 0$ 时 (3.4.8) 也成立.

取 $\lambda \in (0,1)$. 将 (3.4.24) 两边同除以 $\ln \lambda$, 得

$$\liminf_{n \to \infty} \frac{1}{\sigma_n} \left( S_n - \sum_{k=1}^{n} \frac{r_k \ln \dfrac{f_k}{1 - \lambda q_k}}{\ln \lambda} \right) \geq \frac{c}{\ln \lambda}, \quad \omega \in A(\lambda) \cap D(c). \qquad (3.4.34)$$

由 (3.4.34), (3.4.8) 及下极限的性质

$$\liminf_{n \to \infty}(a_n - b_n) \geq d \Longrightarrow \liminf_{n \to \infty}(a_n - c_n) \geq \liminf_{n \to \infty}(b_n - c_n) + d \qquad (3.4.35)$$

有

$$\liminf_{n \to \infty} \frac{1}{\sigma_n} \left( S_n - \sum_{k=1}^{n} \frac{r_k q_k}{f_k} \right)$$

$$\geq \liminf_{n \to \infty} \frac{1}{\sigma_n} \sum_{k=1}^{n} r_k \left( \frac{\ln \dfrac{f_k}{1 - \lambda q_K}}{\ln \lambda} - \frac{q_k}{f_k} \right) + \frac{c}{\ln \lambda}$$

$$\geq \liminf_{n \to \infty} \frac{1}{\sigma_n} \sum_{k=1}^{n} r_k q_k \left( \frac{\dfrac{\lambda - 1}{1 - \lambda q_k}}{\ln \lambda} - \frac{1}{f_k} \right) + \frac{c}{\ln \lambda}$$

$$\geq \liminf_{n \to \infty} \frac{1}{\sigma_n} \sum_{k=1}^{n} r_k q_k \left( \frac{\lambda}{1 - \lambda q_k} - \frac{1}{f_k} \right) + \frac{c}{\lambda - 1} + c$$

$$\geq \frac{(\lambda - 1)M}{\alpha[1 - l(1 - \alpha)]} + \frac{c}{\lambda - 1} + c$$

$$\geq \frac{(\lambda - 1)M}{\alpha^2} + \frac{c}{\lambda - 1} + c, \quad \omega \in A(\lambda) \cap D(c). \qquad (3.4.36)$$

当 $0 < c \leq 1$ 时, 在 (3.4.36) 中令 $\lambda = 1 - \alpha^2 \sqrt{c}$, 得

$$\liminf_{n \to \infty} \frac{1}{\sigma_n} \left( S_n - \sum_{k=1}^{n} \frac{r_k q_k}{f_k} \right) \geq -\sqrt{c}\left(M + \frac{1}{\alpha^2}\right) + c, \quad \omega \in A(1 - \alpha^2\sqrt{c}) \cap D(c). \quad (3.4.37)$$

由于 $P(A(1 - \alpha^2 \sqrt{c})) = 1$, 故由 (3.4.37) 知, 当 $0 < c \leq 1$ 时 (3.4.9) 成立. 仿照 (3.4.33) 的证明可知当 $c = 0$ 时 (3.4.9) 也成立.

　　**注 3.4.2**　在以上的证明中, (3.4.32) 与 (3.4.37) 是通过用试探性的方法适当选取 $\lambda$ 的值而得到的. 这种方法虽然不够精细, 但所得出的 $\limsup_{n\to\infty}(1/\sigma_n) \cdot \sum_{k=1}^{n}(X_k - r_k q_k/f_k)$ 的上限与 $\liminf_{n\to\infty}(1/\sigma_n) \sum_{k=1}^{n}(X_k - r_k q_k/f_k)$ 的下限当 $c \to 0^+$ 时都是与 $\sqrt{c}$ 同阶的无穷小. 这正是我们所预期的结果, 有待改进的是比例系数的问题.

**推论 3.4.1** 在定理 3.4.1 的假设下，有

$$\lim_{n\to\infty} \frac{1}{\sigma_n} \sum_{k=1}^{n} \left( X_k - \frac{r_k q_k}{f_k} \right) = 0 \quad \text{a.s.}, \quad \omega \in D(0). \tag{3.4.38}$$

**证** 在 (3.4.8) 与 (3.4.9) 中令 $c = 0$ 即得.

**推论 3.4.2** 设 $\{X_n, n \geq 1\}$ 相互独立且服从参数为 $(r_n, f_n)$ 的负二项分布，如果 $\sum_{k=1}^{\infty} r_k q_k = \infty$ 且 $\alpha = \inf\{f_n, n \geq 1\} > 0$，则

$$\lim_{n\to\infty} \frac{1}{\sum_{k=1}^{n} r_k q_k} \sum_{k=1}^{n} \left( X_k - \frac{r_k q_k}{f_k} \right) = 0 \quad \text{a.s..} \tag{3.4.39}$$

**证** 此时 $R_n(\omega) \equiv 1$. 令 $\sigma_n(t_1, \cdots, t_n) \equiv \sum_{k=1}^{n} r_k q_k$, $M = 1$, 则 (3.4.5) 与 (3.4.6) 成立，于是有 $D(0) = [0,1)$. 因而由 (3.4.38), 即得 (3.4.39).

**推论 3.4.3** 设 $\{X_n, n \geq 1\}$ 是相互独立且服从参数为 $(r_n, f_n)$ 的负二项分布. 令 $m_n = E(X_n)$. 如果 $\sum_{n=1}^{\infty} m_n = \infty$, 且 $\alpha = \inf\{f_n, n \geq 1\} > 0$, 则

$$\lim_{n\to\infty} \frac{\sum_{k=1}^{n} X_k}{\sum_{k=1}^{n} m_k} = 1 \quad \text{a.s..} \tag{3.4.40}$$

**证** 令 $\sigma_n(t_1, \cdots, t_n) \equiv \sum_{k=1}^{n} m_k$, $M = 1$. 由于 $m_k = r_k q_k / f_k$, 故 (3.4.6) 成立. 于是有

$$\lim_{n\to\infty} \frac{\sum_{k=1}^{n} (X_k - m_k)}{\sum_{k=1}^{n} m_k} = 0 \quad \text{a.s.,} \tag{3.4.41}$$

即 (3.4.40) 成立.

**推论 3.4.4** 设 $\{X_n, n \geq 1\}$ 相互独立且服从参数为 $(r_n, f_n)$ 的负二项分布. 如果 $\sum_{n=1}^{\infty} r_n = \infty$, 且 $\alpha = \inf\{f_n, n \geq 1\} > 0$, 则

$$\lim_{n\to\infty} \frac{\sum_{k=1}^{n} \left( X_k - \frac{r_k q_k}{f_k} \right)}{\sum_{k=1}^{n} r_k} = 0 \quad \text{a.s..} \tag{3.4.42}$$

**证** 令 $\sigma_n(t_1, \cdots, t_n) \equiv \sum_{k=1}^{n} r_k$, $M = 1$ 即得.

**推论 3.4.5**　在定理 1 的假设下，令

$$D = \{\omega : \lim_{n\to\infty} \sigma_n(X_1,\cdots,X_n) = \infty\}, \tag{3.4.43}$$

则

$$\lim_{n\to\infty} \frac{1}{\sigma_n} \ln R_n(\omega) \le 0 \quad \text{a.s.}, \quad \omega \in D. \tag{3.4.44}$$

**证**　在 (3.4.22) 中令 $\lambda = 1$，得

$$R_n(\omega) = t_n(1,\omega). \tag{3.4.45}$$

由 (3.4.45), (3.4.43) 与 (3.4.9), 即得 (3.4.44).

**注 3.4.3**　设当 $c < 0$ 时，$D(c)$ 仍定义为满足条件 (3.4.5)—(3.4.7) 的点的全体. 由于 $D(c) \subset D$, 故由 (3.4.44) 及 (3.4.7) 知, 当 $c < 0$ 时有 $P(D(c)) = 0$. 这就是定理中假设 $c \ge 0$ 的原因.

## §3.5　相对熵密度与二进信源的若干极限性质

设 $\{X_n, n \ge 1\}$ 是字母集 $S = \{0,1\}$ 上的任意二进信源，其联合分布为

$$P(X_1 = x_1,\cdots,X_n = x_n) = p(x_1,\cdots,x_n) > 0, \quad x_i \in S, \ 1 \le i \le n. \tag{3.5.1}$$

令

$$f_n(\omega) = -\frac{1}{n} \ln p(X_1,\cdots,X_n). \tag{3.5.2}$$

$f_n(\omega)$ 称为 $\{X_i, 1 \le i \le n\}$ 的相对熵密度. 研究 $\{f_n, n \ge 1\}$ 在一定意义下的极限性质是信息论中的一个重要问题 (参见 Barron 1985 及其所引文献). 本节的目的是要利用这个概念研究任意二进信源的一类极限性质.

设 $\{X_n, n \ge 1\}$ 是具有分布 (3.5.1) 的任意二进信源，$p_n \in (0,1), n = 1,2,\cdots,$ 是给定的实数列，令

$$\varphi_n(\omega) = \frac{1}{n} \sum_{i=1}^{n} \left[ X_i \ln p_i + (1 - X_i) \ln(1 - p_i) - \frac{1}{n} \ln p(X_1,\cdots,X_n) \right]. \tag{3.5.3}$$

$\varphi_n(\omega)$ 称为 $\{X_i, 1 \le i \le n\}$ 相对于乘积分布 $\prod_{i=1}^{n} p_i^{x_i}(1-p_i)^{1-x_i}$ 的熵密度偏差 (参见刘文 1988a 及 1989a).

**定理 3.5.1**(刘文、杨卫国 1994a)　设 $\{X_n, n \ge 1\}$ 是具有分布 (3.5.1) 的任意二进信源，$\{a_n, n \ge 1\}$ 为一数列，$\varphi_n(\omega)$ 是由 (3.5.3) 定义，$c$ 为非负常数，$\alpha > 0$. 设

$$b_\alpha = \limsup_{n\to\infty} \frac{1}{n} \sum_{i=1}^{n} \alpha_i^2 p_i e^{\alpha|a_i|} < +\infty, \tag{3.5.4}$$

$$D(c) = \{\omega : \limsup_{n \to \infty} \varphi_n(\omega) \ge -c\}, \tag{3.5.5}$$

则

1) 当 $c \le \alpha^2 b_\alpha$ 时，

$$\limsup_{n \to \infty} \frac{1}{n} \left[ \sum_{i=1}^n a_i X_i - \sum_{i=1}^n a_i p_i \right] \le 2\sqrt{cb_\alpha} \quad \text{a.s.} \ \text{于} \ D(c); \tag{3.5.6}$$

2) 当 $c > \alpha^2 b_\alpha$ 时，

$$\limsup_{n \to \infty} \frac{1}{n} \left[ \sum_{i=1}^n a_i X_i - \sum_{i=1}^n a_i p_i \right] \le \frac{2c}{\alpha} \quad \text{a.s.} \ \text{于} \ D(c); \tag{3.5.7}$$

3) 当 $c \le \alpha^2 b_\alpha$ 时，

$$\liminf_{n \to \infty} \frac{1}{n} \left[ \sum_{i=1}^n a_i X_i - \sum_{i=1}^n a_i p_i \right] \ge -2\sqrt{cb_\alpha} \quad \text{a.s.} \ \text{于} \ D(c); \tag{3.5.8}$$

4) 当 $c > \alpha^2 b_\alpha$ 时，

$$\liminf_{n \to \infty} \frac{1}{n} \left[ \sum_{i=1}^n a_i X_i - \sum_{i=1}^n a_i p_i \right] \ge -\frac{2c}{\alpha} \quad \text{a.s.} \ \text{于} \ D(c); \tag{3.5.9}$$

5) 当 c=0 时，

$$\lim_{n \to \infty} \frac{1}{n} \left[ \sum_{i=1}^n a_i X_i - \sum_{i=1}^n a_i p_i \right] = 0 \quad \text{a.s.} \ \text{于} \ D(0). \tag{3.5.10}$$

**证**　取 $\Omega = [0,1)$，其中的 Lebesgue 可测集的全体 $\mathcal{F}$ 和 lebesgue 测度 $P$ 为所考虑的概率空间．§3.1 中给出了具有分布 (3.5.1) 的二进信源 $\{X_n, n \ge 1\}$ 在此概率空间中的一种实现．本节就这一实现来讨论．

设各阶区间的全体 (包括零阶区间 $[0,1)$) 为 $\mathcal{A}$，$\lambda$ 为实常数．在 $\mathcal{A}$ 上定义集函数 $\mu$ 如下：令 $\mu([0,1)) = 1$．设 $D_{x_1 \cdots x_n}$ 是 $n$ 阶区间，令

$$\mu(D_{x_1 \cdots x_n}) = \exp\left\{ \lambda \sum_{i=1}^n a_i x_i \right\} \prod_{i=1}^n \frac{p_i^{x_i}(1 - p_i)^{1-x_i}}{1 + (e^{\lambda a_i} - 1)p_i}. \tag{3.5.11}$$

易知 $\mu$ 是 $\mathcal{A}$ 上的可加集函数．由此知存在 $[0,1)$ 上的增函数 $f_\lambda$，使得对任何 $D_{x_1 \cdots x_n}$ 有

$$\mu(D_{x_1 \cdots x_n}) = f_\lambda(D^+_{x_1 \cdots x_n}) - f_\lambda(D^-_{x_1 \cdots x_n}),$$

其中 $D^+_{x_1 \cdots x_n}$ 与 $D^-_{x_1 \cdots x_n}$ 分别表示 $D_{x_1 \cdots x_n}$ 的左、右端点．令

$$t_n(\lambda, \omega) = \frac{\mu(D_{x_1 \cdots x_n})}{P(D_{x_1 \cdots x_n})} = \frac{f_\lambda(D^+_{x_1 \cdots x_n}) - f_\lambda(D^-_{x_1 \cdots x_n})}{D^+_{x_1 \cdots x_n} - D^-_{x_1 \cdots x_n}}, \quad \omega \in D_{x_1 \cdots x_n}. \tag{3.5.12}$$

设 $f_\lambda$ 的可微点的全体为 $A(\lambda)$, 则 $P(A(\lambda)) = 1$,

$$\lim_{n\to\infty} t_n(\lambda, \omega) = \text{有限数}, \quad \omega \in A(\lambda). \tag{3.5.13}$$

由 (3.5.13), 有

$$\limsup_{n\to\infty} \frac{1}{n} \ln t_n(\lambda, \omega) \le 0, \quad \omega \in A(\lambda). \tag{3.5.14}$$

由 (3.5.11) 及 (3.5.12), 有

$$\frac{1}{n} \ln t_n(\lambda, \omega) = \frac{\lambda}{n} \sum_{i=1}^{n} a_i X_i - \frac{1}{n} \sum_{i=1}^{n} \ln \left[ 1 + (\mathrm{e}^{\lambda a_i} - 1) p_i \right] + \varphi_n(\omega), \quad \omega \in [0, 1). \tag{3.5.15}$$

由 (3.5.14) 与 (3.5.15), 有

$$\limsup_{n\to\infty} \left[ \frac{\lambda}{n} \sum_{i=1}^{n} a_i X_i - \frac{1}{n} \sum_{i=1}^{n} \ln(1 + (\mathrm{e}^{\lambda a_i} - 1) p_i) + \varphi_n(\omega) \right] \le 0, \quad \omega \in A(\lambda). \tag{3.5.16}$$

由 (3.5.5) 与 (3.5.16), 有

$$\limsup_{n\to\infty} \left[ \frac{\lambda}{n} \sum_{i=1}^{n} a_i X_i - \frac{1}{n} \sum_{i=1}^{n} \ln(1 + (\mathrm{e}^{\lambda a_i} - 1) p_i) \right] \le c, \quad \omega \in A(\lambda) \cap D(c). \tag{3.5.17}$$

当 $\lambda > 0$ 时将 (3.5.17) 两边同除以 $\lambda$, 得

$$\limsup_{n\to\infty} \left[ \frac{1}{n} \sum_{i=1}^{n} a_i X_i - \frac{1}{n} \sum_{i=1}^{n} \frac{1}{\lambda} \ln(1 + (\mathrm{e}^{\lambda a_i} - 1) p_i) \right] \le \frac{c}{\lambda}, \quad \omega \in A(\lambda) \cap D(c). \tag{3.5.18}$$

由 (3.5.18)、上极限性质

$$\limsup_{n\to\infty}(a_n - b_n) \le c \implies \limsup_{n\to\infty}(a_n - c_n) \le \limsup_{n\to\infty}(b_n - c_n) + c, \tag{3.5.19}$$

及不等式

$$\ln(1 + x) \le x, \quad x > -1, \tag{3.5.20}$$

$$0 \le \mathrm{e}^x - 1 - x \le x^2 \mathrm{e}^{|x|}, \tag{3.5.21}$$

有

$$\limsup_{n\to\infty} \frac{1}{n} \left[ \sum_{i=1}^{n} a_i X_i - \sum_{i=1}^{n} a_i p_i \right]$$

$$\le \limsup_{n\to\infty} \frac{1}{n} \sum_{i=1}^{n} \left\{ \frac{1}{\lambda} \ln[1 + (\mathrm{e}^{\lambda a_i} - 1) p_i] - a_i p_i \right\} + \frac{c}{\lambda}$$

$$\leq \lambda \limsup_{n\to\infty} \frac{1}{n} \sum_{i=1}^{n} a_i^2 p_i \mathrm{e}^{\lambda |a_i|} + \frac{c}{\lambda}, \quad \omega \in A(\lambda) \cap D(c). \tag{3.5.22}$$

当 $0 < \lambda \leq \alpha$ 时, 由 (3.5.22) 及 (3.5.4), 有

$$\limsup_{n\to\infty} \frac{1}{n} \left[ \sum_{i=1}^{n} a_i X_i - \sum_{i=1}^{n} a_i p_i \right] \leq b_\alpha \lambda + \frac{c}{\lambda}, \quad \omega \in A(\lambda) \cap D(c). \tag{3.5.23}$$

1) 当 $0 < c \leq \alpha^2 b_\alpha$ 时, 函数 $g(\lambda) = b_\alpha \lambda + \dfrac{c}{\lambda}$ $(0 < \lambda \leq \alpha)$ 在 $\lambda = \sqrt{c/b_\alpha}$ 处取得最小值 $g(\sqrt{c/b_\alpha}) = 2\sqrt{cb_\alpha}$, 于是在 (3.5.23) 中令 $\lambda = \sqrt{c/b_\alpha}$, 得

$$\limsup_{n\to\infty} \frac{1}{n} \left[ \sum_{i=1}^{n} a_i X_i - \sum_{i=1}^{n} a_i p_i \right] \leq 2\sqrt{cb_\alpha}, \quad \omega \in A(\sqrt{c/b_\alpha}) \cap D(c). \tag{3.5.24}$$

由于 $P(A(\sqrt{c/b_\alpha})) = 1$, 故由 (3.5.24) 知 (3.5.6) 成立.

2) 仿照 (3.1.44) 的证明知, 当 $c = 0$ 时 (3.5.6) 亦成立.

3) 当 $c > \alpha^2 b_\alpha$ 时, 在 (3.5.23) 中取 $\lambda = \alpha$, 得

$$\limsup_{n\to\infty} \frac{1}{n} \left[ \sum_{i=1}^{n} a_i X_i - \sum_{i=1}^{n} a_i p_i \right] \leq \alpha b_\alpha + \frac{c}{\alpha} \leq \frac{2c}{\alpha}, \quad \omega \in A(\alpha) \cap D(c). \tag{3.5.25}$$

由于 $P(A(\alpha)) = 1$, 故由 (3.5.25) 知此时 (3.5.7) 成立.

类似, 利用当 $\lambda < 0$ 时的 (3.5.17), 可以证明 (3.5.8) — (3.5.10) 成立. 证毕.

**注 3.5.1**　在 (3.5.16) 中令 $\lambda = 0$, 注意到 $P(A(0)) = 1$, 有

$$\limsup_{n\to\infty} \varphi_n(\omega) \leq 0 \quad \text{a.s..} \tag{3.5.26}$$

由 (3.5.26) 及 $D(0)$ 的定义, 有

$$\lim_{n\to\infty} \varphi_n(\omega) = 0 \quad \text{a.s. 于 } D(0). \tag{3.5.27}$$

在定理 3.5.1 中取 $\alpha = 1, a_n = 1 (n = 1, 2, \cdots)$, 得如下的推论.

**推论 3.5.1**　令

$$b = \limsup_{n\to\infty} \frac{e}{n} \sum_{i=1}^{n} p_i, \tag{3.5.28}$$

$$S_n = \sum_{i=1}^{n} X_k, \tag{3.5.29}$$

则当 $c \leq b$ 时, 有

$$\limsup_{n\to\infty} \frac{1}{n} \left[ S_n - \sum_{i=1}^{n} p_i \right] \leq 2\sqrt{cb} \quad \text{a.s. 于 } D(c), \tag{3.5.30}$$

$$\liminf_{n\to\infty} \frac{1}{n}\left[S_n - \sum_{i=1}^{n} p_i\right] \geq -\sqrt{cb} \quad \text{a.s.} \quad \text{于} \quad D(c).. \tag{3.5.31}$$

当 $c = 0$ 时, 由 (3.5.30) 与 (3.5.31), 得

$$\lim_{n\to\infty} \frac{1}{n}\left[S_n - \sum_{i=1}^{n} p_i\right] = 0 \quad \text{a.s.} \quad \text{于} \quad D(0). \tag{3.5.32}$$

**推论 3.5.2**  在定理 3.5.1 的条件下, 令

$$b = \limsup_{n\to\infty} \frac{1}{n}\sum_{i=1}^{n}(\ln p_i)^2 p_i^{1/2}, \tag{3.5.33}$$

则

1) 当 $c \leq \dfrac{b}{4}$ 时, 有

$$\limsup_{n\to\infty} \frac{1}{n}\left[\sum_{i=1}^{n}(-\ln p_i)X_i - \sum_{i=1}^{n}(-\ln p_i)p_i\right] \leq \frac{8\sqrt{c}}{e} \quad \text{a.s.} \quad \text{于} \quad D(c), \tag{3.5.34}$$

$$\liminf_{n\to\infty} \frac{1}{n}\left[\sum_{i=1}^{n}(-\ln p_i)X_i - \sum_{i=1}^{n}(-\ln p_i)p_i\right] \geq -\frac{8\sqrt{c}}{e} \quad \text{a.s.} \quad \text{于} \quad D(c). \tag{3.5.35}$$

2) 当 $c > \dfrac{b}{4}$ 时, 有

$$\limsup_{n\to\infty} \frac{1}{n}\left[\sum_{i=1}^{n}(-\ln p_i)X_i - \sum_{i=1}^{n}(-\ln p_i)p_i\right] \leq 4c \quad \text{a.s.} \quad \text{于} \quad D(c), \tag{3.5.36}$$

$$\liminf_{n\to\infty} \frac{1}{n}\left[\sum_{i=1}^{n}(-\ln p_i)X_i - \sum_{i=1}^{n}(-\ln p_i)p_i\right] \geq -4c \quad \text{a.s.} \quad \text{于} \quad D(c). \tag{3.5.37}$$

**证**  在定理 3.5.1 中, 令 $a_i = -\ln p_i \ (i = 1, 2, \cdots), \alpha = \dfrac{1}{2}$. 注意到函数 $(\ln x)^2 x^{1/2}$ 在区间上有最大值 $16e^{-2}$, 即

$$\max_{0<x<1}\{(\ln x)^2 x^{1/2}\} = 16e^{-2}. \tag{3.5.38}$$

由 (3.5.4),(3.5.33) 与 (3.5.38), 有

$$b_{\frac{1}{2}} = \limsup_{n\to\infty} \frac{1}{n}\sum_{i=1}^{n} a_i^2 p_i e^{|a_i|/2} = \limsup_{n\to\infty} \frac{1}{n}\sum_{i=1}^{n}(\ln p_i)^2 p_i^{\frac{1}{2}} = b \leq 16e^{-2}. \tag{3.5.39}$$

当 $c \leq \dfrac{b}{4}$ 时, 由 (3.5.6) 与 (3.5.39), 有

$$\limsup_{n\to\infty} \frac{1}{n}\left[\sum_{i=1}^{n}(-\ln p_i)X_i - \sum_{i=1}^{n}(-\ln p_i)p_i\right] \leq 2\sqrt{bc} \leq \frac{8\sqrt{c}}{e} \quad \text{a.s.} \quad \text{于} \quad D(c).$$

由 (3.5.8) 与 (3.5.39), 有

$$\liminf_{n\to\infty} \frac{1}{n}\left[\sum_{i=1}^n (-\ln p_i)X_i - \sum_{i=1}^n (-\ln p_i)p_i\right] \geq -2\sqrt{bc} \geq -\frac{8\sqrt{c}}{e} \quad \text{a.s. 于 } D(c).$$

故 (3.5.34) 与 (3.5.35) 成立.

当 $c > \dfrac{b}{4}$ 时, (3.5.36) 与 (3.5.37) 可直接由 (3.5.7) 与 (3.5.9) 得出.

**定理 3.5.2**(刘文、杨卫国 1994a) 在定理 3.5.1 的条件下, 设 $\alpha > 0$,

$$d_\alpha = \limsup_{n\to\infty} \frac{1}{n}\sum_{i=1}^n a_i^2(1-p_i)\mathrm{e}^{\alpha|a_i|} < +\infty, \tag{3.5.40}$$

则有

1) 当 $c \leq \alpha^2 d_\alpha$ 时, 有

$$\limsup_{n\to\infty} \frac{1}{n}\left[\sum_{i=1}^n a_i(1-X_i) - \sum_{i=1}^n a_i(1-p_i)\right] \leq 2\sqrt{cd_\alpha} \quad \text{a.s. 于 } D(c). \tag{3.5.41}$$

2) 当 $c > \alpha^2 d_\alpha$ 时, 有

$$\limsup_{n\to\infty} \frac{1}{n}\left[\sum_{i=1}^n a_i(1-X_i) - \sum_{i=1}^n a_i(1-p_i)\right] \leq \frac{2c}{\alpha} \quad \text{a.s. 于 } D(c). \tag{3.5.42}$$

3) 当 $c \leq \alpha^2 d_\alpha$ 时, 有

$$\liminf_{n\to\infty} \frac{1}{n}\left[\sum_{i=1}^n a_i(1-X_i) - \sum_{i=1}^n a_i(1-p_i)\right] \geq -2\sqrt{cd_\alpha} \quad \text{a.s. 于 } D(c). \tag{3.5.43}$$

4) 当 $c > \alpha^2 d_\alpha$ 时, 有

$$\liminf_{n\to\infty} \frac{1}{n}\left[\sum_{i=1}^n a_i(1-X_i) - \sum_{i=1}^n a_i(1-p_i)\right] \geq -\frac{2c}{\alpha} \quad \text{a.s. 于 } D(c). \tag{3.5.44}$$

5) 当 $c = 0$ 时, 有

$$\lim_{n\to\infty} \frac{1}{n}\left[\sum_{i=1}^n a_i(1-X_i) - \sum_{i=1}^n a_i(1-p_i)\right] = 0 \quad \text{a.s. 于 } D(0). \tag{3.5.45}$$

证明与定理 3.5.1 类似, 此处从略.

**推论 3.5.3** 在定理 3.5.2 的条件下, 令

$$d = \limsup_{n\to\infty} \frac{1}{n}\sum_{i=1}^n [\ln(1-p_i)]^2(1-p_i)^{\frac{1}{2}}, \tag{3.5.46}$$

则

1) 当 $c \le \dfrac{d}{4}$ 时, 有

$$\limsup_{n \to \infty} \frac{1}{n} \left[ \sum_{i=1}^{n} (1 - X_i)(-\ln(1 - p_i)) - \sum_{i=1}^{n} (1 - p_i)(-\ln(1 - p_i)) \right] \le \frac{8\sqrt{c}}{\mathrm{e}}$$

$$\text{a.s. } \mp \ D(c), \tag{3.5.47}$$

$$\liminf_{n \to \infty} \frac{1}{n} \left[ \sum_{i=1}^{n} (1 - X_i)(-\ln(1 - p_i)) - \sum_{i=1}^{n} (1 - p_i)(-\ln(1 - p_i)) \right] \ge -\frac{8\sqrt{c}}{\mathrm{e}}$$

$$\text{a.s. } \mp \ D(c). \tag{3.5.48}$$

2) 当 $c > \dfrac{d}{4}$ 时, 有

$$\limsup_{n \to \infty} \frac{1}{n} \left[ \sum_{i=1}^{n} (1 - X_i)(-\ln(1 - p_i)) - \sum_{i=1}^{n} (1 - p_i)(-\ln(1 - p_i)) \right] \le 4c$$

$$\text{a.s. } \mp \ D(c), \tag{3.5.49}$$

$$\liminf_{n \to \infty} \frac{1}{n} \left[ \sum_{i=1}^{n} (1 - X_i)(-\ln(1 - p_i)) - \sum_{i=1}^{n} (1 - p_i)(-\ln(1 - p_i)) \right] \ge -4c$$

$$\text{a.s. } \mp \ D(c). \tag{3.5.50}$$

**证**　在定理 3.5.2 中令 $a_i = -\ln(1 - p_i) \ (i = 1, 2, \cdots), \alpha = \dfrac{1}{2}$. 由 (3.5.40), (3.5.46) 与 (3.5.38), 有

$$d_{\frac{1}{2}} = \limsup_{n \to \infty} \frac{1}{n} \sum_{i=1}^{n} a_i^2 (1 - p_i) \mathrm{e}^{|a_i|/2} = \limsup_{n \to \infty} \frac{1}{n} \sum_{i=1}^{n} (\ln(1 - p_i))^2 (1 - p_i)^{1/2} = d \le 16 \mathrm{e}^{-2}. \tag{3.5.51}$$

当 $c \le \dfrac{d}{4}$ 时, 由 (3.5.41) 与 (3.5.51), 有

$$\limsup_{n \to \infty} \frac{1}{n} \left[ \sum_{i=1}^{n} (1 - X_i)(-\ln(1 - p_i)) - \sum_{i=1}^{n} (1 - p_i)(-\ln(1 - p_i)) \right]$$

$$\le 2\sqrt{cd} \le \frac{8\sqrt{c}}{\mathrm{e}} \quad \text{a.s. } \mp \ D(c).$$

由 (3.5.43) 与 (3.5.51), 有

$$\liminf_{n \to \infty} \frac{1}{n} \left[ \sum_{i=1}^{n} (1 - X_i)(-\ln(1 - p_i)) - \sum_{i=1}^{n} (1 - p_i)(-\ln(1 - p_i)) \right]$$

$$\geq -2\sqrt{cd} \geq -\frac{8\sqrt{c}}{e} \quad \text{a.s.} \ \text{于} \ D(c).$$

故 (3.5.47) 与 (3.5.48) 成立.

当 $c > \dfrac{d}{4}$ 时, (3.5.49) 与 (3.5.50) 可直接由 (3.5.42) 与 (3.5.44) 推出.

**定理 3.5.3**(刘文、杨卫国 1994a)  设 $\{X_n, n \geq 1\}$ 是具有分布 (3.5.1) 的任意二进信源, $\{f_n(\omega), n \geq 1\}$ 是由 (3.5.2) 定义的熵密度序列, $D(c), b, d$ 分别由 (3.5.5), (3.5.33) 与 (3.5.46) 定义, $H(p,(1-p))$ 表示 Bernoulli 分布 $(p, 1-p)$ 的熵, 即

$$H(p,(1-p) = -[p\ln p + (1-p)\ln(1-p)]. \tag{3.5.52}$$

令

$$\max\left\{\frac{b}{4}, \frac{d}{4}\right\} = A, \quad \min\left\{\frac{b}{4}, \frac{d}{4}\right\} = a, \tag{3.5.53}$$

则

1) 当 $c \leq a$ 时, 有

$$\limsup_{n\to\infty}\left[f_n(\omega) - \frac{1}{n}\sum_{i=1}^n H(p_i, 1-p_i)\right] \leq \frac{16\sqrt{c}}{e} \quad \text{a.s.} \ \text{于} \ D(c), \tag{3.5.54}$$

$$\liminf_{n\to\infty}\left[f_n(\omega) - \frac{1}{n}\sum_{i=1}^n H(p_i, 1-p_i)\right] \geq -\left(c + \frac{16\sqrt{c}}{e}\right) \quad \text{a.s.} \ \text{于} \ D(c). \tag{3.5.55}$$

2) 当 $c > A$ 时, 有

$$\limsup_{n\to\infty}\left[f_n(\omega) - \frac{1}{n}\sum_{i=1}^n H(p_i, 1-p_i)\right] \leq 8c \quad \text{a.s.} \ \text{于} \ D(c), \tag{3.5.56}$$

$$\liminf_{n\to\infty}\left[f_n(\omega) - \frac{1}{n}\sum_{i=1}^n H(p_i, 1-p_i)\right] \geq -9c \quad \text{a.s.} \ \text{于} \ D(c). \tag{3.5.57}$$

3) 当 $a < c \leq A$ 时, 有

$$\limsup_{n\to\infty}\left[f_n(\omega) - \frac{1}{n}\sum_{i=1}^n H(p_i, 1-p_i)\right] \leq \frac{8\sqrt{c}}{e} + 4c \quad \text{a.s.} \ \text{于} \ D(c), \tag{3.5.58}$$

$$\liminf_{n\to\infty}\left[f_n(\omega) - \frac{1}{n}\sum_{i=1}^n H(p_i, 1-p_i)\right] \geq -\left(\frac{8\sqrt{c}}{e} + 5c\right) \quad \text{a.s.} \ \text{于} \ D(c). \tag{3.5.59}$$

4) 当 $c = 0$ 时, 有

$$\lim_{n\to\infty}\left[f_n(\omega) - \frac{1}{n}\sum_{i=1}^n H(p_i, 1-p_i)\right] = 0 \quad \text{a.s.} \ \text{于} \ D(0). \tag{3.5.60}$$

**证** 当 $c \le a$ 时, 由 (3.5.34) 与 (3.5.47), 有

$$\limsup_{n\to\infty} \frac{1}{n}\left\{-\sum_{i=1}^{n}[X_i\ln p_i+(1-X_i)\ln(1-p_i)]+\sum_{i=1}^{n}[p_i\ln p_i+(1-p_i)\ln(1-p_i)]\right\}$$

$$=\limsup_{n\to\infty} \frac{1}{n}\left\{-\sum_{i=1}^{n}[X_i\ln p_i+(1-X_i)\ln(1-p_i)]-\sum_{i=1}^{n}H(p_i,1-p_i)\right\}$$

$$\le \frac{16\sqrt{c}}{\mathrm{e}} \quad \text{a.s. } \mathcal{F} \ D(c). \tag{3.5.61}$$

由 (3.5.61), (3.5.3), (3.5.19) 与 (3.5.26), 有

$$\limsup_{n\to\infty}\left[f_n(\omega)-\frac{1}{n}\sum_{i=1}^{n}H(p_i,1-p_i)\right]\le \limsup_{n\to\infty}\varphi_n(\omega)+\frac{16\sqrt{c}}{\mathrm{e}}\le \frac{16\sqrt{c}}{\mathrm{e}} \ , \ D(c).$$

故 (3.5.54) 成立.

由 (3.5.35) 与 (3.5.48), 有

$$\liminf_{n\to\infty}\frac{1}{n}\left\{-\sum_{i=1}^{n}[X_i\ln p_i+(1-X_i)\ln(1-p_i)]-\sum_{i=1}^{n}H(p_i,1-p_i)\right\}$$

$$\ge -\frac{16\sqrt{c}}{\mathrm{e}} \quad \text{a.s. } \mathcal{F} \ D(c). \tag{3.5.62}$$

由 (3.5.62), (3.5.3), (3.5.5) 及下极限的性质, 有

$$\liminf_{n\to\infty}\left[f_n(\omega)-\frac{1}{n}\sum_{i=1}^{n}H(p_i,1-p_i)\right]\ge \liminf_{n\to\infty}\varphi_n(\omega)-\frac{16\sqrt{c}}{\mathrm{e}}$$

$$\ge -(c+\frac{16\sqrt{c}}{\mathrm{e}}) \ \text{a.s. } \mathcal{F} \ D(c).$$

故 (3.5.55) 成立.

类似, 由 (3.5.36), (3.5.49), (3.5.3) , (3.5.26) 及上极限的性质可得 (3.5.56);由 (3.5.37), (3.5.50), (3.5.3) 与 (3.5.5) 可得 (3.5.57);由 (3.5.34) 或 (3.5.36), (3.5.47) 或 (3.5.49), (3.5.3) 与 (3.5.26) 可得 (3.5.58) ; 由 (3.5.35) 或 (3.5.37), (3.5.48) 或 (3.5.50), (3.5.3) 与 (3.5.5) 可得 (3.5.59).

当 $c=0$ 时, 由 (3.5.54) 与 (3.5.55) 即得 (3.5.60). 证毕.

**定理 3.5.4**(刘文、杨卫国 1994a)  设 $\{X_n, n\ge 1\}$ 是状态空间为 $S=\{0,1\}$ 的非齐次马氏信源, 其初始分布与转移矩阵列分别为

$$(q(0),q(1)), \quad q(i)>0, \quad i=0,1, \tag{3.5.63}$$

与

$$(p_n(i,j)), \quad p_n(i,j)>0, \quad i,j\in S, \quad n\ge 2, \tag{3.5.64}$$

其中 $p_n(i,j) = P(X_n = j | X_{n-1} = i)$. 又设

$$(p_k(0), p_k(1)), \quad p_k(j) > 0, \quad j \in S, \quad k \geq 1$$

是 $S$ 上的一列分布, $f_n(\omega)$ 为 $\{X_k, 1 \leq k \leq n\}$ 的相对熵密度. 若

$$\lim_{n \to \infty} \frac{1}{n} \sum_{k=2}^{n} \left| \frac{p_k(i,j)}{p_k(j)} - 1 \right| = 0, \quad \forall i, j \in S, \tag{3.5.65}$$

则

$$\lim_{n \to \infty} \left[ f_n(\omega) - \frac{1}{n} \sum_{i=1}^{n} H(p_i(0), p_i(1)) \right] = 0 \quad \text{a.s..} \tag{3.5.66}$$

**证**　采用定理 3.5.1 证明中所给出的 $\{X_n, n \geq 1\}$ 在概率空间 $([0,1), \mathcal{F}, P)$ 中的实现. 此时 $\{X_n, n \geq 1\}$ 的联合分布及相应的熵密度为

$$p(x_1, \cdots, x_n) = q(x_1) \prod_{k=2}^{n} p_k(x_{k-1}, x_k), \tag{3.5.67}$$

$$f_n(\omega) = -\frac{1}{n} \left[ \ln q(X_1) + \sum_{k=2}^{n} \ln p_k(X_{k-1}, X_k) \right]. \tag{3.5.68}$$

在 (3.5.3) 中, 令

$$p_k = p_k(1), \quad 1 - p_k = p_k(0).$$

注意到

$$X_k \ln p_k + (1 - X_k) \ln(1 - p_k) = \ln p_k(X_k),$$

由 (3.5.3) 与 (3.5.68), 有

$$\begin{aligned} \varphi_n(\omega) &= \frac{1}{n} \sum_{k=1}^{n} \ln p_k(X_k) - \frac{1}{n} \left[ \ln q(X_1) + \sum_{k=2}^{n} \ln p_k(X_{k-1}, X_k) \right] \\ &= -\frac{1}{n} \left[ \ln q(X_1) - \ln p_1(X_1) + \sum_{k=2}^{n} \ln \frac{p_k(X_{k-1}, X_k)}{p_k(X_k)} \right]. \end{aligned} \tag{3.5.69}$$

设 $i \in S$, $\delta_i(\cdot)$ 是 $S$ 上的 Kronecker $\delta$ 函数. 利用不等式 $\ln x \leq x - 1 (x > 0)$, 有

$$\begin{aligned} \frac{1}{n} \sum_{k=2}^{n} \ln \frac{p_k(X_{k-1}, X_k)}{p_k(X_k)} &= \frac{1}{n} \sum_{k=2}^{n} \sum_{i=0}^{1} \sum_{j=0}^{1} \delta_i(X_{k-1}) \delta_j(X_k) \ln \frac{p_k(i,j)}{p_k(j)} \\ &\leq \frac{1}{n} \sum_{k=2}^{n} \sum_{i=0}^{1} \sum_{j=0}^{1} \delta_i(X_{k-1}) \delta_j(X_k) \left[ \frac{p_k(i,j)}{p_k(j)} - 1 \right] \end{aligned}$$

$$\leq \frac{1}{n} \sum_{k=2}^{n} \sum_{i=0}^{1} \sum_{j=0}^{1} \left| \frac{p_k(i,j)}{p_k(j)} - 1 \right| \tag{3.5.70}$$

由 (3.5.65) 与 (3.5.70), 有

$$\limsup_{n \to \infty} \frac{1}{n} \sum_{k=2}^{n} \ln \frac{p_k(X_{k-1}, X_k)}{p_k(X_k)} \leq 0, \quad \omega \in [0,1). \tag{3.5.71}$$

由 (3.5.71) 与 (3.5.69), 有

$$\liminf_{n \to \infty} \varphi_n(\omega) \geq 0, \quad \omega \in [0,1). \tag{3.5.72}$$

由 (3.5.5) 与 (3.5.72), 有 $D(0) = [0,1)$. 于是由定理 3.5.3 的 (3.5.60) 知 (3.5.66) 成立. 证毕.

**推论 3.5.4**   设定理 3.5.4 的条件满足. 如果

$$\liminf_{n \to \infty} \frac{1}{n} \sum_{i=1}^{n} H(p_i(0), p_i(1)) > 0, \tag{3.5.73}$$

则 $\{X_n, n \geq 1\}$ 是信息稳定的, 因而对此信源定长编码定理成立.

**证**   由于 $\{f_n(\omega), n \geq 1\}$ 关于 $n$ 一致可积 (参见 Ash 1975, p.158), 且

$$E(f_n) = \frac{1}{n} H(X_1, \cdots, X_n),$$

其中 $H(X_1, \cdots, X_n)$ 是 $(X_1, \cdots, X_n)$ 的熵, 故由 (3.5.66), 有

$$\lim_{n \to \infty} \left[ \frac{1}{n} H(X_1, \cdots, X_n) - \frac{1}{n} \sum_{i=1}^{n} H(p_i(0), p_i(1)) \right] = 0. \tag{3.5.74}$$

由 (3.5.66) 与 (3.5.74), 有

$$\lim_{n \to \infty} \left[ f_n(\omega) - \frac{1}{n} H(X_1, \cdots, X_n) \right] = 0 \quad \text{a.s..} \tag{3.5.75}$$

由 (3.5.74), (3.5.73) 及下极限性质, 有

$$\liminf_{n \to \infty} \left[ \frac{1}{n} H(X_1, \cdots, X_n) \right] \geq \liminf_{n \to \infty} \frac{1}{n} \sum_{i=1}^{n} H(p_i(0), p_i(1)) > 0. \tag{3.5.76}$$

由 (3.5.75) 与 (3.5.76), 有

$$\lim_{n \to \infty} \left[ -\frac{\ln p(X_1, \cdots, X_n)}{H(X_1, \cdots, X_n)} - 1 \right] = 0 \quad \text{a.s..} \tag{3.5.77}$$

故 $\{X_n, n \geq 1\}$ 是信息稳定的, 因而对此信源定长编码定理成立 (见孟庆生 1986, p.136).

**推论 3.5.5** 设 $\{X_n, n \geq 1\}$ 是以 (3.5.63) 为初始分布, (3.5.64) 为转移矩阵列的非齐次马氏信源. 又设

$$(1 - p, p) = (p_0, p_1), \quad p > 0 \tag{3.5.78}$$

为 $S$ 上一概率分布, 如果

$$\lim_{n \to \infty} \frac{1}{n} \sum_{k=2}^{n} |p_k(i, j) - p_j| = 0, \quad \forall\, i, j \in S, \tag{3.5.79}$$

则

$$\lim_{n \to \infty} \left[ f_n(\omega) - H(p, 1 - p) \right] = 0 \quad \text{a.s..} \tag{3.5.80}$$

**证** 由 (3.5.79), 有

$$\lim_{n \to \infty} \frac{1}{n} \sum_{k=2}^{n} \left| \frac{p_k(i, j)}{p_j} - 1 \right| = 0 \quad \forall\, i, j \in S. \tag{3.5.81}$$

由 (3.5.81) 及定理 3.5.4, 即得 (3.5.80).

显然, 无记忆信源的 Shannon-McMillan 定理是本推论的特殊情况.

**引理 3.5.1** 设 $\{X_n, n \geq 1\}$ 是具有分布 (3.5.1) 的二进信源, $D(c)$ 由 (3.5.5) 定义, $0 \leq a_n \leq 1$ $(n = 1, 2, \cdots)$, 则

1) $$\limsup_{n \to \infty} \frac{1}{n} \left[ \sum_{i=1}^{n} a_i X_i - \sum_{i=1}^{n} a_i p_i \right] \leq c + 2\sqrt{c} \quad \text{a.s. 于 } D(c). \tag{3.5.82}$$

2) 当 $0 \leq c < 1$ 时

$$\liminf_{n \to \infty} \frac{1}{n} \left[ \sum_{i=1}^{n} a_i X_i - \sum_{i=1}^{n} a_i p_i \right] \geq c - 2\sqrt{c} \quad \text{a.s. 于 } D(c). \tag{3.5.83}$$

证明与定理 3.5.1 类似, 此处从略.

**定理 3.5.5**(刘文、杨卫国 1994a) 设 $\{X_n, n \geq 1\}$ 是具有分布 (3.5.1) 的任意二进信源, $\varphi_n(\omega)$ 与 $D(c)$ 分别由 (3.5.3) 与 (3.5.5) 定义, $A_n(\omega)$ 表示 $X_1, X_2, \cdots, X_n$ 中 0 游程的个数, 则

1) $$\limsup_{n \to \infty} \frac{1}{n} \left[ A_n(\omega) - \sum_{i=1}^{n} p_{i-1}(1 - p_i) \right] \leq 4\sqrt{c}(1 + \sqrt{c}) \quad \text{a.s. 于 } D(c). \tag{3.5.84}$$

2) $\displaystyle\liminf_{n\to\infty}\frac{1}{n}\left[A_n(\omega)-\sum_{i=1}^{n}p_{i-1}(1-p_i)\right]\leq-4\sqrt{c}$　a.s. 于 $D(c)$.　(3.5.85)

其中 $p_0=1$.

**证**　设 $D_{x_1\cdots x_n}$ 是 $n$ 阶区间，$A_n(x_1,\cdots,x_n)$(简记为 $A_n$) 是 $x_1,x_2,\cdots,x_n$ 中 0 游程的个数，则

$$A_n(\omega)=A_n(x_1,x_2,\cdots,x_n),\quad \omega\in D_{x_1\cdots x_n}.\qquad(3.5.86)$$

在 $\mathcal{A}$ 上定义集函数 $\mu$ 如下：令

$$\mu([0,1))=1,\qquad(3.5.87)$$

$$\mu(D_{x_1\cdots x_n})=\lambda^{A_n(x_1,\cdots,x_n)}\prod_{i=1}^{n}\frac{p_i^{x_i}(1-p_i)^{1-x_i}}{[1+(\lambda-1)(1-p_i)]^{x_i-1}},\qquad(3.5.88)$$

其中 $x_0=1,\lambda>0$ 为常数. 由于 $A_1(0)=1,A_1(1)=0$, 故有

$$\mu(D_0)+\mu(D_1)=\frac{\lambda(1-p_1)}{1+(\lambda-1)(1-p_1)}+\frac{p_1}{1+(\lambda-1)(1-p_1)}=1=\mu([0,1)).\quad(3.5.89)$$

当 $n\geq 1$ 时有

$$A_n(x_1,\cdots,x_n)=\begin{cases}A_{n-1}(x_1,\cdots,x_{n-1}), & x_n=1,\\ A_{n-1}(x_1,\cdots,x_{n-1})+x_{n-1}, & x_n=0.\end{cases}\qquad(3.5.90)$$

由 (3.5.88) 与 (3.5.90) 易知 $\mu$ 是 $\mathcal{A}$ 上的可加集函数，由此知存在 $[0,1)$ 上的单增函数 $f_\lambda$，使得对任何 $D_{x_1\cdots x_n}$，有

$$\mu(D_{x_1\cdots x_n})=f_\lambda(D_{x_1\cdots x_n}^+)-f_\lambda(D_{x_1\cdots x_n}^-).$$

令

$$t_n(\lambda,\omega)=\frac{\mu(D_{x_1\cdots x_n})}{P(D_{x_1\cdots x_n})}=\frac{f_\lambda(D_{x_1\cdots x_n}^+)-f_\lambda(D_{x_1\cdots x_n}^-)}{D_{x_1\cdots x_n}^+-D_{x_1\cdots x_n}^-},\quad \omega\in D_{x_1\cdots x_n}.\qquad(3.5.91)$$

设 $f_\lambda$ 的可微点的全体为 $A(\lambda)$. 与 (3.5.14) 类似，有

$$\limsup_{n\to\infty}\frac{1}{n}\ln t_n(\lambda,\omega)\leq 0,\quad \omega\in A(\lambda).\qquad(3.5.92)$$

由 (3.5.3), (3.5.86), (3.5.88) 及 (3.5.91), 有

$$\frac{1}{n}\ln t_n(\lambda,\omega)=\frac{A_n(\omega)}{n}\ln\lambda-\frac{1}{n}\sum_{i=1}^{n}X_{i-1}\ln[1+(\lambda-1)(1-p_i)]+\varphi_n(\omega),\quad \omega\in[0,1),$$

$$(3.5.93)$$

其中令 $X_0 \equiv 1$. 由 (3.5.92) 与 (3.5.93), 有

$$\limsup_{n\to\infty}\left\{\frac{A_n(\omega)}{n}\ln\lambda - \frac{1}{n}\sum_{i=1}^{n}X_{i-1}\ln[1+(\lambda-1)(1-p_i)] + \varphi_n(\omega)\right\} \le 0, \quad \omega \in A(\lambda).$$
$$(3.5.94)$$

由 (3.5.94) 与 (3.5.5), 有

$$\limsup_{n\to\infty}\left\{\frac{A_n(\omega)}{n}\ln\lambda - \frac{1}{n}\sum_{i=1}^{n}X_{i-1}\ln[1+(\lambda-1)(1-p_i)]\right\} \le c, \quad \omega \in A(\lambda)\cap D(c).$$
$$(3.5.95)$$

设 $\lambda > 1$. 将 (3.5.95) 两边同除以 $\ln\lambda$, 得

$$\limsup_{n\to\infty}\left\{\frac{A_n(\omega)}{n} - \frac{1}{n}\sum_{i=1}^{n}\frac{X_{i-1}\ln[1+(\lambda-1)(1-p_i)]}{\ln\lambda}\right\} \le \frac{c}{\ln\lambda}, \quad \omega \in A(\lambda)\cap D(c).$$
$$(3.5.96)$$

由 (3.5.96) 及上极限的性质, 并注意到不等式 $1-\frac{1}{x}\le\ln x\le x-1\ (x>0)$, 有

$$\limsup_{n\to\infty}\left[\frac{1}{n}A_n(\omega) - \frac{1}{n}\sum_{i=1}^{n}p_{i-1}(1-p_i)\right]$$
$$\le \limsup_{n\to\infty}\left\{\frac{1}{n}\sum_{i=1}^{n}X_{i-1}\frac{\ln[1+(\lambda-1)(1-p_i)]}{\ln\lambda} - \frac{1}{n}\sum_{i=1}^{n}p_{i-1}(1-p_i)\right\} + \frac{c}{\ln\lambda}$$
$$\le \limsup_{n\to\infty}\left\{\frac{\lambda-1}{1-1/\lambda}\cdot\frac{1}{n}\sum_{i=1}^{n}X_{i-1}(1-p_i) - \frac{1}{n}\sum_{i=1}^{n}p_{i-1}(1-p_i)\right\} + \frac{c}{1-1/\lambda}$$
$$= \limsup_{n\to\infty}\left\{\lambda\left[\frac{1}{n}\sum_{i=1}^{n}X_{i-1}(1-p_i) - \frac{1}{n}\sum_{i=1}^{n}p_{i-1}(1-p_i)\right]\right.$$
$$\left. + \frac{\lambda-1}{n}\sum_{i=1}^{n}p_{i-1}(1-p_i)\right\} + c + \frac{c}{\lambda-1}$$
$$\le \limsup_{n\to\infty}\lambda\left[\frac{1}{n}\sum_{i=1}^{n}X_{i-1}(1-p_i) - \frac{1}{n}\sum_{i=1}^{n}p_{i-1}(1-p_i)\right]$$
$$+ (\lambda-1) + c + \frac{c}{\lambda-1}, \quad \omega \in A(\lambda)\cap D(c).$$
$$(3.5.97)$$

由 (3.5.82), 有

$$\limsup_{n\to\infty}\left[\frac{1}{n}\sum_{i=1}^{n}X_{i-1}(1-p_i) - \frac{1}{n}\sum_{i=1}^{n}p_{i-1}(1-p_i)\right] \le 2\sqrt{c}+c \quad \text{a.s. 于 } D(c). \ (3.5.98)$$

设 $B(c)$ 是 $D(c)$ 中使 (3.5.98) 成立的 $\omega$ 的全体, 则 $B(c)\subset D(c)$, 且 $\mathrm{P}(B(c))=$

P($D(c)$), 于是由 (3.5.97) 与 (3.5.98), 有

$$\limsup_{n \to \infty} \frac{1}{n}\left[A_n(\omega) - \sum_{i=1}^{n} p_{i-1}(1-p_i)\right] \leq \lambda(2\sqrt{c}+c) + \lambda - 1 + c + \frac{c}{\lambda - 1}, \quad \omega \in A(\lambda) \cap D(c).$$
$$(3.5.99)$$

易知当 $c > 0$ 是函数 $g(\lambda) = \lambda(2\sqrt{c}+c) + \lambda - 1 + c + \dfrac{c}{\lambda - 1}$ ($\lambda > 1$) 在 $\lambda = \dfrac{1+2\sqrt{c}}{1+\sqrt{c}}$

处取得最小值

$$g\left(\frac{1+2\sqrt{c}}{1+\sqrt{c}}\right) = 4\sqrt{c}(1+\sqrt{c}). \tag{3.5.100}$$

于是在 (3.5.99) 中令 $\lambda = \dfrac{1+2\sqrt{c}}{1+\sqrt{c}}$, 并利用 (3.5.100), 得

$$\limsup_{n \to \infty} \frac{1}{n}\left[A_n(\omega) - \sum_{i=1}^{n} p_{i-1}(1-p_i)\right] \leq 4\sqrt{c}(1+\sqrt{c}), \quad \omega \in A\left(\frac{1+2\sqrt{c}}{1+\sqrt{c}}\right) \cap B(c).$$
$$(3.5.101)$$

由于 $P(A(\dfrac{1+2\sqrt{c}}{1+\sqrt{c}})) = 1, B(c) \subset D(c)$, 且 $P(B(c)) = P(D(c))$, 故由 (3.5.101) 知,

当 $c > 0$ 时 (3.5.84) 成立.

仿照 (3.1.44) 的证明知, 当 $c = 0$ 时 (3.5.84) 亦成立.

类似, 利用当 $0 < \lambda < 1$ 的 (3.5.95), 可以证明 (3.5.85) 成立.

**推论 3.5.6** 在定理 3.5.5 的记号下有

$$\lim_{n \to \infty} \frac{1}{n}\left[A_n(\omega) - \sum_{i=1}^{n} p_{i-1}(1-p_i)\right] = 0 \quad \text{a.s.} \ \text{于} \ D(0). \tag{3.5.102}$$

**证** 在 (3.5.84) 与 (3.5.85) 中令 $c = 0$ 即得.

**推论 3.5.7** 如果 $\{X_n, n \geq 1\}$ 相互独立, 且

$$P(X_n = 1) = p_n, \quad P(X_n = 0) = 1 - p_n, \quad n = 1, 2, \cdots,$$

则

$$\lim_{n \to \infty} \frac{1}{n}\left[A_n(\omega) - \sum_{i=1}^{n} p_{i-1}(1-p_i)\right] = 0 \quad \text{a.s.}.$$

**证** 这是因为此时 $D(0) = [0, 1)$.

## §3.6 整值随机变量序列的 $m$ 元序组的强偏差定理

设 $\{X_n, n \geq 1\}$ 是在 $S = \{1, 2, \cdots\}$ 中取值的随机变量序列, 其联合分布为

$$P(X_1 = x_1, \cdots, X_n = x_n) = f(x_1, \cdots, x_n) > 0, \quad x_i \in S, \ 1 \leq i \leq n. \tag{3.6.1}$$

易知 $\{X_n, n \geq 1\}$ 独立同分布的充要条件为：存在 $S$ 上的一列分布

$$(p(1), p(2), \cdots), \quad p(i) > 0, \ i \in S, \ k \geq 1, \tag{3.6.2}$$

使得对任意的 $n$, 都有

$$f(x_1, \cdots, x_n) = \prod_{k=1}^{n} p(x_k), \ x_k \in S, \ k \geq 1. \tag{3.6.3}$$

为了表征相依随机变量与服从 (3.6.3) 的独立随机变量之间的差异, 我们引进如下的概念: 令 $\{X_n, n \geq 1\}$ 具有分布 (3.6.1), 称

$$r_n(\omega) = [\prod_{k=1}^{n} p(X_k)] / f(X_1, \cdots, X_n) \tag{3.6.4}$$

为关于乘积分布 (3.6.3) 的似然比.

设 $m$ 为一正整数, $i_k \in S$, $1 \leq k \leq m$. 在 $S^m$ 上定义一个函数如下:

$$\delta_{i_1 \cdots i_m}(t_1, \cdots, t_m) = \begin{cases} 1, & \text{当 } (t_1, \cdots, t_m) = (i_1, \cdots, i_m), \\ 0, & \text{当 } (t_1, \cdots, t_m) \neq (i_1, \cdots, i_m). \end{cases} \tag{3.6.5}$$

对于 $n \geq m$, 令 $S_n(i_1, \cdots, i_m; \omega)$ 为 $m$ 元序组 $\{(X_{k-m+1}, \cdots, X_k)\}_{k=m}^{n}$ 中 $m$ 元序组 $(i_1, \cdots, i_m)$ 的个数. 由 (3.6.5) 知

$$S_n(i_1, \cdots, i_m; \omega) = \sum_{k=m}^{n} \delta_{i_1 \cdots i_m}(X_{k-m+1}, \cdots, X_k). \tag{3.6.6}$$

由 (3.6.6) 得

$$S_{n-1}(i_1, \cdots, i_{m-1}; \omega) = \sum_{k=m}^{n} \delta_{i_1 \cdots i_{m-1}}(X_{k-m+1}, \cdots, X_{k-1}). \tag{3.6.7}$$

**定理 3.6.1**(刘文、李志才 1995)　设 $m \geq 2$. $\{X_n, \ n \geq 1\}$, $r_n$ 和 $S_n(i_1, \cdots, i_m; \omega)$ 如上定义, $c \geq 0$ 为一常数. 令

$$D(c) = \{\omega : \liminf_{n \to \infty} (1/n) \ln r_n(\omega) \geq -c\}. \tag{3.6.8}$$

则

$$\limsup_{n \to \infty} (1/n)[S_n(i_1, \cdots, i_m; \omega) - S_{n-1}(i_1, \cdots, i_{m-1}; \omega) p(i_m)] \leq 2\sqrt{c} + c \text{ a.s. 于 } D. \tag{3.6.9}$$

若 $0 \le c < 1$, 则

$$\liminf_{n \to \infty}(1/n)[S_n(i_1, \cdots, i_m;\ \omega) - S_{n-1}(i_1, \cdots, i_{m-1};\ \omega)p(i_m)] \ge -2\sqrt{c} \text{ a.s. } \mathcal{F}\ \ D.$$
$$(3.6.10)$$

**证** 在下述讨论中我们将利用刘文 (1990) 中的方法. 取 $([0,1), \mathcal{F}, P)$ 为概率空间, 此处 $\mathcal{F}$ 为 $[0,1)$ 上的 Lebesgue 可测集的全体, $P$ 为 Lebesgue 测度. 与 §2.2 的构造完全类似, 在 $[0,1)$ 中可以构造各阶区间 $\{D_{x_0 \cdots x_n},\ x_i \in S,\ 0 \le i \le n,\ n \ge 1\}$, 并给出具有分布 (3.6.1) 的随机变量序列 $\{X_n, n \ge 1\}$ 在此概率空间的一种实现.

设各阶区间 (包括零区间 $[0,1)$) 的全体为 $\mathcal{A}$, $\lambda$ 为一正实数, 在 $\mathcal{A}$ 上定义集函数 $\mu$ 如下: 令 $\mu([0,1)) = 1$. 设 $D_{x_1 \cdots x_n}$ 为 $n$ 阶区间, 则令

$$\mu(D_{x_1 \cdots x_n}) = \left[\prod_{k=1}^{n} p(x_k)\right] \lambda^{\sum_{k=m}^{n} \delta_{i_1 \cdots i_m}(x_{k-m+1}, \cdots, x_k)}$$

$$\cdot \left[\frac{1}{1 + (\lambda - 1)p(i_m)}\right]^{\sum_{k=m}^{n} \delta_{i_1 \cdots i_{m-1}}(x_{k-m+1}, \cdots, x_{k-1})}. \quad (3.6.11)$$

由 (3.6.11) 得

$$\mu(D_{x_1 \cdots x_n}) = \mu(D_{x_1 \cdots x_{n-1}})p(x_n)\lambda^{\delta_{i_1 \cdots i_m}(x_{n-m+1}, \cdots, x_n)}$$

$$\cdot \left[\frac{1}{1 + (\lambda - 1)p(i_m)}\right]^{\delta_{i_1 \cdots i_{m-1}}(x_{n-m+1}, \cdots, x_{n-1})}. \quad (3.6.12)$$

若 $(x_{n-m+1}, \cdots, x_{n-1}) = (i_1, \cdots, i_{m-1})$, 则由 (3.6.12), 可得

$$\sum_{x_n} \mu(D_{x_1 \cdots x_n}) = \frac{\mu(D_{x_1 \cdots x_{n-1}})}{1 + (\lambda - 1)p(i_m)} \sum_{x_n} p(x_n)\lambda^{\delta_{i_1 \cdots i_{m-1}}(x_{n-m+1}, \cdots, X_n)}$$

$$= \frac{\mu(D_{x_1 \cdots x_{n-1}})}{1 + (\lambda - 1)p(i_m)} \left(\sum_{x_n = i_m} + \sum_{x_m \ne i_m}\right)$$

$$= \frac{\mu(D_{x_1 \cdots x_{n-1}})}{1 + (\lambda - 1)p(i_m)} \sum_{x_n}(\lambda p(i_m) + 1 - p(i_m))$$

$$= \mu(D_{x_1 \cdots x_{n-1}}). \quad (3.6.13)$$

若 $(x_{n-m+1}, \cdots, X_{n-1}) \ne (i_1 \cdots i_{m-1})$, 则由 (3.6.12), 可得

$$\sum_{x_n} \mu(D_{x_1 \cdots x_n}) = \mu(D_{x_1 \cdots x_{n-1}}) \sum_{x_n} p(x_n)$$

$$= \mu(D_{x_1 \cdots x_{n-1}}). \quad (3.6.14)$$

由 (3.6.13) 和 (3.6.14) 知 $\mu$ 是 $\mathcal{A}$ 上的可加集函数, 由此知存在 $[0,1)$ 上的增函数 $f_\lambda$, 使得对任何 $D_{x_1 \cdots x_n}$, 有

$$\mu(D_{x_1 \cdots x_n}) = f_\lambda(D^+_{x_1 \cdots x_n}) - f_\lambda(D^-_{x_1 \cdots x_n}), \tag{3.6.15}$$

其中 $D^+_{x_1 \cdots x_n}, D^-_{x_1 \cdots x_n}$ 分别表示 $D_{x_1 \cdots x_n}$ 的右、左端点. 令

$$t_n(\lambda, \omega) = \frac{f_\lambda(D^+_{x_1 \cdots x_n}) - f_\lambda(D^-_{x_1 \cdots x_n})}{D^+_{x_1 \cdots x_n} - D^-_{x_1 \cdots x_n}}$$

$$= \frac{\mu(D_{x_1 \cdots x_n})}{P(D_{x_1, \cdots, X_n})}, \quad \omega \in D_{x_1 \cdots x_n}. \tag{3.6.16}$$

设 $f_\lambda$ 的可微点的全体为 $A(\lambda)$. 由单调函数导数存在定理知 $P(A(\lambda)) = 1$. 设 $\omega \in A(\lambda)$, $\omega \in D_{x_1 \cdots x_n}$, $n = 1, 2, \cdots$. 当 $\lim_{n \to \infty} P(D_{x_1 \cdots x_n}) = d > 0$ 时, 有

$$\lim_{n \to \infty} t_n(\lambda, \omega) = \lim_{n \to \infty} \frac{\mu(D_{x_1 \cdots x_n})}{d} < \infty. \tag{3.6.17}$$

当 $\lim_{n \to \infty} P(D_{x_1 \cdots x_n}) = 0$ 时, 根据导数的一个性质, 有

$$\lim_{n \to \infty} t_n(\lambda, \omega) = f'_\lambda(\omega) < \infty. \tag{3.6.18}$$

由 (3.6.17) 与 (3.6.18), 得

$$\limsup_{n \to \infty} [t_n(\lambda, \omega)]^{1/n} \le 1, \quad \omega \in A(\lambda). \tag{3.6.19}$$

由 (3.6.19), 得

$$\limsup_{n \to \infty} (1/n) \ln t_n(\lambda, \omega) \le 0, \quad \omega \in A(\lambda). \tag{3.6.20}$$

由 (3.6.16), (3.6.4), (3.6.6) 与 (3.6.7), 可得

$$[t_n(\omega)]^{1/n}$$

$$= [r_n \omega]^{1/n} \lambda^{S_n(i_1 \cdots i_m; \omega)} \left[ \frac{1}{1 + (\lambda - 1)p(i_m)} \right]^{(1/n)S_{n-1}(i_1, \cdots, i_{m-1}; \omega)}, \quad \omega \in [0,1). \tag{3.6.21}$$

由 (3.6.20) 和 (3.6.21), 得

$$\limsup_{n \to \infty} (1/n) \{ \ln r_n(\omega) + S_n(i_1 \cdots i_m; \omega) \ln \lambda$$

$$- S_{n-1}(i_1, \cdots, i_{m-1}; \omega) \ln[1 + (\lambda - 1)p(i_m)] \}$$

$$\le 0, \quad \omega \in A(\lambda). \tag{3.6.22}$$

由 (3.6.22) 和 (3.6.8), 可得

$$\limsup_{n\to\infty}(1/n)\{S_n(i_1\cdots i_m;\omega)\ln\lambda$$

$$- S_{n-1}(i_1,\cdots,i_{m-1};\,\omega)\ln[1+(\lambda-1)p(i_m)]\}$$

$$\le -\liminf_{n\to\infty}\ln r_n(\omega)\le c,\ \ \omega\in A(\lambda)\cap D(c). \tag{3.6.23}$$

设 $\lambda>1$. 将 (3.4.23) 两边同除以 $\ln\lambda$, 得

$$\limsup_{n\to\infty}(1/n)\left\{S_n(i_1\cdots i_m;\omega)\ln\lambda - S_{n-1}(i_1,\cdots,i_{m-1};\,\omega)\frac{\ln[1+(\lambda-1)p(i_m)]}{\ln\lambda}\right\}$$

$$\le\frac{c}{\ln\lambda},\ \ \omega\in A(\lambda)\cap D(c). \tag{3.6.24}$$

由 (3.6.24) 及上极限的性质

$$\limsup_{n\to\infty}(a_n-b_n)\le d\Longrightarrow \limsup_{n\to\infty}(a_n-c_n)\le\limsup_{n\to\infty}(b_n-c_n)+d$$

和不等式 $1-1/x\le\ln x\le x-1\ (x>1)$, 并注意到 $0\le(1/n)S_{n-1}(i_1,\cdots,i_{m-1};\omega)<1$, 得

$$\limsup_{n\to\infty}(1/n)[S_n(i_1\cdots i_m;\omega)-S_{n-1}(i_1,\cdots,i_{m-1};\omega)p(i_m)]$$

$$\le\limsup_{n\to\infty}(1/n)S_{n-1}(i_1,\cdots,i_{m-1};\omega)\left\{\frac{\ln[1+(\lambda-1)p(i_m)]}{\ln\lambda}-p(i_m)\right\}+\frac{c}{\ln\lambda}$$

$$\le\left(\frac{\lambda-1}{1-1/\lambda}-1\right)p(i_m)+\frac{c}{1-1/\lambda}$$

$$\le\lambda-1+c+\frac{c}{1-1/\lambda},\ \ \omega\in A(\lambda)\cap D(c). \tag{3.6.25}$$

当 $c>0$ 时, 易知函数 $g(\lambda)=\lambda-1+c+\dfrac{c}{\lambda-1}(\lambda>1)$ 在 $\lambda=1+\sqrt{c}$ 处达到它在 $(1,\infty)$ 上的最小值 $g(1+\sqrt{c})=2\sqrt{c}+c$. 在 (3.6.25) 中令 $\lambda=1+\sqrt{c}$, 得

$$\limsup_{n\to\infty}(1/n)[S_n(i_1\cdots i_m;\omega)-S_{n-1}(i_1,\cdots,i_{m-1};\,\omega)p(i_m)]\le 2\sqrt{c}+c,$$

$$\omega\in A(1+\sqrt{c})\cap D(c). \tag{3.6.26}$$

由于 $P(A(1+\sqrt{c}))=1$, 则由 (3.6.26), 可得 (3.6.9). 令

$$A^*=\bigcap_{k=1}^{\infty}A(1+1/k),$$

由 (3.6.24), 可得

$$\limsup_{n\to\infty}(1/n)\left\{S_n(i_1\cdots i_m;\omega)-S_{n-1}(i_1,\cdots,i_{m-1};\omega)\frac{\ln[1+(1/k)p(i_m)]}{\ln(1+1/k)}\right\}\le 0,$$
$$\omega\in A^*\cap D(0). \tag{3.6.27}$$

由于

$$\lim_{x\to 0}\frac{\ln[1+xp(i_m)]}{\ln(1+x)}=p(i_m), \tag{3.6.28}$$

由 (3.6.28), 可得

$$\limsup_{n\to\infty}(1/n)[S_n(i_1\cdots i_m;\omega)-S_{n-1}(i_1,\cdots,i_{m-1};\omega)p(i_m)]\le 0,\quad \omega\in A^*\cap D(0). \tag{3.6.29}$$

由于 $P(A^*)=1$, 由 (3.6.29) 可知, 当 $c=0$ 时 (3.6.9) 也成立.

令 $0<\lambda<1$, 将 (3.4.23) 两边同除以 $\ln\lambda$, 得

$$\liminf_{n\to\infty}(1/n)\left\{S_n(i_1\cdots i_m;\omega)\ln\lambda-S_{n-1}(i_1,\cdots,i_{m-1};\ \omega)\frac{\ln[1+(\lambda-1)p(i_m)]}{\ln\lambda}\right\}$$
$$\ge\frac{c}{\ln\lambda},\quad \omega\in A(\lambda)\cap D(c). \tag{3.6.30}$$

由 (3.4.30), 下极限的性质

$$\liminf_{n\to\infty}(a_n-b_n)\ge d\Longrightarrow\liminf_{n\to\infty}(a_n-c_n)\ge\liminf_{n\to\infty}(b_n-c_n)+d$$

和不等式 $1-1/x\le\ln x\le x-1(0<x<1)$, 并注意 $0\le(1/n)S_{n-1}(i_1,\cdots,i_{m-1};\omega)<1$, 有

$$\liminf_{n\to\infty}(1/n)[S_n(i_1\cdots i_m;\omega)-S_{n-1}(i_1,\cdots,i_{m-1};\ \omega)p(i_m)]$$
$$\ge\liminf_{n\to\infty}(1/n)S_{n-1}(i_1,\cdots,i_{m-1};\ \omega)\left\{\frac{\ln[1+(\lambda-1)p(i_m)]}{\ln\lambda}-p(i_m)\right\}+\frac{c}{\ln\lambda}$$
$$\ge\left(\frac{\lambda-1}{1-1/\lambda}-1\right)p(i_m)+\frac{c}{1-1/\lambda}$$
$$\ge\lambda-1+c+\frac{c}{1-1/\lambda},\quad \omega\in A(\lambda)\cap D(c). \tag{3.6.31}$$

当 $0<c<1$ 时, 易知函数 $h(\lambda)=\lambda-1+\dfrac{c}{\lambda-1}(0<\lambda<1)$ 在 $\lambda=1-\sqrt{c}$ 处达到它在 $(0,1)$ 上的最大值 $h(1-\sqrt{c})=-2\sqrt{c}$. 在 (3.3.31) 令 $\lambda=1-\sqrt{c}$, 则有

$$\liminf_{n\to\infty}(1/n)[S_n(i_1\cdots i_m;\omega)-S_{n-1}(i_1,\cdots,i_{m-1};\ \omega)p(i_m)]$$
$$\ge-2\sqrt{c},\quad \omega\in A(1-\sqrt{c})\cap D(c). \tag{3.6.32}$$

由于 $P(A(1-\sqrt{c})) = 1$, 则由 (3.6.32) 可知当 $0 < c < 1$ 时 (3.6.10) 也成立. 当 $c = 0$ 时, 令

$$A_* = \bigcap_{k=1}^{\infty} A(1-1/k),$$

由 (3.6.30) 和 (3.6.28), 可得

$$\liminf_{n\to\infty}(1/n)\{S_n(i_1\cdots i_m;\omega) - S_{n-1}(i_1,\cdots,i_{m-1};\omega)p(i_m)\} \geq 0,$$

$$\omega \in A_* \cap D(0). \tag{3.6.33}$$

由于 $P(A_*) = 1$, 由 (3.6.33) 可知, 当 $c = 0$ 时 (3.6.10) 也成立.

**推论 3.6.1** 在定理假设的条件下, 有

$$\lim_{n\to\infty}(1/n)\{S_n(i_1\cdots i_m;\omega) - S_{n-1}(i_1,\cdots,i_{m-1};\omega)p(i_m)\} = 0, \quad \text{a.s.于} D(0). \tag{3.6.34}$$

**证** 由于 $P(A^* \cap A_*) = 1$, 由 (3.6.33) 和 (3.6.29), 可知 (3.6.34) 成立.

**推论 3.6.2** 在定理假设的条件下, 有

$$\lim_{n\to\infty}(1/n)S_n(i_1\cdots i_m;\omega) = \prod_{k=1}^{m} p(i_k) \quad \text{a.s.于} D(0). \tag{3.6.35}$$

**证** 由定理 3.1.2 知

$$\lim_{n\to\infty}(1/n)S_n(i_1;\omega) = p(i_1) \quad \text{a.s.于} D(0). \tag{3.6.36}$$

在 (3.6.34) 中令 $m = 2$, 则由 (3.6.34), 有

$$\lim_{n\to\infty}(1/n)S_n(i_1,i_2;\omega) = \lim_{n\to\infty}(1/n)S_{n-1}(i_1;\omega)p(i_2)$$

$$= p(i_1)p(i_2) \quad \text{a.s.于} D(0). \tag{3.6.37}$$

由归纳法可知 (3.6.35) 成立.

**推论 3.6.3** 设 $\{X_n, n \geq 1\}$ 取值于 $\{1,2\}, p(1) = p, \ p(2) = 1-p, \ m > 1$ 为一整数. 令 $S_n^*(m,\omega)$ 代表 $X_1,\cdots,X_n$ 中具有长度 $m$ 的 1-游程的数目, 则

$$\lim_{n\to\infty}(1/n)S_n^*(m,\omega) = \frac{1}{p^m(1-p)^2} \quad \text{a.s.于} D(0). \tag{3.6.38}$$

**证** 令 $i_1 = i_2 = \cdots = i_m = 1$, 则有

$$S_n^*(m,\omega) = S_n(2,i_1,\cdots,i_m,2;\omega)$$

$$+\delta_{i_1\cdots i_m,2}(X_1,X_2,\cdots,X_{m+1})$$

$$+\delta_{2i_1\cdots i_m}(X_{n-m}, X_{n-m+1}, \cdots, X_n). \tag{3.6.39}$$

由 (3.6.34) 与 (3.6.39), 可得到 (3.6.38).

**推论 3.6.4** 设 $\{X_n,\ n\geq 1\}$ 取值于 $\{1,2\}$, $p(1)=p$, $p(2)=1-p$, $m>1$ 为一整数. 令 $\sigma_n(\omega)$ 代表 $X_1, \cdots, X_n$ 中数字改变的总次数, 则

$$\lim_{n\to\infty}(1/n)\sigma_n(\omega) = 2p(1-p) \quad \text{a.s.于} D(0). \tag{3.6.40}$$

**证** 由于

$$\sigma_n(\omega) = S_n(1,2;\omega) + S_n(2,1;\omega),$$

则由 (3.6.34), 可得 (3.6.40).

**推论 3.6.5** 设 $\{X_n,\ n\geq 1\}$ 为服从 (3.6.3) 的独立随机变量, 则

$$\lim_{n\to\infty}(1/n)\{S_n(i_1\cdots i_m;\omega) - S_{n-1}(i_1,\cdots,i_{m-1};\omega)p(i_m)\} = 0 \quad \text{a.s.}, \tag{3.6.41}$$

$$\lim_{n\to\infty}(1/n)S_n(i_1\cdots i_m;\omega) = \prod_{k=1}^{m}p(i_k) \quad \text{a.s.}, \tag{3.6.42}$$

$$\lim_{n\to\infty}(1/n)S_n^*(m,\omega) = \frac{1}{p^m(1-p)^2} \quad \text{a.s.}, \tag{3.6.43}$$

$$\lim_{n\to\infty}(1/n)\sigma_n(\omega) = 2p(1-p) \quad \text{a.s..} \tag{3.6.44}$$

**证** 在推论的假设下有 $r_n(\omega)=1$, 故 $D=[0,1)$. 因此可由 (3.6.34), (3.6.35) 和 (3.6.36) 分别得到 (3.6.41)—(3.6.44).

## §3.7　极限相对对数似然比与一类强偏差定理

设 $S=s_1, s_2, \cdots$ 为可列实数集, $X_n,\ n\geq 1$ 是定义在概率空间 $(\Omega, \mathcal{F}, P)$ 上在 $S$ 中取值的随机变量序列, 其联合分布与边缘分布分别为

$$P(X_1=x_1, \cdots, X_n=X_n) = p_n(x_1, \cdots, x_n),\ x_k\in S,\ 1\leq k\leq n; \tag{3.7.1}$$

$$P_k(x_k) = P(X_k=x_k),\ x_k\in S. \tag{3.7.2}$$

为了表征 $\{X_n, n\geq 1\}$ 的联合分布 $p_n(x_1, \cdots, x_n)$ 与乘积分布 $\prod_{k=1}^{n}P_k(x_k)$ 之间的差异, 引进如下的似然比和对数似然比:

$$Z_n(\omega) = p_n(X_1, \cdots, X_n)\Big/\prod_{k=1}^{n}P_k(X_k), \tag{3.7.3}$$

$$r_n(\omega) = \ln Z_n(\omega), \tag{3.7.4}$$

并令

$$\varphi(\omega) = \limsup_{n \to \infty} r_n(\omega), \tag{3.7.5}$$

其中 $\omega$ 是样本点, $X_k(\omega)$ 简记为 $X_k$, $\prod_{k=1}^{n} P_k(x_k)$ 称为参考乘积分布, $\varphi(\omega)$ 称为极限相对对数似然比. 在以上各节中作者利用这个概念研究了离散随机变量序列的极限性质, 建立了若干强偏差定理 (即一类用不等式表示的强极限定理). 本节将继续这方面的研究. 首先推广 $\varphi(\omega)$ 的概念. 我们注意到, $\varphi(\omega)$ 的定义实际上是通过将 $r_n(\omega)$ 与 $n$ 相比较, 给出当 $n \to \infty$ 时 $r_n(\omega)$ 的大小的一种估计. 在一定的意义下, $r_n(\omega)$ 的大小与 $\{X_n, n \geq 1\}$ 的相依程度有关. 考虑到各种可能情况, 恒将 $\{r_n(\omega)\}$ 与一阶无穷大数列相比较并不总是适当的 (例如可能出现 $r_n(\omega) = \infty$ a.s. 的情况). 这就启发我们在极限相对对数似然比的定义中用任意递增的无穷大数列 $\sigma_n (n \geq 1)$ 来代替 $n$. 由于 $r_n(\omega)$ 是一随机变量, 所以我们假定 $\sigma_n = \sigma_n(\omega)$ 也是一随机变量, 这样就更具有普遍性.

**定义 3.7.1** 设 $\{\sigma_n(\omega), n \geq 1\}$ 是一列正值随机变量, 满足条件 $\sigma_n(\omega) \uparrow \infty$ a.s., $r_n(\omega)$ 由 (3.7.4) 定义, 令

$$r(\omega) = \limsup_{n \to \infty} \frac{r_n(\omega)}{\sigma_n(\omega)}, \tag{3.7.6}$$

$r(\omega)$ 称为关于 $\{\sigma_n(\omega), n \geq 1\}$ 的极限相对对数似然比. 于是由 (3.7.5) 定义的 $\varphi(\omega)$ 就是关于 $n, n \geq 1$ 的极限相对对数似然比.

显然, 当 $X_n, n \geq 1$ 相互独立时 $r(\omega) \equiv 0$. (3.7.30) 表明, 在一般情况下恒有 $r(\omega) \geq 0$ a.s.. 因此 $r(\omega)$ 可以看作是当 $n \to \infty$ 时 $X_n, 1 \leq k \leq n$ 的联合分布 $p_n(x_1, \cdots, x_n)$ 与乘积分布 $\prod_{k=1}^{n} P_k(x_k)$ 之间的偏差 (粗略地说, 此即 $X_n, 1 \leq k \leq n$ 与独立情况的差异) 的一种随机度量. $r(\omega)$ 越小, 偏差越小.

本文的目的是要利用 $r(\omega)$ 的概念研究相依离散随机变量序列 $X_n, n \geq 1$ 的极限性质, 给出一类用不等式表示的强偏差定理.

本文结果有一点是值得指出的, 即 (3.7.10) 给出的矩条件是随机性的, 这与强大数定律中的通常情况不同 (例如 Kolmogorov 强大数定律中的矩条件为常数项级数 $\sum_{n=1}^{\infty} n^{-2} D(X_n)$ 收敛).

**定理 3.7.1**(刘文 2000d) 设 $X_n, n \geq 1$ 是具有分布 (3.7.1) 的随机变量序列, $\sigma_n(\omega), n \geq 1$ 是一列正值随机变量, 且 $\sigma_n(\omega) \uparrow \infty$ a.s., $r(\omega)$ 由 (3.7.6) 定义, $a_n, n \geq 1$ 是递增的正数列. 令

$$D = \{\omega : r(\omega) < \infty\}, \tag{3.7.7}$$

$$Y_k = X_k I_{[\,|X_k| \leq a_k\,]}, \quad b_k = E(Y_k), \tag{3.7.8}$$

此处对于定义在 $\Omega$ 上的任意实值函数 $f$ 及实数 $a, b$, $I_{a \le f \le b}$ 表示集 $\{\omega : a \le f \le b\}$ 的示性函数. 设 $\{g_n, n \ge 1\}$ 是定义在 $(-\infty, \infty)$ 上的一列连续正值偶函数, 使得当 $|x|$ 增加时,

$$g_n(x) \uparrow, \quad g_n(x)/x^2 \downarrow . \tag{3.7.9}$$

如果

$$\limsup_{n \to \infty} \frac{1}{\sigma_n(\omega)} \sum_{k=1}^{n} \frac{E(g_k(X_k))}{g_k(a_k)} = \sigma(\omega) < \infty \quad \text{a.s.,} \tag{3.7.10}$$

则

$$\liminf_{n \to \infty} \frac{1}{\sigma_n(\omega)} \sum_{k=1}^{n} \frac{Y_k - b_k}{a_k} \ge \alpha(\gamma(\omega), \sigma(\omega)) \quad \text{a.s. 于 } D, \tag{3.7.11}$$

$$\limsup_{n \to \infty} \frac{1}{\sigma_n(\omega)} \sum_{k=1}^{n} \frac{Y_k - b_k}{a_k} \le \beta(r(\omega), \sigma(\omega)) \quad \text{a.s. 于 } D, \tag{3.7.12}$$

其中

$$\alpha(x, y) = \sup\{\varphi(\lambda, x, y), \lambda < 0\}, \quad 0 \le x, y < \infty, \tag{3.7.13}$$

$$\beta(x, y) = \inf\{\varphi(\lambda, x, y), \lambda > 0\}, \quad 0 \le x, y < \infty, \tag{3.7.14}$$

$$\varphi(\lambda, x, y) = \frac{x}{\lambda} + \frac{1}{2}\lambda e^{2|\lambda|}y, \quad 0 \le x, y < \infty, \lambda \ne 0. \tag{3.7.15}$$

而且有

$$\alpha(x, y) \le 0, \quad 0 \le x, y < \infty, \tag{3.7.16}$$

$$\beta(x, y) \ge 0, \quad 0 \le x, y < \infty, \tag{3.7.17}$$

$$\alpha(0, y) = \alpha(x, 0) = 0, \quad 0 \le x, y < \infty, \tag{3.7.18}$$

$$\beta(0, y) = \beta(x, 0) = 0, \quad 0 \le x, y < \infty, \tag{3.7.19}$$

$$\lim_{x \to 0^+} \alpha(x, y) = 0, \tag{3.7.20}$$

$$\lim_{x \to 0^+} \beta(x, y) = 0. \tag{3.7.21}$$

**证** 对每个 $n$, 令

$$f_n(x) = \begin{cases} x, & |x| \le a_n, \\ 0, & |x| > a_n. \end{cases} \tag{3.7.22}$$

则有

$$Y_n = f_n(X_n). \tag{3.7.23}$$

设 $\lambda$ 是任意实数, 令

$$Q_k(\lambda) = E\left\{\exp\left[\frac{\lambda(Y_k - b_k)}{a_k}\right]\right\} = \sum_{x_k \in S} P_k(x_k)\exp\left\{\frac{\lambda[f_k(x_k) - b_k]}{a_k}\right\}, \quad (3.7.24)$$

$$p_k(\lambda, x_k) = \frac{P_k(x_k)\exp\{\lambda[f_k(x_k) - b_k]/a_k\}}{Q_k(\lambda)}, \quad x_k \in S, \quad (3.7.25)$$

$$q_n(\lambda, x_1, \cdots, x_n) = \prod_{k=1}^{n} p_k(\lambda, x_k), \quad (3.7.26)$$

则 $q_n(\lambda, x_1, \cdots, x_n), n = 1, 2, \cdots$, 是 $S^n$ 上的一族相容分布. 令

$$T_n(\lambda, \omega) = \frac{p_n(X_1, \cdots, X_n)}{q_n(X_1, \cdots, X_n)}. \quad (3.7.27)$$

由于 $\left\{\dfrac{1}{T_n(\lambda, \omega)}, n \geq 1\right\}$ 是 a.s. 收敛的非负上鞅 (参见 Chung1974, p.354, 习题 2), 故存在 $A(\lambda) \in \mathcal{F}, P(A(\lambda)) = 1$, 使得

$$\liminf_{n \to \infty} \frac{1}{\sigma_n(\omega)} \ln T_n(\lambda, \omega) \geq 0, \quad \omega \in A(\lambda). \quad (3.7.28)$$

易知 $\ln T_n(0, \omega) = r_n(\omega)$, 故由 (3.7.28), 有

$$\liminf_{n \to \infty} \frac{r_n(\omega)}{\sigma_n(\omega)} \geq 0, \quad \omega \in A(0). \quad (3.7.29)$$

显然 (3.7.29) 蕴涵

$$r(\omega) \geq 0, \quad \omega \in A(0). \quad (3.7.30)$$

由 (3.7.27), (3.7.26), (3.7.4) 与 (3.7.23), 有

$$\ln T_n(\lambda, \omega) = r_n(\omega) + \sum_{k=1}^{n} \ln Q_k(\lambda) - \lambda \sum_{k=1}^{n} \frac{Y_k - b_k}{a_k}. \quad (3.7.31)$$

由 (3.7.28) 与 (3.7.29), 有

$$\limsup_{n \to \infty} \frac{1}{\sigma_n(\omega)}\left[\lambda \sum_{k=1}^{n} \frac{Y_k - b_k}{a_k} - r_n(\omega) - \sum_{k=1}^{n} \ln Q_k(\lambda)\right] \leq 0, \quad \omega \in A(\lambda). \quad (3.7.32)$$

由 (3.7.32) 与 (3.7.6), 有

$$\limsup_{n \to \infty} \frac{\lambda}{\sigma_n(\omega)} \sum_{k=1}^{n} \frac{Y_k - b_k}{a_k} \leq r(\omega) + \limsup_{n \to \infty} \frac{1}{\sigma_n(\omega)} \sum_{k=1}^{n} \ln Q_k(\lambda), \quad \omega \in A(\lambda). \quad (3.7.33)$$

由不等式

$$\left| \frac{Y_k - b_k}{a_k} \right| \le 2, \tag{3.7.34}$$

$$0 \le e^x - 1 - x \le \frac{1}{2} x^2 e^{|x|}, \tag{3.7.35}$$

我们有

$$\begin{aligned}
0 \le Q_k(\lambda) - 1 &= E\Big\{ \exp\Big[ \lambda(Y_k - b_k)a_k \Big] - 1 - \lambda(Y_k - b_k)a_k \Big\}) \\
&\le \frac{1}{2} \lambda^2 e^{2|\lambda|} E\Big[ \Big( Y_k - b_k a_k \Big)^2 \Big]) \\
&\le \frac{1}{2} \lambda^2 e^{2|\lambda|} E\Big[ \Big( Y_k a_k \Big)^2 \Big].
\end{aligned} \tag{3.7.36}$$

由 (3.7.9) 中的第二个假设, 有

$$\left( \frac{x}{a_k} \right)^2 \le \frac{g_k(x)}{g_k(a_k)}, \quad |x| \le a_k.$$

由此有 (利用 (3.7.9) 中的第一个假设)

$$\left( \frac{Y_k}{a_k} \right)^2 \le \frac{g_k(Y_k)}{g_k(a_k)} \le \frac{g_k(X_k)}{g_k(a_k)}. \tag{3.7.37}$$

由 (3.7.36) 与 (3.7.37), 有

$$0 \le Q_k(\lambda) - 1 \le \frac{1}{2} \lambda^2 e^{2|\lambda|} E\Big[ \frac{g_k(X_k)}{g_k(a_k)} \Big]. \tag{3.7.38}$$

令

$$D^* = \Big\{ \omega : \limsup_{n \to \infty} \frac{1}{\sigma_n(\omega)} \sum_{k=1}^n E\Big[ \frac{g_k(X_k)}{g_k(a_k)} \Big] = \sigma(\omega) < \infty \Big\}, \tag{3.7.39}$$

则由 (3.7.10), 有 $P(D^*) = 1$. 由 (3.7.38) 与 (3.7.39), 有

$$\begin{aligned}
0 &\le \limsup_{n \to \infty} \frac{1}{\sigma_n(\omega)} \sum_{k=1}^n [Q_k(\lambda) - 1]) \\
&\le \frac{1}{2} \lambda^2 e^{2|\lambda|} \limsup_{n \to \infty} \frac{1}{\sigma_n(\omega)} \sum_{k=1}^n E\Big[ \frac{g_k(X_k)}{g_k(a_k)} \Big]) \\
&= \frac{1}{2} \lambda^2 e^{2|\lambda|} \sigma(\omega), \quad \omega \in D^*.
\end{aligned} \tag{3.7.40}$$

利用不等式 $0 \le \ln x \le x - 1 (x \ge 1)$, 由 (3.7.40), 有

$$0 \le \limsup_{n \to \infty} \frac{1}{\sigma_n(\omega)} \sum_{k=1}^n \ln Q_k(\lambda) \le \frac{1}{2} \lambda^2 e^{2|\lambda|} \sigma(\omega), \quad \omega \in D^*. \tag{3.7.41}$$

由 (3.7.33) 及 (3.7.41), 有

$$\limsup_{n\to\infty} \frac{\lambda}{\sigma_n(\omega)} \sum_{k=1}^n \frac{Y_k - b_k}{a_k} \le r(\omega) + \frac{1}{2}\lambda^2 e^{2|\lambda|}\sigma(\omega), \quad \omega \in D^* \cap A(\lambda). \tag{3.7.42}$$

设 $Q^*$ 为正有理数的集, 令 $A^* = \bigcap_{\lambda \in Q^*} A(\lambda)$, 则 $P(A^*) = 1$, 且由 (3.7.42), 有

$$\limsup_{n\to\infty} \frac{1}{\sigma_n(\omega)} \sum_{k=1}^n \frac{Y_k - b_k}{a_k} \le \frac{r(\omega)}{\lambda} + \frac{1}{2}\lambda^2 e^{2|\lambda|}\sigma(\omega), \quad \omega \in D^* \cap A^*, \ \lambda \in Q^*. \tag{3.7.43}$$

因为 $\varphi(\lambda, x, y)$ 关于 $\lambda$ 连续, 故由 (3.7.14), (3.7.30), (3.7.22) 与 (3.7.39) 知, 对每个 $\omega \in A^* \cap D^* \cap A(0) \cap D$, 存在 $\lambda_n(\omega) \in Q^*(n = 1, 2, \cdots, )$, 使得

$$\lim_{n\to\infty} \varphi(\lambda_n(\omega), r(\omega), \sigma(\omega)) = \beta(r(\omega), \sigma(\omega)). \tag{3.7.44}$$

由 (3.7.43) 与 (3.7.15), 有

$$\limsup_{n\to\infty} \frac{1}{\sigma_n(\omega)} \sum_{k=1}^n \frac{Y_k - b_k}{a_k} \le \varphi(\lambda_n(\omega), r(\omega), \sigma(\omega)), \quad \omega \in A^* \cap D^* \cap A \cap D. \tag{3.7.45}$$

由 (3.7.44) 与 (3.7.45), 有

$$\limsup_{n\to\infty} \frac{1}{\sigma_n(\omega)} \sum_{k=1}^n \frac{Y_k - b_k}{a_k} \le \beta(r(\omega), \sigma(\omega)), \quad \omega \in A^* \cap D^* \cap A \cap D. \tag{3.7.46}$$

因为 $P(A^* \cap D^* \cap A) = 1$, 由 (3.7.46), 即可推出 (3.7.12).

设 $Q_*$ 是负有理数的集, 令 $A_* = \bigcap_{\lambda \in Q_*} A(\lambda)$, 则 $P(A_*) = 1$, 且由 (3.7.42), 有

$$\liminf_{n\to\infty} \frac{1}{\sigma_n(\omega)} \sum_{k=1}^n \frac{Y_k - b_k}{a_k} \ge \frac{r(\omega)}{\lambda} + \frac{1}{2}\lambda e^{2|\lambda|}\sigma(\omega), \quad \omega \in A_* \cap D^*, \ \lambda \in Q_*. \tag{3.7.47}$$

仿照 (3.7.46) 的证明, 可得

$$\liminf_{n\to\infty} \frac{1}{\sigma_n(\omega)} \sum_{k=1}^n \frac{Y_k - b_k}{a_k} \ge \alpha(r(\omega), \sigma(\omega)), \quad \omega \in A_* \cap D^* \cap A \cap D. \tag{3.7.48}$$

因为 $P(A^* \cap D^* \cap A) = 1$, 故由 (3.7.48), 即可推出 (3.7.11).

根据 $\alpha(x, y)$ 与 $\beta(x, y)$ 的定义, (3.7.16)—(3.7.19) 是显然的. (3.7.20) 与 (3.7.21) 可由 (3.7.51) 与 (3.7.52) 得出. 定理证毕.

**注 3.7.1**　以上的定理实际上是从两方面放宽钟开莱强大数定律 (参见 Chung1974, p.124) 的条件. 一是通过引进 $r(\omega)$ 考虑随机变量序列相依的情况, 二是放宽矩条件: 钟开莱给出的条件是

$$\sum_{n=1}^\infty E[g_n(X_n)]/g_n(a_n)\text{收敛},$$

本文的条件 (3.7.10) 则考虑了 $\sum_{n=1}^{n} E[g_n(X_n)]/g_n(a_n) = O(\sigma_n)$ 的情况.

下面的推论通过将 $\alpha(x,y)$ 与 $\beta(x,y)$ 适当放大, 得到 $\dfrac{1}{\sigma_n(\omega)}\sum_{k=1}^{n}\dfrac{Y_k - b_k}{a_k}(n = 1, 2, \cdots,)$ 的上下极限的一种具体的估计.

**推论 3.7.1** 在定理 3.7.1 的条件下有

$$\liminf_{n\to\infty}\frac{1}{\sigma_n(\omega)}\sum_{k=1}^{n}\frac{Y_k - b_k}{a_k} \geq -\sqrt{r(\omega)}\Big[1 + \frac{1}{2}e^{2\sqrt{r(\omega)}}\sigma(\omega)\Big] \quad \text{a.s. 于 } D, \qquad (3.7.49)$$

$$\limsup_{n\to\infty}\frac{1}{\sigma_n(\omega)}\sum_{k=1}^{n}\frac{Y_k - b_k}{a_k} \leq \sqrt{r(\omega)}\Big[1 + \frac{1}{2}e^{2\sqrt{r(\omega)}}\sigma(\omega)\Big] \quad \text{a.s. 于 } D. \qquad (3.7.50)$$

**证** 令 $\lambda = -\sqrt{x}$, 由 $\alpha(x,y)$ 的定义, 有

$$\alpha(x,y) \geq \varphi(-\sqrt{x}, x, y) = -\sqrt{x} - \frac{1}{2}\sqrt{x}e^{2\sqrt{x}}y, \quad x \geq 0. \qquad (3.7.51)$$

由 (3.7.51) 与 (3.7.11), 即得 (3.7.49). 令 $\lambda = \sqrt{x}$, 由 $\beta(x,y)$ 的定义, 有

$$\beta(x,y) \leq \varphi(\sqrt{x}, x, y) = \sqrt{x} + \frac{1}{2}\sqrt{x}e^{2\sqrt{x}}y, \quad x \geq 0. \qquad (3.7.52)$$

由 (3.7.52) 与 (3.7.12), 即得 (3.7.50).

**引理 3.7.1** 设 $\{a_n, n \geq 1\}$ 与 $\{\sigma_n, n \geq 1\}$ 是递增的正数列, $\{x_n, n \geq 1\}$ 是实数序列, 如果 $\{a_n, n \geq 1\}$ 与 $\{\sigma_n, n \geq 1\}$ 中有一个是无界的, 且

$$\limsup_{n\to\infty}\frac{1}{\sigma_n}\sum_{k=1}^{n}\frac{x_k}{a_k} \leq b, \quad \liminf_{n\to\infty}\frac{1}{\sigma_n}\sum_{k=1}^{n}\frac{x_k}{a_k} \leq a,$$

此处 $a \leq 0, b \geq 0$, 则

$$\limsup_{n\to\infty}\frac{1}{a_n\sigma_n}\sum_{k=1}^{n}x_k \leq b - a, \quad \liminf_{n\to\infty}\frac{1}{a_n\sigma_n}\sum_{k=1}^{n}x_k \leq a - b.$$

证明从略.

**推论 3.7.2** 在定理 1 的条件下有

$$\limsup_{n\to\infty}\frac{1}{a_n\sigma_n(\omega)}\sum_{k=1}^{n}(Y_k - b_k) \leq \sqrt{r(\omega)}[2 + e^{2\sqrt{r(\omega)}}\sigma(\omega)] \quad \text{a.s. 于 } D, \qquad (3.7.53)$$

$$\liminf_{n\to\infty}\frac{1}{a_n\sigma_n(\omega)}\sum_{k=1}^{n}(Y_k - b_k) \geq -\sqrt{r(\omega)}[2 + e^{2\sqrt{r(\omega)}}\sigma(\omega)] \quad \text{a.s. 于 } D. \qquad (3.7.54)$$

**证** 利用引理由 (3.7.49) 与 (3.7.50), 即得 (3.7.53) 与 (3.7.54).

**推论 3.7.3**    如果 $\sigma(\omega) = 0$ a.s. 或 $r(\omega) = 0$ a.s., 则在定理 3.7.1 的条件下有

$$\lim_{n \to \infty} \frac{1}{\sigma_n(\omega)} \sum_{k=1}^{n} \frac{Y_k - b_k}{a_k} = 0 \ \text{ a.s. 于 } D, \tag{3.7.55}$$

$$\lim_{n \to \infty} \frac{1}{a_n \sigma_n(\omega)} \sum_{k=1}^{n} (Y_k - b_k) = 0 \ \text{ a.s.于 } D. \tag{3.7.56}$$

**证**    由于 $\alpha(x,0) = \beta(x,0) = 0$, 故当 $\sigma(\omega) = 0$ a.s. 时, 由 (3.7.11) 与 (3.7.12) 即得 (3.7.55). 由于 $\alpha(0,y) = \beta(0,y) = 0$, 故当 $r(\omega) = 0$ a.s. 时, 亦可由 (3.7.11) 与 (3.7.12) 得出 (3.7.55). 由引理知由 (3.7.55) 可得 (3.7.56).

**定理 3.7.2**(刘文 2000d)    设随机变量序列 $\{X_n, n \geq 1\}$ 满足定理 3.7.1 的条件, 其中 (3.7.9) 用如下的条件代替: 当 $|x|$ 增加时,

$$\frac{g_n(x)}{|x|} \uparrow, \quad \frac{g_n(x)}{x^2} \downarrow . \tag{3.7.57}$$

如果对每个 $k$, $E(X_k) = 0$, 且

$$\sum_{k=1}^{\infty} \sum_{|x_k| > a_k} P_k(x_k) < \infty, \tag{3.7.58}$$

则

$$\liminf_{n \to \infty} \frac{1}{\sigma_n(\omega)} \sum_{k=1}^{n} \frac{X_k}{a_k} \geq \alpha(r(\omega), \sigma(\omega)) - \sigma(\omega) \ \text{ a.s. 于 } D, \tag{3.7.59}$$

$$\limsup_{n \to \infty} \frac{1}{\sigma_n(\omega)} \sum_{k=1}^{n} \frac{X_k}{a_k} \leq \beta(r(\omega), \sigma(\omega)) + \sigma(\omega) \ \text{ a.s. 于 } D, \tag{3.7.60}$$

$$\liminf_{n \to \infty} \frac{1}{a_n \sigma_n(\omega)} \sum_{k=1}^{n} X_k \geq \alpha(r(\omega), \sigma(\omega)) - \beta(r(\omega), \sigma(\omega)) - 2\sigma(\omega) \ \text{ a.s. 于 } D, \tag{3.7.61}$$

$$\limsup_{n \to \infty} \frac{1}{a_n \sigma_n(\omega)} \sum_{k=1}^{n} X_k \leq \beta(r(\omega), \sigma(\omega)) - \alpha(r(\omega), \sigma(\omega)) + 2\sigma(\omega) \ \text{ a.s. 于 } D, \tag{3.7.62}$$

其中 $\alpha(x,y), \beta(x,y)$ 如定理 3.7.1 中所定义.

**证**    首先我们注意 $\dfrac{g_n(x)}{|x|} \uparrow$ 蕴涵 $g_n(x) \uparrow$. 因此在定理 3.7.2 的条件下 1(3.7.11) 与 (3.7.12) 均成立, 而且由 (3.7.58) 可知 $\{X_n, n \geq 1\}$ 与 $\{Y_n, n \geq 1\}$ 是等价随机变量序列. 于是由 $\sigma_n(\omega) \to \infty$ a.s. 及 $a_n \uparrow$ 可得

$$\lim_{n \to \infty} \frac{1}{\sigma_n(\omega)} \sum_{k=1}^{n} \frac{X_k - Y_k}{a_k} = 0 \ \text{ a.s..} \tag{3.7.63}$$

因为当 $|x|$ 增加时 $\dfrac{g_k(x)}{|x|}\uparrow$, 故有

$$\frac{|x|}{a_k}\leq\frac{g_k(x)}{g_k(a_k)},\quad |x|>a_k. \tag{3.7.64}$$

记 $X_k$ 的分布函数为 $F_k$, 注意到 $E(X_k)=0$, 我们有

$$\frac{|b_k|}{a_k}=\frac{1}{a_k}\Big|\int_{|x|\leq a_k}xdF_k(x)\Big|=\frac{1}{a_k}\Big|\int_{|x|>a_k}xdF_k(x)\Big|)$$

$$\leq\int_{|x|>a_k}\frac{g_k(x)}{g_k(a_k)}dF_k(x)\leq E\Big[\frac{g_k(X_k)}{g_k(a_k)}\Big]. \tag{3.7.65}$$

由 (3.7.65) 与 (3.7.10), 有

$$\limsup_{n\to\infty}\frac{1}{\sigma_n(\omega)}\sum_{k=1}^{n}\frac{|b_k|}{a_k}\leq\sigma(\omega)\ \ \text{a.s..} \tag{3.7.66}$$

注意到

$$\frac{X_k}{a_k}=\frac{(Y_k-b_k)+(X_k-Y_k)+b_k}{a_k}, \tag{3.7.67}$$

由 (3.7.11), (3.7.63) 与 (3.7.66) 可得 (3.7.59), 由 (3.7.12), (3.7.63) 与 (3.7.66) 可得 (3.7.60). 利用引理, (3.7.61) 与 (3.7.62) 可直接由 (3.7.59) 与 (3.7.60) 得到. 定理 3.7.2 证毕.

**推论 3.7.4** 设 $\{X_n,n\geq 1\}$ 是具有分布 (3.7.1) 的随机变量序列, 且 $E(X_n)=0$ $(n=1,2,\cdots)$. 设 $\{\sigma_n,n\geq 1\}$ 与 $\{a_n,n\geq 1\}$ 是递增的正数列, 且 $\sigma_n\uparrow\infty$. 又设 $r(\omega)$ 与 $D$ 分别由 (3.7.6) 与 (3.7.7) 定义 (其中 $\sigma_n(\omega)=\sigma_n$), $\{g_n,n\geq 1\}$ 是定义在 $(-\infty,\infty)$ 上的一列连续正值偶函数, 且满足条件 (3.7.57). 如果

$$\sum_{k=1}^{\infty}\frac{E[g_k(X_k)]}{\sigma_k g_k(a_k)}<\infty, \tag{3.7.68}$$

则

$$\lim_{n\to\infty}\frac{1}{\sigma_n}\sum_{k=1}^{n}\frac{X_k}{a_k}=0\ \ \text{a.s.}\ \text{于}\ D, \tag{3.7.69}$$

$$\lim_{n\to\infty}\frac{1}{\sigma_n}\sum_{k=1}^{n}X_k=0\ \ \text{a.s.}\ \text{于}\ D. \tag{3.7.70}$$

证明从略.

# 第四章 关于马尔可夫型分布的强偏差定理

本章中我们通过引进关于马尔可夫型分布的相对熵密度偏差 (或对数似然比) 作为随机变量序列相对于马尔可夫链的差异的一种度量, 建立了一种新型定理 —— 强偏差定理 (也称小偏差定理), 将概率论中的强极限定理推广到用不等式表示的情形.

## §4.1 任意信源二元函数的一类强偏差定理

本节引进了任意信源相对于马氏信源的相对熵密度偏差的概念, 并利用这个概念研究任意 $m$ 进信源二元函数一类平均值的极限性质. 作为主要结果的推论, 得到了马氏信源的 Shannon-McMillan 的一个推广.

设 $\{X_n, n \geq 0\}$ 是字母集为 $S = \{1, 2, \cdots, m\}$ 的任意信源, 其联合分布为

$$P(X_n = x_0, \cdots, X_n = x_n) = p_n(x_0, \cdots, x_n) > 0, \quad x_i \in S, \ 0 \leq i \leq n, n = 1, 2 \cdots.$$
(4.1.1)

令

$$f_n(\omega) = -\frac{1}{n+1} \ln p_n(X_0, \cdots, X_n)$$
(4.1.2)

表示 $\{X_k, 0 \leq k \leq n\}$ 的相对熵密度. 如果 $\{X_n, n \geq 0\}$ 是马氏信源, 其初始分布与转移矩阵分别为

$$(q(1), q(2), \cdots, q(m)), \quad q(i) > 0, \ i \in S$$
(4.1.3)

与

$$(p(i, j)), \quad p(i, j) > 0, \quad i, j \in S,$$
(4.1.4)

则

$$p(x_0) = q(x_0).$$
(4.1.5)

$$p(x_0, \cdots, x_n) = q(x_0) \prod_{k=1}^{n} p(x_{k-1}, x_k).$$
(4.1.6)

此时有

$$f_n(\omega) = -\frac{1}{n+1} \left[ \ln q(X_0) + \sum_{k=1}^{n} \ln p(X_{k-1}, X_k) \right], \ n \geq 1.$$
(4.1.7)

关于相对熵密度的研究是信息论中的一个重要问题. 作者曾引进任意信源相对于非平稳无记忆信源相对熵密度偏差的概念, 并利用这个概念给出了任意信源一类极限定理的信息条件 (参见刘文 1990a). 本文的目的是要引进任意信源相对于马氏信源相对熵密度偏差的概念, 它是任意信源相对于平稳无记忆信源相对熵密度偏差概念的推广, 并利用这个概念研究任意信源二元函数一类强偏差定理. 作为推论, 得到了马氏信源的 Shannon—McMillan 定理的一个推广.

**定义 4.1.1**　设 $\{X_n, n \geq 0\}$ 是具有分布 (4.1.1) 的任意信源, 称

$$\varphi_n(\omega) = \frac{1}{n+1}\left[\ln q(X_0) + \sum_{k=1}^{n} \ln p(X_{k-1}, X_k)\right] - \frac{1}{n+1}\ln p_n(X_0, \cdots, X_n). \quad (4.1.8)$$

为 $\{X_i, 0 \leq i \leq n\}$ 相对于以 (4.1.3) 为初始分布, (4.1.4) 为转移矩阵的马氏信源的相对熵密度偏差.

**定理 4.1.1**(刘文、杨卫国 1995a)　设 $\{X_n, n \geq 0\}$ 是具有分布 (4.1.1) 的任意信源, $f(x, y)$ 是定义在 $S \times S$ 上的任意二元函数, $\varphi_n(\omega)$ 由 (4.1.8) 式定义, $c$ 为非负常数. 令

$$D(c) = \{\omega : \liminf_{n \to \infty} \varphi_n(\omega) \geq -c\}, \quad (4.1.9)$$

则

$$\limsup_{n \to \infty} 1/n \sum_{k=1}^{n} \left\{ f(X_{k-1}, X_k) - \sum_{j=1}^{m} f(X_{k-1}, j)p(X_{k-1}, j) \right\}$$

$$\leq (c + 2\sqrt{c}) \sum_{i=1}^{m} \sum_{j=1}^{m} |f(i, j)| \quad \text{a.s.} \ \ \textcolor{black}{于} \ \ D(c), \quad (4.1.10)$$

$$\liminf_{n \to \infty} \frac{1}{n} \sum_{k=1}^{n} \left\{ f(X_{k-1}, X_k) - \sum_{j=1}^{m} f(X_{k-1}, j)p(X_{k-1}, j) \right\}$$

$$\geq -(c + 2\sqrt{c}) \sum_{i=1}^{m} \sum_{j=1}^{m} |f(i, j)| \quad \text{a.s.} \ \ 于 \ \ D(c). \quad (4.1.11)$$

**证**　取 $\Omega = [0, 1)$, 其中的 Lebesgue 可测集的全体 $\mathcal{F}$ 和 Lebesgue 测度 $P$ 为所考虑的概率空间. 与 §3.1 的构造完全类似, 在 $[0, 1)$ 中可以构造各阶区间 $\{D_{x_0 \cdots x_n}, x_i \in S, 0 \leq i \leq n, n \geq 0\}$, 并给出具有分布 (4.1.1) 的 $m$ 进信源 $\{X_n, n \geq 0\}$ 在上述概率空间的一种实现.

设 $\delta_i(\cdot)$ 表示 $S$ 上的 Kronecker $\delta$ 函数. 为证 (4.1.10) 和 (4.1.11) 两式成立, 我们先证以下两式成立:

$$\limsup_{n \to \infty} \frac{1}{n}\left[\sum_{k=1}^{n} \delta_i(X_{k-1})\delta_j(X_k) - \sum_{k=1}^{n} \delta_i(X_{k-1})p(i, j)\right] \leq c + 2\sqrt{c} \ \ \text{a.s.} \ \ 于 \ \ D(c),$$

$$(4.1.12)$$

$$\liminf_{n\to\infty} \frac{1}{n}\left[\sum_{k=1}^{n}\delta_i(X_{k-1})\delta_j(X_k) - \sum_{k=1}^{n}\delta_i(X_{k-1})p(i,j)\right] \geq -(c+2\sqrt{c}) \ \text{a.s.} \ \text{于} \ D(c).$$
$$(4.1.13)$$

设各阶区间及 $[0,1)$ 所组成的类为 $\mathcal{A}$，在 $\mathcal{A}$ 上定义集函数 $\mu$ 如下：设 $D_{x_0\cdots x_n}$ 是 $n$ 阶区间 $(n\geq 1), \lambda > 0$ 为常数，$i,j \in S$. 令

$$\mu(D_{x_0\cdots x_n}) = \lambda^{\sum_{k=1}^{n}\delta_i(x_{k-1})\delta_i(x_k)}\prod_{k=1}^{n}\left[\frac{1}{1+(\lambda-1)p(i,j)}\right]^{\delta_i(x_{k-1})}q(x_0)\prod_{k=1}^{n}p(x_{k-1},x_k).$$
$$(4.1.14)$$

又令

$$\mu(D_{x_0}) = \sum_{x_1=1}^{m}\mu(D_{x_0 x_1}), \tag{4.1.15}$$

$$\mu([0,1)) = \sum_{x_0=1}^{m}\mu(D_{x_0}). \tag{4.1.16}$$

由 (4.1.14) 式知，当 $n\geq 2$ 时有

$$\begin{aligned}\sum_{x_n=1}^{m}\mu(D_{x_0\cdots x_n}) &= \mu(D_{x_0\cdots x_{n-1}})\sum_{x_n=1}^{m}\frac{p(x_{n-1},x_n)\lambda^{\delta_i(x_{n-1})\delta_j(x_n)}}{[1+(\lambda-1)p(i,j)]^{\delta_i(x_{n-1})}} \\ &= \mu(D_{x_0\cdots x_{n-1}})\left[\frac{p(x_{n-1},j)\lambda^{\delta_i(x_{n-1})}+\sum_{x_n\neq j}p(x_{n-1},x_n)}{[1+(\lambda-1)p(i,j)]^{\delta_i(x_{n-1})}}\right].\end{aligned}$$

分别考虑 $x_{n-1}=i$ 和 $x_n\neq i$ 两种情况，由上式即得

$$\sum_{x_n=1}^{m}\mu(D_{x_0\cdots x_n}) = \mu(D_{x_0\cdots x_{n-1}}). \tag{4.1.17}$$

由 (4.1.15)—(4.1.17) 知，$\mu$ 是 $\mathcal{A}$ 上的可加集函数. 由此知存在定义在 $[0,1)$ 上的增函数 $f_\lambda$. 使得对任何 $D_{x_0\cdots x_n}$，有

$$\mu(D_{x_0\cdots x_n}) = f_\lambda(D_{x_0\cdots x_n}^+) - f_\lambda(D_{x_0\cdots x_n}^-), \tag{4.1.18}$$

其中 $D_{x_0\cdots x_n}^-$ 与 $D_{x_0\cdots x_n}^+$ 分别表示 $D_{x_0\cdots x_n}$ 的左、右端点. 令

$$t_n(\lambda,\omega) = \frac{\mu(D_{x_0\cdots x_n})}{P(D_{x_0\cdots x_n})} = \frac{f_\lambda(D_{x_0\cdots x_n}^+) - f_\lambda(D_{x_0\cdots x_n}^-)}{D_{x_0\cdots x_n}^+ - D_{x_0\cdots x_n}^-}, \ \omega \in D_{x_0\cdots x_n}. \tag{4.1.19}$$

设 $f_\lambda$ 的可微点的全体为 $A_{ij}(\lambda)$，则 $P(A_{ij}(\lambda)) = 1$. 仿照 (2.2.45) 的推导，有

$$\lim_{n\to\infty} t_n(\lambda,\omega) = \text{有限数}, \ \omega \in A_{ij}(\lambda). \tag{4.1.20}$$

因此有

$$\lim_{n\to\infty} \frac{1}{n+1} \ln t_n(\lambda,\omega) \le 0, \quad \omega \in A_{ij}(\lambda). \tag{4.1.21}$$

由 (4.1.19), (4.1.14) 与 (4.1.8) 式知 $\omega \in [0,1)$ 时

$$\frac{1}{n+1} \ln t_n(\lambda,\omega) = \frac{1}{n+1}[\ln \mu(D_{X_0\cdots X_n}) - \ln p_n(X_0,\cdots,X_n)]$$

$$= \frac{1}{n+1}\Big\{ \sum_{k=1}^{n} \delta_i(X_{k-1})\delta_j(X_k)\ln\lambda - \sum_{k=1}^{n} \delta_i(X_{k-1})\ln(1+(\lambda-1)p(i,j)) \Big\} + \varphi_n(\omega). \tag{4.1.22}$$

由 (4.1.21) 与 (4.1.22), 有

$$\limsup_{n\to\infty} \left[ \frac{1}{n+1}\sum_{k=1}^{n}\delta_i(X_{k-1})\delta_j(X_k)\ln\lambda - \frac{1}{n+1}\sum_{k=1}^{n}\delta_i(X_{k-1})\ln(1+(\lambda-1)p(i,j)) + \varphi_n(\omega) \right]$$

$$\le 0, \quad \omega \in A_{ij}(\lambda). \tag{4.1.23}$$

由 (4.1.23) 与 (4.1.9), 有 (参见下述 (4.1.26) 式)

$$\limsup_{n\to\infty} \frac{1}{n} \left[ \sum_{k=1}^{n}\delta_i(X_{k-1})\delta_j(X_k)\ln\lambda - \sum_{k=1}^{n}\delta_i(X_{k-1})\ln(1+(\lambda-1)p(i,j)) \right]$$

$$\le c, \quad \omega \in A_{ij}(\lambda) \cap D(c). \tag{4.1.24}$$

取 $\lambda > 1$, 将 (4.1.24) 式两边同除以 $\ln\lambda$, 得 $\omega \in A_{ij}(\lambda) \cap D(c)$ 时

$$\limsup_{n\to\infty} \frac{1}{n} \left[ \sum_{k=1}^{n}\delta_i(X_{k-1})\delta_j(X_k) - \sum_{k=1}^{n}\delta_i(X_{k-1})\frac{\ln(1+(\lambda-1)p(i,j))}{\ln\lambda} \right] \le \frac{c}{\ln\lambda}. \tag{4.1.25}$$

利用上极限性质

$$\limsup_{n\to\infty}(a_n - b_n) \le d \Longrightarrow \limsup_{n\to\infty}(a_n - c_n) \le \limsup_{n\to\infty}(b_n - c_n) + d, \tag{4.1.26}$$

由 (4.1.25) 式及不等式

$$1 - \frac{1}{x} \le \ln x \le x - 1, \; x > 0, \tag{4.1.27}$$

有

$$\limsup_{n\to\infty} \frac{1}{n} \left[ \sum_{k=1}^{n}\delta_i(X_{k-1})\delta_j(X_k) - \sum_{k=1}^{n}\delta_i(X_{k-1})p(i,j) \right]$$

$$\le \limsup_{n\to\infty} \frac{1}{n} \sum_{k=1}^{n}\delta_i(X_{k-1})\left[ \frac{\ln(1+(\lambda-1)p(i,j))}{\ln\lambda} - p(i,j) \right] + \frac{c}{\ln\lambda}$$

$$\leq \limsup_{n \to \infty} \frac{1}{n} \sum_{k=1}^{n} \delta_i(X_{k-1}) p(i,j) \left( \frac{\lambda - 1}{1 - 1/\lambda} - 1 \right) + \frac{c}{1 - 1/\lambda}$$

$$\leq \lambda - 1 + c + \frac{c}{\lambda - 1}, \quad \omega \in A_{ij}(\lambda) \cap D(c). \tag{4.1.28}$$

当 $c > 0$ 时, 易知函数 $f(\lambda) = \lambda - 1 + c + c/(\lambda - 1)$ $(\lambda > 1)$ 在 $\lambda = 1 + \sqrt{c}$ 处取到最小值 $f(1 + \sqrt{c}) = c + 2\sqrt{c}$. 在 (4.1.28) 式中取 $\lambda = 1 + \sqrt{c}$, 得 $\omega \in A_{ij}(1 + \sqrt{c}) \cap D(c)$ 时

$$\limsup_{n \to \infty} \frac{1}{n} \left[ \sum_{k=1}^{n} \delta_i(X_{k-1}) \delta_j(X_k) - \sum_{k=1}^{n} \delta_i(X_{k-1}) p(i,j) \right] \leq c + 2\sqrt{c}. \tag{4.1.29}$$

由于 $P(A_{ij}(1 + \sqrt{c})) = 1$, 故由 (4.1.29) 知, 当 $c > 0$ 时 (4.1.13) 式成立.

仿照 (3.1.19) 的证明, 当 $c = 0$ 时 (4.1.12) 亦成立.

类似地利用当 $\lambda < 1$ 时的 (4.1.24) 可证 (4.1.13) 亦成立. 由 (4.1.13) 与 (4.1.14) 易知, 对任何 $f(i,j)$ 及 a.s. $\omega \in D(c)$, 有

$$\limsup_{n \to \infty} \frac{1}{n} \sum_{k=1}^{n} \delta_i(X_{k-1}) f(i,j) \left[ \delta_j(X_k) - p(i,j) \right] \leq |f(i,j)|(c + 2\sqrt{c}), \tag{4.1.30}$$

$$\limsup_{n \to \infty} \frac{1}{n} \sum_{k=1}^{n} \delta_i(X_{k-1}) f(i,j) \left[ \delta_j(X_k) - p(i,j) \right] \geq -|f(i,j)|(c + 2\sqrt{c}). \tag{4.1.31}$$

又有

$$f(X_{k-1}, X_k) - \sum_{j=1}^{m} f(X_{k-1}, j) p(X_{k-1}, j)$$

$$= \sum_{i=1}^{n} \sum_{j=1}^{m} \delta_i(X_{k-1}) \delta_j(X_k) f(i,j) - \sum_{j=1}^{m} f(X_{k-1}, j) p(X_{k-1}, j)$$

$$= \sum_{i=1}^{m} \sum_{j=1}^{m} \delta_i(X_{k-1}) f(i,j) [\delta_j(X_k) - p(i,j)]. \tag{4.1.32}$$

根据上、下极限性质及 (4.1.32), (4.1.10) 与 (4.1.11) 分别可由 (4.1.30) 与 (4.1.31) 得出.

在 $\varphi_n(\omega)$ 的定义 (4.1.8) 中如果转移矩阵 (4.1.4) 满足

$$p(i,j) = q(i), \quad i,j \in S,$$

则我们就得到任意信源相对于具有分布 $\{q(1), q(2), \cdots, q(m)\}$ 的无记忆信源的相对熵密度偏差.

$$\psi_n(\omega) = \frac{1}{n+1} \sum_{k=0}^{n} \ln q(X_k) - \frac{1}{n+1} \ln p_n(X_o, \cdots, X_n). \tag{4.1.33}$$

这就是 (4.1.8) 式定义的 $\varphi_n(\omega)$ 的特例. 关于 $\psi_n(\omega)$ 由定理 4.1.1 可得下述推论.

**推论 4.1.1** 设 $\{X_n, n \geq 0\}$ 是具有分布 (4.1.1) 的任意信源, $\psi_n(\omega)$ 由 (4.1.33) 定义, $f(x, y)$ 是定义在 $S \times S$ 上的任意函数, $c \geq 0$. 令

$$G(c) = \{\omega : \liminf_{n \to \infty} \psi_n(\omega) \geq -c\}, \tag{4.1.34}$$

则 $\forall$ a.s. $\omega \in G(c)$

$$\limsup_{n \to \infty} \frac{1}{n} \sum_{k=1}^{n} \left\{ f(X_{k-1}, X_k) - \sum_{j=1}^{m} f(X_{k-1}, j) q(j) \right\} \leq (c + 2\sqrt{c}) \sum_{i=1}^{m} \sum_{j=1}^{m} |f(i, j)|, \tag{4.1.35}$$

$$\liminf_{n \to \infty} \frac{1}{n} \sum_{k=1}^{n} \left\{ f(X_{k-1}, X_k) - \sum_{j=1}^{m} f(X_{k-1}, j) q(j) \right\} \geq -(c + 2\sqrt{c}) \sum_{i=1}^{m} \sum_{j=1}^{m} |f(i, j)|. \tag{4.1.36}$$

利用推论 4.1.1, 可得与 §3.1 定理类似的结论:

**推论 4.1.2** 设 $\{X_n, n \geq 0\}$ 是具有分布 (4.1.1) 的任意信源. $G(c)$ 由 (4.1.34) 定义, $S_n(i, \omega)$ 表示序列 $X_o(\omega), \cdots, X_{n-1}(\omega)$ 中 $i$ 出现的次数, 则

$$\limsup_{n \to \infty} [\frac{1}{n} S_n(i, \omega) - q(i)] \leq m(c + 2\sqrt{c}) \quad \text{a.s. 于} \quad G(c), \tag{4.1.37}$$

$$\liminf_{n \to \infty} [\frac{1}{n} S_n(i, \omega) - q(i)] \geq -m(c + 2\sqrt{c}) \quad \text{a.s. 于} \quad G(c). \tag{4.1.38}$$

**证** 在推论 4.1.1 中令 $f(x, y) = \delta_i(y)$ , 注意到

$$\frac{1}{n} \sum_{k=1}^{n} \left\{ f(X_{k-1}, X_k) - \sum_{j=1}^{m} f(X_{k-1}, j) q(j) \right\}$$

$$= \frac{1}{n} \sum_{k=1}^{n} \left\{ \delta_i(X_k) - \sum_{j=1}^{m} \delta_i(j) q(j) \right\}$$

$$= \frac{1}{n} S_n(i, \omega) + \delta_i(X_n) - \delta_i(X_0) - q(i).$$

和

$$\sum_{i=1}^{m} \sum_{j=1}^{m} |f(i, j)| = \sum_{i=1}^{m} \sum_{j=1}^{m} \delta_i(j) = m,$$

分别由 (4.1.35) 与 (4.1.36), 可得 (4.1.37) 与 (4.1.38) 式.

**推论 4.1.3** 设 $\{X_n, n \geq 0\}$ 是具有分布 (4.1.1) 的任意信源, $G(c)$ 由 (4.1.34) 式定义, $f_n(\omega)$ 是由 (4.1.2) 定义的相对熵密度序列, $H(q(1), \cdots, q(m))$ 表示分布

$\{q(1), \cdots, q(m)\}$ 的熵, 即

$$H(q(1), \cdots, q(m)) = -\sum_{i=1}^{m} q(i) \ln q(i). \tag{4.1.39}$$

则 $\forall$ a.s. $\omega \in G(c)$

$$\limsup_{n \to \infty}[f_n(\omega) - H(q(1), \cdots, q(m))] \le m(c + 2\sqrt{c})\sum_{i=1}^{m}|\ln q(i)| \ \text{a.s.} \ \text{于} \ G(c), \tag{4.1.40}$$

$$\liminf_{n \to \infty}[f_n(\omega) - H(q(1), \cdots, q(m))] \ge -m(c + 2\sqrt{c})\sum_{i=1}^{m}|\ln q(i)| - c. \ \text{a.s.} \ \text{于} \ G(c). \tag{4.1.41}$$

  **证** 在推论 4.1.1 中令 $f(x, y) = -\ln q(y)$, 则有

$$\frac{1}{n}\sum_{k=1}^{n}\left\{f(X_{k-1}, X_k) - \sum_{j=1}^{m}f(X_{k-1}, j)q(j)\right\}$$

$$= \frac{1}{n}\sum_{k=1}^{n}\left\{(-\ln q(X_k)) - \sum_{j=1}^{m}(-\ln q(j))q(j)\right\}$$

$$= \frac{1}{n}\sum_{k=1}^{n}(-\ln q(X_k) - H(q(1), q(2), \cdots, q(m)))$$

和

$$\sum_{i=1}^{m}\sum_{j=1}^{m}|f(i, j)| = \sum_{i=1}^{m}\sum_{j=1}^{m}|\ln q(j)| = m\sum_{j=1}^{m}|\ln q(j)|.$$

分别由 (4.1.35) 与 (4.1.36), 得 $\forall$ a.s. $\omega \in G(c)$

$$\limsup_{n \to \infty}\left\{\frac{1}{n}\sum_{k=1}^{n}(-\ln q(X_k) - H(q(1), \cdots, q(m)))\right\} \le (c + 2\sqrt{c})m\sum_{j=1}^{m}|\ln q(j)|, \tag{4.1.42}$$

$$\liminf_{n \to \infty}\left\{\frac{1}{n}\sum_{k=1}^{n}(-\ln q(X_k) - H(q(1), \cdots, q(m)))\right\} \ge -(c + 2\sqrt{c})m\sum_{j=1}^{m}|\ln q(j)|. \tag{4.1.43}$$

在 (4.1.23) 式中令 $\lambda = 1$, 注意到 $P(A_{ij}(\lambda)) = 1$, 有

$$\limsup_{n \to \infty}\varphi_n(\omega) \le 0 \ \text{a.s..} \tag{4.1.44}$$

将 $\varphi_n(\omega)$ 换成 $\psi_n(\omega)$ 仍然有

$$\limsup_{n \to \infty}\psi_n(\omega) \le 0 \ \text{a.s..} \tag{4.1.45}$$

由 (4.1.2), (4.1.33), (4.1.42) 与 (4.1.45), 有

$$\limsup_{n\to\infty}\{f_n(\omega)-H(q(1),\cdots,q(m))\}$$

$$\leq \limsup_{n\to\infty}\left\{\frac{1}{n}\sum_{k=1}^{n}(-\ln q(X_k)-H(q(1),\cdots,q(m)))\right\}+\limsup_{n\to\infty}\psi_n(\omega)$$

$$\leq (c+2\sqrt{c})m\sum_{j=1}^{m}|\ln q(j)| \quad \text{a.s.} \quad 于 \quad G(c). \tag{4.1.46}$$

由 (4.1.2), (4.1.33), (4.1.34) 与 (4.1.43), 有

$$\liminf_{n\to\infty}\{f_n(\omega)-H(q(1),\cdots,q(m))\}$$

$$\geq \liminf_{n\to\infty}\left\{\frac{1}{n}\sum_{k=1}^{n}(-\ln q(X_k)-H(q(1),\cdots,q(m)))\right\}+\liminf_{n\to\infty}\psi_n(\omega)$$

$$\geq -(c+2\sqrt{c})m\sum_{j=1}^{m}|\ln q(j)|-c \quad \text{a.s.} \quad 于 \quad G(c). \tag{4.1.47}$$

所以推论 4.1.3 成立.

以上的推论我们将 Shannon-McMillan 定理推广到强偏差定理的情况.

**定理 4.1.2**(刘文、杨卫国 1995a)　设 $\{X_n, n \geq 0\}$ 是具有分布 (4.1.1) 的任意信源, $D(c)$ 由 (4.1.9) 式定义, $S_n(i,\omega)$ 如前所定义, $S_n(i,j,\omega)$ 是序偶序列 $(X_0,X_1),(X_1,X_2),\cdots.(X_{n-1},X_n)$ 中序偶 $(i,j)$ 出现的次数, $f_n(\omega)$ 是由 (4.1.2) 定义的相对熵密度, 则

1) $$\lim_{n\to\infty}\frac{1}{n}S_n(i,\omega)=p_i \quad \text{a.s.} \quad 于 \quad D(0); \tag{4.1.48}$$

2) $$\lim_{n\to\infty}\frac{S_n(i,j,\omega)}{S_n(i,\omega)}=p(i,j) \quad \text{a.s.} \quad 于 \quad D(0); \tag{4.1.49}$$

3) $$\lim_{n\to\infty}f_n(\omega)=-\sum_{i=1}^{m}\sum_{j=1}^{m}p_ip(i,j)\ln p(i,j) \quad \text{a.s.} \quad 于 \quad D(0). \tag{4.1.50}$$

其中 $(p_1,\cdots,p_m)$ 是转移矩阵 (4.1.4) 所确定的平稳分布.

　**证**　1) 由 (4.1.10) 与 (4.1.11), 有

$$\lim_{n\to\infty}\frac{1}{n}\left[\sum_{k=1}^{n}f(X_{k-1},X_k)-\sum_{k=1}^{n}\sum_{j=1}^{m}f(X_{k-1},j)p(X_{k-1},j)\right]=0 \quad \text{a.s.} \quad 于 \quad D(0). \tag{4.1.51}$$

在 (4.1.51) 中令 $f(x,y) = \delta_i(y)$ , 并注意到

$$\sum_{j=1}^{m}\sum_{k=1}^{n}\delta_i(j)p(X_{k-1},j) = \sum_{k=1}^{n}p(X_{k-1},i) = \sum_{k=1}^{n}\sum_{j=1}^{m}\delta_j(X_{k-1})p(j,i)$$

$$= \sum_{j=1}^{m}\sum_{k=1}^{n}\delta_j(X_{k-1})p(j,i) \tag{4.1.52}$$

和

$$S_n(i,\omega) = \sum_{k=1}^{n}\delta_i(X_{k-1}), \tag{4.1.53}$$

有

$$\lim_{n\to\infty}\frac{1}{n}\left[\sum_{k=1}^{n}\delta_i(X_k) - \sum_{j=1}^{m}\sum_{k=1}^{n}\delta_j(X_{k-1})p(j,i)\right]$$

$$= \lim_{n\to\infty}\frac{1}{n}\left[S_n(i,\omega) - \sum_{j=1}^{m}S_n(j,\omega)p(j,i)\right] = 0 \text{ a.s. } \mp D(0), i = 1, 2, \cdots, m. \tag{4.1.54}$$

分别将 (4.1.54) 式中第 $i$ 个式子乘以 $p(i,k)$ 然后对 $i$ 相加, 并再次利用 (4.1.54) 式, 得

$$\lim_{n\to\infty}\frac{1}{n}\left[\sum_{i=1}^{m}S_n(i,\omega)p(i,k) - \sum_{j=1}^{m}\sum_{i=1}^{m}S_n(j,\omega)p(j,i)p(i,k)\right]$$

$$= \lim_{n\to\infty}\frac{1}{n}\left[\left(\sum_{i=1}^{m}S_n(i,\omega)p(i,k) - S_n(k,\omega)\right) + \left(S_n(k,\omega) - \sum_{j=1}^{m}S_n(j,\omega)\sum_{i=1}^{m}p(j,i)p(i,k)\right)\right]$$

$$= \lim_{n\to\infty}\frac{1}{n}\left[S_n(k,\omega) - \sum_{j=1}^{m}S_n(j,\omega)p(j,k)^{(2)}\right] = 0 \quad \text{a.s. } \mp D(0), \tag{4.1.55}$$

其中 $p(j,k)^{(l)}$ ( $l$ 为正整数) 表示相应于转移矩阵 $P$ 的 $l$ 步转移概率. 用归纳法可证对任何正整数 $l$, 有

$$\lim_{n\to\infty}\frac{1}{n}\left[S_n(k,\omega) - \sum_{j=1}^{m}S_n(j,\omega)p(j,k)^{(l)}\right] = 0 \text{ a.s. } \mp D(0). \tag{4.1.56}$$

由于 $p(j,k)^{(l)} \to p_k$ $(l \to \infty)$. 故由 (4.1.56), 即得 (4.1.48) 式成立:

$$\lim_{n\to\infty}\frac{1}{n}S_n(k,\omega) = p_k \quad \text{a.s. } \mp D(0). \tag{4.1.57}$$

2) 由 (4.1.12) 与 (4.1.13), 并注意到

$$\sum_{k=1}^{n} \delta_i(X_{k-1})\delta_j(X_k) = S_n(i,j,\omega), \tag{4.1.58}$$

有

$$\lim_{n\to\infty} \frac{1}{n}\left[ S_n(i,j,\omega) - \sum_{k=1}^{n} \delta_i(X_{k-1})p(i,j)\right] = 0 \quad \text{a.s.} \ \ \text{于} \ \ D(0). \tag{4.1.59}$$

由 (4.1.59) 与 (4.1.57), 并注意到 (4.1.53), 得 (4.1.49) 式成立:

$$\lim_{n\to\infty} \frac{S_n(i,j,\omega)}{S_n(i,\omega)} = p(i,j) \ \text{a.s.} \ \ \text{于} \ \ D(0). \tag{4.1.60}$$

3) 由 (4.1.57)—(4.1.59), 并注意到 (4.1.53), 有

$$\lim_{n\to\infty} \frac{1}{n}\left[\sum_{k=1}^{n} \delta_i(X_{k-1})\delta_j(X_k) - p_i p(i,j)\right] = 0 \ \text{a.s.} \ \ \text{于} \ \ D(0). \tag{4.1.61}$$

由 (4.1.61), 有

$$\begin{aligned}
\lim_{n\to\infty} \frac{1}{n}\sum_{k=1}^{n} \ln p(X_{k-1},X_k) &= \lim_{n\to\infty} \frac{1}{n}\sum_{k=1}^{n}\sum_{i=1}^{m}\sum_{j=1}^{m} \delta_i(X_{k-1})\delta_j(X_k)\ln p(i,j) \\
&= \sum_{i=1}^{m}\sum_{j=1}^{m}[\ln p(i,j)]\lim_{n\to\infty}\frac{1}{n}\sum_{k=1}^{n}\delta_i(X_{k-1})\delta_j(X_k) \\
&= \sum_{i=1}^{m}\sum_{j=1}^{m} p_i p(i,j)\ln p(i,j) \ \text{a.s.} \ \ \text{于} \ \ D(0). \tag{4.1.62}
\end{aligned}$$

由 (4.1.44) 及 $D(0)$ 的定义, 有

$$\lim_{n\to\infty} \varphi_n(\omega) = 0 \ \text{a.s.} \ \ \text{于} \ \ D(0). \tag{4.1.63}$$

由 (4.1.62), (4.1.63) 及 (4.1.8), 有 (4.1.50) 成立:

$$\lim_{n\to\infty} f_n(\omega) = -\sum_{i=1}^{m}\sum_{j=1}^{m} p_i p(i,j)\ln p(i,j) \ \text{a.s.} \ \ \text{于} \ \ D(0).$$

显然, (4.1.50) 式是关于马氏信源的 Shannon—McMillan 定理的推广. 事实上, 如果 $\{X_n, n\geq 0\}$ 是以 (4.1.3) 为初始分布, (4.1.4) 为转移矩阵的马氏信源, 则 $\varphi_n(\omega)\equiv 0$, 故 $D(0)=[0,1)$, 因而 (4.1.50) 式中的极限式在 $[0,1)$ 中几乎处处成立.

## §4.2   $N$ 值随机变量序列的马尔可夫逼近

设 $\{X_n, n \geq 0\}$ 是定义在概率空间 $(\Omega, \mathcal{F}, P)$ 上取值于 $S = \{1, 2, \cdots, N\}$ 中的随机变量序列, $Q$ 为 $\mathcal{F}$ 的另一概率测度, $\{X_n, n \geq 0\}$ 是 $Q$ 测度下的马尔可夫链. 设 $h(P|Q)$ 是关于 $\{X_n\}$ 的 $P$ 相对于 $Q$ 的样本偏差率. 本节用 $h(P|Q)$ 讨论了概率测度 $P$ 下的随机变量 $\{X_n, n \geq 0\}$ 的马尔可夫逼近, 并且得到关于 $\{X_n, n \geq 0\}$ 的二元函数的一类强偏差收敛定理. 在证明过程中, 使用了研究 a.s. 收敛的分析技巧及鞅收敛定理.

### §4.2.1   引   言

设 $(\Omega, \mathcal{F}, P)$ 为概率空间, $\{X_n, n \geq 0\}$ 是在 $S = \{1, 2, \cdots, N\}$ 中的随机变量序列, 其联合分布为

$$P(X_0 = x_0, \cdots, X_n = x_n) = p(x_0, \cdots, x_n), \quad x_i \in S, 0 \leq i \leq n. \tag{4.2.1}$$

设

$$f_n(\omega) = -(1/n) \ln p(X_0, \cdots, X_n), \tag{4.2.2}$$

其中 $\omega$ 是样本点, $X_i$ 表示 $X_i(\omega)$, $f_n(\omega)$ 为 $\{X_i, 0 \leq i \leq n\}$ 的熵密度. 设 $Q$ 为 $\mathcal{F}$ 上的另一概率测度, 并令

$$Q(X_0 = x_0, \cdots, X_n = x_n) = q(x_0, \cdots, x_n), \quad x_i \in S, 0 \leq i \leq n. \tag{4.2.3}$$

如果 $Q$ 是 $\{X_n, n \geq 0\}$ 的马尔可夫测度, 则存在 $S$ 上的分布

$$(q(1), q(2), \cdots, q(N)) \tag{4.2.4}$$

和一列随机矩阵

$$(p_n(i, j)), \quad i, j \in S, n \geq 1, \tag{4.2.5}$$

使得

$$q(x_0, \cdots, x_n) = q(x_0) \prod_{k=1}^{n} p_k(x_{k-1}, x_k). \tag{4.2.6}$$

此时有

$$-(1/n) \ln q(X_0, \cdots, X_n) = -(1/n) \left[ \ln q(X_0) + \sum_{k=1}^{n} p_k(X_{k-1}, X_k) \right]. \tag{4.2.7}$$

为叙述简单起见, 我们假设 $p(x_0, \cdots, x_n), q(x_0, \cdots, x_n), q(i)$ 和 $p_n(i,j)$ 皆为正.

**定义 4.2.1** 设 $p$ 和 $q$ 如 (4.2.1) 和 (4.2.3) 所示, 令

$$h(P|Q) = \limsup_{n\to\infty}(1/n)\ln[p(X_0, \cdots, X_n)/q(X_0, \cdots, X_n)]. \tag{4.2.8}$$

$h(P|Q)$ 称为 $P$ 相对于 $Q$ 的样本散度.

如果 $Q$ 是相关于 $\{X_n, n \geq 0\}$ 的马尔可夫测度, 即 (4.2.6) 成立, 则

$$h(P|Q) = \limsup_{n\to\infty}(1/n)\ln\left[p(X_0, \cdots, X_n)/q(x_0)\prod_{k=1}^{n}p_k(X_{k-1}, X_k)\right]. \tag{4.2.9}$$

实际上 $h(P|Q)$ 是 $\{X_i, 0 \leq i \leq n\}$ 在概率测度 $Q$ 与 $P$ 下的熵密度偏差的上极限.

在此节中我们利用 $h(P|Q)$ 的概念, 建立了任意 $N$ 值随机变量序列的二元函数的平均的强偏差定理 (即由不等式表示的强极限定理), 并且把 Shannon-McMillan 定理推广到非齐次马氏信源上.

## §4.2.2 主 要 结 论

为方便起见, 首先给出似然比的一个极限性质作为引理.

**引理 4.2.1** 设 $p$ 和 $q$ 如 (4.2.1) 与 (4.2.3) 所示, 则有

$$\limsup_{n\to\infty}(1/n)\ln[q(X_0, \cdots, X_n)/p(X_0, \cdots, X_n)] \leq 0 \quad P\text{-a.s.} \tag{4.2.10}$$

**证** 易知似然比 $Z_n = q(X_0, \cdots, X_n)/p(X_0, \cdots, X_n)$ 是非负上鞅, 且几乎处处 (按 $P$) 收敛到有限极限, 由此知 (4.2.10) 成立. 由 (4.2.10) 可推出

$$h(P|Q) \geq 0 \quad P\text{-a.s.} \tag{4.2.11}$$

**定理 4.2.1**(刘文、杨卫国 2000) 设 $\{X_n, n \geq 0\}$ 是定义在可测空间 $(\Omega, \mathcal{F})$ 取值于 $S = \{1, 2, \cdots, N\}$ 的随机变量序列, $P$ 和 $Q$ 为 $\mathcal{F}$ 上的两个概率测度, $\{X_n, n \geq 0\}$ 关于 $Q$ 是马尔可夫的, 即 (4.2.6) 成立. $h(P|Q)$ 由 (4.2.9) 定义, $\{f_n(x,y), n \geq 1\}$ 是定义在 $S^2$ 的函数列, $c \geq 0$ 为常数. 设

$$D(c) = \{\omega : h(P|Q) \leq c\}. \tag{4.2.12}$$

设存在 $\alpha > 0$, 使得对 $\forall i \in S$,

$$b_\alpha(i) = \limsup_{n\to\infty}(1/n)\sum_{k=1}^{n}E_Q[\exp\{\alpha|f_k(X_{k-1}, X_k)|\}|X_{k-1} = i] \leq \tau, \tag{4.2.13}$$

此处 $E_Q$ 表示相对于 $Q$ 的期望. 令

$$H_t = 2\tau/e^2(t-\alpha)^2, \tag{4.2.14}$$

此处 $0 < t < \alpha$. 当 $0 \le c \le t^2 H_t$ 时, 有

$$\limsup_{n\to\infty}(1/n)\left|\sum_{k=1}^{n}\{f_k(X_{k-1},X_k) - E_Q[f_k(X_{k-1},X_k)|X_{k-1}]\}\right| \le 2\sqrt{cH_t},$$

$$P\text{-a.s.} \text{于 } D(c). \tag{4.2.15}$$

特别,

$$\lim_{n\to\infty}(1/n)\sum_{k=1}^{n}\{f_k(X_{k-1},X_k) - E_Q[f_k(X_{k-1},X_k)|X_{k-1}]\} = 0,$$

$$P\text{-a.s.} \text{于 } D(0). \tag{4.2.16}$$

**注 4.2.1**    显然如果 $P = Q$, 则 $h(P|Q) \equiv 0$, 又 (4.2.11) 中已证对一般情况有 $h(P|Q) \ge 0$  $P$-a.s., 因此 $h(P|Q)$ 可用来测量 $\{X_n, n \ge 0\}$ 在 $P$ 与 $Q$ 下的偏差. $h(P|Q)$ 越小, 偏差越小.

**证**    设

$$D_{x_0\cdots x_n} = \{\omega : X_k = x_k,\ x_k \in S,\ 0 \le k \le n\}.$$

$D_{x_0\cdots x_n}$ 称为 $n$ 阶柱集. 由 (4.2.1), 有

$$P(D_{x_0\cdots x_n}) = P(X_0 = x_0, \cdots, X_n = x_n) = p(x_0, \cdots, x_n).$$

令 $\mathcal{A}$ 为 $\Omega$ 和所有的柱集组成的类, $\lambda$ 为常数, 定义 $\mathcal{A}$ 上的集函数 $\mu$ 如下:

$$\mu(D_{x_o\cdots x_n}) = q(x_0)\prod_{k=1}^{n}\frac{\exp\{\lambda f_k(x_{k-1},x_k)\}p_k(x_{k-1},x_k)}{E_Q[\exp\{\lambda f_k(X_{k-1},X_k)\}|X_{k-1}=x_{k-1}]},\ \ n \ge 1, \tag{4.2.17}$$

$$\mu(I_{x_0}) = \sum_{x_1}\mu(D_{x_0x_1}), \tag{4.2.18}$$

$$\mu(\Omega) = \sum_{x_0}\mu(D_{x_0}), \tag{4.2.19}$$

此处 $\displaystyle\sum_{x_n}$ 为对所有 $x_n$ 求和. 注意到

$$E_Q[\exp\{\lambda f_n(X_{n-1},X_n)\}|X_{n-1} = x_{n-1}]$$
$$= \sum_{x_n}\exp\{\lambda f_n(x_{n-1},x_n)\}p_n(x_{n-1},x_n),\ \ n \ge 2,$$

可得

$$\sum_{x_n} \mu(D_{x_0\cdots x_n})$$

$$= \sum_{x_n} q(x_0) \prod_{k=1}^{n} \frac{\exp\{\lambda f_k(x_{k-1},x_k)\}p_k(x_{k-1},x_k)}{E_Q[\exp\{\lambda f_k(X_{k-1},X_k)\}|X_{k-1}=x_{k-1}]}$$

$$= \mu(D_{x_0\cdots x_{n-1}}) \sum_{x_n} \frac{\exp\{\lambda f_n(x_{n-1},x_n)\}p_n(x_{n-1},x_n)}{E_Q[\exp\{\lambda f_n(X_{n-1},X_n)\}|X_{n-1}=x_{n-1}]}$$

$$= \mu(D_{x_0\cdots x_{n-1}}). \tag{4.2.20}$$

由 (4.2.18)—(4.2.20), 知 $\mu$ 是 $\mathcal{A}$ 上的测度, 因为 $\mathcal{A}$ 是半代数, 故 $\mu$ 可惟一地拓广到 $\sigma$ 代数 $\sigma(\mathcal{A})$ 上. 设

$$g(x_0,\cdots,x_n) = \mu(X_0=x_0,\cdots,X_n=x_n),$$

$$t_n(\lambda,\omega) = g(X_0,\cdots,X_n)/p(X_0,\cdots,X_n).$$

由引理 4.2.1, 存在 $A(\lambda) \in \sigma(\mathcal{A})$, $P(A(\lambda))=1$, 有

$$\limsup_{n\to\infty}(1/n)\ln t_n(\lambda,\omega) \le 0, \quad \omega \in A(\lambda). \tag{4.2.21}$$

由 (4.2.17), 可得

$$(1/n)\ln t_n(\lambda,\omega)$$

$$= \lambda(1/n)\sum_{k=1}^{n} f_k(X_{k-1},X_k) - (1/n)\sum_{k=1}^{n}\ln E_Q[\exp\{\lambda f_k(X_{k-1},X_k)\}|X_{k-1}]$$

$$- (1/n)\ln[p(X_0,\cdots,X_n)/q(X_0)\prod_{k=1}^{n}p_k(X_{k-1},X_k)]. \tag{4.2.22}$$

由 (4.2.21) 和 (4.2.22), 得

$$\limsup_{n\to\infty}\left\{\lambda(1/n)\sum_{k=1}^{n}f_k(X_{k-1},X_k) - (1/n)\sum_{k=1}^{n}\ln E_Q[\exp\{\lambda f_k(X_{k-1},X_k)\}|X_{k-1}]\right\}$$

$$\le h(P|Q), \quad \omega \in A(\lambda).$$

此式蕴含

$$\limsup_{n\to\infty}\lambda(1/n)\sum_{k=1}^{n}\{f_k(X_{k-1},X_k) - E_Q[f_k(X_{k-1},X_k)|X_{k-1}]\}$$

$$\le \limsup_{n\to\infty}(1/n)\sum_{k=1}^{n}\{\ln E_Q[\exp\{\lambda f_k(X_{k-1},X_k)\}|X_{k-1}]$$

$$-E_Q[\lambda f_k(X_{k-1}, X_k)|X_{k-1}]\} + h(P|Q), \quad \omega \in A(\lambda). \tag{4.2.23}$$

由不等式 $\ln x \leq x - 1(x > 0)$ 和 $e^x - 1 - x \leq (x^2/2)e^{|x|}$, 并且注意到

$$\max\{x^2 e^{-hx}, x \geq 0\} = 4e^{-2}/h^2 \quad (h > 0),$$

由 (4.2.13), 当 $0 < |\lambda| < t < \alpha$ 时有

$$\limsup_{n \to \infty}(1/n)\sum_{k=1}^{n}\{\ln E_Q[\exp\{\lambda f_k\}|X_{k-1}] - E_Q[\lambda f_k|X_{k-1}]\}$$

$$\leq \limsup_{n \to \infty}(1/n)\sum_{k=1}^{n}\{E_Q[\exp\{\lambda f_k\}|X_{k-1}] - 1 - E_Q[\lambda f_k|X_{k-1}]\}$$

$$\leq \limsup_{n \to \infty}(1/n)\sum_{k=1}^{n}E_Q[(e^{\lambda f_k} - 1 - \lambda f_k)|X_{k-1}]$$

$$\leq \limsup_{n \to \infty}(1/n)\sum_{k=1}^{n}E_Q[(\lambda^2/2)f_k^2 e^{|\lambda f_k|}|X_{k-1}]$$

$$= \limsup_{n \to \infty}(1/n)\sum_{k=1}^{n}(\lambda^2/2)E_Q[\mathrm{e}^{a|f_k|}f_k^2 \mathrm{e}^{(|\lambda|-a)|f_k|}|X_{k-1}]$$

$$\leq (\lambda^2/2)\limsup_{n \to \infty}(1/n)\sum_{k=1}^{n}E_Q[\mathrm{e}^{a|f_k|}4\mathrm{e}^{-2}/(|\lambda| - a)^2|X_{k-1}]$$

$$\leq \lambda^2 2\tau/\mathrm{e}^2(t - a)^2, \tag{4.2.24}$$

其中, $f_k(X_{k-1}, X_k)$ 简记为 $f_k$. 由 (4.2.23), (4.2.24) 和 (4.2.14), 得

$$\limsup_{n \to \infty}\lambda(1/n)\sum_{k=1}^{n}\{f_k(X_{k-1}, X_k) - E_Q[f_k(X_{k-1}, X_k)|X_{k-1}]\}$$

$$\leq \lambda^2 H_t + h(P|Q), \quad \omega \in A(\lambda). \tag{4.2.25}$$

由 (4.2.12) 和 (4.2.25), 得

$$\limsup_{n \to \infty}\lambda(1/n)\sum_{k=1}^{n}\{f_k(X_{k-1}, X_k) - E_Q[f_k(X_{k-1}, X_k)|X_{k-1}]\}$$

$$\leq \lambda^2 H_t + c, \quad \omega \in A(\lambda) \cap D(c). \tag{4.2.26}$$

当 $0 < \lambda < t < \alpha$ 时, 由 (4.2.26), 得

$$\limsup_{n \to \infty}(1/n)\sum_{k=1}^{n}\{f_k(X_{k-1}, X_k) - E_Q[f_k(X_{k-1}, X_k)|X_{k-1}]\}$$

$$\leq \lambda H_t + c/\lambda, \quad \omega \in A(\lambda) \cap D(c). \tag{4.2.27}$$

容易看到, 当 $0 < c \leq t^2 H_t$, 由函数 $g(\lambda) = \lambda H_t + c/\lambda$, 在 $\lambda = \sqrt{c/H_t}$ 处可取得最小值 $g(\sqrt{c/H_t}) = 2\sqrt{cH_t}$. 在 (4.2.27) 中令 $\lambda = \sqrt{c/H_t}$, 可得

$$\limsup_{n \to \infty}(1/n) \sum_{k=1}^{n} \{f_k(X_{k-1}, X_k) - E_Q[f_k(X_{k-1}, X_k)|X_{k-1}]\}$$

$$\leq 2\sqrt{cH_t}, \quad \omega \in A(\sqrt{c/H_t}) \cap D(c). \tag{4.2.28}$$

因为 $P(A(\sqrt{c/H_t})) = 1$, 由 (4.2.28), 可得

$$\limsup_{n \to \infty}(1/n) \sum_{k=1}^{n} \{f_k(X_{k-1}, X_k) - E_Q[f_k(X_{k-1}, X_k)|X_{k-1}]\}$$

$$\leq 2\sqrt{cH_t} \quad P\text{-a.s.} 于 D(c). \tag{4.2.29}$$

当 $c = 0$, 选取 $\lambda_i \in (0, t](i = 1, 2, \cdots)$, 使得 $\lambda_i \to 0(i \to \infty)$, 并令 $A^* = \cap_{i=1}^{\infty} A(\lambda_i)$. 那么对所有 $i$ 由 (4.2.26) 可得

$$\limsup_{n \to \infty}(1/n) \sum_{k=1}^{n} \{f_k(X_{k-1}, X_k) - E_Q[f_k(X_{k-1}, X_k)|X_{k-1}]\}$$

$$\leq \lambda_i H_t, \quad \omega \in A^* \cap D(0).$$

因为 $P(A^*) = 1$, 故 (4.2.29) 在 $c = 0$ 时也成立.

当 $-\alpha < -t < \lambda < 0$ 时, 由 (4.2.26), 同理可得

$$\liminf_{n \to \infty}(1/n) \sum_{k=1}^{n} \{f_k(X_{k-1}, X_k) - E_Q[f_k(X_{k-1}, X_k)|X_{k-1}]\}$$

$$\geq -2\sqrt{cH_t} \quad P\text{-a.s.} 于 D(c). \tag{4.2.30}$$

(4.2.15) 可由 (4.2.29),(4.2.30) 直接得到, (4.2.16) 可由 (4.2.15) 直接得到. 定理证毕.

下面我们给出函数列 $\{f_n(x, y), n \geq 1\}$ 无界且满足指数假设 (4.2.13) 的两个例子.

**例 4.2.1** 令

$$f_n(i, j) = -\ln p_n(i, j), \quad \alpha_n = \min\{p_n(i, j), i, j \in S\} = p_n(i_n, j_n), \quad i_n, j_n \in S.$$

设 $\alpha_n \to 0$. 当 $n \to \infty$, 则 $f_n(i_n, j_n) \to \infty$, 因而 $\{f_n, n \geq 1\}$ 是无界的. 令 $0 < \alpha < 1$. $\forall i \in S$, 有

$$E_Q[\exp\{\alpha|f_k(X_{k-1}, X_k)\}|X_{k-1} = i] = \sum_{j=1}^{N} [p_k(i, j)]^{1-\alpha} < N.$$

故满足指数假设 (4.2.13).

**例 4.2.2**  令 $\{g_n(x,y), n \geq 1\}$ 是 $S^2$ 上的函数列, 满足下列条件:

$$0 \leq g_n(x,y) \leq M < \infty, \quad n \geq 1.$$

$$\beta_n = \max\{g_n(x,y), \ x,y \in S\} = g_n(i_n, j_n) \geq m > 0,$$

$\{\alpha_n, n \geq 1\}$ 是一正数列且满足:

$$\limsup_{n \to \infty} n\alpha_n = \infty,$$

$$\limsup_{n \to \infty}(1/n) \sum_{k=1}^{n} e^{\alpha a_k M} < \infty, \quad \alpha > 0$$

和 $f_n(x,y) = a_n g_n(x,y)$. 于是 $\limsup_{n\to\infty} f_n(i_n, j_n) = \infty$, 故 $\{f_n, n \geq 1\}$ 是无界的. $\forall i \in S$, 可得

$$E_Q[\exp\{\alpha f_k(X_{k-1}, X_k)\}|X_{k-1} = i] = \sum_{j=1}^{N} \exp\{\alpha a_k g_k(i,j)\}p_k(i,j) \leq e^{\alpha a_k M}.$$

因此假设 (4.2.13) 成立.

**定理 4.2.2**(刘文、杨卫国 2000)  设

$$H_t = 2N/e^2(t-1)^2, \quad 0 < t < 1. \tag{4.2.31}$$

在定理 4.2.1 的条件下, 当 $0 \leq c \leq t^2 H_t$ 时, 我们有

$$\limsup_{n \to \infty} \left\{ f_n(\omega) - (1/n) \sum_{k=1}^{n} H[p_k(X_{k-1}, 1), \cdots, p(X_{k-1}, N)] \right\}$$

$$\leq 2\sqrt{cH_t} \ \ P\text{-a.s.} \ \mp D(c), \tag{4.2.32}$$

$$\liminf_{n \to \infty} \left\{ f_n(\omega) - (1/n) \sum_{k=1}^{n} H[p_k(X_{k-1}, 1), \cdots, p(X_{k-1}, N)] \right\}$$

$$\geq 2\sqrt{cH_t} - c \ \ P\text{-a.s.} \ \mp D(c), \tag{4.2.33}$$

此处 $H(p_1, \cdots, p_N)$ 表示分布 $(p_1, \cdots, p_N)$ 的熵, 即

$$H(p_1, \cdots, p_N) = -\sum_{j=1}^{N} p_j \ln p_j.$$

**证**　在定理 4.2.1 中令 $f_k(x, y) = -\ln p_k(x, y)$ $(k \geq 1)$, $\alpha = 1$. 因为

$$E_Q[\exp\{|f_k(X_{k-1}, X_k)|\}|X_{k-1} = i] = \sum_{j=1}^{N} \exp\{|-\ln p_k(i, j)|\}p_k(i, j)$$

$$= \sum_{j=1}^{N} p_k(i, j)/p_k(i, j) = N,$$

因此 $\forall i \in S$,

$$b_1(i) = \limsup_{n \to \infty}(1/n) \sum_{k=1}^{n} E_Q[\exp\{|f_k(X_{k-1}, X_k)|\}|X_{k-1} = i] = N. \tag{4.2.34}$$

注意到

$$E_Q[-\ln p_k(X_{k-1}, X_k)|X_{k-1}] = -\sum_{j=1}^{N} p_k(X_{k-1}, j)\ln p_k(X_{k-1}, j)$$

$$= H[p_k(X_{k_1}, 1), \cdots, p_k(X_{k-1}, N)],$$

当 $0 \leq c \leq t^2 H_t$ 时, 由 $(4.2.34), (4.2.31)$ 和 $(4.2.15)$, 有

$$\limsup_{n \to \infty}\left\{(1/n)\sum_{k=1}^{n}(-\ln p_k(X_{k-1}, X_k)) - (1/n)\sum_{k=1}^{n} H[p_k(X_{k-1}, 1), \cdots, p_k(X_{k-1}, N)]\right\}$$

$$\leq 2\sqrt{cH_t} \quad P\text{-a.s.于 } D(c), \tag{4.2.35}$$

$$\liminf_{n \to \infty}\left\{(1/n)\sum_{k=1}^{n}(-\ln p_k(X_{k-1}, X_k)) - (1/n)\sum_{k=1}^{n} H[p_k(X_{k-1}, 1), \cdots, p_k(X_{k-1}, N)]\right\}$$

$$\geq 2\sqrt{cH_t} \quad P\text{-a.s.于 } D(c), \tag{4.2.36}$$

由 $(4.2.35), (4.2.7)$ 和 $(4.2.10)$, 有

$$\limsup_{n \to \infty}\left\{f_n(\omega) - (1/n)\sum_{k=1}^{n} H[p_k(X_{k-1}, 1), \cdots, p_k(X_{k-1}, N)]\right\}$$

$$\leq \limsup_{n \to \infty}\left\{-(1/n)\ln p(X_0, \cdots, X_n) - (1/n)\sum_{k=1}^{n}(-\ln p_k(X_{k-1}, X_k))\right\}$$

$$+ \limsup_{n \to \infty}\left\{(1/n)\sum_{k=1}^{n}(-\ln p_k(X_{k-1}, X_k)) - (1/n)\sum_{k=1}^{n} H[p_k(X_{k-1}, 1), \cdots, p_k(X_{k-1}, N)]\right\}$$

$$\leq -\liminf_{n \to \infty}(1/n)\ln\left[p(X_0, \cdots, X_n)/q(X_0)\prod_{k=1}^{n}(X_{k-1}, X_k)\right] + 2\sqrt{cH_t}$$

$$\leq 2\sqrt{cH_t} \quad P\text{-a.s.于 } D(c).$$

由 (4.2.36),(4.2.9) 和 (4.2.12), 有

$$\liminf_{n\to\infty}\left\{f_n(\omega) - (1/n)\sum_{k=1}^n H[p_k(X_{k-1},1),\cdots,p_k(X_{k-1},N)]\right\}$$

$$\geq \liminf_{n\to\infty}\left\{-(1/n)\ln p(X_0,\cdots,X_n) - (1/n)\sum_{k=1}^n(-\ln p_k(X_{k-1},X_k))\right\}$$

$$+ \liminf_{n\to\infty}\left\{(1/n)\sum_{k=1}^n(-\ln p_k(X_{k-1},X_k)) - (1/n)\sum_{k=1}^n H[p_k(X_{k-1},1),\cdots,p_k(X_{k-1},N)]\right\}$$

$$\geq -h(P|Q) - 2\sqrt{cH_t}$$

$$\geq -2\sqrt{cH_t} - c \quad P\text{-a.s. } \mathcal{F} D(c).$$

即定理 4.2.2 得证.

**推论 4.2.1**  我们有

$$\lim_{n\to\infty}\left\{f_n(\omega) - (1/n)\sum_{k=1}^n H[p_k(X_{k-1},1),\cdots,p_k(X_{k-1},N)]\right\} = 0 \quad P\text{-a.s. } \mathcal{F} D(0),$$

$$(4.2.37)$$

如果 $P \ll Q$, 则

$$\lim_{n\to\infty}\left\{f_n(\omega) - (1/n)\sum_{k=1}^n H[p_k(X_{k-1},1),\cdots,p_k(X_{k-1},N)]\right\} = 0 \quad P\text{-a.s.}, \quad (4.2.38)$$

特别地

$$\lim_{n\to\infty}\left\{f_n(\omega) - (1/n)\sum_{k=1}^n H[p_k(X_{k-1},1),\cdots,p_k(X_{k-1},N)]\right\} = 0 \quad Q\text{-a.s..} \quad (4.2.39)$$

**证**  在 (4.2.32) 和 (4.2.33) 中令 $c = 0$, 可得 (4.2.37). 如果 $P \ll Q$, 则 $h(P|Q) = 0$  $P$-a.s.(参考 Gray 1990, p.12), 即 $P(D(0)) = 1$. 因此由 (4.2.37) 可推出 (4.2.38). 特别地, 如果 $P = Q$, 则 $h(P|Q) \equiv 0$. 因此由 (4.2.38), 可推出 (4.2.39).

**定理 4.2.3**(刘文、杨卫国 2000)  在定理 4.2.1 条件下, 如果 $\{f_n(x,y), n \geq 1\}$ 一致有界, 即存在 $M > 0$ 使得 $|f_n(x,y)| \leq M, n \geq 1$, 则当 $c \geq 0$, 我们有

$$\limsup_{n\to\infty}(1/n)\left|\sum_{k=1}^n\{f_k(X_{k-1},X_k) - E_Q[f_k(X_{k-1},X_k)|X_{k-1}]\right|$$

$$\leq M(c + 2\sqrt{c}) \quad P\text{-a.s. } \mathcal{F} D(c), \quad (4.2.40)$$

**证**  由 (4.2.23),(4.2.12), 以及 (4.2.24) 第三行的公式, 有

$$\limsup_{n\to\infty}\lambda(1/n)\sum_{k=1}^n\{f_k(X_{k-1},X_k) - E_Q[f_k(X_{k-1},X_k)|X_{k-1}]\}$$

$$\leq \limsup_{n\to\infty}(1/n)\sum_{k=1}^{n}E_Q[(e^{\lambda f_k}-1-\lambda f_k)|X_{k-1}]+c, \quad \omega\in A(\lambda)\cap D(c). \quad (4.2.41)$$

由定理的假设和不等式 $e^x-1-x\leq |x|(e^{|x|}-1)$, 有

$$e^{\lambda f_k}-1-\lambda f_k \leq |\lambda|M(e^{\lambda f_k}-1). \quad (4.2.42)$$

由 (4.2.41) 和 (4.2.42), 有

$$\limsup_{n\to\infty}\lambda(1/n)\sum_{k=1}^{n}\{f_k(X_{k-1},X_k)-E_Q[f_k(X_{k-1},X_k)|X_{k-1}]\}$$

$$\leq |\lambda|(e^{|\lambda|M}-1)M+c, \quad \omega\in A(\lambda)\cap D(c). \quad (4.2.43)$$

当 $\lambda>0$, 由 (4.2.43), 得

$$\limsup_{n\to\infty}(1/n)\sum_{k=1}^{n}\{f_k(X_{k-1},X_k)-E_Q[f_k(X_{k-1},X_k)|X_{k-1}]\}$$

$$\leq M(e^{\lambda M}-1)+\frac{c}{\lambda}, \quad \omega\in A(\lambda)\cap D(c). \quad (4.2.44)$$

取 $\lambda=(1/M)\ln(1+\sqrt{c})$, 利用不等式

$$\ln(1+\sqrt{c})\geq \frac{\sqrt{c}}{1+\sqrt{c}}, \quad (4.2.45)$$

当 $c>0$, 有

$$\limsup_{n\to\infty}(1/n)\sum_{k=1}^{n}\{f_k(X_{k-1},X_k)-E_Q[f_k(X_{k-1},X_k)|X_{k-1}]\}$$

$$\leq M\left(\sqrt{c}+\frac{c}{\ln(1+\sqrt{c})}\right)$$

$$\leq M(2\sqrt{c}+c), \quad \omega\in A\left(\frac{1}{M}\ln(1+\sqrt{c})\right)\cap D(c). \quad (4.2.46)$$

因为 $P(A((1/M)\ln(1+\sqrt{c})))=1$, 由 (4.2.46), 得

$$\limsup_{n\to\infty}(1/n)\sum_{k=1}^{n}\{f_k(X_{k-1},X_k)-E_Q[f_k(X_{k-1},X_k)|X_{k-1}]\}$$

$$\leq M(c+2\sqrt{c}) \quad P\text{-a.s.} \ \text{于} \ D(c). \quad (4.2.47)$$

当 $\lambda<0$, 由 (4.2.43), 得

$$\liminf_{n\to\infty}(1/n)\sum_{k=1}^{n}\{f_k(X_{k-1},X_k)-E_Q[f_k(X_{k-1},X_k)|X_{k-1}]\}$$

$$\geq -M(\mathrm{e}^{-\lambda M} - 1) + \frac{c}{\lambda}, \quad \omega \in A(\lambda) \cap D(c). \tag{4.2.48}$$

取 $\lambda = -(1/M)\ln(1+\sqrt{c})$ 代入 (4.2.48), 利用 (4.2.45), 当 $c > 0$ 时有

$$\liminf_{n\to\infty}(1/n)\sum_{k=1}^{n}\{f_k(X_{k-1}, X_k) - E_Q[f_k(X_{k-1}, X_k)|X_{k-1}]\}$$

$$\geq -M\sqrt{c} - \frac{cM}{\ln(1+\sqrt{c})} \geq -M(c + 2\sqrt{c}),$$

$$\omega \in A\Big(-\frac{1}{M}\ln(1+\sqrt{c})\Big) \cap D(c). \tag{4.2.49}$$

由于 $P(A(-(1/M)\ln(1+\sqrt{c}))) = 1$, 由 (4.2.49), 得

$$\liminf_{n\to\infty}(1/n)\sum_{k=1}^{n}\{f_k(X_{k-1}, X_k) - E_Q[f_k(X_{k-1}, X_k)|X_{k-1}]\}$$

$$\geq -M(c + 2\sqrt{c}) \ \ P\text{-a.s. 于 } D(c). \tag{4.2.50}$$

用类似的方法可知, 当 $c = 0$ 时 (4.2.47) 和 (4.2.50) 同样成立. 不等式 (4.2.40) 可由 (4.2.47) 和 (4.2.50) 直接得到. 定理 4.2.3 证毕.

### §4.2.3　Shannon-McMillan 定理在非齐次马尔可夫信源中的推广

**定理 4.2.4**(刘文、杨卫国 2000)　设在概率测度 $P$ 下 $\{X_n, n \geq 0\}$ 是非齐次马尔可夫信源, 其状态空间为 $S$, 初始分布为 (4.2.4), 转移矩阵为 (4.2.5), 即

$$P(X_0 = x_0, \cdots, X_n = x_n) = p(x_0, \cdots, x_n) = q(x_0)\prod_{k=1}^{n} p_k(x_{k-1}, x_k). \tag{4.2.51}$$

设 $i, j \in S$, 序列 $X_0(\omega), X_1(\omega), \cdots, X_{n-1}(\omega)$ 中 $i$ 出现的个数记为 $S_n(i, \omega)$, 序偶列 $(X_0(\omega), X_1(\omega))$,
$(X_1(\omega), X_2(\omega)), \cdots, (X_{n-1}(\omega), X_n(\omega))$ 中序偶 $(i, j)$ 出现的个数为 $S_n(i, j, \omega)$, 即

$$S_n(i, \omega) = \sum_{k=1}^{n}\delta_i(X_{k-1}(\omega)),$$

$$S_n(i, j, \omega) = \sum_{k=1}^{n}\delta_i(X_{k-1}(\omega))\delta_j(X_k(\omega)),$$

此处 $\delta_j(\cdot)$ 是 Kronecker $\delta$ 函数. 设

$$(p(i, j)), \ \ p(i, j) > 0, \ \ i, j \in S \tag{4.2.52}$$

为另一转移矩阵, $(p_1, p_2, \cdots, p_N)$ 为其平稳分布, 且 $f_n(\omega)$ 由 (4.2.2) 定义. 如果

$$\limsup_{n \to \infty} (1/n) \sum_{k=1}^{n} p_k(i,j)[p_k(i,j) - p(i,j)] \leq 0, \quad \forall \, i, j \in S, \tag{4.2.53}$$

那么

$$\limsup_{n \to \infty} (1/n) S_n(i, \omega) = p_i \quad P\text{-a.s.}, \tag{4.2.54}$$

$$\limsup_{n \to \infty} (1/n) S_n(i, j, \omega) = p_i p(i,j) \quad P\text{-a.s.}, \tag{4.2.55}$$

$$\limsup_{n \to \infty} f_n(\omega) = -\sum_{i=1}^{N} \sum_{j=1}^{N} p_i p(i,j) \ln p(i,j) \quad P\text{-a.s.}. \tag{4.2.56}$$

**证** 令 $Q$ 为由初始分布 (4.2.4) 和转移矩阵 (4.2.52) 决定的齐次马氏测度, 即

$$q(x_0, \cdots, x_n) = q(x_0) \prod_{k=1}^{n} p(x_{k-1}, x_k). \tag{4.2.57}$$

由 (4.2.9),(4.2.51) 和 (4.2.57), 得

$$h(P|Q) = \limsup_{n \to \infty} (1/n) \sum_{k=1}^{n} \ln \frac{p_k(X_{k-1}, X_k)}{p(X_{k-1}, X_k)}. \tag{4.2.58}$$

在 (4.2.39) 中以 $P$ 代替 $Q$, 由 (4.2.7) 和 (4.2.39), 得

$$\lim_{n \to \infty} (1/n) \sum_{k=1}^{n} \left\{ \ln p_k(X_{k-1}, X_k) - \sum_{j=1}^{N} p_k(X_{k-1}, j) \ln p_k(X_{k-1}, j) \right\} = 0 \quad P\text{-a.s.}. \tag{4.2.59}$$

由定理 4.2.3, 易得

$$\lim_{n \to \infty} (1/n) \sum_{k=1}^{n} \left\{ \ln p(X_{k-1}, X_k) - \sum_{j=1}^{N} p_k(X_{k-1}, j) \ln p(X_{k=1}, j) \right\} = 0 \quad P\text{-a.s.}. \tag{4.2.60}$$

由 (4.2.59) 和 (4.2.60), 得

$$\lim_{n \to \infty} (1/n) \sum_{k=1}^{n} \left\{ \ln \frac{p_k(X_{k-1}, X_k)}{p(X_{k-1}, X_k)} - \sum_{j=1}^{N} p_k(X_{k-1}, j) \ln \frac{p_k(X_{k-1}, j)}{p(X_{k-1}, j)} \right\} = 0 \quad P\text{-a.s.}.$$

这就得到

$$\limsup_{n \to \infty} (1/n) \sum_{k=1}^{n} \ln \frac{p_k(X_{k-1}, X_k)}{p(X_{k-1}, X_k)}$$

$$= \limsup_{n \to \infty} (1/n) \sum_{k=1}^{n} \sum_{j=1}^{N} p_k(X_{k-1}, j) \ln \frac{p_k(X_{k-1}, j)}{p(X_{k-1}, j)}$$

$$= \limsup_{n \to \infty} (1/n) \sum_{k=1}^{n} \sum_{j=1}^{N} \delta_i(X_{k-1}) \sum_{j=1}^{N} p_k(i, j) \ln \frac{p_k(i, j)}{p(i, j)} \quad P\text{-a.s..} \quad (4.2.61)$$

由熵不等式, 得

$$\sum_{j=1}^{N} p_k(i, j) \ln \frac{p_k(i, j)}{p(i, j)} \geq 0. \quad (4.2.62)$$

由 (4.2.61),(4.2.62),(4.2.53),(4.2.58) 以及不等式 $\ln x \leq x - 1$, $x > 0$, 得

$$h(P|Q) = \limsup_{n \to \infty}(1/n) \sum_{k=1}^{n} \sum_{i=1}^{N} \sum_{j=1}^{N} p_k(i, j) \ln \frac{p_k(i, j)}{p(i, j)}$$

$$\leq \limsup_{n \to \infty}(1/n) \sum_{k=1}^{n} \sum_{i=1}^{N} \sum_{j=1}^{N} p_k(i, j) \left[ \frac{p_k(i, j)}{p(i, j)} - 1 \right]$$

$$\leq \sum_{i=1}^{N} \sum_{j=1}^{N} \frac{1}{p(i, j)} \limsup_{n \to \infty}(1/n) \sum_{k=1}^{n} p_k(i, j)[p_k(i, j) - p(i, j)] \leq 0 \quad P\text{-a.s..}$$

这蕴含着 $P(D(0)) = 1$. 这样 (4.2.54)—(4.2.56) 可由定理 4.2.3 得到 (参见刘文与杨卫国 1996b). 定理证毕.

**推论 4.2.2** 令 $[a]^+ = \max\{a, 0\}$. 若

$$\limsup_{n \to \infty}(1/n) \sum_{k=1}^{n} [p_k(i, j) - p(i, j)]^+ = 0, \quad \forall i, j \in S, \quad (4.2.63)$$

那么 (4.2.54)—(4.2.56) 都成立.

**证** 注意到 (4.2.63) 蕴涵着 (4.2.53), 故上述推论成立.

下面我们构造一个满足 (4.2.53) 的例子.

**例 4.2.3** 令 $\alpha = \min\{p(i, j), \ i, j \in S\}$, $\beta = \max\{p(i, j), \ i, j \in S\}$, $(\varepsilon_n(i, j))$, $i, j \in S$ 为满足下列条件的一列矩阵:

$$\sum_{j=1}^{N} [\varepsilon_n(i, j)]^+ = \sum_{j=1}^{N} [\varepsilon_n(i, j)]^-, \quad i \in S, \ n \geq 1,$$

$$d_n = \max\{|\varepsilon_n(i, j)|, \ i, j \in S\} < \min\{\alpha, 1, -\beta\},$$

$$\sum_{n=1}^{\infty} d_n/n < \infty.$$

令 $p_n(i, j) = p(i, j) + \varepsilon_n(i, j)$. 那么 $(p_n(i, j))$ 为随机矩阵, 由 Kronecker 引理, 有

$$\lim_{n \to \infty} (1/n) \sum_{k=1}^{n} |p_k(i, j) - p(i, j)| \leq \lim_{n \to \infty} (1/n) \sum_{k=1}^{n} d_k = 0.$$

这样 (4.2.53) 得证.

## §4.3 整值随机变量序列与二重马尔可夫链的比较

本节引进了对数似然比作为整值随机变量序列相对于二重马氏链的偏差的一种度量，并通过限制对数似然比给出了样本空间的某种子集. 在这种子集上得到了整值随机变量序列的一类用不等式表示的极限性质，其中包含对二重马氏链普遍成立的若干强律.

设 $\{X_n, n \geq 0\}$ 是在 $S = \{0, 1, \cdots\}$ 中取值的随机变量序列，其联合分布为

$$P(X_0 = x_0, \cdots, X_n = x_n) = p(x_0, \cdots, x_n), \quad x_i \in S, \quad 0 \leq i \leq n. \quad (4.3.1)$$

如果 $\{X_n, n \geq 0\}$ 是一个二重马氏链，其初始分布与转移矩阵列分别为

$$\{p(i, j), \quad i, j \in S\} \quad (4.3.2)$$

与

$$\boldsymbol{P}_n = (p_n(i, j, l)), \quad i, j, l \in S, \quad n \geq 2, \quad (4.3.3)$$

其中 $q(i, j) = P(X_0 = i, X_1 = j), p_n(i, j, l) = P(X_n = l | X_{n-1} = j, X_{n-2} = i), n \geq 2$，则当 $n \geq 2$ 时，

$$p(x_0, \cdots, x_n) = p(x_0, x_1) \prod_{k=2}^{n} p_k(x_{k-2}, x_{k-1}, x_k), \quad x_k \in S, \quad 0 \leq k \leq n. \quad (4.3.4)$$

为了表征任意随机变量序列与二重马氏链之间的差异，我们引进如下的定义.

**定义 4.3.1** 设 $\{X_n, n \geq 0\}$ 是具有分布 (4.3.1) 的任意整值随机变量序列，称随机变量

$$r_n(\omega) = \ln \frac{p(X_0, X_1) \prod_{k=2}^{n} p_k(X_{k-2}, X_{k-1}, X_k)}{p(X_0, \cdots, X_n)} \quad (4.3.5)$$

为 $\{X_k, 0 \leq k \leq n\}$ 相对于二重马尔可夫型分布 (4.3.4) 的对数似然比.

由于 $X_k, (0 \leq k \leq n)$ 取离散值，故 $r_n(\omega)$ a.s. 有定义，显然当 $\{X_k, k \geq 0\}$ 是以 (4.3.4) 为分布的二重马氏链时，$r_n(\omega) \equiv 0$ a.s..

本文将通过限制对数似然比而给定样本空间的一个子集，然后在此子集上考虑一类用不等式表示的强律.

首先引进如下的记号：$\forall i, j \in S.$ 令 $S_n(i, j)$ 表示序偶

$$(X_0, X_1), (X_1, X_2), \cdots, (X_{n-1}, X_n) \quad (4.3.6)$$

中序偶 $(i, j)$ 的个数，$S_n(i)$ 表示序列

$$X_1, X_2, \cdots, X_n \quad (4.3.7)$$

中 $i$ 的个数, $\delta_i(\cdot)(i \in S)$ 是 $S$ 上的 Kronecker $\delta$ 函数. 易知

$$S_n(i,j) = \sum_{k=1}^{n} \delta_i(X_{k-1})\delta_j(X_k), \tag{4.3.8}$$

$$S_n(i) = \sum_{k=1}^{n} \delta_i(X_k). \tag{4.3.9}$$

**定理 4.3.1**(刘文、刘自宽 1995)  设 $\{X_n, n \geq 0\}$ 是具有分布 (4.3.1) 的随机变量序列, $r_n(\omega)$ 如 (4.3.5) 定义, $c \geq 0$ 为常数, $j, l \in S$. 令

$$b_{jl} = \limsup_{n \to \infty} \frac{1}{n} \sum_{k=2}^{n} \sup_{i \in S} p_k(i,j,l), \tag{4.3.10}$$

$$D(c) = \{\omega : \liminf_{n \to \infty} \frac{1}{n} r_n(\omega) \geq -c\}, \tag{4.3.11}$$

则当 $b_{jl} > 0$ 时,

$$\limsup_{n \to \infty} \frac{1}{n} \left[ S_n(j,l) - \sum_{k=2}^{n} \sum_{i \in S} p_k(i,j,l)\delta_i(X_{k-2})\delta_j(X_{k-1}) \right]$$

$$\leq b_{jl} \left[ \beta(\frac{c}{b_{jl}}) - 1 \right] \quad \text{a.s. 于 } D(c), \tag{4.3.12}$$

$$\liminf_{n \to \infty} \frac{1}{n} \left[ S_n(j,l) - \sum_{k=2}^{n} \sum_{i \in S} p_k(i,j,l)\delta_i(X_{k-2})\delta_j(X_{k-1}) \right]$$

$$\geq b_{jl} \left[ \alpha(\frac{c}{b_{jl}}) - 1 \right] \quad \text{a.s. 于 } D(c), \tag{4.3.13}$$

其中 $\alpha(0) = \beta(0) = 1$, 当 $c > 0$ 时 $\alpha(c), \beta(c)$ 如引理 3.3.1 中所定义; 当 $b_{jl} = 0$ 时,

$$\lim_{n \to \infty} \frac{1}{n} \left[ S_n(j,l) - \sum_{k=2}^{n} \sum_{i \in S} p_k(i,j,l)\delta_i(X_{k-2})\delta_j(X_{k-1}) \right] = 0 \quad \text{a.s. 于 } D(c). \tag{4.3.14}$$

**证**  取 $([0,1), \mathcal{F}, P)$ 为所考虑的概率空间, 其中 $\mathcal{F}$ 为 $[0,1)$ 中 Lebesgue 可测集的全体, $P$ 为 Lebesgue 测度. 仿照 §2.8 给出具有分布 (4.3.1) 的随机变量序列在此概率空间中的一种实现. 构造各阶 $D$ 区间, 使得

$$P(D_{x_0 \cdots x_n}) = p(x_0, \cdots, x_n). \tag{4.3.15}$$

对每个 $n \geq 0$ 定义随机变量 $X_n : [0,1) \to S$ 如下:

$$X_n(\omega) = x_n, \quad \omega \in D_{x_0 \cdots x_n}. \tag{4.3.16}$$

由 (4.3.15), (4.3.16), 有

$$P(X_0 = x_0, \cdots, X_n = x_n) = P(D_{x_0 \cdots x_n}) = p(x_0, \cdots, x_n). \qquad (4.3.17)$$

于是 $\{X_n, n \geq 0\}$ 具有给定的分布 (4.3.1). 下面我们就按 $\{X_n, n \geq 0\}$ 的这个实现来证明定理.

设 $\mathcal{A}$ 表示所有阶区间及区间 $[0, 1)$ 组成的类, $\lambda$ 是正常数, $j, l \in S$ 固定. 在 $\mathcal{A}$ 上定义集函数 $\mu$(依赖于 $\lambda, j, l$) 如下: 当 $n \geq 2$ 时令

$$\mu(D_{x_0 \cdots x_n}) = \lambda^{\sum_{k=1}^{n} \delta_j(x_{k-1}) \delta_l(x_k)} \prod_{k=1}^{n} \prod_{i \in S} \left[ \frac{1}{1 + (\lambda - 1)p_k(i, j, l)} \right]^{\delta_i(x_{k-2}) \delta_j(x_{k-1})}$$

$$\cdot p(x_0, x_1) \prod_{k=2}^{n} p_k(x_{k-2}, x_{k-1}, x_k). \qquad (4.3.18)$$

又令

$$\mu(D_{x_0 x_1}) = \sum_{x_2 \in S} \mu(D_{x_0 x_1 x_2}), \qquad (4.3.19)$$

$$\mu(D_{x_0}) = \sum_{x_1 \in S} \mu(D_{x_0 x_1}), \qquad (4.3.20)$$

$$\mu([0, 1)) = \sum_{x_0 \in S} \mu(D_{x_0}). \qquad (4.3.21)$$

设 $n \geq 3$, 由 (4.3.18), 有

$$\mu(D_{x_0 \cdots x_n}) = \mu(D_{x_0 \cdots x_{n-1}}) p_n(x_{n-2}, x_{n-1}, x_n) \lambda^{\delta_j(x_{n-1}) \delta_l(x_n)}$$

$$\cdot \prod_{i \in S} \left[ \frac{1}{1 + (\lambda - 1)p_n(i, j, l)} \right]^{\delta_i(x_{n-2}) \delta_j(x_{n-1})}. \qquad (4.3.22)$$

由 (4.3.22), 当 $x_{n-1} = j$ 时有

$$\sum_{x_n} \mu(D_{x_0 \cdots x_n})$$

$$= \mu(D_{x_0 \cdots x_{n-1}}) \sum_{x_n \in S} \lambda^{\delta_l(x_n)} \left[ \frac{1}{1 + (\lambda - 1)p_n(x_{n-2}, x_{n-1}, l)} \right] p_n(x_{n-2}, x_{n-1}, x_n)$$

$$= \mu(D_{x_0 \cdots x_{n-1}}) \cdot \left[ \sum_{x_n = l} + \sum_{x_n \neq l} \right]$$

$$= \mu(D_{x_0 \cdots x_{n-1}}) \left[ \frac{\lambda p_n(x_{n-2}, x_{n-1}, l)}{1 + (\lambda - 1)p_n(x_{n-2}, x_{n-1}, l)} + \frac{1 - p_n(x_{n-2}, x_{n-1}, l)}{1 + (\lambda - 1)p_n(x_{n-2}, x_{n-1}, l)} \right]$$

$$= \mu(D_{x_0 \cdots x_{n-1}}), \qquad (4.3.23)$$

又当 $x_{n-1} \neq j$ 时有

$$\sum_{x_n} \mu(D_{x_0 \cdots x_n}) = \mu(D_{x_0 \cdots x_{n-1}}) \sum_{x_n} p_n(x_{n-2}, x_{n-1}, x_n) = \mu(D_{x_0 \cdots x_{n-1}}). \quad (4.3.24)$$

由 (4.3.23), (4.3.24) 及 (4.3.19)—(4.3.21) 知 $\mu$ 是 $\mathcal{A}$ 上的可加集函数, 故存在定义在 $[0,1)$ 上的增函数 $f_\lambda$ 使得对任何 $D_{x_0 \cdots x_n}$, 有

$$\mu(D_{x_0 \cdots x_n}) = f_\lambda(D_{x_0 \cdots x_n}^+) - f_\lambda(D_{x_0 \cdots x_n}^-), \quad (4.3.25)$$

其中 $D_{x_0 \cdots x_n}^+, D_{x_0 \cdots x_n}^-$ 分别表示 $D_{x_0 \cdots x_n}$ 的右、左端点. 以下的证明过程可完全模仿 §3.1 中 (3.1.33)–(3.1.55) 的推导方法, 只需将 §3.1 中的 $S_n(k, \omega)$ 变为 $S_n(j, l)$, $p_i(k)$ 变为转移概率 $p_k(X_{k-2}, j, l)$, $b_k$ 变为 $b_{jl}$ 即可.

**推论 4.3.1**　在定理 4.3.1 的假设下 (不论 $b_{jl}$ 是否大于 0) 有

$$\lim_{n \to \infty} \frac{1}{n}[S_n(j, l) - \sum_{k=2}^{n} \sum_{i \in S} p_k(i, j, l) \delta_i(X_{k-2}) \delta_j(x_{k-1})] = 0 \quad \text{a.s. 于 } D(0). \quad (4.3.26)$$

**证**　在 (4.3.12)—(4.3.14) 中令 $c = 0$ 即得.

**推论 4.3.2**　设 $\{X_n, n \geq 0\}$ 是具有初始分布 (4.3.2) 和转移矩阵列 (4.3.3) 的二重马氏链, 则有

$$\lim_{n \to \infty} \frac{1}{n}[S_n(j, l) - \sum_{k=2}^{n} \sum_{i \in S} p_k(i, j, l) \delta_i(X_{k-2}) \delta_j(x_{k-1})] = 0 \quad \text{a.s..} \quad (4.3.27)$$

**证**　因为此时 $r_n(\omega) = 0$　a.s., 故 $P(D(0)) = 1$. 于是由 (4.3.26), 即得 (4.3.27).

**定理 4.3.2**　在定理 4.3.1 的假设下, 记

$$b_l = \limsup_{n \to \infty} \frac{1}{n} \sum_{k=2}^{n} \sup_{i,j \in S} p_k(i, j, l), \quad (4.3.28)$$

则当 $b_l > 0$ 时有

$$\limsup_{n \to \infty} \frac{1}{n}[S_n(l) - \sum_{k=2}^{n} \sum_{i,j \in S} p_k(i, j, l) \delta_i(X_{k-2}) \delta_j(X_{k-1})]$$

$$\leq b_l[\beta(c/b_l) - 1], \quad \text{a.s. 于 } D(c), \quad (4.3.29)$$

$$\liminf_{n \to \infty} \frac{1}{n}[S_n(l) - \sum_{k=2}^{n} \sum_{i,j \in S} p_k(i, j, l) \delta_i(X_{k-2}) \delta_j(X_{k-1})]$$

$$\geq b_l[\alpha(c/b_l) - 1] \quad \text{a.s. 于 } D(c), \quad (4.3.30)$$

其中 $\alpha(0) = \beta(0) = 1$, 当 $c > 0$ 时 $\alpha(c)$, $\beta(c)$ 如引理 3.3.1 中所定义. 当 $b_l = 0$ 时

$$\lim_{n \to \infty} \frac{1}{n}[S_n(l) - \sum_{k=2}^{n} \sum_{i,j \in S} p_k(i,j,l)\delta_i(X_{k-2})\delta_j(X_{k-1})] = 0 \ \text{a.s. 于} \ D(c). \quad (4.3.31)$$

**证**　设 $\mathcal{A}, \lambda$ 如前所定义,　$l \in S$ 固定, 在 $\mathcal{A}$ 上定义另一集函数 $\nu$ 如下: 当 $n \geq 2$ 时令

$$\nu(D_{x_0 \cdots x_n}) = \lambda^{\sum_{k=1}^{n} \delta_l(x_k)} \prod_{k=2}^{n} \prod_{i,j \in S} \left[\frac{1}{1 + (\lambda - 1)p_k(i,j,l)}\right]^{\delta_i(x_{k-2})\delta_j(x_{k-1})}$$

$$\cdot p(x_0, x_1) \prod_{k=2}^{n} p_k(x_{k-2}, x_{k-1}, x_k). \quad (4.3.32)$$

又令

$$\nu(D_{x_0 x_1}) = \sum_{x_2 \in S} \nu(D_{x_0 x_1 x_2}), \quad (4.3.33)$$

$$\nu(D_{x_0}) = \sum_{x_1 \in S} \nu(D_{x_0 x_1}), \quad (4.3.34)$$

$$\nu([0,1)) = \sum_{x_0 \in S} \nu(D_{x_0}). \quad (4.3.35)$$

设 $n \geq 3$, 由 (4.3.32), 有

$$\nu(D_{x_0 \cdots x_n}) = \nu(D_{x_0 \cdots x_{n-1}})p_n(x_{n-2}, x_{n-1}, x_n)\lambda^{\delta_l(x_n)}$$

$$\cdot \prod_{i,j \in S} \left[\frac{1}{1 + (\lambda - 1)p_k(i,j,l)}\right]^{\delta_i(x_{n-2})\delta_j(x_{n-1})}. \quad (4.3.36)$$

由 (4.3.36), 有

$$\sum_{x_n} \nu(D_{x_0 \cdots x_n})$$

$$= \frac{\nu(D_{x_0 \cdots x_{n-1}})}{1 + (\lambda - 1)p_n(x_{n-2}, x_{n-1}, l)} \sum_{x_n} \lambda^{\delta_l(x_n)} p_n(x_{n-2}, x_{n-1}, x_n)$$

$$= \nu(D_{x_0 \cdots x_{n-1}}) \left[\sum_{x_n = l} + \sum_{x_n \neq l}\right]$$

$$= \nu(D_{x_0 \cdots x_{n-1}}) \left[\frac{\lambda p_n(x_{n-2}, x_{n-1}, l)}{1 + (\lambda - 1)p_n(x_{n-2}, x_{n-1}, l)} + \frac{1 - p_n(x_{n-2}, x_{n-1}, l)}{1 + (\lambda - 1)p_n(x_{n-2}, x_{n-1}, l)}\right]$$

$$= \nu(D_{x_0 \cdots x_{n-1}}). \quad (4.3.37)$$

由 (4.3.37) 和 (4.3.33)—(4.3.35) 知 $\nu$ 具有可加性, 以下的证明过程与 §3.1 中 (3.1.32)—(3.1.55) 的推广类似, 只需将 §3.1 中的 $S_n(k,\omega)$ 换成 $S_n(l), p_i(k)$ 换成 $p_k(X_{k-2}, X_{k-1}, l), b_k$ 换成 $b_l$ 即可.

**推论 4.3.3**　在定理 4.3.2 的假设下 (不论 $b_l$ 是否大于 0) 有

$$\lim_{n\to\infty} \frac{1}{n}\left[ S_n(l) - \sum_{k=2}^{n} \sum_{i,j\in S} p_k(i,j,l)\delta_i(X_{k-2})\delta_j(X_{k-1}) \right] = 0 \quad \text{a.s. 于 } D(0). \quad (4.3.38)$$

**推论 4.3.4**　设 $\{X_n, n\geq 0\}$ 是具有初始分布 (4.3.2) 和转移矩阵列 (4.3.3) 的二重马氏链, 则

$$\lim_{n\to\infty} \frac{1}{n}\left[ S_n(l) - \sum_{k=2}^{n} \sum_{i,j\in S} p_k(i,j,l)\delta_i(X_{k-2})\delta_j(X_{k-1}) \right] = 0 \quad \text{a.s.}. \quad (4.3.39)$$

# 第五章 强偏差定理中的母函数方法

本章利用似然比概念研究非负整值相依随机变量的极限性质，得到了一类强偏差定理. 证明中结合区间剖分法，提出了将母函数的工具应用于强极限定理研究的一种途径.

## §5.1 非负整值随机变量序列的一类强偏差定理与母函数方法

设 $\{X_n, n \geq 1\}$ 是概率空间 $(\Omega, \mathcal{F}, P)$ 上的非负整值随机变量, 其联合分布为

$$f_n(x_1, \cdots, x_n) = P(X_1 = x_1, \cdots, X_n = x_n) > 0, x_k \in S, 1 \leq k \leq n, \qquad (5.1.1)$$

其中 $S = \{0, 1, 2, \cdots\}$. 又设

$$(p_k(0), \ p_k(1), \cdots), \quad k = 1, 2, \cdots \qquad (5.1.2)$$

是 $S$ 上的一列分布, 并设

$$q_n(x_1, \cdots, x_n) = \prod_{k=1}^{n} p_k(x_k), \quad x_k \in S, \quad 1 \leq k \leq n \qquad (5.1.3)$$

是由 (5.1.2) 生成的乘积分布. 令

$$r_n(\omega) = q_n(X_1, \cdots, X_n)/f_n(X_1, \cdots, X_n) = [\prod_{k=1}^{n} p_k(X_k)]/f_n(X_1, \cdots, X_n), \quad (5.1.4)$$

其中 $\omega$ 是样本点, $r_n(\omega)$ 称为似然比. 上述定义中, $f_n(x_1, \cdots, x_n)$ 是 $\{X_k, 1 \leq k \leq n\}$ 的联合分布, $q_n(x_1, \cdots, x_n)$ 称为参考分布. 我们用似然比 $r_n(\omega)$ 作为 $\{X_k, 1 \leq k \leq n\}$ 与具有乘积分布 (5.1.3) 的独立随机变量序列的偏差的一种度量. 对 $r_n(\omega)$ 的限制决定了样本空间的一个子集, 在这个子集上建立了一类用不等式表示的强极限定理, 即强偏差定理, 而通常用等式表示的强极限定理是其特殊情况.

设具有分布 (5.1.2) 的随机变量的数学期望和母函数分别为

$$m_k = \sum_{i=1}^{\infty} i \, p_k(i) < \infty, \qquad (5.1.5)$$

$$P_k(s) = \sum_{i=1}^{\infty} p_k(i)s^i. \tag{5.1.6}$$

**定理 5.1.1**(刘文 1997d)  设 $\{X_n, n \geq 1\}, r_n(\omega), m_k, P_k(s)$ 均如前定义，$c \geq 0$ 为常数. 令

$$D(c) = \{\omega : \liminf_{n \to \infty}(1/n)\ln r_n(\omega) \geq -c\}, \tag{5.1.7}$$

则有

$$\liminf_{n \to \infty}(1/n)\sum_{k=1}^{n}(X_k - m_k) \geq \alpha(c) \quad \text{a.s.于 } D(c), \tag{5.1.8}$$

其中

$$\alpha(c) = \sup\{\varphi(s), 0 < s < 1\}, \tag{5.1.9}$$

$$\varphi(s) = \liminf_{n \to \infty}(1/n)\sum_{k=1}^{n}[\ln P_k(s)/\ln s - m_k] + c/\ln s, 0 < s < 1. \tag{5.1.10}$$

**注 5.1.1**  以下的证明表明

$$\limsup_{n \to \infty}(1/n)\ln r_n(\omega) \leq 0 \quad \text{a.s.}. \tag{5.1.11}$$

因此 (5.1.7) 中的条件 $\liminf_{n\to\infty}(1/n)\ln r_n(\omega) \geq -c$ 可以看成是对 $\{X_n, n \geq 1\}$ 与具有分布 (5.1.3) 的独立随机变量序列的偏差的一种限制，$c$ 越小时偏差越小. 上述定理表明在此限制下，$(1/n)\sum_{k=1}^{n}(X_k - m_k)$ 也相应受到限制，(5.1.8) 与 (5.1.30) 分别给出了依赖于 $c$ 的下极限和上极限.  (5.1.49) 与 (5.1.61) 表明，当 $c \to 0$ 时，(5.1.46) 与 (5.1.58) 给出的上、下界也趋于 0.

**证**  在下述证明中我们将利用区间剖分法并采用母函数这一有力工具，这种方法不同于以往传统的概率方法，其关键是利用单调函数导数存在定理 (即 Lebesgue 定理) 来研究 a.s. 收敛.

设 $(\Omega, \mathcal{F}, P)$ 为所考虑的概率空间，其中 $\Omega = [0,1), \mathcal{F}$ 是 $[0,1)$ 区间上的 Lebesgue 可测集的全体，$P$ 是 Lebesgue 测度. 首先给出具有分布 (5.1.1) 的非负整值随机变量序列在此概率空间的一种实现.

将区间 $[0,1)$ 按比例 $f_1(0) : f_1(1) : \cdots$ 分成可列个左闭右开区间:

$$D_0 = [0, f_1(0)), D_1 = [f_1(0), f_1(0) + f_1(1)), \cdots$$

这些区间都称为一阶 $D$ 区间. 设 $n$ 阶 $D$ 区间 $\{D_{x_1 \cdots x_n}, x_i \in S, 1 \leq i \leq n\}$ 已经定义，将它按比例 $f_{n+1}(x_1, \cdots, x_n, 0) : f_{n+1}(x_1, \cdots, x_n, 1) : \cdots$ 分成可列多个左闭右开区间 $D_{x_1 \cdots x_n x_{n+1}}(x_{n+1} = 0, 1, 2 \cdots)$，这样就得到 $n+1$ 阶 $D$ 区间. 由归纳法易知对任何 $n$，有

$$P(D_{x_1 \cdots x_n}) = f_n(x_1, \cdots, x_n). \tag{5.1.12}$$

定义随机变量 $X_n : [0, 1) \to S$ 如下:

$$X_n(\omega) = x_n, \text{当 } \omega \in D_{x_1 \cdots x_n}. \tag{5.1.13}$$

由 (5.1.12) 与 (5.1.13), 有

$$\{\omega : X_n = x_1, \cdots, X_n = x\} = D_{x_1 \cdots x_n}, \tag{5.1.14}$$

$$P(X_1 = x_1, \cdots, X_n = x_n) = P(D_{x_1 \cdots x_n}) = f_n(x_1, \cdots, x_n), \tag{5.1.15}$$

于是 $\{X_i, 1 \le i \le n\}$ 具有分布 (5.1.1).

为了证明的需要, 我们先来构造一个辅助函数. 设 (5.1.6) 的收敛半径为 $R_k$, $R = \inf\{R_k, k = 1, 2, \cdots\}$. 由于 $P_k(s)$ 是一概率母函数, 有 $R \ge 1$. 设 $s \in (0, R) \cup \{1\}$, 令

$$P_k(s, i) = [1/P_k(s)]p_k(i)s^i, \quad i = 0, 1, 2, \cdots \tag{5.1.16}$$

同样, 我们可以按如下对 $[0,1)$ 区间的分割来构造 $\Delta$ 区间. 将区间 $[0,1)$ 按比例 $P_1(s, 0) : P_1(s, 1) : \cdots$ 分成可列个左闭右开区间:

$$\Delta_0 = [0, \ P_1(s, 0)), \Delta_1 = [P_1(s, 0), \ P_1(s, 0) + P_1(s, 1)), \cdots$$

这些区间都称为一阶 $\Delta$ 区间. 设 $n$ 阶 $\Delta$ 区间 $\Delta_{x_0 \cdots x_n}$ 已经定义, 将它按比例 $P_{n+1}(s, 0) : P_{n+1}(s, 1) : \cdots$ 分成可列多个左闭右开区间 $\Delta_{x_1, \cdots, x_n, x_{n+1}}(x_{n+1} = 0, 1, 2, \cdots)$, 这样就得到 $n+1$ 阶 $\Delta$ 区间. 由归纳法易知:

$$P(\Delta_{x_1 \cdots x_n}) = \prod_{k=1}^{n} P_k(s, x_k) = \prod_{k=1}^{n}[1/P_k(s)]p_k(x_k)s^{x_k}. \tag{5.1.17}$$

设 $D_{x_1 \cdots x_n}^{-}, D_{x_1 \cdots x_n}^{+}, \Delta_{x_1 \cdots x_n}^{-}, \Delta_{x_1 \cdots x_n}^{+}$ 分 $x_1 \cdots x_n$ 与 $\Delta_{x_1 \cdots x_n}$ 的左、右端点. 令 Q 为所有 $D$ 区间的端点的集合, 定义增函数

$$g_s : [0, 1] \to [0, 1]$$

如下:

$$g_s(D_{x_1 \cdots x_n}^{+}) = \Delta_{x_1 \cdots x_n}^{+}, \ g_s(D_{x_1 \cdots x_n}^{-}) = \Delta_{x_1 \cdots x_n}^{-}, \tag{5.1.18}$$

$$g_s(x) = \sup\{g_s(t), t \in Q \cap [0, x)\}, x \in [0, 1] - Q. \tag{5.1.19}$$

令

$$t_n(s, \omega) = \frac{g_s(D_{x_1 \cdots x_n}^{+}) - g_s(D_{x_1 \cdots x_n}^{-})}{D_{x_1 \cdots x_n}^{+} - D_{x_1 \cdots x_n}^{-}}, \quad \omega \in D_{x_1 \cdots x_n}. \tag{5.1.20}$$

由 (5.1.4), (5.1.13), (5.1.15) 与 (5.1.17), 有

$$t_n(s,\omega) = \frac{P(Dx_1\cdots x_n)}{P(\Delta x_1\cdots x_n)} = r_n(\omega)s^{\sum_{k=1}^{n} X_k}\prod_{k=1}^{n}[1/P_k(s)]. \tag{5.1.21}$$

设 $g_s$ 的可微点的集合为 $A(s)$, 则由单调函数可微性定理有 $P(A(s)) = 1$. 根据导数的性质 (参见 Billingsley 1986, p.423), 有

$$\lim_{n\to\infty} t_n(s,\omega) = \text{有限数}, \quad \omega \in A(s). \tag{5.1.22}$$

由此有

$$\limsup_{n\to\infty}(1/n)\ln t_n(s,\omega) \leq 0, \quad \omega \in A(s). \tag{5.1.23}$$

由 (5.1.21) 与 (5.1.23), 有

$$\limsup_{n\to\infty}(1/n)[\ln r_n(\omega) + \sum_{k=1}^{n} X_k\ln s] \leq \limsup_{n\to\infty}(1/n)\sum_{k=1}^{n}\ln P_k(s), \omega \in A(s). \tag{5.1.24}$$

在 (5.1.24) 中令 $s = 1$, 得

$$\limsup_{n\to\infty}(1/n)\ln r_n(\omega) \leq 0, \quad \omega \in A(1). \tag{5.1.25}$$

由于 $P(A(1)) = 1$, 故由 (5.1.25) 知 (5.1.11) 成立. 由 (5.1.24) 及 (5.1.7), 有

$$\limsup_{n\to\infty}(1/n)\sum_{k=1}^{n} X_k\ln s \leq \limsup_{n\to\infty}(1/n)\sum_{k=1}^{n}\ln P_k(s) + c, \quad \omega \in A(s)\cap D(c). \tag{5.1.26}$$

设 $0 < s < 1$, 将 (5.1.26) 两端同除以 $\ln s$, 得

$$\liminf_{n\to\infty}(1/n)\sum_{k=1}^{n}(X_k - m_k)$$

$$\geq \liminf_{n\to\infty}(1/n)\sum_{k=1}^{n}[\ln P_k(s)/\ln s - m_k] + c/\ln s$$

$$= \varphi(s)\omega \in A(s)\cap D(c). \tag{5.1.27}$$

由 (5.1.9) 知, 存在 $s_i \in (0,1), i = 1,2,\cdots$ 使得

$$\lim_{i\to\infty}\varphi(s_i) = \alpha(c). \tag{5.1.28}$$

令 $A = \cap_{i=1}^{\infty}A(s_i)$, 由 (5.1.27) 与 (5.1.28), 即得

$$\liminf_{n\to\infty}(1/n)\sum_{k=1}^{n}(X_k - m_k) \geq \alpha(c), \omega \in A\cap D(c). \tag{5.1.29}$$

由于 $P(A) = 1$, 故由 (5.1.29) 知 (5.1.8) 成立. 定理证毕.

**注 5.1.2** 由于随机变量的任意族 $\{X_t, t \in T\}$ 的概率性质可以用它的有限子族的分布来表示 (参见 Loéve1977, p.174), 故不失一般性, 可以通过 $\{X_n, n \geq 1\}$ 的某种特殊实现来证明定理.

**定理 5.1.2**(刘文 1997d) 设 $R$ 如前所定义, 并设 $R > 1$. 则在定理 5.1.1 的假设下有

$$\limsup_{n \to \infty}(1/n)\sum_{k=1}^{n}(X_k - m_k) \leq \beta(c) \text{ a.s. } \mp D(c), \tag{5.1.30}$$

其中

$$\beta(c) = \inf\{\psi(s), 1 < s < R\}, \tag{5.1.31}$$

$$\psi(s) = \limsup_{n \to \infty}(1/n)\sum_{k=1}^{n}[\ln P_k(s)/\ln s - m_k] + c/\ln s, 1 < s < R. \tag{5.1.32}$$

**证** 设 $1 < s < R$, 将 (5.1.26) 两端同除以 $\ln s$, 得

$$\limsup_{n \to \infty}(1/n)\sum_{k=1}^{n}(X_k - m_k)$$

$$\geq \limsup_{n \to \infty}(1/n)\sum_{k=1}^{n}\{[\ln P_k(s)]/\ln s - m_k\} + c/\ln s$$

$$= \psi(s), \quad \omega \in A(s) \cap D(c). \tag{5.1.33}$$

由 (5.1.31), 存在 $s_i \in (1, R)$, $i = 1, 2, \cdots$ 使得

$$\lim_{i \to \infty}\psi(s_i) = \beta(c). \tag{5.1.34}$$

令 $A = \cap_{i=1}^{\infty}A(s_i)$, 由 (5.1.33) 与 (5.1.34), 得

$$\limsup_{n \to \infty}(1/n)\sum_{k=1}^{n}(X_k - m_k) \geq \beta(c), \omega \in A \cap D(c). \tag{5.1.35}$$

由于 $P(A) = 1$, 由 (5.1.35) 可得 (5.1.30) 成立. 定理得证.

**推论 5.1.1** 设在 $r_n(\omega)$ 的定义中, $\{p_k(i)\}(i = 0, 1, 2 \cdots)$ 是以 $\lambda_k > 0$ 为参数的 Poisson 分布, 并令

$$\lambda = \limsup_{n \to \infty}(1/n)\sum_{k=1}^{n}\lambda_k < \infty. \tag{5.1.36}$$

则

$$\limsup_{n \to \infty}(1/n)\sum_{k=1}^{n}(X_k - \lambda_k) \leq 2\sqrt{\lambda c} + c \text{ a.s. } \mp D(c), \tag{5.1.37}$$

且对 $0 \le c < \lambda$,

$$\liminf_{n\to\infty}(1/n)\sum_{k=1}^{n}(X_k - \lambda_k) \ge -2\sqrt{\lambda c} \text{ a.s. } \text{于 } D(c). \tag{5.1.38}$$

**证**　在此情形，$P_k(s) = e^{\lambda_k(s-1)}$, $m_k = \lambda_k$, 令

$$g_n(s) = (1/n)\sum_{k=1}^{n}[\ln P_k(s)/\ln s - m_k] + c/\ln s$$

$$= [(s-1)/\ln s - 1](1/n)\sum_{k=1}^{n}\lambda_k + c/\ln s, \quad s \in (0,1)\cup(1,R). \tag{5.1.39}$$

由 (5.1.39), (5.1.32) 和不定式 $1 - 1/s \le \ln s \le s - 1(s > 0)$, 有

$$\psi(s) = \limsup_{n\to\infty} g_n(s) = [(s-1)/\ln s - 1]\lambda + c/\ln s$$

$$\le [\frac{s-1}{1-1/s} - 1]\lambda + \frac{c}{1-1/s}$$

$$= \lambda(s-1) + c/(s-1) + c = g(s), \quad s \in (1,R). \tag{5.1.40}$$

易知如果 $c > 0$ 且 $\lambda > 0$, 则 $g(s)$ 在 $s = 1 + \sqrt{c/\lambda}$ 处达到它在区间 (1,R) 上的最小值 $\nu(c) = g(1 + \sqrt{c/\lambda}) = 2\sqrt{\lambda c} + c$, 由 (5.1.40) 知 $\nu(c) \ge \beta(c)$. 于是由 (5.1.30) 可得 (5.1.37). 同样有

$$\psi(s) = \liminf_{n\to\infty} g_n(s) = [(s-1)/\ln s - 1]\lambda + c/\ln s$$

$$\ge [\frac{s-1}{1-1/s} - 1]\lambda + \frac{c}{s-1}$$

$$= \lambda(s-1) + c/(s-1) = h(s), \quad s \in (0,1). \tag{5.1.41}$$

易知如果 $0 < c < \lambda$, 则 $h(s)$ 在 $s = 1 - \sqrt{c/\lambda}$ 处达到它在区间 (0,1) 上的最大值 $\mu(c) = -2\sqrt{\lambda c}$, 则由 (5.1.41) 知 $\mu(c) \le \alpha(c)$. 于是由 (5.1.8) 可得 (5.1.38). 显然，$\alpha(0) = \beta(0) = 0$, 且如果 $\lambda = 0$, 则有 $\alpha(c) = \beta(c) = 0$. 因此若 $c = 0$ 或 $\lambda = 0$, (5.1.37) 与 (5.1.38) 也成立.

**定理 5.1.3**(刘文 1997d)　令

$$q_k(i) = \sum_{j=i+1}^{\infty} p_k(j), \quad i \in S, \tag{5.1.42}$$

$$Q_k(s) = \sum_{i=0}^{\infty} q_k(i)s^i \tag{5.1.43}$$

分别为分布 (5.1.2) 的尾概率和尾概率母函数. 如果存在一列正数 $\{q(i), i \le 0\}$ 使得

$$q_k(i) \le q(i), i \ge 0, k \ge 1, \tag{5.1.44}$$

$$\sum_{i=0}^{\infty} q(i) = m < \infty, \tag{5.1.45}$$

则在定理 5.1.1 的假设下有

$$\liminf_{n \to \infty} (1/n) \sum_{k=1}^{n} (X_k - m_k) \ge \alpha_*(c) \text{ a.s. } \mathcal{T} D(c), \tag{5.1.46}$$

其中

$$\alpha_*(c) = \sup\{\psi_*(s), 0 < s < 1\}, \tag{5.1.47}$$

$$\psi_*(s) = \liminf_{n \to \infty} (1/n) \sum_{k=1}^{n} [sQ_k(s) - Q_k(1)] + c/\ln s, \ \ 0 < s < 1. \tag{5.1.48}$$

且 $\alpha_*(c) \le 0$,

$$\lim_{c \to 0^+} \alpha_*(c) = \alpha_*(0) = 0. \tag{5.1.49}$$

**证**　由不等式 $1 - 1/x < \ln x < x - 1 (0 < x < 1)$ 和母函数的性质 (参见 Hunter1983a, p.39)

$$Q_k(s) = [1 - P_k(s)]/(1 - s), \ \ s < 1, \ \ Q_k(1) = m_k, \tag{5.1.50}$$

由 (5.1.27), 得

$$\liminf_{n \to \infty} (1/n) \sum_{k=1}^{n} (X_k - m_k)$$

$$\ge \liminf_{n \to \infty} (1/n) \sum_{k=1}^{n} \Big[\frac{P_k(s) - 1}{1 - 1/s} - m_k\Big] + c/\ln s$$

$$= \liminf_{n \to \infty} (1/n) \sum_{k=1}^{n} [sQ_k(s) - Q_k(1)] + c/\ln s$$

$$= \psi_*(s), 0 < s < 1, \omega \in A(s) \cap D(c). \tag{5.1.51}$$

由 (5.1.47), 存在 $s_i \in (0,1), i = 1, 2, \cdots$, 使得

$$\lim_{i \to \infty} \varphi_*(s_i) = \alpha_*(c). \tag{5.1.52}$$

令 $A = \cap_{i=1}^{\infty} A(s_i)$, 由 (5.1.51) 与 (5.1.52), 有

$$\liminf_{n \to \infty} (1/n) \sum_{k=1}^{n} (X_k - m_k) \ge \alpha_*(c), \ \ \omega \in A \cap D(c). \tag{5.1.53}$$

因为 $P(A) = 1$, 由 (5.1.53) 知 (5.1.46) 成立.

由 $0 < s < 1, sQ_k(s) - Q_k(1) < 0$, 与 $\varphi(s) < 0$, 有 $\alpha(c) \leq 0$. 令

$$Q(s) = \sum_{i=0}^{\infty} q(i)s^i \tag{5.1.54}$$

是 $\{q(i),\ i \geq 0\}$ 的母函数. 由 (5.1.42) 与 (5.1.43) 有

$$(1/n)\sum_{k=1}^{n}[sQ_k(s) - Q_k(1)]$$

$$= [(s-1)/n]\sum_{k=1}^{n}Q_k(s) + (1/n)\sum_{k=1}^{n}\sum_{i=0}^{\infty}q_k(i)(s^i - 1)$$

$$\geq (s-1)Q(s) - Q(1),\quad 0 < s < 1. \tag{5.1.55}$$

由 (5.1.47), (5.1.48) 与 (5.1.55), 有

$$\alpha_*(c) \geq \varphi_*(1 - \sqrt{c}) \geq (1 - \sqrt{c})Q(1 - \sqrt{c}) - Q(1) + c/\ln(1 - \sqrt{c}), 0 < c < 1; \tag{5.1.56}$$

$$\alpha_*(0) \geq \varphi_*(1 - 1/n)Q(1 - 1/n) - Q(1), n \geq 2. \tag{5.1.57}$$

由于 $\alpha_*(c) \leq 0$, 显然由 (5.1.56), (5.1.57) 可得 (5.1.49). 定理得证.

**定理 5.1.4** (刘文 1997d)  令 $R$ 是 (5.1.54) 的收敛半径, 并假定 $R > 1$. 则在定理 5.1.3 的假设下有

$$\limsup_{n\to\infty}(1/n)\sum_{k=1}^{n}(X_k - m_k) \leq \beta_*(c),\quad \omega \in D(c), \tag{5.1.58}$$

其中

$$\beta_*(c) = \inf\{\psi_*(s),\ \ 1 < s < R\}, \tag{5.1.59}$$

$$\psi_*(s) = \limsup_{n\to\infty}(1/n)\sum_{k=1}^{n}[sQ_k(s) - Q_k(1)] + c/\ln s,\ \ 1 < s < R, \tag{5.1.60}$$

且 $\beta_*(c) \geq 0$, 并且

$$\lim_{c\to 0^+}\beta_*(c) = \beta(0) = 0. \tag{5.1.61}$$

**证**  易知在定理的假设下,  (5.1.6) 与 (5.1.43) 的半径小于等于 $R$, 且

$$Q_k(s) = \frac{[1 - P_k(s)]}{(1-s)}, 1 < s < R. \text{(参见 Hunter1983a, p.39)} \tag{5.1.62}$$

由不等式 $0 < 1 - 1/x < \ln x < x - 1(x > 1)$ 和 (5.1.62) 中母函数的性质, 根据 (5.1.33), 得

$$\limsup_{n\to\infty}(1/n)\sum_{k=1}^{n}(X_k - m_k)$$

$$\leq \limsup_{n\to\infty}(1/n)\sum_{k=1}^{n}[sQ_k(s) - Q_k(1)] + c/\ln s$$

$$= \psi_*(s), 1 < s < R, \quad \omega \in A(s) \cap D(c). \tag{5.1.63}$$

由 (5.1.59), 存在 $s_i \in (1, R)$, $i = 1.2, \cdots$, 使得

$$\lim_{i\to\infty} \psi_*(s_i) = \beta_*(c). \tag{5.1.64}$$

令 $A = \cap_{i=1}^{\infty} A(s_i)$. 由 (5.1.63), (5.1.64), 得

$$\limsup_{n\to\infty}(1/n)\sum_{k=1}^{n}(X_k - m_k) \leq \beta_*(c), \quad \omega \in A \cap D(c). \tag{5.1.65}$$

由于 $P(A) = 1$, 由 (5.1.65) 即得 (5.1.58) 成立. 仿照 (5.1.49) 的证明, (5.1.61) 得证. 定理得证.

**推论 5.1.2** 在定理 5.1.3 的假设下有

$$\lim_{n\to\infty}(1/n)\sum_{k=1}^{n}(X_k - m_k) = 0 \quad \text{a.s.} \ \text{于} \ D(0). \tag{5.1.66}$$

**证** 令 $c = 0$, 由 (5.1.46) 与 (5.1.58), 立即可得 (5.1.66) 成立.

**推论 5.1.3** 令 $\{X_n, n \geq 1\}$ 独立并具有分布 (5.1.2). 在定理 5.1.3 的假设下有

$$\lim_{n\to\infty}(1/n)\sum_{k=1}^{n}(X_k - m_k) = 0 \quad \text{a.s..} \tag{5.1.67}$$

**证** 在此条件下, $r_n(\omega) = 1$, 且 $D(0) = [0, 1)$. 因此由 (5.1.66), 即得 (5.1.67) 成立.

**未解决的问题**

我们看到在 (5.1.30) 与 (5.1.58) 的推导中, 条件 $R > 1$ 是本质的. 另一方面, 对一列独立同分布的随机变量的强大数定律来说, 只需假设一阶矩存在即可. 这就引出了下列问题: 设除假设 $R > 1$ 外, 定理 5.1.4 的条件满足, 问是否存在一个非降函数 $\beta : [0, \infty) \to [0, \infty)$ 满足下列条件

$$\lim_{c\to 0^+} \beta(c) = \beta(0) = 0 \tag{5.1.68}$$

使得对每一个 $c \geq 0$, 有

$$\limsup_{n\to\infty}(1/n)\sum_{k=1}^{n}(X_k - m_k) \leq \beta(c) \quad \text{a.s.} \ \text{于} \ D(c). \tag{5.1.69}$$

## §5.2 一类随机偏差定理与母函数方法

本节利用对数似然比的概念和母函数的工具研究非负整数值随机变量序列的极限性质, 得到一类随机偏差定理 (样本型偏差定理), 即用不等式表示的一类偏差界依赖于样本点的强极限定理.

设 $\{X_n, n \geq 1\}$ 是在 $S = \{0, 1, 2, \cdots\}$ 中取值的一列随机变量, 其联合分布为

$$P(X_1 = x_1, \cdots, X_n = x_n) = f_n(x_1, \cdots, x_n) > 0, x_k \in S, 1 \leq k \leq n. \qquad (5.2.1)$$

又设

$$(p_k(0),\ p_k(1),\ \cdots),\ k = 1, 2, \cdots \qquad (5.2.2)$$

是 $S$ 上的一列分布. 为了表征 $\{X_n, n \geq 1\}$ 与服从乘积分布

$$\prod_{k=1}^{n} p_k(x_k),\ x_k \in S,\ 1 \leq k \leq n \qquad (5.2.3)$$

的独立随机变量之间的差异, 引进如下的对数似然比

$$r_n(\omega) = \ln[f_n(X_1, \cdots, X_n) / \prod_{k=1}^{n} p_k(X_k)]. \qquad (5.2.4)$$

并令

$$r(\omega) = \limsup_{n \to \infty} \frac{1}{n} r_n(\omega), \qquad (5.2.5)$$

其中 $\omega$ 是样本点, $\{X_n, n \geq 1\}$ 具有分布 (5.2.1).

设分布 (5.2.2) 的母函数和尾概率母函数分别为

$$P_k(s) = \sum_{i=0}^{\infty} p_k(i) s^i, \qquad (5.2.6)$$

$$Q_k(s) = \sum_{i=0}^{\infty} q_k(i) s^i, \qquad (5.2.7)$$

其中

$$q_k = \sum_{j=i+1}^{\infty} p_k(i), \qquad (5.2.8)$$

**定理 5.2.1**(刘文 1999a)  设 $\{X_n, n \leq 1\}$ 是具有分布 (5.2.1) 的随机变量序列, $r(\omega), p_k(i), q_k(i), P_k(s), Q_k(s)$ 如前定义, 并设

$$m_k = \sum_{i=1}^{\infty} i p_k(i) < \infty, \qquad (5.2.9)$$

$$D = \{\omega : r(\omega) < \infty\}, \ P(D) = 1. \tag{5.2.10}$$

如果存在正数列 $\{q(i), i \geq 0\}$, 使得

$$q_k(i) \leq q(i), \ i \geq 0, \ k \geq 1, \tag{5.2.11}$$

$$\sum_{i=0}^{\infty} q(i) = m < \infty, \tag{5.2.12}$$

则有

$$\liminf_{n \to \infty} \frac{1}{n} \sum_{k=1}^{n} (X_k - m_k) \geq \alpha(r(\omega)) \ \text{a.s.}, \tag{5.2.13}$$

其中

$$\alpha(x) = \sup\{\varphi(s, x), \ 0 < s < 1\}, \ x \geq 0, \tag{5.2.14}$$

$$\varphi(s, x) = \liminf_{n \to \infty} \frac{1}{n} \sum_{k=1}^{n} [sQ_k(s) - Q_k(1)] + \frac{x}{\ln s}, \ 0 < s < 1, \ x \geq 0, \tag{5.2.15}$$

且

$$\alpha(x) \leq 0; \quad \lim_{x \to 0^+} \alpha(x) = \alpha(0) = 0. \tag{5.2.16}$$

**证**　取 $\Omega = [0, 1)$, 其中 Lebesgue 可测集的全体和 Lebesgue 测度 $P$ 组成所考虑的概率空间. 首先按 §5.1 中的方法给出具有分布 (5.2.1) 的随机变量序列在此概率空间中一种实现. 为以下证明的需要, 先构造一个辅助函数. 设 (5.2.6) 的收敛半径为 $R_k$, 令 $R = \inf\{R_k, k = 1, 2, \cdots\}$. 设 $s \in (0, R) \bigcup \{1\}$ 为常数. 将区间 $[0, 1)$ 按比例 $P_1(s, i) = p_1(i)s^i/P_1(s) \ (i = 0, 1, 2, \cdots)$ 分成可列个左闭右开区间 $\Delta_0 = [0, P_1(s, 0))$, $\Delta_1 = [P_1(s, 0), P_1(s, 0) + P_1(s, 1)), \cdots$, 这些区间都称为一阶 $\Delta$ 区间. 设 $n$ 阶 $\Delta$ 区间已定义, 将它按比例 $P_{n+1}(s, i) = p_{n+1}(i)s^i/P_{n+1}(s) \ (i = 0, 1, 2, \cdots)$ 分成可列个左闭右开区间 $\Delta_{x_1, \cdots, x_n, x_{n+1}} \ (x_{n+1} = 0, 1, 2, \cdots)$, 就得到 $n + 1$ 阶 $\Delta$ 区间. 由归纳法可得

$$P(\Delta_{x_1, \cdots, x_n}) = \prod_{k=1}^{n} P_k(s, x_k) = \prod_{k=1}^{n} \frac{1}{P_k(s)} p_k(x_k)s^{x_k}. \tag{5.2.17}$$

设 $D_{x_1, \cdots, x_n}^-, D_{x_1, \cdots, x_n}^+, \Delta_{x_1, \cdots, x_n}^-, \Delta_{x_1, \cdots, x_n}^+$ 分别表示 $D_{x_1, \cdots, x_n}$ 与 $\Delta_{x_1, \cdots, x_n}$ 的左、右端点, 记所有 $D$ 区间的端点的集合为 $G$. 定义 $[0, 1]$ 上的单调函数 $g_s(x)$ 如下:

$$g_s(D_{x_1, \cdots, x_n}^-) = \Delta_{x_1, \cdots, x_n}^-, \ g_s(D_{x_1, \cdots, x_n}^+) = \Delta_{x_1, \cdots, x_n}^+; \tag{5.2.18}$$

$$g_s(x) = \sup\{g_s(t), t \in G \bigcap [0, x)\}, \ x \in [0, 1] - Q. \tag{5.2.19}$$

令

$$t_n(s, \omega) = \frac{g_s(D_{x_1, \cdots, x_n}^+) - g_s(D_{x_1, \cdots, x_n}^-)}{D_{x_1, \cdots, x_n}^+ - D_{x_1, \cdots, x_n}^-}, \tag{5.2.20}$$

则有

$$t_n(s,\omega) = s^{\sum_{k=1}^{n} X_k} \frac{\{\prod_{k=1}^{n}[\frac{1}{P_k(s)}]p_k(X_k)\}}{f_n(X_1,\cdots,X_n)}. \tag{5.2.21}$$

由 (5.2.21) 与 (5.2.4), 有

$$\ln t_n(s,\omega) = \sum_{k=1}^{n} X_k \ln s - \sum_{k=1}^{n} \ln P_k(s) - r_n(\omega). \tag{5.2.22}$$

设 $g_s$ 可微点的全体为 $A(s)$, 则由 Lebesgue 关于单调函数可微性定理有 $P(A(s)) = 1$. 根据导数的性质, 有

$$\lim_{n\to\infty} t_n(s,\omega) = 有限数, \ \omega \in A(s). \tag{5.2.23}$$

由 (5.2.22) 与 (5.2.23), 有

$$\limsup_{n\to\infty} \frac{1}{n}[\sum_{k=1}^{n} X_k \ln s - \sum_{k=1}^{n} \ln P_k(s) - r_n(\omega)] \le 0, \ \omega \in A(s). \tag{5.2.24}$$

由 (5.2.24) 与 (5.2.5), 有

$$\limsup_{n\to\infty} \frac{1}{n}\sum_{k=1}^{n} X_k \ln s \le \limsup_{n\to\infty} \frac{1}{n}\sum_{k=1}^{n} \ln P_k(s) + r(\omega), \ \omega \in A(s). \tag{5.2.25}$$

设 $0 < s < 1$. 由于 $m_k < \infty \ (k=1,2,\cdots)$, 故将 (5.2.25) 两边同除以 $\ln s$, 得

$$\liminf_{n\to\infty} \frac{1}{n}\sum_{k=1}^{n} (X_k - m_k) \ge \liminf_{n\to\infty} \frac{1}{n}\sum_{k=1}^{n}[\frac{\ln P_k(s)}{\ln s} - m_k] + \frac{r(\omega)}{\ln s}, \ \omega \in A(s). \tag{5.2.26}$$

利用不等式 $1 - 1/x \le \ln x \le x - 1 \ (x > 0)$ 及母函数的性质 (参见 Hunter1983a, p.39), 有

$$Q_k(s) = \frac{1 - P_k(s)}{1 - s}, \ |s| < 1; \ Q_k(1) = m_k. \tag{5.2.27}$$

当 $0 < s < 1$ 时, 由 (5.2.26), 有

$$\liminf_{n\to\infty} \frac{1}{n}\sum_{k=1}^{n} (X_k - m_k) \ge \liminf_{n\to\infty} \frac{1}{n}\sum_{k=1}^{n}[\frac{P_k(s)-1}{1-1/s} - m_k] + \frac{r(\omega)}{\ln s}$$

$$= \liminf_{n\to\infty} \frac{1}{n}\sum_{k=1}^{n}[sQ_k(s) - Q_k(1)] + \frac{r(\omega)}{\ln s}, \ \omega \in A(s). \tag{5.2.28}$$

设 $Q_k$ 为 $(0,1)$ 中有理数的集合, 令 $A_* = \bigcap_{s \in Q_k} A(s)$, 则 $P(A_*) = 1$, 且由 (5.2.28), 有

$$\liminf_{n \to \infty} \frac{1}{n} \sum_{k=1}^{n} (X_k - m_k) \geq \liminf_{n \to \infty} \frac{1}{n} \sum_{k=1}^{n} [sQ_k(s) - Q_k(1)] + \frac{r(\omega)}{\ln s}, \ \omega \in A_*, \ \forall s \in Q_*.$$

$$(5.2.29)$$

在 (5.2.24) 中令 $s = 1$, 得

$$\liminf_{n \to \infty} \frac{1}{n} r_n(\omega) \geq 0, \ \omega \in A(1). \tag{5.2.30}$$

由此有

$$r(\omega) \geq 0, \ \omega \in A_* \bigcap A(1). \tag{5.2.31}$$

令

$$g(s) = \liminf_{n \to \infty} \frac{1}{n} \sum_{k=1}^{n} [sQ_k(s) - Q_k(1)], \ 0 \leq s \leq 1. \tag{5.2.32}$$

于是有

$$\varphi(s, x) = g(s) + \frac{x}{\ln s}, \ 0 < s < 1, \ x \geq 0, \tag{5.2.33}$$

$$\alpha(x) = \sup\{g(s) + \frac{x}{\ln s}, \ 0 < s < 1\}, \ x \geq 0. \tag{5.2.34}$$

显然 $g(s) \leq 0, \varphi(s, x) \leq 0$, 因而 $\alpha(x) \leq 0$. 记 $\{q(i), i \geq 0\}$ 的母函数为

$$Q(s) = \sum_{i=0}^{\infty} q(i) S^i. \tag{5.2.35}$$

当 $0 \leq s < s + t \leq 1$ 时, 由 (5.2.11) 与 (5.2.12), 有

$$\begin{aligned}
0 &< g(s+t) - g(s) \\
&= \liminf_{n \to \infty} \frac{1}{n} \sum_{k=1}^{n} [(s+t)Q_k(s+t) - Q_k(1)] - \liminf_{n \to \infty} \frac{1}{n} \sum_{k=1}^{n} [sQ_k(s) - Q_k(1)] \\
&= \liminf_{n \to \infty} \frac{1}{n} \sum_{k=1}^{n} [(s+t)Q_k(s+t) - Q_k(1)] + \limsup_{n \to \infty} \frac{1}{n} \sum_{k=1}^{n} [Q_k(1) - sQ_k(s)] \\
&\leq \limsup_{n \to \infty} \frac{1}{n} \sum_{k=1}^{n} [(s+t)Q_k(s+t) - sQ_k(s)] \\
&\leq \limsup_{n \to \infty} \frac{1}{n} \sum_{k=1}^{n} s[Q_k(s+t) - Q_k(s)] + \limsup_{n \to \infty} \frac{t}{n} \sum_{k=1}^{n} Q_k(s+t) \\
&\leq s \sum_{i=0}^{\infty} q(i)[(s+t)^i - s^i] + tm \\
&= s[Q(s+t) - Q(s)] + tm. \tag{5.2.36}
\end{aligned}$$

由 (5.2.36) 知 $g(s)$ 在 $[0,1]$ 上连续. 从而 $\varphi(s,x)$ 关于 $s$ 在 $(0,1)$ 上连续. 于是由 (5.2.34), (5.2.31) 与 (5.2.10) 知, 对每个 $\omega \in A_* \cap A(1) \cap D$, 可取 $\lambda_n(\omega) \in Q_*$ $(n=1,2,\cdots)$, 使得

$$\lim_{n\to\infty} \varphi(\lambda_n(\omega), r(\omega)) = \alpha(r(\omega)). \tag{5.2.37}$$

由 (5.2.29) 与 (5.2.33), 有

$$\liminf_{n\to\infty} \frac{1}{n} \sum_{k=1}^{n}(X_k - m_k) \geq \varphi(\lambda_n(\omega), r(\omega)), \ \omega \in A_* \cap A(1) \cap D, \ n=1,2,\cdots. \tag{5.2.38}$$

由 (5.2.37) 与 (5.2.38), 有

$$\liminf_{n\to\infty} \frac{1}{n} \sum_{k=1}^{n}(X_k - m_k) \geq \alpha(r(\omega)), \ \omega \in A_* \cap A(1) \cap D. \tag{5.2.39}$$

由于 $P(A_* \cap A(1) \cap D) = 1$, 故由 (5.2.39) 知, (5.2.13) 成立.

当 $0 \leq s \leq 1$ 时, 由 (5.2.11) 与 (5.2.35), 有

$$\frac{1}{n} \sum_{k=1}^{n}[sQ_k(s) - Q_k(1)]$$
$$= \frac{1}{n} \sum_{k=1}^{n}[\sum_{i=0}^{\infty} q_k(i)s^{i+1} - \sum_{i=0}^{\infty} q_k(i)]$$
$$= \frac{1}{n} \sum_{k=1}^{n} \sum_{i=0}^{\infty} q_k(i)(s^{i+1} - 1)$$
$$\geq \frac{1}{n} \sum_{k=1}^{n} \sum_{i=0}^{\infty} q(i)(s^{i+1} - 1) \ (s^{i+1} - 1 \leq 0, \ q_k(i) \leq q(i))$$
$$= \frac{1}{n} \sum_{k=1}^{n} \sum_{i=0}^{\infty} q(i)s^{i+1} - \frac{1}{n} \sum_{k=1}^{n} \sum_{i=0}^{\infty} q(i)$$
$$= sQ(s) - Q(1). \tag{5.2.40}$$

由 (5.2.40), 当 $0 < x < 1$ 时有

$$\alpha(x) \geq \varphi(1 - \sqrt{x}, x) = g(1 - \sqrt{x}) + \frac{x}{\ln(1 - \sqrt{x})}$$
$$\geq (1 - \sqrt{x})Q(1 - \sqrt{x}) - Q(1) + \frac{x}{\ln(1 - \sqrt{x})}; \tag{5.2.41}$$

当 $x = 0$ 时有

$$\alpha(0) \geq g(1 - \frac{1}{n}) \geq (1 - \frac{1}{n})Q(1 - \frac{1}{n}) - Q(1), \ n > 1. \tag{5.2.42}$$

由于 $\alpha(x) \le 0$ $(x \ge 0)$, 故由 (5.2.41) 与 (5.2.42) 知, (5.2.16) 成立. 证毕.

**推论 5.2.1** 在定理 5.2.1 的条件下有

$$\liminf_{n \to \infty} \frac{1}{n} \sum_{k=1}^{n} (X_k - m_k) \ge \alpha_*(r(\omega)) \text{ a.s.,} \tag{5.2.43}$$

其中

$$\alpha_*(x) = \sup\{sQ(s) - Q(1) + \frac{x}{\ln s}, \ 0 < s < 1\}, \ x \ge 0. \tag{5.2.44}$$

$Q(s)$ 由 (5.2.35) 定义, 且有 $\alpha_*(x) \le 0$,

$$\lim_{x \to 0^+} \alpha_*(x) = \alpha_*(0) = 0. \tag{5.2.45}$$

**证** 由 (5.2.33) 与 (5.2.40), 有

$$\varphi(s, x) \ge sQ(s) - Q(1) + \frac{x}{\ln s}, \ 0 < s < 1, \ x \ge 0. \tag{5.2.46}$$

由此知 $\alpha_*(x) \le \alpha(x)$. 从而 (5.2.43) 可由 (5.2.13) 推出. 仿照 (5.2.16) 的证明, 可证 (5.2.45).

**推论 5.2.2** 设 $\{X_n, n \ge 1\}$ 相互独立, 令

$$m_k = E(X_k), \ p_k(i) = P(X_k = i), \ i \in S. \tag{5.2.47}$$

如果存在正数列 $\{q(i), i \ge 0\}$ 满足条件 (5.2.11) 与 (5.2.12), 其中 $q(i)$ 由 (5.2.8) 定义, 则

$$\liminf_{n \to \infty} \sum_{k=1}^{n} (X_k - m_k) \ge 0 \text{ a.s.}. \tag{5.2.48}$$

**证** 令 (5.2.4) 中的 $p_k(i)$ 由 (5.2.47) 定义, 则 $r(\omega) \equiv 0$. 由于 $\alpha(0) = 0$, 故 (5.2.48) 可直接由 (5.2.13) 得到.

**定理 5.2.2**(刘文 1999a) 设 $\{X_n, n \ge 1\}$ 是具有分布 (5.2.1) 的随机变量序列, $m_k, q_k(i), r(\omega)$ 均如前定义. 如果 (5.2.10) 成立, 且存在正数列 $\{q(i), i \ge 0\}$, 使得

$$\frac{1}{n} \sum_{k=1}^{n} q_k(i) \le q(i), \ i \in S, \ n \ge 1, \tag{5.2.49}$$

$$\sum_{i=0}^{\infty} q(i) < \infty, \tag{5.2.50}$$

则

$$\liminf_{n \to \infty} \frac{1}{n} \sum_{k=1}^{n} (X_k - m_k) \ge \alpha(r(\omega)) \text{ a.s.,} \tag{5.2.51}$$

其中

$$\alpha(x) = \sup\{sQ(s) - Q(1) + \frac{x}{\ln s}, \ 0 < s < 1\}, \ x \geq 0, \tag{5.2.52}$$

$$Q(s) = \sum_{i=0}^{\infty} q(i)s^i, \tag{5.2.53}$$

且有

$$\alpha(x) \leq 0, \ \lim_{x \to 0^+} \alpha(x) = \alpha(0) = 0. \tag{5.2.54}$$

**定理 5.2.3**(刘文 1999a)  设定理 5.2.1 的假设成立, 且 (5.2.35) 的收敛半径 $R > 1$, 则有

$$\limsup_{n \to \infty} \frac{1}{n} \sum_{k=1}^{n} (X_k - m_k) \leq \beta(r(\omega)) \quad \text{a.s.}, \tag{5.2.55}$$

其中

$$\beta(x) = \inf\{\varphi(s,x), \ 1 < s < R\}, \ x \geq 0, \tag{5.2.56}$$

$$\varphi(s,x) = \limsup_{n \to \infty} \frac{1}{n} \sum_{k=1}^{n} [sQ_k(s) - Q_k(1)] + \frac{x}{\ln s}, \ 0 < s < R, \ x \geq 0, \tag{5.2.57}$$

且

$$\beta(x) \geq 0; \ \lim_{x \to 0^+} \beta(x) = \beta(0) = 0.$$

**定理 5.2.4**(刘文 1999a)  在定理 5.2.2 的假设下, 设 $R_k(k = 1, 2, \cdots)$ 与 $R^*$ 分别为 $Q_k(s)$ 和 $Q(s)$ 的收敛半径, 令 $R = \inf\{R_k, k \geq 1\}$, $R_* = \min\{R, R^*\}$. 如果 $R_* > 1$, 则

$$\limsup_{n \to \infty} \frac{1}{n} \sum_{k=1}^{n} (X_k - m_k) \leq \beta(r(\omega)) \quad \text{a.s.}, \tag{5.2.58}$$

其中

$$\beta(x) = \inf\{sQ(s) - Q(1) + \frac{x}{\ln s}, \ 0 < s < R\}, \ x \geq 0, \tag{5.2.59}$$

且有

$$\beta(x) \geq 0, \ \lim_{x \to 0^+} \beta(x) = \beta(0) = 0. \tag{5.2.60}$$

定理 5.2.2—5.2.4 的证明与定理 5.2.1 类似, 从略.

## §5.3  随机条件概率的一个极限性质与条件矩母函数方法

设 $\{X_n, n \geq 0\}$ 是在 $S = \{1, 2, \cdots, N\}$ 中取值的一列随机变量, 其联合分布为

$$P(X_0 = x_0, \cdots, X_n = x_n) = p(x_0, \cdots, x_n) > 0, \ x_i \in S, \ 0 \leq i \leq n. \tag{5.3.1}$$

记

$$p_n(x_n|x_0, \cdots, x_{n-1}) = P(X_n = x_n|X_0 = x_0, \cdots, X_{n-1} = x_{n-1}), \quad n \geq 1. \quad (5.3.2)$$

本节研究随机条件概率 $\{p_k(X_k|X_0, \cdots, X_{k-1}), 1 \leq k \leq n)\}$ 的调和平均 a.s. 收敛于 $\dfrac{1}{N}$ 的条件. 证明中提出了将关于网的微分法与条件矩母函数的工具应用于强极限定理的研究的一种途径.

**定理 5.3.1**(刘文 2000c)　设 $\{X_n, n \geq 0\}$ 是具有联合分布 (5.3.1) 的一列随机变量. 令

$$a_k = \min\{p_k(x_k|x_0, \cdots, x_{k-1}), \ x_i \in S, \ 0 \leq i \leq k\}, \ k \geq 1. \quad (5.3.3)$$

如果存在 $\alpha > 0$, 使得

$$\limsup_{n \to \infty}(1/n)\sum_{k=1}^{n} \mathrm{e}^{\alpha/a_k} = M < \infty, \quad (5.3.4)$$

则随机条件概率 $\{p_k(X_k|X_0, \cdots, X_{k-1}), 1 \leq k \leq n)\}$ 的调和平均 a.s. 收敛于 $\dfrac{1}{N}$, 即

$$\lim_{n \to \infty} \frac{n}{\sum_{k=1}^{n} p_k(X_k|X_0, \cdots, X_{k-1})^{-1}} = \frac{1}{N} \quad \text{a.s..} \quad (5.3.5)$$

**证**　设 $\{X_n, n \geq 0\}$ 所在的概率空间为 $(\Omega, \mathcal{F}, P)$. 令

$$D_{x_0 \cdots x_n} = \{\omega : X_k = x_k, 0 \leq k \leq n\}, \ X_k \in S, \ 0 \leq k \leq n, \quad (5.3.6)$$

则有

$$P(D_{x_0}) = p(x_0), \quad (5.3.7)$$

$$P(D_{x_0 \cdots x_n}) = p(x_0, \cdots, x_n) = p(x_0)\prod_{k=1}^{n} p_k(x_k|x_0, \cdots, x_{k-1}), \ n \geq 1. \quad (5.3.8)$$

$D_{x_0 \cdots x_n}$ 称为 $n$ 阶柱集, 其全体记为 $\mathcal{N}_n$. 设 $t$ 为实数, 令

$$M_k(t, x_0, \cdots, x_{k-1}) = E[\mathrm{e}^{tp_k(X_k|X_0, \cdots, X_{k-1})^{-1}}|X_0 = x_0, \cdots, X_{k-1} = x_{k-1}]$$

$$= \sum_{x_k=1}^{N} \mathrm{e}^{tp_k(x_k|x_0, \cdots, x_{k-1})^{-1}} p_k(x_k|x_0, \cdots, x_{k-1}). \quad (5.3.9)$$

$M_k(t, x_0, \cdots, x_{k-1})$ 称为在条件 $X_0 = x_0, \cdots, X_{k-1} = x_{k-1}$ 下, $p_k(X_k|X_0, \cdots, X_{k-1})^{-1}$ 的条件矩母函数. 令

$$m_k(t, x_0, \cdots, x_k) = \frac{\mathrm{e}^{tp_k(x_k|x_0, \cdots, x_{k-1})^{-1}} p_k(x_k|x_0, \cdots, x_{k-1})}{M_k(t, x_0, \cdots, x_{k-1})}, \quad (5.3.10)$$

则由 (5.3.9), 有

$$\sum_{x_k=1}^{N} m_k(t, x_0, \cdots, x_n) = 1. \tag{5.3.11}$$

令 $\mathcal{N} = \{\phi, \Omega\} \cup (\cup_{n=0}^{\infty} \mathcal{N}_n)$. 在 $\mathcal{N}$ 上定义集函数 $\mu_t$ 如下:

$$\mu_t(\phi) = 0, \quad \mu_t(\omega) = 1, \quad \mu_t(D_{x_0}) = p(x_0), \tag{5.3.12}$$

$$\mu_t(D_{x_0 \cdots x_n}) = \mu_t(D_{x_0 \cdots x_{n-1}}) m_n(t, x_0, \cdots, x_n)$$

$$= p(x_0) \prod_{k=1}^{n} m_k(t, x_0, \cdots, x_k), \quad n \geq 1. \tag{5.3.13}$$

由 (5.3.11)—(5.3.13) 知 $\mu_t$ 是 $\mathcal{N}$ 上的测度, 易知 $\mathcal{N}$ 是一半代数, 故 $\mu_t$ 可惟一的开拓到 $\sigma(\mathcal{N}) \subset \mathcal{F}$ 上. 设 $I_D$ 表示 $D$ 的示性函数 $(D \subset \Omega)$. 令

$$T_n(t, \omega) = \sum_{D \in \mathcal{N}_n} \frac{\mu_t(D)}{P(D)} I_D,$$

即

$$T_n(t, \omega) = \frac{\mu_t(D_{X_0(\omega) \cdots X_n(\omega)})}{P(D_{X_0(\omega) \cdots X_n(\omega)})}. \tag{5.3.14}$$

易知 $\{\mathcal{N}_n, n \geq 1$ 是一个网. 由网微分法 (见 Hewitt 与 Stromberg(1994), p.373) 知, 存在 $A(t) \in \sigma(\mathcal{N}), P(A(t)) = 1$, 使得

$$\lim_{n \to \infty} T_n(t, \omega) = \text{有限数}, \quad \omega \in A(t).$$

由此有

$$\limsup_{n \to \infty}(1/n) \ln T_n(t, \omega) \leq 0, \quad \omega \in A(t). \tag{5.3.15}$$

由 (5.3.8), (5.3.10) 与 (5.3.13), 有

$$T_n(t, \omega) = \prod_{k=1}^{n} \frac{\mathrm{e}^{tp_k(X_k|X_0, \cdots, X_{k-1})^{-1}}}{M_k(t, X_0, \cdots, X_{k-1})}. \tag{5.3.16}$$

由 (5.3.15) 与 (5.3.16), 有

$$\limsup_{n \to \infty}(1/n)\left[ \sum_{k=1}^{n} p_k(X_k|X_0, \cdots, X_{k-1})^{-1}t - \sum_{k=1}^{n} \ln M_k(t, X_0, \cdots, X_{k-1}) \right]$$

$$\leq 0, \quad \omega \in A(t). \tag{5.3.17}$$

利用不等式 $\ln x \leq x - 1(x > 0)$ 及 $0 \leq \mathrm{e}^x - 1 - x \leq \frac{1}{2}x^2\mathrm{e}^{|x|}$, 由 (5.3.17),(5.3.9) 与 (5.3.3), 有

$$\limsup_{n\to\infty}(1/n)\sum_{k=1}^n [p_k(X_k|X_0,\cdots,X_{k-1})^{-1}t - Nt]$$

$$\leq \limsup_{n\to\infty}(1/n)\sum_{k=1}^n [\ln M_k(t, X_0, \cdots, X_{k-1}) - Nt]$$

$$\leq \limsup_{n\to\infty}(1/n)\sum_{k=1}^n [M_k(t, X_0, \cdots, X_{k-1}) - 1 - Nt]$$

$$= \limsup_{n\to\infty}(1/n)\sum_{k=1}^n \sum_{x_k=1}^N p_k(x_k|X_0,\cdots,X_{k-1})$$

$$\cdot [\mathrm{e}^{p_k(x_k|X_0,\cdots,X_{k-1})^{-1}t} - 1 - p_k(x_k|X_0,\cdots,X_{k-1})^{-1}t]$$

$$\leq \frac{t^2}{2}\limsup_{n\to\infty}(1/n)\sum_{k=1}^n \sum_{x_k=1}^N p_k(x_k|X_0,\cdots,X_{k-1})^{-1}\mathrm{e}^{p_k(x_k|X_0,\cdots,X_{k-1})^{-1}|t|}$$

$$\leq \frac{t^2 N}{2}\limsup_{n\to\infty}(1/n)\sum_{k=1}^n \frac{1}{a_k}\mathrm{e}^{|t|/a_k}, \quad \omega \in A(t). \tag{5.3.18}$$

易知当 $0 < \lambda < 1$ 时有

$$\max\{x\lambda^x, x > 0\} = -\frac{\mathrm{e}^{-1}}{\ln\lambda}. \tag{5.3.19}$$

设 $0 < t < \alpha$, 由 (5.3.18), (5.3.19) 与 (5.3.4), 有

$$\limsup_{n\to\infty}(1/n)\sum_{k=1}^n [p_k(X_k|X_0,\cdots,X_{k-1})^{-1} - N]$$

$$\leq \frac{tN}{2}\limsup_{n\to\infty}(1/n)\sum_{k=1}^n \frac{1}{a_k}\mathrm{e}^{t/a_k}$$

$$= \frac{tN}{2}\limsup_{n\to\infty}(1/n)\sum_{k=1}^n \frac{1}{a_k}(\frac{\mathrm{e}^t}{\mathrm{e}^\alpha})\mathrm{e}^{\alpha/a_k}$$

$$\leq \frac{tNM}{2e(\alpha - t)}, \quad \omega \in A(t). \tag{5.3.20}$$

取 $t_k \in (0, \alpha), k = 1, 2, \cdots$, 使 $t_k \to 0$(当 $k \to \infty$), 并令 $A^* = \cap_{k=1}^\infty A(t_k)$. 由 (5.3.20), 有

$$\limsup_{n\to\infty}(1/n)\sum_{k=1}^n [p_k(X_k|X_0,\cdots,X_{k-1})^{-1} - N] \leq 0, \quad \omega \in A^*. \tag{5.3.21}$$

设 $-\alpha < t < 0$, 由 (5.3.18), (5.3.19) 与 (5.3.4), 有

$$\liminf_{n\to\infty}(1/n)\sum_{k=1}^{n}[p_k(X_k|X_0,\cdots,X_{k-1})^{-1} - N]$$

$$\geq \frac{tN}{2}\liminf_{n\to\infty}(1/n)\sum_{k=1}^{n}\frac{1}{a_k}\mathrm{e}^{-t/a_k}$$

$$= \frac{tN}{2}\liminf_{n\to\infty}(1/n)\sum_{k=1}^{n}\frac{1}{a_k}\mathrm{e}^{-(t+\alpha)}\mathrm{e}^{\alpha/a_k}$$

$$\geq \frac{tNM}{2e(\alpha+t)}, \quad \omega \in A(t). \tag{5.3.22}$$

取 $s_k \in (-\alpha, 0), k = 1, 2, \cdots$, 使 $s_k \to 0$(当$k \to \infty$), 并令 $A_* = \cap_{k=1}^{\infty}A(s_k)$. 由 (5.3.22), 有

$$\liminf_{n\to\infty}(1/n)\sum_{k=1}^{n}[p_k(X_k|X_0,\cdots,X_{k-1})^{-1} - N] \geq 0, \quad \omega \in A_*. \tag{5.3.23}$$

令 $A = A^* \cap A_*$. 由 (5.3.21) 与 (5.3.23), 有

$$\lim_{n\to\infty}(1/n)\sum_{k=1}^{n}[p_k(X_k|X_0,\cdots,X_{k-1})^{-1} - N] = 0, \quad \omega \in A. \tag{5.3.24}$$

由于 $P(A) = 1$, 故由 (5.3.24) 即得 (5.3.5). 定理证毕.

在刘文 (1994c) 及刘文、杨卫国 (1966b) 中作者用分析方法研究了非齐次马氏链随机转移概率的几何平均及对数随机转移概率的算术平均的某些极限性质. 作为这些讨论的补充, 在以下的推论中我们得到了 $m$ 重非齐次马氏链转移概率调和平均的一个极限性质.

**推论 5.3.1** 设 $m$ 是正整数, $\{X_n, n \geq 1\}$ 是 $m$ 重非齐次马式链, 其初始分布与转移概率分别为

$$p(x_1, \cdots, x_m) = P(X_1 = x_1, \cdots, X_m = x_m) > 0,$$

$$P_{m+k}(x_{m+k}|x_k, \cdots, x_{k+m-1})$$

$$= P(X_{m+k} = x_{m+k}|X_k = x_k, \cdots, X_{k+m-1} = x_{k+m-1}) > 0, \quad k \geq 1.$$

令

$$b_k = \min\{P_{m+k}(x_{m+k}|x_k, \cdots, x_{k+m-1}): x_i \in S, k \leq i \leq m+k\}.$$

如果存在 $\alpha > 0$, 使得

$$\limsup_{n\to\infty}(1/n)\sum_{k=1}^{n}\mathrm{e}^{\alpha/b_k} = M < \infty, \tag{5.3.25}$$

则随机转移概率 $\{P_{m+k}(X_{m+k}|X_k,\cdots,X_{k+m-1}), 1 \le k \le n\}$ 的调和平均 a.s. 收敛于 $\frac{1}{N}$, 即

$$\lim_{n\to\infty}(1/n)\sum_{k=1}^{n}P_{m+k}(X_{m+k}|X_k,\cdots,X_{k+m-1})^{-1}=N \quad \text{a.s..} \tag{5.3.26}$$

**证**　根据马氏性质, 由 (5.3.25), 可得 (5.3.4). 由 (5.3.5), 可得 (5.3.26). 证毕.

易知如果

$$a_k \ge m > 0, \quad k = 1, 2, \cdots, \tag{5.3.27}$$

则

$$\limsup_{n\to\infty}(1/n)\sum_{k=1}^{n}e^{\alpha/a_k} \le e^{\alpha/M}.$$

即 (5.3.4) 成立.

现在我们来给出上述定理在估计 $\{p_k(X_k|X_0,\cdots,X_{k-1}), \ 1 \le k \le n\}$ 的算术平均中的一个应用.

**推论 5.3.2**(刘文 2000e)　在 (5.3.27) 条件下有

$$1/N \le \limsup_{n\to\infty}(1/n)\sum_{k=1}^{n}p_k(X_k|X_0,\cdots,X_{k-1})$$

$$\le \frac{[1-(N-2)m]^2}{4[1-(N-1)m]mN} \quad \text{a.s..} \tag{5.3.28}$$

**证**　令 $b_k = \max\{p_k(x_k|x_0,\cdots,x_{k-1}), \ x_i \in S, \ 0 \le i \le n\}$. 易见

$$a_k \le 1/N \le b_k \le 1 - (N-1)a_k. \tag{5.3.29}$$

由 (5.3.27) 与 (5.3.29), 有

$$m \le p_k(X_k|X_0,\cdots,X_{k-1}) \le 1 - (N-1)m. \tag{5.3.30}$$

由 (5.3.30) 及 Schweitzer 不等式 (参见 Mitrinović 1970, p.59), 有

$$\left(\frac{1}{n}\sum_{k=1}^{n}d_k\right)\left(\frac{1}{n}\sum_{k=1}^{n}\frac{1}{d_k}\right) \le \frac{(A+B)^2}{4AB},$$

其中 $0 < A \le d_k \le B, k = 1, 2, \cdots$. 我们有

$$\left[\frac{1}{n}\sum_{k=1}^{n}p_k(X_k|X_0,\cdots,X_{k-1})\right]\left[\frac{1}{n}\sum_{k=1}^{n}p_k(X_k|X_0,\cdots,X_{k-1})^{-1}\right]$$

$$\leq \frac{[1-(N-2)m]^2}{4[1-(N-1)m]mN}. \tag{5.3.31}$$

利用定理 5.3.1 及算术平均与调和平均不等式, 由 (5.3.31) 即得 (5.3.28).

**注 5.3.1**　设

$$\varphi(m) = \frac{[1-(N-2)m]^2}{4[1-(N-2)m]mN},$$

则

$$\lim_{m \to 1/N} \varphi(m) = \varphi(1/N) = 1/N.$$

特别地, 如果 $m = 1/N$, 则

$$\lim_{n \to \infty} (1/N) \sum_{k=1}^{n} p_k(X_k|X_0, \cdots, X_{k-1}) = 1/N \quad \text{a.s..}$$

# §5.4　关于样本熵的一类强偏差定理

## §5.4.1　基　本　概　念

设 $S$ 是一可数实数集, $\{X_n, n \geq 1\}$ 是概率空间 $(\Omega, \mathcal{F}, P)$ 上在 $S$ 中取值的一列随机变量, 其联合分布为

$$P(X_1 = x_1, \cdots, X_n = x_n) = g_n(x_1, \cdots, x_n), \ x_i \in S, \ 1 \leq i \leq n. \tag{5.4.1}$$

为叙述简单起见, 设 $g_n > 0$. 令

$$f_n(\omega) = -(1/n) \ln g_n(X_1, \cdots, X_n), \tag{5.4.2}$$

其中 $\omega$ 为样本点, $X_i$ 代表 $X_i(\omega)$, $f_n(\omega)$ 称为 $\{X_i, 1 \leq i \leq n\}$ 的样本熵或熵密度. 设 $Q$ 是 $\mathcal{F}$ 上的另一概率测度, $(X_1, \cdots, X_n)$ 关于 $Q$ 的分布为

$$Q(X_1 = x_1, \cdots, X_n = x_n) = q_n(x_1, \cdots, x_n) > 0, \ x_i \in S, \ 1 \leq i \leq n.$$

令

$$L_n(\omega) = \ln[g_n(X_1, \cdots, X_n)/q_n(X_1, \cdots, X_n)], \tag{5.4.3}$$

$$\begin{aligned} L(\omega) &= \limsup_{n \to \infty} (1/n) L_n(\omega) \\ &= -\liminf_{n \to \infty} (1/n) \ln[q_n(X_1, \cdots, X_n)/g_n(X_1, \cdots, X_n)], \end{aligned} \tag{5.4.4}$$

$$D(g_n\|q_n) = EL_n = E\ln[g_n(X_1, \cdots, X_n)/q_n(X_1, \cdots, X_n)]. \tag{5.4.5}$$

$L_n(\omega)$, $L(\omega)$, 和 $D(g_n\|q_n)$ 分别称为相对于参考分布 $q_n(x_1,\cdots,x_n)(n \geq 1)$ 的样本相对熵, 样本相对熵率和相对熵. 它们是 $\{X_i, 1 \leq i \leq n\}$ 的真实分布 $g_n$ 与参考分布 $q_n$ 之间的偏差的一种信息度量 (参见 Cover 与 Thomas1991, p.12 及 p.18).

信息论中的一个重要问题是样本熵的极限性质. 自 Shannon 的开创性工作 (见 Shannon 1948) 发表以来, 不少作者对这一问题进行了系统的研究 (见 Algoet 与 Cover1988, Barron 1985, Breiman 1957, Chung 1961, Kieffer 1974, 刘文 1990a 与刘文、杨卫国 1996b). 本节的目的是利用相对于参考乘积分布的相对熵与样本相对熵率的概念, 建立任意相依随机变量序列的一类 Shannon-McMillan 型强偏差定理 (即用不等式表示的强极限定理). 离散无记忆信源的 Shannon-McMillan 定理是其特例. 证明中将刘文 (1990a 与 1991b) 中提出的分析方法和鞅收敛定理结合起来, 给出了将母函数的工具应用于强极限定理研究的一种途径.

为引用方便, 我们首先给出似然比的一个极限性质作为引理.

**引理 5.4.1** 按上文中的记号我们有

$$\limsup_{n\to\infty}(1/n)\ln[q_n(X_1,\cdots,X_n)/g_n(X_1,\cdots,X_n)] \leq 0 \quad \text{a.s.}. \tag{5.4.6}$$

**证** 这是因为似然比 $Z_n = q_n(X_1,\cdots,X_n)/g_n(X_1,\cdots,X_n)$ 是一个非负上鞅, 故 $Z_n$ a.s. 收敛于一个有限的极限. 由此立即推知 (5.4.6) 成立.

**注 5.4.1** 显然 (5.4.6) 蕴涵

$$L(\omega) \geq 0 \quad \text{a.s.}. \tag{5.4.7}$$

设 $\{X_n, n \geq 1\}$ 如上所给, 且

$$p_k(x_k) = P(X_k = x_k), \ x_k \in S, \ k \geq 1. \tag{5.4.8}$$

为 $X_k$ 的边缘分布, 设

$$\pi_n(x_1,\cdots,x_n) = \prod_{k=1}^{n} p_k(x_k) \tag{5.4.9}$$

为参考乘积分布, $\phi_n(\omega)$ 与 $\phi(\omega)$ 分别为关于 $\pi_n$ 的样本相对熵和样本相对熵率, 即

$$\phi_n(\omega) = \ln[g_n(X_1,\cdots,X_n)/\pi_n(X_1,\cdots,X_n)], \tag{5.4.10}$$

$$\phi(\omega) = \limsup_{n\to\infty}(1/n)\phi_n(\omega)$$
$$= -\liminf_{n\to\infty}(1/n)\log[\pi_n(X_1,\cdots,X_n)/g_n(X_1,\cdots,X_n)]. \tag{5.4.11}$$

由 (5.4.7), 有

$$\phi(\omega) \geq 0 \quad \text{a.s.}. \tag{5.4.12}$$

在下文中我们将用 $\phi(\omega)$ 作为乘积分布 $\pi_n(x_1, \cdots, x_n)$ 与 $\{X_n\}$ 的真实分布 $g_n(x_1, \cdots, x_n)$ 之间的偏差的一种随机度量. $\phi(\omega)$ 越小, 此偏差就越小.

## §5.4.2  相对于乘积分布的 Shannon-McMillan 型强偏差定理

设 $-\ln p_k(X_k)$ 的母函数为

$$P_k(s) = Es^{-\log p_k(X_k)} = \sum_{i \in S} p_k(i) s^{-\log p_k(i)}. \tag{5.4.13}$$

易知 (5.4.13) 的收敛域是其长度不小于 1 的一个区间.

**定理 5.4.1**(刘文、陈爽、杨卫国 2000)  设 $\{X_n, n \geq 1\}, \phi(\omega)$ 及 $P_k(s)$ 如上定义, 令

$$D = \{\omega : \phi(\omega) < \infty\}. \tag{5.4.14}$$

如果存在 $r > 1$ 使得 $P_k(r) < \infty(k \geq 1)$, 且

$$\limsup_{n \to \infty}(1/n) \sum_{k=1}^{n} P_k(r) = M(r) < \infty, \tag{5.4.15}$$

则

$$\liminf_{n \to \infty}(1/n) \sum_{k=1}^{n}[-\ln p_k(X_k) - H(X_k)] \geq -\beta(\phi(\omega)) \quad \text{a.s. 于 } D, \tag{5.4.16}$$

$$\limsup_{n \to \infty}(1/n) \sum_{k=1}^{n}[-\ln p_k(X_k) - H(X_k)] \leq \beta(\phi(\omega)) \quad \text{a.s. 于 } D, \tag{5.4.17}$$

此处 $H(X_k) = E[-\ln p_k(X_k)]$ 为 $X_k$ 的熵, 且

$$\beta(x) = \inf\{g(s, x), 1 < s < r\}, \; x \geq 0, \tag{5.4.18}$$

$$g(s, x) = \frac{2e^{-2}M(r)\ln s}{(\ln r - |\ln s|)^2} + \frac{x}{\ln s}, \; x \geq 0, \tag{5.4.19}$$

而且有

$$0 = \beta(0) \leq \beta(x) \leq \left[\frac{2e^{-2}M(r) + 1}{\ln r}\right]\sqrt{x}(1 + \sqrt{x}). \tag{5.4.20}$$

**注 5.4.2**  令

$$\alpha(x) = \sup\{g(s, x), \frac{1}{r} < s < 1\}, \; x \geq 0, \tag{5.4.21}$$

则有

$$\alpha(x) = -\beta(x). \tag{5.4.22}$$

**证** 设 $s \in (0, r]$. 为以下证明的需要, 我们首先构造一个依赖于参数 $s$ 的乘积分布. 令

$$P_k(s, i) = [1/P_k(s)]p_k(i)s^{-\ln p_k(i)}, \quad i \in S, \tag{5.4.23}$$

$$r_n(x_1, \cdots, x_n) = \prod_{k=1}^{n} P_k(s, x_k) = \prod_{k=1}^{n} [1/P_k(s)]p_k(x_k)s^{-\ln p_k(x_k)}. \tag{5.4.24}$$

易知 $r_n(x_1, \cdots, x_n)$ 是 $S^n$ 上的分布, 其中 $P_k(s, x_k)$ 是 S 上的分布. 令

$$Z_n(s, \omega) = r_n(X_1, \cdots, X_n)/g_n(X_1, \cdots, X_n). \tag{5.4.25}$$

由引理 5.4.1, 存在 $A(s) \in \mathcal{F}, P(A(s)) = 1$, 使得

$$\limsup_{n \to \infty}(1/n)\ln Z_n(\omega) \le 0, \quad \omega \in A(s). \tag{5.4.26}$$

由 (5.4.25) 和 (5.4.10), 有

$$\ln Z_n(s, \omega) = -[\sum_{k=1}^{n}(\ln s)\ln p_k(X_k) + \sum_{k=1}^{n}\ln P_k(s) + \phi_n(\omega)]. \tag{5.4.27}$$

由 (5.4.26) 与 (5.4.27), 有

$$\limsup_{n \to \infty}(1/n)[-\sum_{k=1}^{n}(\ln s)\ln p_k(X_k) - \sum_{k=1}^{n}\ln P_k(s) - \phi_n(\omega)] \le 0, \quad \omega \in A(s). \tag{5.4.28}$$

在 (5.4.28) 中令 $s = 1$, 得

$$\phi_*(\omega) = \liminf_{n \to \infty}(1/n)\phi_n(\omega) \ge 0, \quad \omega \in A(1). \tag{5.4.29}$$

由此有

$$\phi(\omega) \ge 0, \quad \omega \in A(1), \tag{5.4.30}$$

$$\limsup_{n \to \infty}(1/n)[\sum_{k=1}^{n}\ln p_k(X_k) - \ln g_n(X_1, \cdots, X_n)] \le 0, \quad \omega \in A(1). \tag{5.4.31}$$

由 (5.4.28), (5.4.11) 及上极限的性质

$$\limsup_{n \to \infty}(a_n - b_n) \le d \Longrightarrow \limsup_{n \to \infty}(a_n - c_n) \le \limsup_{n \to \infty}(b_n - c_n) + d,$$

并利用不等式 $1 - \dfrac{1}{x} \le \ln x \le x - 1(x > 0)$, 有

$$\limsup_{n \to \infty}(1/n)(\ln s)\sum_{k=1}^{n}[-\ln p_k(X_k) - H(X_k)]$$

$$\leq \limsup_{n\to\infty}(1/n)\sum_{k=1}^{n}[\ln P_k(s)-(\ln s)H(X_k)]+\phi(\omega)$$

$$\leq \limsup_{n\to\infty}(1/n)\sum_{k=1}^{n}[P_k(s)-1-(\ln s)H(X_k)]+\phi(\omega)$$

$$= \limsup_{n\to\infty}(1/n)\sum_{k=1}^{n}E[s^{-\ln p_k(X_k)}-1-(\ln s)(-\ln p_k(X_k))]$$

$$+\phi(\omega),\ \omega\in A(s). \tag{5.4.32}$$

由不等式 $0\leq e^x-1-x\leq(1/2)x^2e^{|x|}$ 有

$$0\leq s^x-1-x\ln s\leq(1/2)(x\ln s)^2 e^{|x\ln s|}. \tag{5.4.33}$$

由 (5.4.32) 和 (5.4.33), 有

$$\limsup_{n\to\infty}(1/n)(\ln s)\sum_{k=1}^{n}[-\ln p_k(X_k)-H(X_k)]$$

$$\leq(1/2)(\ln s)^2\limsup_{n\to\infty}(1/n)\sum_{k=1}^{n}E[(\ln p_k(X_k))^2 e^{-|\ln s|\ln p_k(X_k)}]+\phi(\omega),\omega\in A(s). \tag{5.4.34}$$

易知函数 $g(x)=t^x x^2(t>1)$ 在 $x=-2/\ln t$ 处达到它在区间 $[-\infty,0)$ 上的最大值 $g(-2/\ln t)=4e^{-2}/(\ln t)^2$, 函数 $g(x)=t^x x^2(0<t<1)$ 在 $x=-2/\ln t$ 处达到它在区间 $[0,\infty)$ 上的最大值 $g(-2/\ln t)=4e^{-2}/(\ln t)^2$. 故有

$$\sup\{(rs)^{\ln p_k(i)}[\ln p_k(i)]^2,k\geq1\}\leq\frac{4e^{-2}}{(\ln r+\ln s)^2},\ \frac{1}{r}<s<1, \tag{5.4.35}$$

$$\sup\{(\frac{s}{r})^{-\ln p_k(i)}[\ln p_k(i)]^2,k\geq1\}\leq\frac{4e^{-2}}{(\ln s-\ln r)^2},\ 1<s<r. \tag{5.4.36}$$

在 (5.4.34) 中令 $\frac{1}{r}<s<1$, 由 (5.4.35) 及 (5.4.15), 有

$$(\ln s)\liminf_{n\to\infty}(1/n)\sum_{k=1}^{n}[-\ln p_k(X_k)-H(X_k)] \tag{5.4.37}$$

$$\leq(1/2)(\ln s)^2\limsup_{n\to\infty}(1/n)\sum_{k=1}^{n}\sum_{i}p_k(i)[\ln p_k(i)]^2 s^{\ln p_k(i)}+\phi(\omega)$$

$$=(1/2)(\ln s)^2\limsup_{n\to\infty}(1/n)\sum_{k=1}^{n}\sum_{i}p_k(i)r^{-\ln p_k(i)}(rs)^{\ln p_k(i)}[\ln p_k(i)]^2+\phi(\omega)$$

$$\leq\frac{2e^{-2}(\ln s)^2 M(r)}{(\ln r+\ln s)^2}+\phi(\omega),\ \omega\in A(s).$$

注意 (5.4.14), (5.4.36) 与 (5.4.19), 由 (5.4.37), 有

$$\liminf_{n\to\infty}(1/n)\sum_{k=1}^{n}[-\ln p_k(X_k)-H(X_k)]$$

$$\geq \frac{2\mathrm{e}^{-2}M(r)\ln s}{(\ln r+\ln s)^2}+\frac{\phi(\omega)}{\ln s}$$

$$= g(s,\phi(\omega)),\ \frac{1}{r}<s<1,\ \omega\in A(s)\cap D\cap A(1). \tag{5.4.38}$$

设 $Q_*$ 是区间 $(\frac{1}{r},1)$ 中所有有理数的集, 令 $A_*=\cap_{s\in Q_*}A(s)$. 则 $P(A_*)=1$, 且由 (5.4.38), 有

$$\liminf_{n\to\infty}(1/n)\sum_{k=1}^{n}[-\ln p_k(X_k)-H(X_k)] \tag{5.4.39}$$

$$\geq g(s,\phi(\omega)),\ \omega\in A_*\cap D\cap A(1),\ \forall s\in Q_*.$$

因为 $g(s,x)$ 关于 $s$ 连续, 故对每个 $\omega\in A_*\cap D\cap A(1)$ (注意 $0\leq\phi(\omega)<\infty$), 存在 $s_n(\omega)\in Q_*, n=1,2,\cdots$, 使得

$$\lim_{n\to\infty}g(s_n(\omega),\phi(\omega))=\alpha(\phi(\omega)). \tag{5.4.40}$$

由 (5.4.39), (5.4.40), 与 (5.4.22), 有

$$\liminf_{n\to\infty}(1/n)\sum_{k=1}^{n}[-\ln p_k(X_k)-H(X_k)]\geq -\beta(\phi(\omega)),\ \omega\in A_*\cap D\cap A(1). \tag{5.4.41}$$

因为 $P(A_*\cap A(1))=1$, 由 (5.4.41) 即得 (5.4.16).

在 (5.4.34) 中令 $1<s<r$, 由 (5.4.36) 与 (5.4.15), 有

$$\limsup_{n\to\infty}(1/n)\sum_{k=1}^{n}[-\ln p_k(X_k)-H(X_k)]$$

$$\leq (1/2)(\ln s)\limsup_{n\to\infty}(1/n)\sum_{k=1}^{n}\sum_{i}p_k(i)[\ln p_k(i)]^2 s^{-\ln p_k(i)}+\frac{\phi(\omega)}{\ln s}$$

$$= (1/2)(\ln s)\limsup_{n\to\infty}(1/n)\sum_{k=1}^{n}\sum_{i}p_k(i)r^{-\ln p_k(i)}(\frac{s}{r})^{-\ln p_k(i)}[\ln p_k(i)]^2+\frac{\phi(\omega)}{\ln s}$$

$$\leq \frac{2\mathrm{e}^{-2}(\ln s)M(r)}{(\ln r-\ln s)^2}+\frac{\phi(\omega)}{\ln s}$$

$$= g(s,\phi(\omega)),\omega\in A(s)\cap D\cap A(1). \tag{5.4.42}$$

设 $Q^*$ 是区间 $(1, r)$ 中所有有理数的集, 令 $A^* = \cap_{s \in Q^*} A(s)$. 则 $P(A^*) = 1$, 且由 (5.4.42), 有

$$\limsup_{n \to \infty}(1/n) \sum_{k=1}^{n} [-\ln p_k(X_k) - H(X_k)]$$

$$\leq g(s, \phi(\omega)), \ \omega \in A^* \cap D \cap A(1), \ \forall s \in Q^*. \tag{5.4.43}$$

根据 $g(s, x)$ 关于 s 的连续性易知, 对每个 $\omega \in A^* \cap D \cap A(1)$, 存在 $\lambda_n(\omega) \in Q^*, n = 1, 2, \cdots$, 使得

$$\lim_{n \to \infty} g(\lambda_n(\omega), \phi(\omega)) = \beta(\phi(\omega)). \tag{5.4.44}$$

由 (5.4.43) 与 (5.4.44), 有

$$\limsup_{n \to \infty}(1/n) \sum_{k=1}^{n} [-\ln p_k(X_k) - H(X_k)] \leq \beta(\phi(\omega)), \ \omega \in A^* \cap D \cap A(1). \tag{5.4.45}$$

因为 $P(A^* \bigcap A(1)) = 1$, 由 (5.4.45) 即得 (5.4.17).

现在我们来证明 (5.4.20). 由 (5.4.18) 与 (5.4.19) 易知, 当 $x > 0$ 时有

$$0 \leq \beta(x) \leq g(e^{(\ln r)\sqrt{x}/(1+\sqrt{x})}, x) = \left[\frac{2e^{-2}M(r) + 1}{\ln r}\right]\sqrt{x}(1 + \sqrt{x}), \tag{5.4.46}$$

且有

$$\beta(0) = \lim_{s \to 1+0} \frac{2e^{-2}M(r)\ln s}{(\ln r - \ln s)^2} = 0, \tag{5.4.47}$$

即 (5.4.20) 成立. 定理证毕.

**定理 5.4.2**(刘文、陈爽、杨卫国 2000)　设 $f_n(\omega)$ 由 (5.4.2) 定义. 在定理 5.4.1 的条件下有

$$\liminf_{n \to \infty}[f_n(\omega) - (1/n)H(X_1, \cdots, X_n)] \geq -\beta(\phi(\omega)) - \phi(\omega) + H_* \quad \text{a.s. 于 } D, \tag{5.4.48}$$

$$\limsup_{n \to \infty}[f_n(\omega) - (1/n)H(X_1, \cdots, X_n)] \leq \beta(\phi(\omega)) + H^* \quad \text{a.s. 于 } D, \tag{5.4.49}$$

此处 $H(X_1, \cdots, X_n) = E[-\ln g_n(X_1, \cdots, X_n)]$ 为 $(X_1, \cdots, X_n)$ 的熵, 且

$$H_* = \liminf_{n \to \infty}(1/n)\left[\sum_{k=1}^{n} H(X_k) - H(X_1, \cdots, X_n)\right] \tag{5.4.50}$$

$$= \liminf_{n \to \infty}(1/n)D(g_n || \pi_n),$$

$$H^* = \limsup_{n \to \infty}(1/n)\left[\sum_{k=1}^{n} H(X_k) - H(X_1, \cdots, X_n)\right] \tag{5.4.51}$$

$$= \limsup_{n\to\infty}(1/n)D(g_n\|\pi_n).$$

**证** 由 (5.4.2), (5.4.11), (5.4.41) 与 (5.4.50), 有

$$\liminf_{n\to\infty}[f_n(\omega) - (1/n)H(X_1,\cdots,X_n)] \tag{5.4.52}$$

$$\geq \liminf_{n\to\infty}(1/n)\ln[\prod_{k=1}^{n}p_k(X_k)/g_n(X_1,\cdots,X_n)]+\liminf_{n\to\infty}(1/n)\sum_{k=1}^{n}[-\ln p_k(X_k)-H(X_k)]$$

$$+\liminf_{n\to\infty}(1/n)[\sum_{k=1}^{n}H(X_k)-H(X_1,\cdots,X_n)]$$

$$\geq -\phi(\omega) - \beta(\phi(\omega)) + H_*, \quad \omega \in A_*\cap D\cap A(1).$$

由 (5.4.52) 即得 (5.4.48). 由 (5.4.2), (5.4.31), (5.4.45) 与 (5.4.51), 有

$$\limsup_{n\to\infty}[f_n(\omega) - (1/n)H(X_1,\cdots,X_n)] \tag{5.4.53}$$

$$\leq \limsup_{n\to\infty}(1/n)\ln[\prod_{k=1}^{n}p_k(X_k)/g(X_1,\cdots,X_n)]+\limsup_{n\to\infty}(1/n)\sum_{k=1}^{n}[-\ln p_k(X_k)-H(X_k)]$$

$$+\limsup_{n\to\infty}(1/n)[\sum_{k=1}^{n}H(X_k)-H(X_1,\cdots,X_n)]$$

$$\leq \beta(\phi(\omega)) + H^*, \quad \omega \in A^*\cap D\cap A(1).$$

由 (5.4.53) 即得 (5.4.49). 定理证毕.

## §5.4.3 若 干 推 论

**推论 5.4.1** 如果 $S = \{1, 2, \cdots, N\}$, 则

$$\liminf_{n\to\infty}(1/n)\sum_{k=1}^{n}[-\ln p_k(X_k) - H(X_k)] \geq -b(\phi(\omega)) \quad \text{a.s. 于 } D, \tag{5.4.54}$$

$$\limsup_{n\to\infty}(1/n)\sum_{k=1}^{n}[-\ln p_k(X_k) - H(X_k)] \leq b(\phi(\omega)) \quad \text{a.s. 于 } D, \tag{5.4.55}$$

$$\liminf_{n\to\infty}[f_n(\omega) - (1/n)H(X_1,\cdots,X_n)] \geq -b(\phi(\omega)) - \phi(\omega) + H_* \quad \text{a.s. 于 } D, \tag{5.4.56}$$

$$\limsup_{n\to\infty}[f_n(\omega) - (1/n)H(X_1,\cdots,X_n)] \leq b(\phi(\omega)) + H^* \quad \text{a.s. 于 } D, \tag{5.4.57}$$

其中

$$b(x) = \inf\{h(s,x), 1 < s < e\}, \quad x \geq 0, \tag{5.4.58}$$

$$h(s,x) = \frac{2e^{-2}N\ln s}{(1-\ln s)^2} + \frac{x}{\ln s}, \ x \geq 0. \tag{5.4.59}$$

而且有

$$0 = b(0) \leq b(x) = (2e^{-2}N+1)\sqrt{x}(1+\sqrt{x}). \tag{5.4.60}$$

**证** 在定理 5.4.1 与定理 5.4.2 中令 $r=e$, 有

$$P_k(e) = E[p_k(X_k)^{-1}] = N = M(e). \tag{5.4.61}$$

根据 (5.4.61), 推论 5.4.1 可直接由上述定理得到.

**推论 5.4.2** 如果 $\{X_n, n \geq 1\}$ 相互独立, 且存在 $r > 1$ 使 (5.4.15) 成立, 则

$$\lim_{n\to\infty}[f_n(\omega) - (1/n)H(X_1,\cdots,X_n)] = 0 \ \text{a.s..} \tag{5.4.62}$$

**证** 在此情况下, $H_* = H^* = 0$, $\phi(\omega) \equiv 0$, 且 $D = \Omega$. 注意到 $\beta(0) = 0$, (5.4.62) 可直接由 (5.4.48) 与 (5.4.49) 得到.

**注 5.4.3** 如果 $S = \{1,2,\cdots,N\}$, 则根据 (5.4.61), 当 $\{X_n,n\geq1\}$ 相互独立时, (5.4.62) 恒成立. 这就是具有有限字母集的无记忆信源的 Shannon 定理.

**引理 5.4.2** 如果 $S = \{1,2,\cdots,N\}$, 则 $\{(1/n)\phi_n(\omega),n\geq1\}$ 一致可积.

**证** 令 $G(t) = e^t$, 由算术 – 几何平均不等式有

$$EG(-(1/n)\sum_{k=1}^n \ln p_k(X_k)) = E[\prod_{k=1}^n \frac{1}{p_k(X_k)}]^{\frac{1}{n}}$$

$$\leq E[(1/n)\sum_{k=1}^n \frac{1}{p_k(X_k)}] = N. \tag{5.4.63}$$

因为 $\lim_{t\to+\infty} e^t/t = \infty$, 由 (5.4.63) 知 $\{(1/n)\sum_{k=1}^n \ln p_k(X_k), n \geq 1\}$ 一致可积 (参见 Shirgagev1984, p.188). 因为样本熵序列 $\{-(1/n)\ln g_n(X_1,\cdots,X_n), n \geq 1\}$ 也是一致可积的 (参见 Gray1990, p.35), 故 $\{(1/n)\phi_n(\omega),n\geq1\}$ 一致可积.

**推论 5.4.3** 设 $S = \{1,2,\cdots,N\}$, $\phi(\omega)$ 与 $\phi_*(\omega)$ 分别由 (5.4.11) 与 (5.4.29) 定义, 则

$$\liminf_{n\to\infty}[f_n(\omega) - (1/n)H(X_1,\cdots,X_n)] \geq -(2\mathrm{e}^{-2}N+1)\sqrt{\phi(\omega)}(1+\sqrt{\phi(\omega)})$$

$$-\phi(\omega) + E\phi_* \ \text{a.s. 于} D, \tag{5.4.64}$$

$$\limsup_{n\to\infty}[f_n(\omega) - (1/n)H(X_1,\cdots,X_n)] \leq (2\mathrm{e}^{-2}N+1)\sqrt{\phi(\omega)}(1+\sqrt{\phi(\omega)}) + E\phi$$

$$\text{a.s. 于} D. \tag{5.4.65}$$

**证** 因为 $\{(1/n)\phi_n(\omega), n \geq 1\}$ 一致可积, 故由 Fatou 引理, 由 (5.4.50) 与 (5.4.51), 有

$$H_* = \liminf_{n \to \infty} E\phi_n \geq E\phi_*, \tag{5.4.66}$$

$$H^* = \limsup_{n \to \infty} E\phi_n \leq E\phi. \tag{5.4.67}$$

显然, 由 (5.4.56), (5.4.60) 与 (5.4.66) 可得 (5.4.64), 由 (5.4.57), (5.4.60) 与 (5.4.67), 可得 (5.4.65).

**推论 5.4.4** 如果 $S = \{1, 2, \cdots, N\}$, 且

$$\phi(\omega) = 0 \quad \text{a.s.}, \tag{5.4.68}$$

则

$$\lim_{n \to \infty} [f_n(\omega) - (1/n)H(X_1, \cdots, X_n)] = 0 \quad \text{a.s.}. \tag{5.4.69}$$

**证** 在此情况下, $P(D) = 1, E\phi = 0$. 又由 (5.4.29) 知 $\phi_*(\omega) \leq 0$ a.s.. 故由 (5.4.64) 与 (5.4.65) 即得 (5.4.67).

**推论 5.4.5** 在定理 5.4.2 的条件下, 有

$$\liminf_{n \to \infty}[f_n(\omega) - (1/n)H(X_1, \cdots, X_n)] \geq -\beta(\phi(\omega)) - \phi(\omega) + h_* \quad \text{a.s. 于 } D, \tag{5.4.70}$$

$$\limsup_{n \to \infty}[f_n(\omega) - (1/n)H(X_1, \cdots, X_n)] \leq \beta(\phi(\omega)) + h^* \quad \text{a.s. 于 } D, \tag{5.4.71}$$

其中

$$h_* = \liminf_{n \to \infty}[H(X_n) - H(X_n|X_1, \cdots, X_{n-1})], \tag{5.4.72}$$

$$h^* = \limsup_{n \to \infty}[H(X_n) - H(X_n|X_1, \cdots, X_{n-1})]. \tag{5.4.73}$$

如果 $S = \{1, 2, \cdots, N\}$, 则按推论 5.4.1 的记号, 有

$$\liminf_{n \to \infty}[f_n(\omega) - (1/n)H(X_1, \cdots, X_n)] \geq -b(\phi(\omega)) - \phi(\omega) + h_* \quad \text{a.s. 于 } D, \tag{5.4.74}$$

$$\limsup_{n \to \infty}[f_n(\omega) - (1/n)H(X_1, \cdots, X_n)] \leq b(\phi(\omega)) + h^* \quad \text{a.s. 于 } D. \tag{5.4.75}$$

**证** 根据熵的链式法则 (见 Cover 与 Thomas 1991, p.21) 并利用关于 Cesàro 下极限的不等式, 有

$$H_* = \liminf_{n \to \infty}(1/n)\sum_{k=2}^{n}[H(X_k) - H(X_k|X_1, \cdots, X_k - 1)]$$

$$\geq \liminf_{n \to \infty}[H(X_n) - H(X_n|X_1, \cdots, X_{n-1})] = h_*. \tag{5.4.76}$$

(5.4.70) 可直接由 (5.4.48) 与 (5.4.76) 得出. 类似可证 (5.4.71), (5.4.74) 与 (5.4.75).

**注 5.4.4**　设 $\{X_n, n \geq 1\}$ 是一非齐次马氏链, 其转移概率为

$$p_n(i,j) = P(X_n = j | X_{n-1} = i), \quad n \geq 2, \quad i,j \in S,$$

则

$$H(X_k) - H(X_k | X_1, \cdots, X_{k-1}) = H(X_k) - H(X_k | X_{k-1})$$
$$= I(X_k; X_{k-1}).$$

此处 $I(X_k; X_{k-1})$ 是 $X_k$ 与 $X_{k-1}$ 的交互信息, 故有

$$h_* = \liminf_{n \to \infty} I(X_n; X_{n-1}), \tag{5.4.77}$$

$$h^* = \limsup_{n \to \infty} I(X_n; X_{n-1}). \tag{5.4.78}$$

# 第六章  关于赌博系统的若干强极限定理

本章用分析方法研究赌博系统的强极限定理. 我们首先引进公平赌博的概念, 将 Bernoulli 序列赌博策略的一个强极限定理推广到相依变量的情况. 证明中提出了将测度的网微分法和条件矩母函数的工具应用到赌博系统强极限定理的研究的一种途径, 进而研究可列非齐次马氏链赌博系统的强极限定理. 最后分别讨论二值和可列值赌博系统的强偏差定理.

## §6.1  二值赌博系统的强极限定理

本节的目的是利用似然比的概念和 a.s. 收敛的方法, 将 Bernoulli 序列的赌博系统推广到任意二元随机序列的情况.

考虑一个 Bernoulli 试验, 并假定在每次试验中赌徒有选择赌或不赌的自由. 赌博系统由固定的选择规则组成, 根据这些规则赌徒决定哪些次试验参赌. 关于赌博系统的一个定理断言, 在任何系统下 Bernoulli 试验有不变的成功概率. 这一定理是 von Miss 发现的 (参见 Billingsley 1986, p.88—94; Feller 1957, p.198-200), Kolmogorov(1982) 也对这一问题作了深入研究. 本节的目的就是用似然比概念来研究任意二元序列的这一性质.

设 $\{X_n, n \geq 1\}$ 是在 $S = \{0,1\}$ 中取值的随机变量序列, 其联合分布为

$$P(X_1 = x_1, \cdots, X_n = x_n) = p(x_1, \cdots, x_n) > 0,$$

$$x_i \in S, 1 \leq i \leq n, n = 1, 2, \cdots. \tag{6.1.1}$$

设 $f_n(x_1, x_2, \cdots, x_n)(n = 1, 2, \cdots)$ 是定义在 $S^n$ 上取值于 $\{0,1\}$ 的序列, 令

$$Y_{n+1} = f_n(X_1, X_2, \cdots, X_n), \quad Y_1 \equiv 1. \tag{6.1.2}$$

$f_n(x_1, \cdots, x_n)$ 称为选择函数, $\{Y_n, n \geq 1\}$ 称为赌博系统或随机选择系统. 根据 $\{Y_n\}$ 选择 $\{X_n\}$ 的一个子列, 取 $\{X_n\}$ 与否按 $\{Y_n\}$ 的值是 1 或 0 而定, 令决定 $\{X_1\}$ 取舍的 $\{Y_1\}$ 恒等于 1, 于是得到的 $\{X_n\}$ 的子序列, 其各项的选择依赖于过去的结果而定. 选择了这种子序列之后, 到 $n$ 时刻为止, 1 出现的相对频率就为 $[\sum_{i=1}^{n} Y_i X_i / \sum_{i=1}^{n} Y_i]$. 我们的问题是要考虑此相对频率的极限性质. 显然, 在考虑此问题时, 应附加条件

$$\sum_{i=1}^{n} Y_i = \infty \quad \text{a.s..} \tag{6.1.3}$$

此条件意味着无穷次试验中选取的次数也是无穷的. 由 (6.1.2) 定义且满足 (6.1.3) 的序列称为选择系统或赌博系统.

显然, $\{X_n\}$ 独立, 当且仅当存在 $p_i \in (0,1), i = 1, 2, \cdots$, 使对任意 $n \geq 1$ 有

$$p(x_1, x_2, \cdots, x_n) = \prod_{i=1}^{n} p_i^{x_i}(1 - p_i)^{1-x_i}, \tag{6.1.4}$$

在此条件下有

$$P\{X_i = x_i\} = p_i^{x_i}(1 - p_i)^{1-x_i}, \quad 1 \leq i \leq n. \tag{6.1.5}$$

为表明序列 $\{X_n\}$ 和具有分布 (6.1.4) 的独立随机变量序列之间的偏差, 令

$$r_n(\omega) = \left[\prod_{i=1}^{n} p_i^{x_i}(1 - p_i)^{1-x_i}\right]/p(X_1, X_2, \cdots, X_n). \tag{6.1.6}$$

$r_n(\omega)$ 称为 $\{X_i, 1 \leq i \leq n\}$ 相对于具有分布 (6.1.4) 的乘积分布的似然比. 显然, 若 $\{X_i, 1 \leq i \leq n\}$ 独立且 $P\{X_i = 1\} = p_i$, $1 \leq i \leq n$, 则 $r_n(\omega) = 1$.

**定理 6.1.1**(刘文、汪忠志 1995) 设 $\{X_n, n \geq 1\}$ 是具有分布 (6.1.1) 的随机变量序列, $r_n(\omega)$ 由 (6.1.6) 定义, $\{Y_n, n \geq 1\}$ 由 (6.1.2) 定义. 令

$$D = \left\{\omega : \liminf_{n \to \infty}[r_n(\omega)]^{1/\sum_{i=1}^{n} Y_i} \geq 1, \sum_{i=1}^{n} Y_i = \infty\right\}, \tag{6.1.7}$$

则

$$\lim_{n \to \infty}\left(1/\sum_{i=1}^{n} Y_i\right)\sum_{i=1}^{n}(X_i - p_i)Y_i = 0 \quad \text{a.s.} \mathinner{\text{于}} D. \tag{6.1.8}$$

**证** 本节中我们以 $([0,1), \mathcal{F}, P)$ 为所考虑的概率空间, 其中 $\mathcal{F}$ 为 $[0,1)$ 区间的 Lebesgue 可测集, $P$ 为 Lebesgue 测度. 首先给出具有分布 (6.1.1) 的随机变量在此概率空间的一种实现. 将区间 $[0,1)$ 分成两个左闭右开区间 $D_0 = [0, p(0))$ 与 $D_1 = [p(0), 1)$, 并称它们为 1 阶区间. 设 $2^n$ 个 $n$ 阶 $D$ 区间 $\{D_{x_1\cdots x_n}, x_i \in S, 1 \leq i \leq n\}$ 已经定义, 根据比例 $p(x_1, \cdots, x_n, 0) : p(x_1, \cdots, x_n, 1)$ 将区间 $D_{x_1\cdots x_n}$ 分成两个左开右闭区间 $D_{x_1\cdots x_n 0}$ 与 $D_{x_1\cdots x_n 1}$, 这样就得到 $n+1$ 阶 $D$ 区间. 由归纳法知, 对任意 $n \geq 1$ 有

$$P(D_{x_1\cdots x_n}) = p(x_1, \cdots, x_n). \tag{6.1.9}$$

对任意 $n \geq 1$, 定义随机变量 $X_n : [0,1) \to S$ 如下:

$$X_n(\omega) = x_n, \quad \text{当} \ \omega \in D_{x_1\cdots x_n} \tag{6.1.10}$$

$(X_n(\omega)$简记为$X_n)$. 由 (6.1.9) 与 (6.1.10), 得

$$P(X_1 = x_1, \cdots, X_n = x_n) = P(D_{x_1\cdots x_n}) = p(x_1, \cdots, x_n).$$

因此 $\{X_n, n \geq 1\}$ 具有分布 (6.1.1). 由 (6.1.6) 与 (6.1.10), 得

$$r_n(\omega) = \left[ \prod_{i=1}^{n} p_i^{x_i}(1-p_i)^{1-x_i} \right] / p(X_1, X_2, \cdots, X_n), \quad \omega \in D_{x_1 \cdots x_n}. \tag{6.1.11}$$

以下我们就由 $\{x_n, n \geq 1\}$ 的上述实现来证明定理, 首先构造一个辅助函数. 设 $\lambda > 0$ 为一给定的实数, 按如下方式定义随机变量 $\{\lambda_n, n \geq 1\}$: 当 $Y_n = 1$ 时, $\lambda_n$ 由下式确定:

$$\frac{\lambda_n(1-p_n)}{p_n(1-\lambda_n)} = \lambda; \tag{6.1.12}$$

当 $Y_n = 0$ 时, $\lambda_n = p_n$, 即

$$\lambda_n = \begin{cases} \dfrac{\lambda p_n}{1+(\lambda-1)p_n}, & \text{当 } Y_n = 1, \\ p_n, & \text{当 } Y_n = 0. \end{cases} \tag{6.1.13}$$

显然, 在每一个 $n-1$ 阶 $D$ 区间 ([0,1) 称为零阶 $D$ 区间) 上 $\lambda_n$ 为常数.

将区间 $[0,1)$ 分成两个左闭右开区间 $\Delta_0 = [0, 1-\lambda_1), \Delta_1 = [1-\lambda_1, 1)$, 并称它们为 $1$ 阶 $\Delta$ 区间. 设 $2^n$ 个 $n$ 阶 $\Delta$ 区间 $\{\Delta_{x_1 \cdots x_n}, x_i = 0 或 1, 1 \leq i \leq n\}$ 已经定义, 则按比例 $(1 - \lambda_{n+1}(\omega)) : \lambda_{n+1}(\omega)(\omega \in D_{x_1 \cdots x_n})$ 分割左闭右开区间 $\Delta_{x_1 \cdots x_n}$ 即得 $n+1$ 阶 $\Delta$ 区间 $\Delta_{x_1 \cdots x_n 0}$ 与 $\Delta_{x_1 \cdots x_n 1}$(左闭右开). 也就是说, 若 $f_n(x_1, \cdots, x_n) = 1$, 则按比例 $\left(1 - \dfrac{\lambda p_{n+1}}{1+(\lambda-1)p_{n+1}}\right) : \dfrac{\lambda p_{n+1}}{1+(\lambda-1)p_{n+1}}$ 分割 $\Delta_{x_1 \cdots x_n}$ 成两个左闭右开 区间 $\Delta_{x_1 \cdots x_n 0}$ 与 $\Delta_{x_1 \cdots x_n 1}$; 若 $f_n(x_1, \cdots, x_n) = 0$, 则按比例 $(1-p_{n+1}) : p_{n+1}$ 分割 $\Delta_{x_1 \cdots x_n}$ 成两个左闭右开区间 $\Delta_{x_1 \cdots x_n 0}$ 与 $\Delta_{x_1 \cdots x_n 1}$. 由归纳法有

$$P(\Delta_{x_1 \cdots x_n}) = \prod_{i=1}^{n} \lambda_i^{x_i}(1-\lambda_i)^{1-x_i}. \tag{6.1.14}$$

根据 $\Delta$ 区间 $\Delta_{x_1 \cdots x_n}$ 与 $D$ 区间 $D_{x_1 \cdots x_n}$ 的一一对应, 可在 $[0,1)$ 上定义一个不减 函数 $G_\lambda$, 使

$$\Delta_{x_1 \cdots x_n}^+ - \Delta_{x_1 \cdots x_n}^-$$

$$= P(\Delta_{x_1 \cdots x_n}) = G_\lambda(D_{x_1 \cdots x_n}^+) - G_\lambda(D_{x_1 \cdots x_n}^-), \tag{6.1.15}$$

其中 $\Delta_{x_1 \cdots x_n}^+$ 与 $\Delta_{x_1 \cdots x_n}^-$ 及 $D_{x_1 \cdots x_n}^+$ 与 $D_{x_1 \cdots x_n}^-$ 分别表示 $\Delta_{x_1 \cdots x_n}$ 与 $D_{x_1 \cdots x_n}$ 的左 右端点. 事实上, 令

$$G_\lambda(D_{x_1 \cdots x_n}^+) = \Delta_{x_1 \cdots x_n}^+, \quad G_\lambda(D_{x_1 \cdots x_n}^-) = D_{x_1 \cdots x_n}^-, \tag{6.1.16}$$

且

$$G_\lambda(\omega) = \sup\{G_\lambda(t), \ t \leq \omega, \ t \in Q, \ \omega \in [0,1) - Q\}, \tag{6.1.17}$$

其中 $Q$ 为各阶 $D_{x_1\cdots x_n}$ 区间的端点的集合. 则 $G_\lambda$ 是定义在 $[0,1)$ 上且满足 (6.1.15) 的不减函数.

令 $\omega \in [0,1)$, 且 $X_k(\omega) = x_k$, 则 $D_{x_1\cdots x_n}$ 是包含 $\omega$ 的 $n$ 阶 $D$ 区间. 令

$$t_n(\lambda,\omega) = \frac{P(\Delta_{x_1\cdots x_n})}{P(D_{x_1\cdots x_n})} = \frac{G_\lambda(D_{x_1\cdots x_n}^+) - G_\lambda(D_{x_1\cdots x_n}^-)}{D_{x_1\cdots x_n}^+ - D_{x_1\cdots x_n}^-}. \tag{6.1.18}$$

由 (6.1.14) 与 (6.1.11), 得

$$t_n(\lambda,\omega) = \frac{\prod_{i=1}^n \lambda_i^{x_i}(1-\lambda_i)^{1-x_i}}{\prod_{i=1}^n p_i^{x_i}(1-p_i)^{1-x_i}} r_n(\omega), \quad \omega \in D_{x_1\cdots x_n}. \tag{6.1.19}$$

由 (6.1.12), (6.1.13), (6.1.19) 和 (6.1.10), 得

$$t_n(\lambda,\omega) = \prod_{i=1}^n \left(\frac{\lambda_i}{p_i}\right)^{X_i}\left(\frac{1-\lambda_i}{1-p_i}\right)^{1-X_i} \cdot r_n(\omega)$$

$$= \prod_{Y_i=1}\left(\frac{\lambda_i}{p_i}\right)^{X_i}\left(\frac{1-\lambda_i}{1-p_i}\right)^{1-X_i} \cdot \prod_{Y_i=0}\left(\frac{\lambda_i}{p_i}\right)^{X_i}\left(\frac{1-\lambda_i}{1-p_i}\right)^{1-X_i} \cdot r_n(\omega)$$

$$= \prod_{Y_i=1}\left[\frac{\lambda_i(1-p_i)}{p_i(1-\lambda_i)}\right]^{X_i} \cdot \prod_{Y_i=1}\frac{(1-\lambda_i)}{(1-p_i)} \cdot r_n(\omega)$$

$$= \lambda^{\sum_{i=1}^n Y_i X_i}\prod_{i=1}^n \frac{1}{1+(\lambda-1)p_i Y_i} \cdot r_n(\omega), \quad \omega \in [0,1), \tag{6.1.20}$$

其中 $\prod_{Y_i=1}$ 和 $\prod_{Y_i=0}$ 分别表示满足 $Y_i=1$ 和 $Y_i=0$ 项的乘积.

设 $A(\lambda)$ 是 $G_\lambda$ 的可微点的集合. 由单调函数导数存在定理, 有

$$\lim_{n\to\infty} t_n(\lambda,\omega) = \text{有限数}, \quad \omega \in A(\lambda). \tag{6.1.21}$$

由 (6.1.21) 与 (6.1.7), 得

$$\limsup_{n\to\infty}[t_n(\lambda,\omega)]^{1/\sum_{i=1}^n Y_i} \le 1, \quad \omega \in A(\lambda)\cap D. \tag{6.1.22}$$

由 (6.1.20), (6.1.22) 和 (6.1.7), 得

$$\limsup_{n\to\infty}\lambda^{[\sum_{i=1}^n Y_i X_i]/\sum_{i=1}^n Y_i}\left(\prod_{i=1}^n \frac{1}{1+(\lambda-1)p_i Y_i}\right)^{1/\sum_{i=1}^n Y_i} \le 1, \quad \omega \in A(\lambda)\cap D.$$

对上式两边取对数, 得

$$\limsup_{n\to\infty}\left(1/\sum_{i=1}^n Y_i\right)\left\{\sum X_i Y_i \ln\lambda - \sum_{i=1}^n \ln[1+(\lambda-1)p_i Y_i]\right\} \le 0,$$

$$\omega \in A(\lambda) \cap D. \tag{6.1.23}$$

令 $1 < \lambda < 2$. 将 (6.1.23) 两边同除以 $\ln \lambda$, 得

$$\limsup_{n \to \infty} \left( 1 / \sum_{i=1}^{n} Y_i \right) \left\{ \sum_{i=1}^{n} X_i Y_i - \sum_{i=1}^{n} \frac{\ln[1 + (\lambda - 1) p_i Y_i]}{\ln \lambda} \right\} \le 0.$$

$$\omega \in A(\lambda) \cap D. \tag{6.1.24}$$

由上极限性质

$$\limsup_{n \to \infty} (a_n - b_n) \le 0 \Longrightarrow \limsup_{n \to \infty} (a_n - c_n) \le \limsup_{n \to \infty} (b_n - c_n)$$

和不等式 $w - w^2/2 \le \ln(1 + w) \le w, |w| < 1$, 由 (6.1.24), 得

$$\limsup_{n \to \infty} \left( 1 / \sum_{i=1}^{n} Y_i \right) \left\{ \sum_{i=1}^{n} (X_i - p_i) Y_i \right\}$$

$$\le \limsup_{n \to \infty} \left( 1 / \sum_{i=1}^{n} Y_i \right) \left\{ \sum_{i=1}^{n} \frac{\ln[1 + (\lambda - 1) p_i Y_i]}{\ln \lambda} - p_i Y_i \right\}$$

$$\le \limsup_{n \to \infty} \left( 1 / \sum_{i=1}^{n} Y_i \right) \left[ \sum_{i=1}^{n} \frac{(\lambda - 1) p_i Y_i}{(\lambda - 1) - (\lambda - 1)^2/2} - p_i Y_i \right]$$

$$= \limsup_{n \to \infty} \frac{\lambda - 1}{3 - \lambda} \left( 1 / \sum_{i=1}^{n} Y_i \right) \sum_{i=1}^{n} p_i Y_i \le \frac{\lambda - 1}{3 - \lambda}, \quad \omega \in A(\lambda) \cap D. \tag{6.1.25}$$

取 $1 < \lambda_k < 2 (k = 1, 2, \cdots)$ 使 $\lambda_k \to 1$ (当 $k \to \infty$), 记 $A^* = \cap_{k=1}^{\infty} A(\lambda_k)$, 则由 (6.1.25) 对任意 $k \ge 1$ 有

$$\limsup_{n \to \infty} \left( 1 / \sum_{i=1}^{n} Y_i \right) \left\{ \sum_{i=1}^{n} (X_i - p_i) Y_i \right\} < \frac{\lambda_k - 1}{3 - \lambda_k}, \quad \omega \in A(\lambda_k) \cap D. \tag{6.1.26}$$

由于 $\lambda_k \to 1$, 由 (6.1.26), 得

$$\limsup_{n \to \infty} \left( 1 / \sum_{i=1}^{n} Y_i \right) \left\{ \sum_{i=1}^{n} (X_i - p_i) Y_i \right\} \le 0, \quad \omega \in A^* \cap D. \tag{6.1.27}$$

取 $0 < \lambda < 1$, 将 (6.1.23) 两边同除以 $\ln \lambda$, 得

$$\liminf_{n \to \infty} \left( 1 / \sum_{i=1}^{n} Y_i \right) \left\{ \sum_{i=1}^{n} X_i Y_i - \sum_{i=1}^{n} \frac{\ln[1 + (\lambda - 1) p_i Y_i]}{\ln \lambda} \right\} \ge 0.$$

$$\omega \in A(\lambda) \cap D. \tag{6.1.28}$$

由下极限性质

$$\liminf_{n\to\infty}(a_n - b_n) \ge 0 \Longrightarrow \liminf_{n\to\infty}(a_n - c_n) \ge \liminf_{n\to\infty}(b_n - c_n),$$

因此由 (6.1.28), 得

$$\liminf_{n\to\infty}\left(1/\sum_{i=1}^n Y_i\right)\left\{\sum_{i=1}^n (X_i - p_i)Y_i\right\}$$

$$\ge \liminf_{n\to\infty}\left(1/\sum_{i=1}^n Y_i\right)\left\{\sum_{i=1}^n \frac{\ln[1 + (\lambda - 1)p_iY_i]}{\ln\lambda} - p_iY_i\right\}$$

$$\ge \liminf_{n\to\infty}\left(1/\sum_{i=1}^n Y_i\right)\left[\sum_{i=1}^n \frac{(\lambda - 1)p_iY_i}{\ln\lambda} - p_iY_i\right]$$

$$= \liminf_{n\to\infty}\left(\frac{\lambda - 1}{\ln\lambda} - 1\right)\left(1/\sum_{i=1}^n Y_i\right)\sum_{i=1}^n p_iY_i$$

$$\ge -\left|\frac{\lambda - 1}{\ln\lambda} - 1\right|, \quad \omega \in A(\lambda) \cap D. \tag{6.1.29}$$

取 $0 < \tau_k < 1 (k = 1, 2, \cdots)$ 使 $\tau_k \to 1$ (当 $k \to \infty$). 记 $A_* = \cap_{k=1}^\infty A(\tau_k)$, 则由 (6.1.9) 对任意 $k \ge 1$, 有

$$\liminf_{n\to\infty}\left(1/\sum_{i=1}^n Y_i\right)\left\{\sum_{i=1}^n (X_i - p_i)Y_i\right\} \ge -\left|\frac{\tau_k - 1}{\ln\tau_k} - 1\right|, \quad \omega \in A_* \cap D.$$

由 $(\tau_k - 1)/\ln\tau_k \to 1$, 得

$$\liminf_{n\to\infty}\left(1/\sum_{i=1}^n Y_i\right)\left\{\sum_{i=1}^n (X_i - p_i)Y_i\right\} \ge 0, \quad \omega \in A_* \cap D. \tag{6.1.30}$$

令 $A = A^* \cap A_*$, 由 (6.1.27) 与 (6.1.30), 得

$$\liminf_{n\to\infty}\left(1/\sum_{i=1}^n Y_i\right)\left\{\sum_{i=1}^n (X_i - p_i)Y_i\right\} = 0, \quad \omega \in A \cap D. \tag{6.1.31}$$

定理得证.

**推论 6.1.1**   设

$$D^* = \left\{\omega : \liminf_{n\to\infty}[r_n(\omega)]^{1/n} \ge 1\right\}, \tag{6.1.32}$$

则

$$\lim_{n\to\infty}(1/n)\left(\sum_{i=1}^n (X_i - p_i)\right) = 0 \ \text{a.s.于} \ D^*. \tag{6.1.33}$$

**证** 对所有的 $n \geq 1$, 在定理中令 $f_n(x_1, \cdots, x_n) = 1$(于是 $Y_n = 1$) 即得推论的结论.

**推论 6.1.2** 如果 $\{X_n,\ n \geq 1\}$ 独立且 $P(X_i = 1) = p_i$, 则

$$\lim_{n \to \infty} \left( 1 / \sum_{i=1}^{n} Y_i \right) \left[ \sum_{i=1}^{n} (X_i - p_i) Y_i \right] = 0 \quad \text{a.s.}. \tag{6.1.34}$$

当 $P_i = p(i = 1, 2, \cdots)$ 时,

$$\lim_{n \to \infty} \left( 1 / \sum_{i=1}^{n} Y_i \right) \sum_{i=1}^{n} X_i Y_i = p \quad \text{a.s.}. \tag{6.1.35}$$

**证** 在此情况 $r_n(\omega) = 1$, 故 (6.1.3) 与 (6.1.10) 蕴含 $P(D) = 1$.

**注 6.1.1** (6.1.35) 是赌博系统的一个定理, 它断言如果 $\{X_n,\ n \geq 1\}$ 是 Bernoulli 序列, 则不存在对赌徒有利的赌博系统.

## §6.2 $N$ 值赌博系统的强极限定理

考虑一个 Bernoulli 试验序列, 并假定在每次试验中, 赌徒都有选择参赌与不赌的自由. 所谓赌博策略, 就是赌徒事先制订一套规则, 来决定哪一次参赌. 在第 $k$ 次试验上, 他的策略可以依赖于以前 $k - 1$ 次试验的结果, 但不可以依赖于第 $k, k+1, k+2, \cdots$ 次试验的结果. 关于赌博策略的一个定理断言, 无论采取什么策略, 赌徒参赌的哪些次试验组成一个 Bernoulli 序列, 其成功概率不变. 因此没有一个策略可以改变赌徒的运气. 我们在上节中进一步讨论了这一问题. 本节的目的是要将上述讨论推广到取有限个值的相依随机变量序列的情况, 并通过允许选择函数在一个区间中取值, 推广了随机选择的概念. 证明中提出了将测度网微分法和条件母函数的工具应用于赌博系统强极限定理的研究的一种途径.

设 $S = \{1, 2, \cdots, N\}$, $\{X_n, n \geq 1\}$ 是一列定义在概率空间 $(\Omega, \mathcal{F}, P)$ 上在 $S$ 中取值的随机变量, 其联合分布为

$$P(X_1 = x_1, \cdots, X_n = x_n) = p(x_1, \cdots, x_n) > 0, \quad x_i \in S, \ 1 \leq i \leq n. \tag{6.2.1}$$

为了推广随机选择的概念, 首先给出一组定义在 $S^n(n = 1, 2, \cdots)$ 上的非负实值函数 $f_n(x_1, \cdots, x_n)$. 令

$$Y_1 = y_1 \ (y_1 \text{为任意实数}), \tag{6.2.2}$$

$$Y_{n+1} = f_n(X_1, \cdots, X_n), \quad n \geq 1. \tag{6.2.3}$$

$f_n(x_1, \cdots, x_n)$ 称为选择函数, $\{Y_n, n \geq 2\}$ 称为赌博系统或随机选择系统. 又设 $\delta_i(\cdot)$ 是 $S$ 上的 Kronecker $\delta$ 函数. 记

$$p(x_n | x_1, \cdots, x_{n-1}) = P(X_n = x_n | X_1 = x_1, \cdots, X_{n-1} = x_{n-1}),$$

$$x_i \in S, \ 1 \le i \le n, n \ge 2,$$

$$D = \{\omega : \sum_{n=1}^{\infty} Y_n = \infty\}. \tag{6.2.4}$$

为解释随机选择的实际意义, 考虑如下的赌博模型. 设 $\{X_n, n \ge 2\}$ 是具有分布 (6.2.1) 的一列随机变量, $g$ 是定义在 $S$ 上的一个非负实值函数, 将 $X_n$ 解释为第 $n$ 次试验的结果. 设 $\mu_n = Y_n g(X_n)$ 表示赌徒在第 $n$ 次试验的赢利, 其中 $Y_n$ 表示赌博的大小, $g(X_n)$ 根据第 $n$ 次试验的结果由赌博规则确定 (亦即 $g$ 表示赌徒的赢利或庄家的支付规则). 赌徒的策略则是根据前 $n-1$ 次试验的结果来决定第 $n$ 次参赌的大小 $Y_n$. 设赌徒在第 $n$ 次试验所付的入场费为 $b_n$. 假定 $b_1$ 为任意常数, 当 $n \ge 2$ 时, $b_n$ 依赖于 $X_1, \cdots, X_{n-1}$. 于是 $\Sigma_{k=1}^{n} Y_k g(X_k)$ 与 $\Sigma_{k=1}^{n} b_k$ 分别为前 $n$ 次试验中赌徒的累积赢利和累积入场费, 而 $\Sigma_{k=1}^{n}[Y_k g(X_k) - b_k]$ 则为累积净赢利. 受赌博公平性的古典定义的启发 (参见 Feller 1957, p.233—236), 引进如下的定义.

**定义 6.2.1**　如果对几乎所有的 $\omega \in D$, 当 $n \to \infty$ 时, 前 $n$ 次试验中赌徒累积净赢利的大小具有比 $\sum_{k=1}^{n} Y_k$ 较小的阶, 即

$$\lim_{n\to\infty} \frac{1}{\sum_{k=1}^{n} Y_k} \sum_{k=1}^{n} [Y_k g(X_k) - b_k] = 0 \ \text{a.s. 于} \ D, \tag{6.2.5}$$

则称赌博是公平的.

**定理 6.2.1**(刘文 2002)　设 $\{X_n, n \ge 1\}, \{Y_n, n \ge 1\}$ 与 $D$ 均如前定义. 如果选择函数 $f_n$ $(n \ge 1)$ 均在某有限区间 $[0, b]$ 中取值, 则有

$$\lim_{n\to\infty} \frac{1}{\sum_{k=2}^{n} Y_k} \sum_{k=2}^{n} Y_k \{g(X_k) - E[g(X_k)|X_1, \cdots, X_{k-1}]\} = 0 \ \text{a.s. 于} \ D. \tag{6.2.6}$$

**注 6.2.1**　上述定理表明, 在定理的假设下, 如取入场费 $b_k = Y_k E[g(X_k)|X_1, \cdots, X_{k-1}]$, 则赌博是公平的.

**证**　令

$$D_{x_1 \cdots x_n} = \{\omega : X_k = x_k, 1 \le k \le n\}, \quad x_k \in S,$$

则有

$$P(D_{x_1}) = p(x_1), \tag{6.2.7}$$

$$P(D_{x_1 \cdots x_n}) = p(x_1, \cdots, x_n) = p(x_1) \prod_{k=2}^{n} p_k(x_k|x_1, \cdots, x_{k-1}), \ n \ge 2. \tag{6.2.8}$$

$D_{x_1 \cdots x_n}$ 称为 $n$ 阶基本柱集, 其全体记为 $\mathbf{N}_n$. 设 $s > 0$. 令

$$P_k(s, x_1, \cdots, x_{k-1}) = E[s^{Y_k g(X_k)}|X_1 = x_1, \cdots, X_{k-1} = x_{k-1}]$$

$$= \sum_{x_k=1}^{N} s^{f_{k-1}(x_1,\cdots,x_{k-1})g(x_k)} p(x_k|x_1,\cdots,x_{k-1}) \quad (k \geq 2). \quad (6.2.9)$$

$P_k(s, x_1, \cdots, x_{k-1})$ 称为在条件 $X_1 = x_1, \cdots, X_{k-1} = x_{k-1}$ 下 $Y_k g(X_k)$ 的条件母函数. 令

$$p_k(s, x_1, \cdots, x_k) = \frac{s^{f_{k-1}(x_1,\cdots,x_{k-1})g(x_k)} p(x_k|x_1,\cdots,x_{k-1})}{P_k(s, x_1, \cdots, x_{k-1})}. \quad (6.2.10)$$

则由 (6.2.9), 有

$$\sum_{x_k=1}^{N} p_k(s, x_1, \cdots, x_k) = 1. \quad (6.2.11)$$

令 $\mathbf{N}$ 为包含 $\phi, \Omega$, 及各阶柱集的集合族. 在 $\mathbf{N}$ 上定义集函数 $\mu_s$ 如下:

$$\mu_s(\phi) = 0, \quad \mu_s(\Omega) = 1, \quad \mu_s(D_{x_1}) = p(x_1), \quad (6.2.12)$$

$$\mu_s(D_{x_1\cdots x_n}) = \mu_s(D_{x_1\cdots x_{n-1}}) p_n(s, x_1, \cdots, x_n)$$

$$= p(x_1) \prod_{k=2}^{n} p_k(s, x_1, \cdots, x_k), \quad n \geq 2. \quad (6.2.13)$$

由 (6.2.11)—(6.2.13) 知 $\mu_s$ 是 $\mathbf{N}$ 上的测度. 由于 $\mathbf{N}$ 是一半代数, 故 $\mu_s$ 可惟一开拓到 $\sigma(\mathbf{N}) \subset \mathcal{F}$ 上. 设 $D \subset \Omega, I_D$ 表示 $D$ 的示性函数. 令

$$T_n(s, \omega) = \sum_{D \in N_n} \frac{\mu_s(D)}{P(D)} I_D,$$

即

$$T_n(s, \omega) = \frac{\mu_s(D_{X_1(\omega)\cdots X_n(\omega)})}{P(D_{X_1(\omega)\cdots X_n(\omega)})}. \quad (6.2.14)$$

易知 $\{\mathbf{N}_n, n \geq 1\}$ 是一个网, 由测度的网微分法 (见 Hewitt 与 Stromberg 1978, p.373) 知, 存在 $A(s) \in \mathcal{F}, P(A(s)) = 1$, 使得

$$\lim_{n\to\infty} T_n(s, \omega) = \text{有限数}, \quad \omega \in A(s). \quad (6.2.15)$$

由 (6.2.15) 与 (6.2.4), 有

$$\limsup_{n\to\infty} \frac{1}{\sum_{k=2}^{n} Y_k} \ln T_n(s, \omega) \leq 0, \quad \omega \in A(s) \cap D. \quad (6.2.16)$$

由 (6.2.8),(6.2.10),(6.2.13) 与 (6.2.14), 有

$$T_n(s, \omega) = \prod_{k=2}^{n} \frac{s^{Y_k g(X_k)}}{P_k(s, X_1, \cdots, X_{k-1})}. \quad (6.2.17)$$

由 (6.2.16) 与 (6.2.17), 有

$$\limsup_{n\to\infty} \frac{1}{\sum_{k=2}^{n} Y_k}[\sum_{k=2}^{n} Y_k g(X_k)\ln s - \sum_{k=2}^{n}\ln P_k(s, X_1,\cdots, X_{k-1})] \le 0, \quad \omega \in A(s)\cap D.$$

$$(6.2.18)$$

令 M=$\max\{g(j), j\in S\}$. 利用上极限的性质·

$$\limsup_{n\to\infty}(a_n - b_n) \le 0 \Longrightarrow \limsup_{n\to\infty}(a_n - c_n) \le \limsup_{n\to\infty}(b_n - c_n)$$

及不等式 $\ln x \le x - 1 \ (x > -1)$ 与

$$0 \le s^x - x\ln s - 1 \le \frac{1}{2}(x\ln s)^2 \mathrm{e}^{|x\ln s|}, \quad s > 0, \quad \forall x,$$

并注意 $0 \le Y_k \le b$, 由 (6.2.18), 有

$$\limsup_{n\to\infty} \frac{1}{\sum_{k=2}^{n} Y_k}\sum_{k=2}^{n} Y_k\{g(X_k)\ln s - E[g(X_k)|X_1,\cdots, X_{k-1}]\ln s\}$$

$$\le \limsup_{n\to\infty} \frac{1}{\sum_{k=2}^{n} Y_k}\sum_{k=2}^{n}\{\ln P_k(s, X_1,\cdots, X_{k-1}) - Y_k E[g(X_k)|X_1,\cdots, X_{k-1}]\ln s\}$$

$$\le \limsup_{n\to\infty} \frac{1}{\sum_{k=2}^{n} Y_k}\sum_{k=2}^{n}[P_k(s, X_1,\cdots, X_{k-1}) - 1 - \sum_{j=1}^{N} Y_k g(j|X_1,\cdots, X_{k-1})\ln s]$$

$$= \limsup_{n\to\infty} \frac{1}{\sum_{k=2}^{n} Y_k}\sum_{k=2}^{n}\sum_{j=1}^{N} p(j|X_1,\cdots, X_{k-1})[s^{Y_k g(j)} - Y_k g(j)\ln s - 1]$$

$$\le \frac{1}{2}(\ln s)^2 \limsup_{n\to\infty} \frac{1}{\sum_{k=2}^{n} Y_k}\sum_{k=2}^{n}\sum_{j=1}^{N}[Y_k g(j)]^2 \mathrm{e}^{Y_k g(j)|\ln s|}$$

$$\le \frac{1}{2}bNM^2(\ln s)^2 \mathrm{e}^{bM|\ln s|}, \quad \omega \in A(s)\cap D. \tag{6.2.19}$$

设 $s > 1$. 由 (6.2.19), 有

$$\limsup_{n\to\infty} \frac{1}{\sum_{k=2}^{n} Y_k}\sum_{k=2}^{n} Y_k\{g(X_k) - E[g(X_k)|X_1,\cdots, X_{k-1}]\}$$

$$\le \frac{1}{2}bNM^2 s^{bM}\ln s, \quad \omega \in A(s)\cap D. \tag{6.2.20}$$

取 $s_k > 1$, $k = 1, 2, \cdots$, 使 $s_k \to 1$( 当 $k\to\infty$), 并令 $A^* = \bigcap_{k=1}^{\infty} A(s_k)$. 由 (6.2.20), 有

$$\limsup_{n\to\infty} \frac{1}{\sum_{k=2}^{n} Y_k}\sum_{k=2}^{n} Y_k\{g(X_k) - E[g(X_k)|X_1,\cdots, X_{k-1}]\} \le 0, \quad \omega \in A^*(s)\cap D.$$

$$(6.2.21)$$

设 $0 < s < 1$. 由 (6.2.19), 有

$$\liminf_{n\to\infty} \frac{1}{\sum_{k=2}^n Y_k} \sum_{k=2}^n Y_k\{g(X_k) - E[g(X_k)|X_1,\cdots,X_{k-1}]\}$$

$$\geq \frac{1}{2}bNM^2 s^{-bM}\ln s, \quad \omega \in A(s)\cap D. \tag{6.2.22}$$

取 $0 < t_k < 1$, $k = 1,2,\cdots$, 使 $t_k \to 1$(当 $k \to \infty$ 时), 并令 $A_* = \bigcap_{k=1}^\infty A(t_k)$. 由 (6.2.22), 有

$$\liminf_{n\to\infty} \frac{1}{\sum_{k=2}^n Y_k} \sum_{k=2}^n Y_k\{g(X_k) - E[g(X_k)|X_1,\cdots,X_{k-1}]\} \geq 0, \quad \omega \in A_*(s)\cap D. \tag{6.2.23}$$

令 $A = A_* \cap A^*$. 由 (6.2.21) 与 (6.2.23), 有

$$\lim_{n\to\infty} \frac{1}{\sum_{k=2}^n Y_k} \sum_{k=2}^n Y_k\{g(X_k) - E[g(X_k)|X_1,\cdots,X_{k-1}]\} = 0, \quad \omega \in A\cap D. \tag{6.2.24}$$

由于 $P(A) = 1$, 故由 (6.2.24) 知 (6.2.6) 成立. 证毕.

**推论 6.2.1** 设 $i \in S$ 固定, 则有

$$\lim_{n\to\infty} \frac{1}{\sum_{k=2}^n Y_k} \sum_{k=2}^n Y_k[\delta_i(X_k) - p(i|X_1,\cdots,X_{k-1})] = 0 \text{ a.s. } \text{于} D. \tag{6.2.25}$$

**证** 令 $g(j) = \delta_i(j), j \in S$. 注意到

$$E[\delta_i(X_k)|X_1,\cdots,X_{k-1}] = p(i|X_1,\cdots,X_{k-1}), \quad k \geq 2,$$

由 (6.2.6) 即得 (6.2.25).

在这个推论中, 如果第 $k$ 次试验出现结果 $i$, 则赌徒的赢利为 $Y_k$, 如果不出现 $i$, 则赌徒的赢利为 0.

**推论 6.2.2** 设 $\{X_n, n \geq 1\}$ 为具有状态空间 $S = \{1,2,\cdots,N\}$ 的非齐次马氏链, 其转移矩阵为

$$\boldsymbol{P}_n = (p_n(i,j)), \quad p_n(i,j) > 0, \ i,j \in S, \ n \geq 2,$$

其中 $(p_n(i,j)) = P(X_n = j|X_{n-1} = i)$. 设随机选择系统有界, 既存在正数 $b$ 使得 $0 \leq f_n(x_1,\cdots,x_n) \leq b$ 对一切 $n \geq 1$ 成立, 则

$$\lim_{n\to\infty} \frac{1}{\sum_{k=2}^n Y_k} \sum_{k=2}^n Y_k\{X_k - E[X_k|X_{k-1}]\} = 0 \text{ a.s. } \text{于} D, \tag{6.2.26}$$

且对任何 $i \in S$,

$$\lim_{n \to \infty} \frac{1}{\sum_{k=2}^{n} Y_k} \sum_{k=2}^{n} Y_k[\delta_i(X_k) - p_k(X_{k-1}, i)] = 0 \quad \text{a.s. 于 } D. \tag{6.2.27}$$

**证** 直接由 (6.2.6) 与 (6.2.25) 可得.

**例 6.2.1** 设 $\{X_n, n \geq 1\}$ 为具有状态空间 $S = \{1, 2\}$ 的齐次马氏链, 其转移概率为

$$P(X_n = j | X_{n-1} = i) = p(i, j) > 0.$$

设 $b > 0$ 为常数, $p_{21} > p_{11}$, 且根据赌博规则, 赌徒在第 $n$ 次试验的赢利为 $Y_n \delta_1(X_n)$. 初看起来, 如下策略似乎对赌徒有利: 当 $X_{n-1} = 2$ 时, 令 $Y_n = b$; 当 $X_{n-1} = 1$ 时, 令 $Y_n = 0$, 即令

$$f_{n-1}(x_1, \cdots, x_{n-1}) = \begin{cases} 0, & \text{如果 } x_{n-1} = 1, \\ b, & \text{如果 } x_{n-1} = 2. \end{cases}$$

然而, 由 (6.2.27), 有

$$\lim_{n \to \infty} \frac{1}{\sum_{k=2}^{n} Y_k} \sum_{k=2}^{n} Y_k[\delta_1(X_k) - p_k(X_{k-1}, i)] = 0 \quad \text{a.s. 于 } D.$$

这表明上述策略并不改变赌徒的运气.

## §6.3 可列值赌博系统的强极限定理

本节中我们使用条件概率将 Bernoulli 序列赌博系统的强极限定理推广到任意离散随机变量的情况. 同时, 允许选择函数在区间上取值, 对选择函数的概念进行了推广. 在证明中提出了将测度的网微分法应用于强极限定理的研究的途径.

设 $S = \{t_1, t_2, \cdots\}$ 是可列集 (有限或可数), $\{X_n, n \geq 1\}$ 是取值于 $S$ 的随机变量序列, 其联合分布为

$$P(X_1 = x_1, \cdots, X_n = x_n) = p(x_1, \cdots, x_n) > 0,$$

$$x_i \in S, \ 1 \leq i \leq n, \ n = 1, 2, \cdots. \tag{6.3.1}$$

为了推广选择函数的概念, 我们首先给出一取值于 $S^n (n = 1, 2, \cdots)$ 的实值函数列 $f_n(x_1, x_2, \cdots, x_n)$, 如果它们取值于实数集 $A$, 则称它为 $A$- 值选择函数. 令

$$Y_1 = y_1, \tag{6.3.2}$$

$$Y_{n+1} = f_n(X_1, X_2, \cdots, X_n), \quad n \geq 1, \tag{6.3.3}$$

其中 $y_1$ 是任意实数. 设 $\delta_i(j)$ 是 $S$ 上的 Kronecker 函数. 记

$$p(x_n|x_1, \cdots, x_{n-1}) = P(X_n = x_n | X_1 = x_1, \cdots, X_{n-1} = x_{n-1}),$$

$$x_i \in S, \ 1 \leq i \leq n, \ n \geq 2. \tag{6.3.4}$$

为了解释推广了的选择函数的实际意义, 我们考虑下述赌博模型. $\{X_n, n \geq 1\}$ 是具有联合分布 (6.3.1) 的随机变量序列, $g$ 是定义在 $S$ 上的实值函数. 解释 $X_n$ 为第 $n$ 次试验的结果, 其类型每次都可能发生改变. 设 $\mu_n = Y_n g(X_n)$ 表示赌徒在第 $n$ 次试验的赢利, 其中 $Y_n$ 表示赌博的大小, $g(X_n)$ 由赌博规则决定, $\{Y_n, n \geq 1\}$ 称为赌博系统或选择系统. 赌徒的策略是根据前 $n-1$ 次试验的结果来决定 $Y_n(n \geq 2)$. 设赌徒第 $n$ 次试验所付的入场费为 $b_n$. 同时假设当 $n \geq 2$ 时 $b_n$ 依赖于 $X_1, \cdots, X_{n-1}$, $b_1$ 是常数. 因此 $\sum_{k=1}^{n} Y_k g(X_k)$ 表示前 $n$ 次的累积赢利, $\sum_{k=1}^{n} b_k$ 是累积入场费, $\sum_{k=1}^{n}[Y_k g(X_k) - b_k]$ 是累积净赢利. 与 §6.2 中一样, 我们称赌博是公平的, 如果

$$\lim_{n \to \infty} \frac{1}{\sum_{k=1}^{n} Y_k} \sum_{k=1}^{n}[Y_k g(X_k) - b_k] = 0 \ \text{ a.s. } \ \mbox{于}\left(\omega: \sum_{k=1}^{n} Y_k = \infty\right). \tag{6.3.5}$$

**定理 6.3.1**(刘文、王金亭 2002) 设 $\{X_n, n \geq 1\}$ 是概率空间 $([0,1), \mathcal{F}, P)$ 上具有分布 (6.3.1) 的随机变量序列, $Y_n(n = 1, 2, \cdots)$ 由 (6.3.2) 和 (6.3.3) 定义, $\{\sigma_n, n \geq 1\}$ 是 $([0,1), \mathcal{F}, P)$ 上的非负随机变量序列, $t_i \in S, \alpha > 0$ 是一常数. 令

$$D = \left\{\omega: \lim_{n \to \infty} \sigma_n = \infty\right\}, \tag{6.3.6}$$

$D(\alpha, t_i)$ 是 $\omega \in D$ 且满足下述条件的样本点集合:

$$\limsup_{n \to \infty} \frac{1}{\sigma_n} \sum_{k=2}^{n}\left[Y_k{}^2 \mathrm{e}^{\alpha|Y_k|} p(t_i|X_1, \cdots, X_{k-1})\right] = M(\omega) < \infty, \tag{6.3.7}$$

则

$$\lim_{n \to \infty} \frac{1}{\sigma_n} \sum_{k=2}^{n} Y_k[\delta_{t_i}(X_k) - p(t_i|X_1, \cdots, X_{k-1})] = 0 \ \text{ a.s. } \ \mbox{于 } D(\alpha, t_i). \tag{6.3.8}$$

**注 6.3.1** 解释条件 (6.3.7), 例子会在推论 6.3.2 中给出, 其中我们假设 $\{Y_n, n \geq 1\}$ 有界且 $\sigma_n$ 取值为 $\sum_{k=1}^{n} Y_k$.

**证** 令

$$D_{x_1 \cdots x_n} = \{\omega: X_k = x_k, 1 \leq k \leq n\}, \quad x_k \in S, \ 1 \leq k \leq n, \tag{6.3.9}$$

则

$$P(D_{x_1 \cdots x_n}) = p(x_1, \cdots, x_n), \tag{6.3.10}$$

其中 $D_{x_1 \cdots x_n}$ 是 $n$ 阶柱集. 记 $\mathcal{N}_n$ 是 $n$ 阶柱集的类, $\mathcal{N}$ 是包括 $\phi, \Omega$ 和所有柱集的类, $\lambda$ 是一非零常数. 在 $\mathcal{N}$ 上定义集函数 $\mu$ 如下: 当 $n \geq 2$, 令

$$\mu(D_{x_1 \cdots x_n}) = \frac{\exp\{\lambda \sum\limits_{k=1}^{n} y_k \delta_{t_i}(x_k)\} p(x_1, \cdots, x_n)}{\prod\limits_{k=2}^{n} [1 + (\mathrm{e}^{\lambda y_k} - 1) p(t_i | x_1, \cdots, x_{k-1})]}, \tag{6.3.11}$$

其中 $y_1$ 是一任意实数, 且

$$y_k = f_{k-1}(x_1, \cdots, x_{k-1}), \quad k \geq 2. \tag{6.3.12}$$

同时令

$$\mu(D_{x_1}) = \sum_{x_2 \in S} \mu(D_{x_1 x_2}), \tag{6.3.13}$$

$$\mu(\Omega) = \sum_{x_1 \in S} \mu(D_{x_1}). \tag{6.3.14}$$

注意当 $n \geq 2$ 时有

$$p(x_1, \cdots, x_n) = p(x_1, \cdots, x_{n-1}) p(x_n | x_1, \cdots, x_{n-1}),$$

且 $y_n$ 只依赖于 $x_1, \cdots, x_{n-1}$. 由 (6.3.10), 得

$$\sum_{x_n \in S} \mu(D_{x_1 \cdots x_n}) = \mu(D_{x_1 \cdots x_{n-1}}) \sum_{x_n \in S} \frac{\exp\{\lambda y_n \delta_{t_i}(x_n)\} p(x_n | x_1, \cdots, x_{n-1})}{1 + (\mathrm{e}^{\lambda y_n} - 1) p(t_i | x_1, \cdots, x_{n-1})}$$

$$= \mu(D_{x_1 \cdots x_{n-1}}) \left[ \sum_{x_n = t_i} + \sum_{x_n \neq t_i} \right]$$

$$= \mu(D_{x_1 \cdots x_{n-1}}) \left[ \frac{\mathrm{e}^{\lambda y_n} p(t_i | x_1, \cdots, x_{n-1})}{1 + (\mathrm{e}^{\lambda y_n} - 1) p(t_i | x_1, \cdots, x_{n-1})} + \frac{1 - p(t_i | x_1, \cdots, x_{n-1})}{1 + (\mathrm{e}^{\lambda y_n} - 1) p(t_i | x_1, \cdots, x_{n-1})} \right]$$

$$= \mu(D_{x_1 \cdots x_{n-1}}). \tag{6.3.15}$$

由 (6.3.13)—(6.3.15) 知 $\mu$ 是 $\mathcal{N}$ 上的测度. 由于 $\mathcal{N}$ 是半代数, $\mu$ 可惟一的扩张到 $\sigma$- 代数 $\sigma(\mathcal{N})$ 上. 令

$$t_n(\lambda, \omega) = \sum_{D \in \mathcal{N}_n} \frac{\mu(D)}{P(D)} I_D,$$

其中 $I_D$ 是 $D$ 的示性函数, 即

$$t_n(\lambda, \omega) = \frac{\mu(D_{X_1(\omega)\cdots X_n(\omega)})}{P(D_{X_1(\omega)\cdots X_n(\omega)})}. \tag{6.3.16}$$

易知 $\{\mathcal{N}_n, n \geq 1\}$ 是一个网. 由网微分法, 存在 $A(\lambda, t_i) \in \sigma(\mathcal{N}) \subset \mathcal{F}, P(A(\lambda, t_i)) = 1$, 使得

$$\lim_{n \to \infty} t_n(\lambda, \omega) = \text{有限数}, \quad \omega \in A(\lambda, t_i). \tag{6.3.17}$$

由此

$$\limsup_{n \to \infty}(1/\sigma_n) \ln t_n(\lambda, \omega) \leq 0, \quad \omega \in A(\lambda, t_i) \cap D. \tag{6.3.18}$$

由 (6.3.3), (6.3.9) 和 (6.3.10)–(6.3.12), 当 $n \geq 2$ 有

$$\ln t_n(\lambda, \omega) = \lambda \sum_{k=1}^{n} Y_k \delta_{t_i}(X_k) - \sum_{k=2}^{n} \ln[1 + (\mathrm{e}^{\lambda Y_k} - 1)p(t_i|X_1, \cdots, X_{k-1})]. \tag{6.3.19}$$

由 (6.3.18) 与 (6.3.19), 得

$$\limsup_{n \to \infty}(1/\sigma_n)\left\{\lambda \sum_{k=1}^{n} Y_k \delta_{t_i}(X_k) - \sum_{k=2}^{n} \ln[1 + (\mathrm{e}^{\lambda Y_k} - 1)p(t_i|X_1, \cdots, X_{k-1})]\right\} \leq 0,$$
$$\omega \in A(\lambda, t_i) \cap D. \tag{6.3.20}$$

根据上极限的性质

$$\limsup_{n \to \infty}(a_n - b_n) \leq 0 \Longrightarrow \limsup_{n \to \infty}(a_n - c_n) \leq \limsup_{n \to \infty}(b_n - c_n), \tag{6.3.21}$$

由 (6.3.20), 得

$$\limsup_{n \to \infty}(1/\sigma_n)\left[\lambda \sum_{k=1}^{n} Y_k \delta_{t_i}(X_k) - \sum_{k=2}^{n} \lambda Y_k p(t_i|X_1, \cdots, X_{k-1})\right]$$
$$\leq \limsup_{n \to \infty}(1/\sigma_n)\left\{\sum_{k=2}^{n} \ln[1+(\mathrm{e}^{\lambda Y_k}-1)p(t_i|X_1, \cdots, X_{k-1})] - \sum_{k=2}^{n} \lambda Y_k p(t_i|X_1, \cdots, X_{k-1})\right\},$$
$$\omega \in A(\lambda, t_i) \cap D. \tag{6.3.22}$$

取 $0 < \lambda < \alpha$. 将 (6.3.22) 两边同除以 $\lambda$, 并利用不等式

$$\ln(1 + x) \leq x \ (x > -1), \quad 0 \leq \mathrm{e}^x - 1 - x \leq x^2 \mathrm{e}^{|x|}, \tag{6.3.23}$$

由 (6.3.22) 与 (6.3.7), 得

$$\limsup_{n \to \infty}(1/\sigma_n)\left[\sum_{k=1}^{n} Y_k \delta_{t_i}(X_k) - \sum_{k=2}^{n} Y_k p(t_i|X_1, \cdots, X_{k-1})\right]$$

$$\leq \limsup_{n\to\infty}(1/\sigma_n)\sum_{k=2}^{n}\left[\frac{1}{\lambda}(\mathrm{e}^{\lambda Y_k}-1-\lambda Y_k)p(t_i|X_1,\cdots,X_{k-1})\right]$$

$$\leq \limsup_{n\to\infty}(1/\sigma_n)\sum_{k=2}^{n}\left[\lambda Y_k{}^2\mathrm{e}^{\alpha|Y_k|}p(t_i|X_1,\cdots,X_{k-1})\right]=\lambda M(\omega),$$

$$\omega\in D(\alpha,t_i)\cap A(\lambda,t_i). \tag{6.3.24}$$

取 $0<\lambda_k<\alpha$ $(k=1,2,\cdots)$, 使 $\lambda_k\to 0$ (当 $k\to\infty$), 同时令 $A^*(t_i)=\cap_{k=1}^{\infty}A(\lambda_k,t_i)$. 则由 (6.3.24) 得, 对任意 $k\geq 1$ 有

$$\limsup_{n\to\infty}(1/\sigma_n)\left[\sum_{k=1}^{n}Y_k\delta_{t_i}(X_k)-\sum_{k=2}^{n}Y_kp(t_i|X_1,\cdots,X_{k-1})\right]\leq\lambda_j M(\omega),$$

$$\omega\in D(\alpha,t_i)\cap A(\lambda_j,t_i). \tag{6.3.25}$$

由于 $\lambda_k\to 0$, 由 (6.3.25), 得

$$\limsup_{n\to\infty}(1/\sigma_n)\left[\sum_{k=1}^{n}Y_k\delta_{t_i}(X_k)-\sum_{k=2}^{n}Y_kp(t_i|X_1,\cdots,X_{k-1})\right]\leq 0,$$

$$\omega\in D(\alpha,t_i)\cap A^*(t_i). \tag{6.3.26}$$

取 $-\alpha<\tau_k<0$ $(k=1,2,\cdots)$, 使 $\tau_k\to 0$ (当 $k\to\infty$), 同时令 $A_*(t_i)=\cap_{k=1}^{\infty}A(\tau_k,t_i)$. 模仿 (6.3.26) 的推导, 由 (6.3.22), 得

$$\liminf_{n\to\infty}(1/\sigma_n)\left[\sum_{k=1}^{n}Y_k\delta_{t_i}(X_k)-\sum_{k=2}^{n}Y_kp(t_i|X_1,\cdots,X_{k-1})\right]\geq 0,$$

$$\omega\in D(\alpha,t_i)\cap A_*(t_i). \tag{6.3.27}$$

令 $A(t_i)=A^*(t_i)\cap A_*(t_i)$, 由 (6.3.26) 与 (6.3.27), 得

$$\lim_{n\to\infty}(1/\sigma_n)\left[\sum_{k=1}^{n}Y_k\delta_{t_i}(X_k)-\sum_{k=2}^{n}Y_kp(t_i|X_1,\cdots,X_{k-1})\right]=0,$$

$$\omega\in D(\alpha,t_i)\cap A(t_i). \tag{6.3.28}$$

由于 $P(A(t_i))=1$, (6.3.8) 可由 (6.3.28) 直接推得. 定理证毕.

**定理 6.3.2**(刘文、王金亭 2002)　令 $S=\{t_1,\cdots,t_N\}$, 则

$$\lim_{n\to\infty}(1/\sigma_n)\sum_{k=2}^{n}Y_k\{g(X_k)-E[g(X_k)|X_1,\cdots,X_{k-1}]\}=0 \ \ \text{a.s. 于} \ D(\alpha), \tag{6.3.29}$$

其中 $D(\alpha)=\cap_{i=1}^{n}D(\alpha,t_i)$.

证 易知

$$g(X_k) = \sum_{i=1}^{n} g(t_i)\delta_{t_i}(X_k), \tag{6.3.30}$$

$$E[\delta_{t_i}(X_k)|X_1,\cdots,X_{k-1}] = p(t_i|X_1,\cdots,X_{k-1}),\ k \geq 2. \tag{6.3.31}$$

由 (6.3.8), (6.3.30) 与 (6.3.31), 得

$$\lim_{n\to\infty}(1/\sigma_n)\sum_{k=2}^{n}Y_k\{g(X_k)-E[g(X_k)|X_1,\cdots,X_{k-1}]\}$$

$$= \lim_{n\to\infty}(1/\sigma_n)\sum_{k=2}^{n}\sum_{i=1}^{N}Y_kg(t_i)[\delta_{t_i}(X_k)-p(t_i|X_1,\cdots,X_{k-1})]$$

$$= \sum_{i=1}^{N}g(t_i)\lim_{n\to\infty}(1/\sigma_n)\sum_{k=2}^{n}Y_k[\delta_{t_i}(X_k)-p(t_i|X_1,\cdots,X_{k-1})]$$

$$= 0 \ \ \text{a.s.} \ \text{于} \ D(\alpha), \tag{6.3.32}$$

即 (6.3.29) 成立.

在推论 6.3.1—6.3.5 中我们考虑简单的赌博模型, 其中对固定的 $t_i g$ 被取作 $\delta_{t_i}(j)(j \in S)$.

**推论 6.3.1** 令

$$S_n(t_i,\omega) = \sum_{k=1}^{n}Y_k\delta_{t_i}(X_k), \tag{6.3.33}$$

$$D_1(\alpha,t_i) = \left\{\omega : \sum_{k=2}^{\infty}Y_k{}^2\mathrm{e}^{\alpha|Y_k|}p(t_i|X_1,\cdots,X_{k-1}) = \infty\right\}, \tag{6.3.34}$$

其中 $\alpha$ 是任一正的常数, 则

$$\lim_{n\to\infty}\frac{S_n(t_i,\omega) - \sum_{k=2}^{n}Y_kp(t_i|X_1,\cdots,X_{k-1})}{\sum_{k=2}^{n}Y_k{}^2\mathrm{e}^{\alpha|Y_k|}p(t_i|X_1,\cdots,X_{k-1})}$$

$$\text{a.s.} \ \text{于} \ D_1(\alpha,t_i). \tag{6.3.35}$$

证 令

$$\sigma_n = \sum_{k=2}^{n}Y_k{}^2\mathrm{e}^{\alpha|Y_k|}p(t_i|X_1,\cdots,X_{k-1}),\ n \geq 2. \tag{6.3.36}$$

则

$$M(\omega) = 1,\ \omega \in D_1(\alpha,t_1) = D.$$

因此

$$D(\alpha, t_1) = D_1(\alpha, t_1). \tag{6.3.37}$$

由 (6.3.8) 与 (6.3.37) 即得 (6.3.33) 成立.

**推论 6.3.2**  设选择函数 $f_n(x_1, \cdots, x_n)(n = 1, 2, \cdots)$ 在区间 $[0, b]$ 上取值 (即 $f_n(x_1, \cdots, x_n)$ 是 $[0, b]$- 值选择函数), 令

$$D_2 = \left\{ \omega : \sum_{k=1}^{\infty} Y_k = \infty \right\}, \tag{6.3.38}$$

则

$$\lim_{n \to \infty} (1/\sum_{k=1}^{n} Y_k) \left[ S_n(t_i, \omega) - \sum_{k=2}^{n} Y_k p(t_i | X_1, \cdots, X_{k-1}) \right] = 0 \ \text{a.s. 于 } D_2. \tag{6.3.39}$$

**证**  令

$$\sigma_n = \sum_{k=1}^{n} Y_k, \tag{6.3.40}$$

且设 $0 \leq y_1 \leq b$, 则有

$$0 \leq Y_k \leq b, \ k \geq 1. \tag{6.3.41}$$

由 (6.3.40) 与 (6.3.41), 得

$$(1/\sigma_n) \sum_{k=2}^{n} Y_k{}^2 e^{\alpha Y_k} p(t_i | X_1, \cdots, X_{k-1}) \leq \frac{\displaystyle\sum_{k=2}^{n} Y_k{}^2 e^{\alpha Y_k}}{\displaystyle\sum_{k=1}^{n} Y_k} \leq b e^{ab} < \infty. \tag{6.3.42}$$

由 (6.3.40) 与 (6.3.42), 得

$$D(\alpha, t_1) = D = D_2. \tag{6.3.43}$$

由 (6.3.8) 与 (6.3.43) 即得 (6.3.39) 成立.

**注 6.3.2**  在上述赌博模型中, 如果事件 $\{X_n = t_i\}$ 发生, 则 $\mu_n = Y_n$. 如果事件 $\{X_n = t_i\}$ 不发生, 则 $\mu_n = 0$. 因此 $S_n(t_i, \omega)$ 和 $\sum_{k=1}^{n} Y_k$ 分别表示前 $n$ 次赌博中赌徒的累积赢利和累积赌注, 其中公平的意思是指当赌博次数趋于无穷时, 累积净赢利与累积赌注的比趋于 0. 由 (6.3.39) 与 (6.3.5), 我们断言如果赌徒在第 $k$ 次所付的入场费为 $Y_k p(t_i | X_1, \cdots, X_{k-1})(k \geq 2)$, 则赌博是公平的, 即任何策略都不能改变赌徒的运气.

**推论 6.3.3** 在推论 6.3.2 的假设下有

$$\lim_{n \to \infty} \frac{S_n(t_i, \omega)}{\displaystyle\sum_{k=2}^{n} Y_k p(t_i | X_1, \cdots, X_{k-1})} = 1 \quad \text{a.s. 于 } D_3(t_i), \tag{6.3.44}$$

其中

$$D_3(t_i) = \left\{ \omega : \sum_{k=2}^{\infty} Y_k p(t_i | X_1, \cdots, X_{k-1}) = \infty \right\}. \tag{6.3.45}$$

**证　令**

$$\sigma_n = \sum_{k=2}^{n} Y_k p(t_i | X_1, \cdots, X_{k-1}), \ n \geq 2, \tag{6.3.46}$$

则

$$(1/\sigma_n) \sum_{k=2}^{n} Y_k{}^2 e^{\alpha Y_k} p(t_i | X_1, \cdots, X_{k-1})$$

$$\leq \frac{b}{\displaystyle\sum_{k=2}^{n} Y_k p(t_i | X_1, \cdots, X_{k-1})} \sum_{k=2}^{n} Y_k e^{ab} p(t_i | X_1, \cdots, X_{k-1})$$

$$= b e^{ab} < \infty. \tag{6.3.47}$$

由 (6.3.46) 与 (6.3.47), 得

$$D(\alpha, t_i) = D = D_3(t_i). \tag{6.3.48}$$

由 (6.3.8) 与 (6.3.48), 得

$$\lim_{n \to \infty} \frac{1}{\displaystyle\sum_{k=2}^{n} Y_k p(t_i | X_1, \cdots, X_{k-1})} \sum_{k=2}^{n} Y_k [\delta_{t_i}(X_k) - p(t_i | X_1, \cdots, X_{k-1})] = 0$$

$$\text{a.s. 于 } D_3(t_i).$$

由此显然可得 (6.3.44) 成立.

**推论 6.3.4** 在推论 6.3.3 的假设下有

$$D_3(t_i) = D_4(t_i) \quad \text{a.s.}, \tag{6.3.49}$$

其中

$$D_4(t_i) = \left\{ \omega : \sum_{k=1}^{\infty} Y_k \delta_{t_i}(X_k) = \infty \right\}. \tag{6.3.50}$$

**证**   由推论 6.3.3 知

$$D_3(t_i) \subset D_4(t_i) \quad \text{a.s..} \tag{6.3.51}$$

下面我们来证明相反结论. 令 $\omega_0 \in A(1, t_i) \cap D'_3(t_i)$, 其中 $D'_3(t_i)$ 是 $D_3(t_i)$ 的补.
由 (6.3.17) 与 (6.3.19) 得

$$\lim_{n \to \infty} t_i(1, \omega_0) = \lim_{n \to \infty} \frac{\exp\left\{\sum_{k=1}^{n} Y_k(\omega_0) \delta_{t_i}(X_k(\omega_0))\right\}}{\prod_{k=2}^{n} [1 + (\mathrm{e}^{Y_k(\omega_0)} - 1) p(t_i | X_1(\omega_0), \cdots, X_{k-1}(\omega_0))]}$$

$$= \text{有限数.} \tag{6.3.52}$$

利用不等式 $e^x - 1 \le xe^x$, 得

$$0 \le \sum_{k=2}^{\infty} (\mathrm{e}^{Y_k(\omega_0)} - 1) p(t_i | X_1(\omega_0), \cdots, X_{k-1}(\omega_0))$$

$$\le Y_k(\omega_0) \mathrm{e}^b p(t_i | X_1(\omega_0), \cdots, X_{k-1}(\omega_0)) < \infty. \tag{6.3.53}$$

由 (6.3.53) 和无穷乘积收敛定理, 有

$$0 < \prod_{k=2}^{\infty} [1 + (\mathrm{e}^{Y_k(\omega_0)} - 1) p(t_i | X_1(\omega_0), \cdots, X_{k-1}(\omega_0))] < \infty. \tag{6.3.54}$$

由 (6.3.53) 与 (6.3.54), 得

$$\sum_{k=1}^{\infty} Y_k(\omega_0) \delta_{t_i}(X_k(\omega_0)) < \infty, \tag{6.3.55}$$

即 $\omega_0 \in D'_4(t_i)$. 因此 $A(1, t_i) \cap D'_3(t_i) \subset A(1, t_i) \cap D'_4(t_i)$, 即

$$A(1, t_i) \cap D_4(t_i) \subset A(1, t_i) \cap D_3(t_i). \tag{6.3.56}$$

由于 $P(A(1, t_i)) = 1$, 由 (6.3.56) 与 (6.3.51) 即得 (6.3.49) 成立.

下面推论是成功赌博系统不可能性的经典结论.

**推论 6.3.5**   令 $S = \{0, 1\}$, $\{X_n, n = \ge 1\}$ 是一列具有 Bernoulli 分布 $(1 - p, p)$
的独立同分布的随机变量, $\{Y_n, n = \ge 1\}$ 有界, 且

$$\sum_{k=1}^{\infty} Y_k = \infty \quad \text{a.s.,}$$

则

$$\lim_{n \to \infty} \frac{1}{\sum\limits_{k=1}^{n} Y_k} \sum_{k=1}^{n} Y_k X_k = p \quad \text{a.s.}.$$

**证**　取 $t_i = 1$, 并注意在此条件下 $p(t_i|X_1, \cdots, X_{k-1}) = p$, 由推论 6.3.3 直接可得 6.3.5 成立.

在下面推论中我们考虑一般赌博模型, 其中 $S = \{t_1, \cdots, t_N\}$, 第 $n$ 次试验的偿付为 $Y_n g(X_n)$, $g$ 是 $S$ 上的任意函数.

**推论 6.3.6**　令 $S = \{t_1, \cdots, t_N\}$. 设对任意的 $n \geq 1$ 有 $0 \leq f_n(x_1, \cdots, x_n) \leq b$, 则

$$\lim_{n \to \infty} \frac{1}{\sum\limits_{k=1}^{n} Y_k} \sum_{k=2}^{n} Y_k \{g(X_k) - E[g(X_k)|X_1, \cdots, X_{k-1}]\} = 0 \quad \text{a.s. } \text{于 } D_2. \qquad (6.3.57)$$

**证**　由 (6.3.43) 有 $D(\alpha) = D_2$, 因此由 (6.3.29) 直接可得 (6.3.57) 成立.

**注**　由 (6.3.57) 与 (6.3.5) 可知若赌徒在第 $k$ 次试验所付的入场费为 $Y_k E[g(X_k)|X_1, \cdots, X_{k-1}]$ $(k \geq 2)$, 则赌博是公平的.

**例 6.3.1**　设 $\{X_n, n = \geq 1\}$ 是非齐次马尔可夫链, 其状态空间为 $S = \{1, 2, \cdots, N\}$, 转移矩阵为

$$\boldsymbol{P}_n = (p_n(i,j)), \quad p_n(i,j) > 0, \ i,j \in S, \ n \geq 2.$$

其中 $p_n(i,j) = P(X_n = j|X_{n-1} = i)(n \geq 2)$. 设选择系统有界, 即对任意 $n \geq 1$ 有 $0 \leq f_n(x_1, \cdots, x_n) \leq b < \infty$, 则

$$\lim_{n \to \infty} \frac{1}{\sum\limits_{k=1}^{n} Y_k} \sum_{k=2}^{n} Y_k [X_k - E[X_k|X_{k-1}]] = 0 \quad \text{a.s. } \text{于 } D_2, \qquad (6.3.58)$$

对固定的 $i \in S$,

$$\lim_{n \to \infty} \frac{1}{\sum\limits_{k=1}^{n} Y_k} \sum_{k=2}^{n} Y_k [\delta_i(X_k) - p_k(X_{k-1}, i)] = 0 \quad \text{a.s. } \text{于 } D_2. \qquad (6.3.59)$$

**证**　取 $g(j) = j \ (j \in S)$, 并注意到 $E[X_k|X_1, \cdots, X_{k-1}] = E[X_k|X_{k-1}]$, (6.3.58) 可直接由 (6.3.57) 得到. 取 $g(j) = \delta_i(j) \ (j \in S)$, 并注意到 $E[\delta_i(X_k)|X_{k-1}] = p_k(X_{k-1}, i)$, (6.3.59) 也可直接由 (6.3.57) 得到.

**例 6.3.2** 设 $\{X_n, n = \geq 1\}$ 是齐次马尔可夫链, 其状态空间为 $S = \{1, 2\}$, 转移矩阵为

$$P = \begin{pmatrix} p_{11} & p_{12} \\ p_{21} & p_{22} \end{pmatrix}, p_{ij} > 0, \ p_{21} \geq p_{11},$$

且 $b$ 是一正数. 设根据赌博规则赌徒在第 $n+1$ 次试验的赢利为 $Y_{n+1}\delta_1(X_{n+1})$. 由于 $p_{21} \geq p_{11}$ 意味着条件概率 $P(X_{n+1} = 1 | X_n = 2)$ 大于条件概率 $P(X_{n+1} = 1 | X_n = 1)$, 则看起来若赌徒采用如下策略: 当 $X_n = 2$, 令 $Y_{n+1} = b$; 若 $X_n = 1$, 则跳过第 $n+1$ 次赌博, 即令

$$f_n(x_1, \cdots, x_n) = \begin{cases} 0 & \text{当 } x_n = 1, \\ b, & \text{当 } x_n = 2, \end{cases}$$

他会有机会赢, 但由推论 6.3.2 知这是不可能的. 事实上, 由上述推论可得, 对任意有界赌博系统 $\{Y_n, n \geq 1\}$, 有

$$\lim_{n \to \infty} \frac{1}{\sum_{k=1}^{n} Y_k} [S_n(1, \omega) - \sum_{k=2}^{n} Y_k p(1 | X_1, \cdots, X_{k-1})] \quad \text{a.s. 于 } D_2.$$

## §6.4  可列非齐次马尔可夫链赌博系统的强极限定理

在本节中我们将随机选择的概念推广到非齐次马氏链, 利用分析方法得到状态序偶出现的相对频率的一个强极限定理.

令 $\{X_n, n \geq 0\}$ 是状态空间为 $S = \{1, 2, 3, \cdots, \}$ 的非齐次马氏链, 其初始分布与转移概率分别为

$$q(1), q(2), \cdots, \tag{6.4.1}$$

$$P_n = (p_n(i, j)), \quad i, j \in S, \quad n = 1, 2, \cdots, \tag{6.4.2}$$

其中 $p_n(i, j) = P(X_n = j | X_{n-1} = i)$. 令 $f_0 = 1$ 并设

$$f_1(x_0, x_1), \ f_2(x_0, x_1, x_2), \cdots, f_n(x_0, \cdots, x_n), \cdots \tag{6.4.3}$$

是一列定义在 $S^{n+1}(n = 1, 2, \cdots)$ 上取值于 $\{0, 1\}$ 的函数. 并令

$$Y_0 = 1, \quad Y_n = f_n(X_0, \cdots, X_n), \quad n \geq 1. \tag{6.4.4}$$

假设

$$\sum_{n=0}^{\infty} Y_n = \infty \quad \text{a.s.}. \tag{6.4.5}$$

随机变量序列 $\{Y_n, n \geq 0\}$ 叫做一个随机选择系统. 考虑序偶序列

$$(X_0, X_1), (X_1, X_2), \cdots, (X_{n-1}, X_n). \tag{6.4.6}$$

根据 $Y_k (0 \leq k \leq n-1)$ 的取值, 选择 (6.4.6) 的一个子列: 当且仅当 $Y_k = 1$ 时选择 $(X_k, X_{k+1})$. 令 $k, j \in S$, $\sigma_n(k, j, \omega)$ 是序偶 $(k, j)$ 在 (6.4.6) 的选择子序列中的个数, 即,

$$\sigma_n(k, j, \omega) = \sum_{m=1}^{n} Y_{m-1} \delta_k(X_{m-1}) \delta_j(X_m), \tag{6.4.7}$$

其中 $\delta_i(\cdot)$ 是 Kronecker $\delta$ 函数, $\omega$ 是样本点, $X_n(\omega)$ 简记为 $X_n$, $Y_n(\omega)$ 简记为 $Y_n$.

**定理 6.4.1**(刘文、汪忠志 1996) $X_n, Y_n, \sigma_n$ 如上定义. 设 $g_n(x_0, \cdots, x_{n-1})(n \geq 1)$ 是取值于 $S^n$ 的一列非负实值函数, $\sigma_n(k, j, \omega)$ 由 (6.4.7) 定义, $D(k, j)$ 是 $\omega$ 满足下列条件的点的集合:

$$\lim_{n \to \infty} g_n(X_0, \cdots, X_{n-1}) = \infty, \tag{6.4.8}$$

$$\limsup_{n \to \infty} [1/g_n(X_0, \cdots, X_{n-1})] \sum_{m=1}^{n} Y_{m-1} \delta_k(X_{m-1}) p_m(k, j)$$
$$= M(k, j, \omega) < \infty, \tag{6.4.9}$$

则

$$\lim_{n \to \infty} [1/g_n(X_0, \cdots, X_{n-1})] \left[ \sigma_n(k, j, \omega) - \sum_{m=1}^{n} Y_{m-1} \delta_k(X_{m-1}) p_m(k, j) \right] = 0$$

$$\text{a.s. } 于 D(k, j). \tag{6.4.10}$$

**证** 本节在概率空间 $([0, 1), \mathcal{F}, P)$ 中考虑问题, 其中 $\mathcal{F}$ 是 $[0, 1)$ 中 Lebesgue 可测集的全体, $P$ 是 Lebesgue 测度. 在上述概率空间, 首先给出初始分布为 (6.4.1), 转移概率为 (6.4.2) 的马氏链的一种实现.

令

$$q(n_i), \quad i = 1, 2, 3, \cdots \tag{6.4.11}$$

是 (6.4.1) 的正数项, 其中 $1 \leq n_1 \leq n_2 \leq n_3 \leq \cdots$. 把 $[0, 1)$ 划分成可数 (包括有限) 个左闭右开的区间: $D_{x_0}$, $x_0 = n_1, n_2, n_3, \cdots$, 即

$$D_{n_1} = [0, q(n_1)), \quad D_{n_2} = [q(n_1), q(n_1) + q(n_2)), \cdots,$$

这些区间称为 0 阶 $D$ 区间. 一般地, 假设 $D_{x_0 \cdots x_n}$ 是一个 $n$ 阶 $D$ 区间, 转移矩阵 $P_{n+1}$ 中第 $x_n$ 行的正项为

$$p_{n+1}(x_n, m_i), \quad i = 1, 2, 3, \cdots, \tag{6.4.12}$$

此时 $1 \leq m_1 < m_2 < m_3 < \cdots$. 按比例

$$p_{n+1}(x_n, m_1) : p_{n+1}(x_n, m_2) : p_{n+1}(x_n, m_3) : \cdots,$$

将 $D_{x_0 \cdots x_n}$ 划分成可列个左闭右开区间 $D_{x_0 \cdots x_n x_{n+1}}(x_{n+1} = m_i, i = 1, 2, 3, \cdots)$, 这样就得到了 $n+1$ 阶 $D$ 区间. 根据以上构造显然有

$$P(D_{x_0 \cdots x_n}) = q(x_0) \sum_{m=1}^{n} p_m(x_{m-1}, x_m). \tag{6.4.13}$$

当 $n \geq 0$ 时, 定义随机变量 $X_n : [0, 1) \to S$ 如下:

$$X_n(\omega) = x_n \quad \text{如果} \omega \in D_{x_0 \cdots x_n}. \tag{6.4.14}$$

由 (6.4.13) 和 (6.4.14), 有

$$P(X_0 = x_0, \cdots, X_n = x_n) = P(D_{x_0 \cdots x_n})$$

$$= P(D_{x_0}) \sum_{m=1}^{n} \sum_{t \in S} \sum_{i \in S} [p_m(i, t)]^{\delta_i(x_{m-1}) \delta_t(x_m)}, \tag{6.4.15}$$

故 $\{X_n, n \geq 0\}$ 构成一马氏链, 起初始分布和转移概率分别为 (6.4.1) 和 (6.4.2). 显然 $Y_n$ 在每一个 $n$ 阶 $D$ 区间上都是常数. 我们将使用上述实现来证明定理.

为了证明的需要, 首先构造一个辅助函数. 令 $\lambda > 0$ 是一个常数. 定义一列随机变量 $r_n(i, t, \omega)$ $(i, t \in S, n = 1, 2, \cdots)$ 如下: 令 $\omega \in D_{x_0 \cdots x_{n-1}}$.

1) 如果 $Y_{n-1}(\omega) = 1$, 并且 $x_{n-1} = k$, 令

$$r_n(k, j, \omega) = \frac{\lambda p_n(k, j)}{1 + (\lambda - 1) p_n(k, j)}, \tag{6.4.16}$$

$$r_n(k, t, \omega) = \frac{[1 - r_n(k, j, \omega)] p_n(k, t)}{1 - p_n(k, j)}, \quad t \neq j. \tag{6.4.17}$$

在这种情况下有

$$\frac{r_n(k, j, \omega)[1 - p_n(k, j)]}{p_n(k, j)[1 - r_n(k, j, \omega)]} = \lambda, \tag{6.4.18}$$

$$\frac{1 - r_n(k, j, \omega)}{1 - p_n(k, j)} = \frac{1}{1 + (\lambda - 1) p_n(k, j)}. \tag{6.4.19}$$

2) 如果 $Y_{n-1}(\omega) = 0$ 或者 $x_{n-1} \neq k$, 令

$$r_n(i, t, \omega) = p_n(i, t), \quad i, t \in S. \tag{6.4.20}$$

容易看出在每一个 $n-1$ 阶 $D$ 区间上，$r_n(i,t,\omega)$ 都是一个常数. 显然，$r_n(i,j) > 0$ 当且仅当 $p_n(i,j) > 0$, 且对每个 $\omega \in (0,1)$,

$$R_n(\omega) = (r_n(i,t,\omega)), \quad n = 1,2,\cdots$$

是一个随机矩阵. 类似地，我们可以按下述方法逐次划分 $[0,1)$ 构造 $\Delta$ 区间：令 $\Delta_{x_0} = D_{x_0}(x_0 = n_1, n_2, n_3, \cdots)$，这些区间称为 0 阶 $\Delta$ 区间. 一般地，假设 $\Delta_{x_0 \cdots x_n}$ 是一个 $n$ 阶 $\Delta$ 区间，按矩阵 $R_{n+1}(\omega)(\omega \in D_{x_0 \cdots x_n})$ 中第 $x_n$ 行正元素的比例把 $\Delta_{x_0 \cdots x_n}$ 划分成可数个左闭右开区间，这样就得到了 $\Delta_{x_0 \cdots x_n x_{n+1}}$ 区间. 容易看出

$$P(\Delta_{x_0 \cdots x_n}) = P(\Delta_{x_0}) \sum_{m=1}^{n} r_m(x_{m-1}, x_m, \omega)$$

$$= P(D_{x_0}) \sum_{m=1}^{n} \sum_{t \in S} \sum_{i \in S} [p_m(i,t,\omega)]^{\delta_i(x_{m-1})\delta_t(x_m)}, \quad \omega \in D_{x_0 \cdots x_n}. \tag{6.4.21}$$

令 $D_{x_0 \cdots x_n}^-, D_{x_0 \cdots x_n}^+$ 分别表示 $D_{x_0 \cdots x_n}$ 的左、右端点. 类似定义 $\Delta_{x_0 \cdots x_n}^-, \Delta_{x_0 \cdots x_n}^+$. 令 $Q$ 是所有阶 D 区间端点的集和. 定义函数 $h_\lambda : [0,1] \to [0,1]$ 如下：

$$h_\lambda(D_{x_0 \cdots x_n}^-) = \Delta_{x_0 \cdots x_n}^+, \quad h_\lambda(D_{x_0 \cdots x_n}^+) = \Delta_{x_0 \cdots x_n}^+,$$

$$h_\lambda(\omega) = \sup\{h_\lambda(t),\ t < \omega,\ t \in Q\}, \quad \omega \in [0,1] - Q.$$

显然，$h_\lambda$ 在 $[0,1]$ 上是递增的，并且

$$h_\lambda(D_{x_0 \cdots x_n}^+) - h_\lambda(D_{x_0 \cdots x_n}^-) = P(\Delta_{x_0 \cdots x_n}). \tag{6.4.22}$$

令

$$t_n(\lambda, \omega) = \frac{h_\lambda(D_{x_0 \cdots x_n}^+) - h_\lambda(D_{x_0 \cdots x_n}^-)}{D_{x_0 \cdots x_n}^+ - D_{x_0 \cdots x_n}^-}$$

$$= \frac{P(\Delta_{x_0 \cdots x_n})}{P(D_{x_0 \cdots x_n})}, \quad \omega \in D_{x_0 \cdots x_n}. \tag{6.4.23}$$

令 $A(\lambda, k, j)$ 是 $h_\lambda$ 的所有可微点的集和. 利用单调函数导数存在定理可知，$P(A(\lambda, k, j)) = 1$. 令 $\omega \in A(\lambda, k, j)$, $\omega \in D_{x_0 \cdots x_n}(n = 0, 1, 2, \cdots)$. 如果 $\lim_{n \to \infty} P(D_{x_0 \cdots x_n}) = 0$, 那么

$$\lim_{n \to \infty} t_n(\lambda, \omega) = h_\lambda{}'(\omega) < \infty; \tag{6.4.24}$$

如果 $\lim_{n \to \infty} P(D_{x_0 \cdots x_n}) > 0$, 那么

$$\lim_{n \to \infty} t_n(\lambda, \omega) = \lim_{n \to \infty} P(\Delta_{x_0 \cdots x_n}) / \lim_{n \to \infty} P(D_{x_0 \cdots x_n}) < \infty. \tag{6.4.25}$$

由 (6.4.24) 和 (6.4.25), 有

$$\lim_{n\to\infty} t_n(\lambda,\omega) = \text{有限数}, \quad \omega \in A(\lambda,k,j). \tag{6.4.26}$$

将 $g_n(X_0,\cdots,X_{n-1})$ 简记为 $g_n$. 由 (6.4.26) 和 (6.4.8) 可得

$$\limsup_{n\to\infty}(1/g_n)\ln t_n(\lambda,\omega) \le 0, \quad \omega \in A(\lambda,k,j) \cap D(k,j). \tag{6.4.27}$$

令 $\omega \in D_{x_0\cdots x_n}$. 由 (6.4.15)—(6.4.21) 和 (6.4.23) 可得

$$\begin{aligned}
t_n(\lambda,\omega) &= \prod_{m=1}^{n}\prod_{t\in S}\prod_{i\in S}\left[\frac{r_m(i,t,\omega)}{p_m(i,t)}\right]^{\delta_i(x_{m-1})\delta_t(x_m)} \\
&= \prod_{m=1}^{n}\prod_{t\in S}\left[\frac{r_m(k,t,\omega)}{p_m(k,t)}\right]^{\delta_k(x_{m-1})\delta_t(x_m)} \\
&= \prod_{m=1}^{n}\prod_{t\in S}\left[\frac{r_m(k,t,\omega)}{p_m(k,t)}\right]^{\delta_k(x_{m-1})\delta_t(x_m)Y_{m-1}} \\
&= \prod_{m=1}^{n}\left[\left(\frac{r_m(k,j,\omega)}{p_m(k,j)}\right)^{\delta_j(x_m)}\right. \\
&\quad\left.\cdot\left(\frac{1-r_m(k,j,\omega)}{1-p_m(k,j)}\right)^{1-\delta_j(x_m)}\right]^{\delta_k(x_{m-1})Y_{m-1}} \\
&= \prod_{m=1}^{n}\left[\frac{r_m(k,j,\omega)(1-p_m(k,j))}{p_m(k,j)(1-r_m(k,j,\omega))}\right]^{Y_{m-1}\delta_k(x_{m-1})\delta_j(x_m)} \\
&\quad\cdot\prod_{m=1}^{n}\left[\frac{1-r_m(k,j,\omega)}{1-p_m(k,j)}\right]^{Y_{m-1}\delta_k(x_{m-1})} \\
&= \lambda^{\sum_{m=1}^{n}Y_{m-1}\delta_k(x_{m-1})\delta_j(x_m)} \\
&\quad\cdot\prod_{m=1}^{n}\left[\frac{1}{1+(\lambda-1)p_m(k,j)}\right]^{Y_{m-1}\delta_k(x_{m-1})}. \tag{6.4.28}
\end{aligned}$$

由 (6.4.28), (6.4.14) 和 (6.4.7), 对所有的 $\omega \in [0,1)$, 有

$$\ln t_n(\lambda,\omega) = \sigma_n(k,j,\omega)\ln\lambda - \sum_{m=1}^{n}Y_{m-1}\delta_k(X_{m-1})\ln[1+(\lambda-1)p_m(k,j)]. \tag{6.4.29}$$

(6.4.27) 和 (6.4.29) 蕴涵

$$\limsup_{n\to\infty}(1/g_n) = [\sigma_n(k,j,\omega)\ln\lambda - \sum_{m=1}^{n}Y_{m-1}\delta_k(X_{m-1})$$

$$\cdot\ln[1+(\lambda-1)p_m(k,j)] \le 0, \quad \omega \in A(\lambda,k,j)\cap D(k,j). \tag{6.4.30}$$

当 $\lambda > 1$ 时，(6.4.30) 两边同除以 $\ln\lambda$, 有

$$\limsup_{n\to\infty}(1/g_n) = \left\{\sigma_n(k,j,\omega) - \sum_{m=1}^{n}Y_{m-1}\delta_k(X_{m-1})(1/\ln\lambda)\right.$$

$$\left.\cdot\ln[1+(\lambda-1)p_m(k,j)]\right\} \le 0, \quad \omega \in A(\lambda,k,j)\cap D(k,j). \quad (6.4.31)$$

由上极限的性质

$$\limsup_{n\to\infty}(a_n-b_n) \le 0 \Longrightarrow \limsup_{n\to\infty}(a_n-c_n) \le \limsup_{n\to\infty}(b_n-c_n)$$

和不等式 $0 \le \ln(1+\omega) \le \omega(\omega\ge 0)$, 由 (6.4.31) 和 (6.4.9), 有

$$\limsup_{n\to\infty}(1/g_n) = \left[\sigma_n(k,j,\omega) - \sum_{m=1}^{n}Y_{m-1}\delta_k(X_{m-1})p_m(k,j)\right]$$

$$\le \limsup_{n\to\infty}(1/g_n)\sum_{m=1}^{n}Y_{m-1}\delta_k(X_{m-1})$$

$$\cdot[(1/\ln\lambda)\ln(1+(\lambda-1)p_m(k,j)) - p_m(k,j)]$$

$$\le \limsup_{n\to\infty}(1/g_n)\sum_{m=1}^{n}Y_{m-1}\delta_k(X_{m-1})p_m(k,j)[(\lambda-1)/\ln\lambda - 1]$$

$$\le [(\lambda-1)/\ln\lambda - 1]M(k,j,\omega), \quad \omega \in A(\lambda,k,j)\cap D(k,j). \quad (6.4.32)$$

取 $\lambda_i > 1(i=1,2,\cdots)$, 使 $\lambda_i \to 1(i\to\infty)$, 并令 $A^*(k,j)=\cap_{i=1}^{\infty}A(\lambda_i,k,j)$, 则对一切 $i\ge 1$, 由 (6.4.32), 有

$$\limsup_{n\to\infty}(1/g_n) = \left[\sigma_n(k,j,\omega) - \sum_{m=1}^{n}Y_{m-1}\delta_k(X_{m-1})p_m(k,j)\right]$$

$$\le [(\lambda_i-1)/\ln\lambda_i - 1]M(k,j,\omega), \quad \omega \in A^*(k,j)\cap D(k,j). \quad (6.4.33)$$

由于 $[(\lambda_i-1)/\ln\lambda_i - 1]\to 0(i\to\infty)$, 故由 (6.4.33), 有

$$\limsup_{n\to\infty}(1/g_n)\left[\sigma_n(k,j,\omega) - \sum_{m=1}^{n}Y_{m-1}\delta_k(X_{m-1})p_m(k,j)\right] \le 0,$$

$$\omega \in A^*(k,j)\cap D(k,j). \quad (6.4.34)$$

当 $0 < \ln\lambda < 1$ 时，(6.4.30) 两边同除以 $\ln\lambda$, 有

$$\liminf_{n\to\infty}(1/g_n) = \left\{\sigma_n(k,j,\omega) - \sum_{m=1}^{n}Y_{m-1}\delta_k(X_{m-1})(1/\ln\lambda)\right.$$

$$\left.\cdot \ln[1 + (\lambda - 1)p_m(k,j)]\right\} \geq 0, \quad \omega \in A(\lambda, k, j) \cap D(k, j). \quad (6.4.35)$$

由下极限的性质

$$\liminf_{n \to \infty}(a_n - b_n) \geq 0 \Longrightarrow \liminf_{n \to \infty}(a_n - c_n) \geq \liminf_{n \to \infty}(b_n - c_n)$$

和不等式 $\ln(1 + \omega) \leq \omega(-1 < \omega \leq 0)$, 由 (6.4.35) 和 (6.4.9), 有

$$\liminf_{n \to \infty}(1/g_n) = \left[\sigma_n(k, j, \omega) - \sum_{m=1}^{n} Y_{m-1}\delta_k(X_{m-1})p_m(k, j)\right]$$

$$\geq \liminf_{n \to \infty}(1/g_n)\sum_{m=1}^{n} Y_{m-1}\delta_k(X_{m-1})$$

$$\cdot[(1/\ln\lambda)\ln(1 + (\lambda - 1)p_m(k, j)) - p_m(k, j)]$$

$$\geq \liminf_{n \to \infty}(1/g_n)\sum_{m=1}^{n} Y_{m-1}\delta_k(X_{m-1})p_m(k, j)[(\lambda - 1)/\ln\lambda - 1]$$

$$= [(\lambda - 1)/\ln\lambda - 1]\limsup_{n \to \infty}(1/g_n)\sum_{m=1}^{n} Y_{m-1}\delta_k(X_{m-1})p_m(k, j)$$

$$\geq [(\lambda - 1)/\ln\lambda - 1]M(k, j, \omega), \quad \omega \in A(\lambda, k, j) \cap D(k, j). \quad (6.4.36)$$

取 $0 < \tau_i < 1(i = 1, 2, \cdots)$, 使 $\tau_i \to 1(i \to \infty)$, 并令 $A^*(k, j) = \cap_{i=1}^{\infty}A(\tau_i, k, j)$, 仿照 (6.4.34), 由 (6.4.36) 可证

$$\liminf_{n \to \infty}(1/g_n)\left[\sigma_n(k, j, \omega) - \sum_{m=1}^{n} Y_{m-1}\delta_k(X_{m-1})p_m(k, j)\right] \geq 0,$$

$$\omega \in A_*(k, j) \cap D(k, j). \quad (6.4.37)$$

由 (6.4.34) 和 (6.4.37), 可得

$$\lim_{n \to \infty}(1/g_n) = \left[\sigma_n(k, j, \omega) - \sum_{m=1}^{n} Y_{m-1}\delta_k(X_{m-1})p_m(k, j)\right] = 0,$$

$$\omega \in A^*(k, j) \cap A_*(k, j) \cap D(k, j). \quad (6.4.38)$$

因为 $P(A^*(k, j) \cap A_*(k, j)) = 1$, 由 (6.4.38) 可得 (6.4.10). 定理证毕.

考虑序列

$$X_0, X_1, \cdots, X_{n-1}. \quad (6.4.39)$$

根据 $Y_k(0 \leq k \leq n - 1)$ 的取值, 选择 (6.4.39) 的一个子列: 当且仅当 $Y_k = 1$ 时选择 $X_k$. 令 $k \in S, \sigma_n(k, \omega)$ 是 $k$ 在 (6.4.39) 的选择子序列中的个数, 即,

$$\sigma_n(k, \omega) = \sum_{m=1}^{n} Y_{m-1}\delta_k(X_{m-1}). \quad (6.4.40)$$

**推论 6.4.1**　令

$$D(k) = \{\omega : \lim_{n \to \infty} \sigma_n(k, \omega) = \infty\},\tag{6.4.41}$$

那么

$$\lim_{n \to \infty} (1/\sigma_n(k, \omega)) \left[ \sigma_n(k, j, \omega) - \sum_{m=1}^{n} Y_{m-1} \delta_k(X_{m-1}) p_m(k, j) \right] = 0,$$

$$\text{a.s. 于 } D(k).\tag{6.4.42}$$

**证**　令

$$g_n(x_0, \cdots, x_{n-1}) = \sum_{m=1}^{n} f_{m-1}(x_0, \cdots, x_{n-1}) \delta_k(x_{m-1}).$$

那么

$$g_n(X_0, \cdots, X_{n-1}) = \sum_{m=1}^{n} Y_{m-1} \delta_k(X_{m-1}) = \sigma_n(k, \omega)\tag{6.4.43}$$

和

$$[l/g_n(X_0, \cdots, X_{n-1})] \sum_{m=1}^{n} Y_{m-1} \delta_k(X_{m-1}) p_m(k, j) \le 1.\tag{6.4.44}$$

因此 $D(k) = D(k, j)$，由 (6.4.43) 和 (6.4.44)，可得 (6.4.42).

**推论 6.4.2**　如果

$$p_n(k, j) = p(k, j), \quad n = 1, 2, \cdots,\tag{6.4.45}$$

那么

$$\lim_{n \to \infty} [\sigma_n(k, j, \omega) / \sigma_n(k, \omega)] = p(k, j) \text{ a.s. 于 } D(k).\tag{6.4.46}$$

**证**　由 (6.4.45) 可得

$$[l/\sigma_n(k, \omega)] \sum_{m=1}^{n} Y_{m-1} \delta_k(X_{m-1}) p_m(k, j) = p(k, j).\tag{6.4.47}$$

当 $\sigma_n(k, \omega) > 0$ 时，(6.4.47) 和 (6.4.42) 蕴含 (6.4.46).

取 $f_n = 1$，马氏链状态序偶出现的相对频率的强极限定理就是上述推论的一个特殊情况，即我们有如下的推论.

**推论 6.4.3**　令 $S_n(k, \omega)$ 是 (6.4.39) 中 $k$ 的个数，$S_n(k, j, \omega)$ 是 (6.4.6) 中序偶 $(k, j)$ 的个数，即

$$S_n(k, \omega) = \sum_{m=1}^{n} \delta_k(X_{m-1}),\tag{6.4.48}$$

$$S_n(k,j,\omega) = \sum_{m=1}^{n} \delta_k(X_{m-1})\delta_j(X_m). \tag{6.4.49}$$

则由条件 (6.4.15), 有

$$\lim_{n\to\infty}[S_n(k,j,\omega)/S_n(k,\omega)] = p(k,j) \text{ a.s. } \exists D(k). \tag{6.4.50}$$

**证** 令 $f_n(x_0,\cdots,x_n) \equiv 1$. 那么 $Y_n \equiv 1$, 并且 $S_n(k,\omega) = \sigma_n(k,\omega)$, $S_n(k,j,\omega) = \sigma_n(k,j,\omega)$. 此二式和 (6.4.46) 蕴涵 (6.4.50).

**推论 6.4.4** 令

$$D^*(k,j) = \big\{\omega : \sum_{m=1}^{\infty} Y_{m-1}\delta_k(X_{m-1})p_m(k,j) = \infty\big\}, \tag{6.4.51}$$

那么

$$\lim_{n\to\infty}\big[\sigma_n(k,j,\omega)/\sum_{m=1}^{n} Y_{m-1}\delta_k(X_{m-1})p_m(k,j)\big] = 1,$$
$$\text{a.s. } \exists D^*(k,j). \tag{6.4.52}$$

## §6.5 二值赌博系统的强偏差定理

在 §6.1 中我们通过似然比的概念, 讨论了二值赌博系统的强极限定理. 本节中我们将有关讨论推广到强偏差定理的情况.

设 $\{X_n, n \geq 1\}$ 是在 $S = \{0,1\}$ 中取值的随机变量序列, 其联合分布为

$$P(X_1 = x_1, \cdots, X_n = x_n) = p(x_1,\cdots,x_n) > 0,$$
$$x_i \in S, 1 \leq i \leq n, \ n = 1,2,\cdots. \tag{6.5.1}$$

则 $\{X_n, n \geq 1\}$ 是以 $p\,(0 < p < 1)$ 为参数的 Bernoulli 序列的充要条件是

$$p(x_1,\cdots,x_n) = \prod_{i=1}^{n} p^{x_i}(1-p)^{1-x_i}, \ x_i \in S, \ n = 1,2,\cdots. \tag{6.5.2}$$

为了表征 $\{X_i, 1 \leq i \leq n\}$ 相依的一般情况和以 $p\,(0 < p < 1)$ 为参数的 Bernoulli 序列之间的偏差, 引进如下的似然比:

$$r_n(\omega) = \frac{\prod_{i=1}^{n} p^{x_i}(1-p)^{1-x_i}}{p(x_1,\cdots,x_n)}, \quad \omega \in \{X_1 = x_1,\cdots,X_n = x_n\}. \tag{6.5.3}$$

在考虑二值随机变量序列 $\{X_n, n \geq 1\}$ 的无规则性时, 预先指定函数序列

$$f_1(x_1), f_2(x_1,x_2),\cdots,f_n(x_1,\cdots,x_n),\cdots, \tag{6.5.4}$$

其中 $f_n(n = 1, 2, \cdots)$ 是定义在 $S^n$ 上取值于 $\{0,1\}$ 的函数, 这种序列叫做选择函数序列. 令

$$Y_1 \equiv 1, \tag{6.5.5}$$

$$Y_{n+1} = f_n(X_1, X_2, \cdots, X_n), \tag{6.5.6}$$

根据 $\{Y_n\}$ 选择 $\{X_n\}$ 的一个子列, 取 $\{X_n\}$ 与否按 $\{Y_n\}$ 的值是 1 或 0 而定, 令决定 $\{X_1\}$ 取舍的 $\{Y_1\}$ 恒等于 1. 于是得到的 $\{X_n\}$ 的子序列, 其各项的选择依赖于过去的结果而定, 选择了这种子序列之后, 到 $n$ 时刻为止, 1 出现的相对频率为

$$\sum_{i=1}^{n} Y_i X_i / \sum_{i=1}^{n} Y_i.$$

本节要讨论的问题就是考虑当 $n \to \infty$ 时这个相对频率的极限性质.

**引理 6.5.1** 设 $0 < p < 1$,

$$g(x) = (\frac{p}{x})^x (\frac{1-p}{1-x})^{1-x}, \quad 0 < x < 1,$$

$$g(0) = \lim_{x \to 0^+} g(x) = 1 - p; \quad g(1) = \lim_{x \to 1-0} g(x) = p, \tag{6.5.7}$$

则 $g(x)$ 在区间 $[0, p]$ 上递增, 在区间 $[p, 1]$ 上递减, 且方程

$$(\frac{p}{x})^x (\frac{1-p}{1-x})^{1-x} = c, \tag{6.5.8}$$

当 $1 - p \le c \le 1$ 时, 在区间 $[0, p]$ 中有惟一解 $\alpha(c)$; 当 $p \le c \le 1$ 时, 在区间 $[p, 1]$ 中有惟一解 $\beta(c)$.

**证** 由对数求导法有

$$g'(x) = g(x) \ln \frac{p(1-x)}{x(1-p)}, \quad 0 < x < 1. \tag{6.5.9}$$

令 $g'(x) = 0$, 得 $x = p$. 由于当 $0 < x < p$ 时, $g'(x) > 0$; 当 $p < x < 1$ 时, $g'(x) < 0$, 又 $g(x)$ 在 $[0,1]$ 上的最大值为 $g(p) = 1$, 故引理 6.5.1 成立.

**定理 6.5.1**(刘文、汪忠志 1994) 设 $\{X_n, n \ge 1\}$ 是具有分布 (6.5.1) 的二值随机变量序列, $r_n(\omega)$ 与 $\{Y_n, n \ge 1\}$ 如前定义, $c \ge 0$ 为常数. 令

$$D(c) = \left\{ \omega : \liminf_{n \to \infty} [r_n(\omega)]^{1 / \sum\limits_{i=1}^{n} Y_i} \ge c, \sum_{i=1}^{n} Y_i = \infty \right\}. \tag{6.5.10}$$

则当 $1 - p \le c \le 1$ 时,

$$\liminf_{n \to \infty} \frac{\sum\limits_{i=1}^{n} X_i Y_i}{\sum\limits_{i=1}^{n} Y_i} \ge \alpha(c) \quad \text{a.s. } \mathcal{F} D(c), \tag{6.5.11}$$

其中 $\alpha(c)$ 是方程 (6.5.8) 在区间 $[0,p]$ 中的惟一解；当 $p \leq c \leq 1$ 时，

$$\limsup_{n\to\infty} \frac{\sum\limits_{i=1}^{n} X_i Y_i}{\sum\limits_{i=1}^{n} Y_i} \leq \beta(c) \quad \text{a.s.} \quad \text{于} D(c), \tag{6.5.12}$$

其中 $\beta(c)$ 是方程 (6.5.8) 在区间 $[p,1]$ 中的惟一解.

**注 6.5.1** $D(c)$ 中的条件

$$\sum_{i=1}^{\infty} Y_i = \infty \tag{6.5.13}$$

意味着在无穷次试验中选取的次数也是无穷的. 这个条件是考虑 (6.5.10) 与 (6.5.11) 中的极限时的当然要求.

**证** 本节中以 $([0,1), \mathcal{F}, P)$ 为所考虑的概率空间，其中 $\mathcal{F}$ 为 $[0,1)$ 区间的 Lebesgue 可测集， $P$ 为 Lebesgue 测度. 首先给出具有分布 (6.5.1) 的随机变量在此概率空间的一种实现.

将区间 $[0,1)$ 分成两个左闭右开区间 $D_0 = [0, p(0))$ 与 $D_1 = [p(0), 1)$，并称它们为 1 阶区间. 设 $2^n$ 个 $n$ 阶 $D$ 区间 $\{D_{x_1 \cdots x_n}, x_i \in S, 1 \leq i \leq n\}$ 已经定义，根据比例 $p(x_1, \cdots, x_n, 0) : p(x_1, \cdots, x_n, 1)$ 将区间 $D_{x_1 \cdots x_n}$ 分成两个左开右闭区间 $D_{x_1 \cdots x_n 0}$ 与 $D_{x_1 \cdots x_n 1}$，这样就得到 $n+1$ 阶 $D$ 区间. 由归纳法知，对任意 $n \geq 1$，有

$$P(D_{x_1 \cdots x_n}) = p(x_1, \cdots, x_n). \tag{6.5.14}$$

对任意 $n \geq 1$，定义随机变量 $X_n : [0,1) \to S$ 如下：

$$X_n(\omega) = x_n, \quad \text{当} \quad \omega \in D_{x_1 \cdots x_n} \tag{6.5.15}$$

($X_n(\omega)$简记为$X_n$). 由 (6.5.14) 与 (6.5.15)，得

$$P(X_1 = x_1, \cdots, X_n = x_n) = P(D_{x_1 \cdots x_n}) = p(x_1, \cdots, x_n). \tag{6.5.16}$$

因此 $\{X_n, n \geq 1\}$ 具有分布 (6.5.1).

以下我们就按上述实现来证明定理. 首先构造一个辅助函数. 设 $0 < \lambda \leq 1$ 为一给定的实数， $Y_n(n \geq 1)$ 由 (6.5.5) 与 (6.5.6) 定义，令

$$\lambda_n = \lambda^{Y_n} p^{1-Y_n}. \tag{6.5.17}$$

设一切阶区间 ($[0,1)$ 称为零阶区间) 的全体为 $\mathcal{A}$，在 $\mathcal{A}$ 上定义集函数 $\mu$ 如下：令 $\mu([0,1)) = 1$. 设 $D_{x_1 \cdots x_n}$ 是 $n$ 阶区间，令

$$\mu(D_{x_1 \cdots x_n}) = \prod_{i=1}^{n} \lambda_i^{x_i} (1 - \lambda_i)^{1-x_i}, \quad \omega \in D_{x_1 \cdots x_n}. \tag{6.5.18}$$

注意到在每个 $n-1$ 阶区间 $\lambda_n$ 上取常值, 可知 $\mu$ 是 $\mathcal{A}$ 上的可加集函数. 由此知存在定义在区间 $[0,1)$ 的增函数 $f_\lambda$, 使 $\forall D_{x_1\cdots x_n}$ 有

$$\mu(D_{x_1\cdots x_n}) = f_\lambda(D_{x_1\cdots x_n}^+) - f_\lambda(D_{x_1\cdots x_n}^-), \tag{6.5.19}$$

其中 $D_{x_1\cdots x_n}^-$ 与 $D_{x_1\cdots x_n}^+$ 分别表示 $D_{x_1\cdots x_n}$ 的左、右端点. 令

$$t_n(\lambda,\omega) = \frac{f_\lambda(D_{x_1\cdots x_n}^+) - f_\lambda(D_{x_1\cdots x_n}^-)}{D_{x_1\cdots x_n}^+ - D_{x_1\cdots x_n}^-}, \quad \omega \in D_{x_1\cdots x_n}. \tag{6.5.20}$$

设 $k_\lambda$ 的可微点的集合为 $A(\lambda)$, 则由单调函数可微性定理有 $P(A(\lambda)) = 1$. 设 $\omega \in A(\lambda), D_{x_1\cdots x_n}$ 是包含 $\omega$ 的 $n$ 阶全体, 则当 $\lim\limits_{n\to\infty} P(D_{x_1\cdots x_n}) = 0$ 时, 由 (6.5.20), 有

$$\lim_{n\to\infty} t_n(\lambda,\omega) = f_\lambda'(\omega) < +\infty. \tag{6.5.21}$$

当 $\lim\limits_{n\to\infty} P(D_{x_1\cdots x_n}) > 0$ 时, 由 (6.5.20), 有

$$\lim_{n\to\infty} t_n(\lambda,\omega) = \lim_{n\to\infty} \frac{\mu(D_{x_1\cdots x_n})}{P(D_{x_1\cdots x_n})} < +\infty. \tag{6.5.22}$$

由 (6.5.21) 与 (6.5.22), 得

$$\lim_{n\to\infty} t_n(\lambda,\omega) = \text{有限数}, \quad \omega \in A(\lambda). \tag{6.5.23}$$

由 (6.5.20), (6.5.16), (6.5.18), (6.5.3) 和 (6.5.15), 得

$$t_n(\lambda,\omega) = \prod_{i=1}^n \left(\frac{\lambda_i}{p}\right)^{x_i} \left(\frac{1-\lambda_i}{1-p}\right)^{1-x_i} r_n(\omega), \quad \omega \in D_{x_1\cdots x_n}, \tag{6.5.24}$$

或

$$t_n(\lambda,\omega) = \prod_{i=1}^n \left(\frac{\lambda_i}{p}\right)^{X_i} \left(\frac{1-\lambda_i}{1-p}\right)^{1-X_i} r_n(\omega), \quad \omega \in [0,1). \tag{6.5.25}$$

由 (6.5.25) 和 (6.5.17), 得

$$\begin{aligned} t_n(\lambda,\omega) &= \prod_{i=1}^n \left(\frac{\lambda}{p}\right)^{X_iY_i} \prod_{i=1}^n \left(\frac{1-\lambda}{1-p}\right)^{(1-X_i)Y_i} \cdot r_n(\omega) \\ &= \left(\frac{\lambda}{p}\right)^{\sum_{i=1}^n X_iY_i} \left(\frac{1-\lambda}{1-p}\right)^{\sum_{i=1}^n (1-X_i)Y_i} \cdot r_n(\omega), \quad \omega \in [0,1). \end{aligned} \tag{6.5.26}$$

由 (6.5.23), (6.5.26) 与 (6.5.10), 得

$$\limsup_{n\to\infty} \left(\frac{\lambda}{p}\right)^{\sum_{i=1}^n X_iY_i / \sum_{i=1}^n Y_i} \left(\frac{1-\lambda}{1-p}\right)^{1-\sum_{i=1}^n X_iY_i / \sum_{i=1}^n Y_i} \cdot r_n(\omega)$$

$$\leq 1/\liminf_{n\to\infty}[Y_n(\omega)]^{1/\sum\limits_{i=1}^{n}Y_i} \leq \frac{1}{c}, \quad \omega \in A(\lambda) \cap D(c). \tag{6.5.27}$$

当 $\lambda \neq 1$ 时, 由 (6.5.27) 得

$$\limsup_{n\to\infty}\left[\frac{\lambda(1-p)}{p(1-\lambda)}\right]^{[\sum\limits_{i=1}^{n}Y_iX_i]/\sum\limits_{i=1}^{n}Y_i} \leq \frac{1-p}{(1-\lambda)c}, \quad \omega \in A(\lambda) \cap D(c). \tag{6.5.28}$$

设 $0 < \lambda < p$, 则 $0 < \frac{\lambda(1-p)}{p(1-\lambda)} < 1$. 于是由 (6.5.28), 有

$$\left[\frac{\lambda(1-p)}{p(1-\lambda)}\right]^{\liminf\limits_{n\to\infty}[\sum\limits_{i=1}^{n}Y_iX_i]/\sum\limits_{i=1}^{n}Y_i} \leq \frac{1-p}{(1-\lambda)c}, \quad \omega \in A(\lambda) \cap D(c). \tag{6.5.29}$$

由此有

$$\liminf_{n\to\infty}\frac{\sum\limits_{i=1}^{n}Y_iX_i}{\sum\limits_{i=1}^{n}Y_i} \geq \ln\frac{1-p}{(1-\lambda)c}\bigg/\ln\frac{\lambda(1-p)}{(1-\lambda)p}, \quad 0 < \lambda < p. \tag{6.5.30}$$

求导得

$$\varphi'(\lambda) = \frac{\ln\left[c\left(\dfrac{\lambda}{p}\right)^{\lambda}\left(\dfrac{1-\lambda}{1-p}\right)^{1-\lambda}\right]}{\lambda(1-\lambda)\left[\ln\dfrac{\lambda(1-p)}{p(1-\lambda)}\right]^2}. \tag{6.5.31}$$

令 $\varphi'(\lambda) = 0$, 得

$$\left(\frac{p}{\lambda}\right)^{\lambda}\left(\frac{1-p}{1-\lambda}\right)^{1-\lambda} = c. \tag{6.5.32}$$

由引理 6.5.1 知方程 (6.5.32) 在区间 $[0,p]$ 中有惟一解 $\alpha(c)$. 易知当 $1-p < c < 1$ 时, $0 < \alpha(c) < p$. 此时 $\varphi(\lambda)$ 在 $\lambda = \alpha(c)$ 处取到它在区间 $(0,p)$ 上的最大值. 由 (6.5.30) 与 (6.5.32), 有

$$\varphi(\alpha(c)) = \ln\left[\frac{\alpha(c)(1-p)}{p(1-\alpha(c))}\right]^{\alpha(c)}\bigg/\ln\frac{\alpha(c)(1-p)}{p(1-\alpha(c))} = \alpha(c). \tag{6.5.33}$$

在 (6.5.2) 中取 $\lambda = \alpha(c)$. 由 (6.5.33) 即得

$$\liminf_{n\to\infty}\frac{\sum\limits_{i=1}^{n}X_iY_i}{\sum\limits_{i=1}^{n}Y_i} \geq \alpha(c), \quad \omega \in A(\alpha(c)) \cap D(c). \tag{6.5.34}$$

由于 $P(A(\alpha(c))) = 1$, 故由 (6.5.34) 知当 $1 - p < c < 1$ 时, (6.5.11) 成立. 当 $c = 1$ 时, $\varphi(\lambda)$ 在区间 $(0, p)$ 上递增, $\alpha(1) = 1$, 而 $\varphi(p)$ 无定义. 取 $\lambda_k \in (0, p)(k = 1, 2, \cdots)$ 使 $\lambda_k \to p$(当 $k \to \infty$), 则由 (6.5.2) 对一切 $k$ 有

$$\liminf_{n \to \infty} \frac{\sum\limits_{i=1}^{n} X_i Y_i}{\sum\limits_{i=1}^{n} Y_i} \geq \frac{\ln[(1-p)/(1-\lambda_k)]}{\ln[\lambda_k(1-p)/p(1-\lambda_k)]}, \quad \omega \in \bigcap_{k=1}^{\infty} [D(1) \cap A(\lambda_k)]. \quad ((6.5.35)$$

由 L'Hospital 法则, 有

$$\lim_{n \to \infty} \frac{\ln[(1-p)/(1-\lambda_k)]}{\ln[\lambda_k(1-p)/p(1-\lambda_k)]} = p. \tag{6.5.36}$$

由 (6.5.35) 与 (6.5.36), 得

$$\liminf_{n \to \infty} \frac{\sum\limits_{i=1}^{n} X_i Y_i}{\sum\limits_{i=1}^{n} Y_i} \geq p, \quad \omega \in \bigcap_{k=1}^{\infty} [D(1) \cap A(\lambda_k)]. \tag{6.5.37}$$

由于 $P(\cap_{k=1}^{\infty} A(\lambda_k)) = 1$, 故由 (6.5.37) 知当 $c = 1$ 时, (6.5.11) 亦成立. 当 $c = 1 - p$ 时, $\alpha(c) = 0$, 此时 (6.5.11) 是平凡的.

设 $p < \lambda < 1$, 则 $\dfrac{\lambda(1-p)}{p(1-\lambda)} > 1$, 于是由 (6.5.28), 有

$$\left[ \frac{\lambda(1-p)}{p(1-\lambda)} \right]^{\limsup\limits_{n \to \infty} \sum\limits_{i=1}^{n} X_i Y_i / \sum\limits_{i=1}^{n} Y_i} \leq \frac{1-p}{(1-\lambda)c}, \quad \omega \in A(\lambda) \cap D(c). \tag{6.5.38}$$

由此有

$$\limsup_{n \to \infty} \frac{\sum\limits_{i=1}^{n} X_i Y_i}{\sum\limits_{i=1}^{n} Y_i} \leq \ln \frac{1-p}{(1-\lambda)c} \Big/ \ln \frac{\lambda(1-p)}{p(1-\lambda)}, \quad \omega \in A(\lambda) \cap D(c). \tag{6.5.39}$$

设 $p \leq c \leq 1$. 令

$$\varphi(\lambda) = \ln \frac{1-p}{(1-\lambda)c} \Big/ \ln \frac{\lambda(1-p)}{p(1-\lambda)}, \quad p < \lambda < 1. \tag{6.5.40}$$

求导得 (6.5.31). 令 $\varphi'(\lambda) = 0$ 得 (6.5.32). 由引理 6.4.1 知方程 (6.5.32) 在区间 $[p, 1]$ 中有惟一解 $\beta(c)$. 易知当 $p < c < 1$ 时, $p < \beta(c) < 1$, 此时 $\varphi(\lambda)$ 在 $\beta(c)$ 处取到它

在区间 $(p, 1)$ 上的最小值, 由 (6.5.40) 与 (6.5.32) 知

$$\varphi(\beta(c)) = \beta(c). \tag{6.5.41}$$

在 (6.5.39) 中取 $\lambda = \beta(c)$ 即得

$$\limsup_{n \to \infty} \frac{\sum\limits_{i=1}^{n} X_i Y_i}{\sum\limits_{i=1}^{n} Y_i} \leq \beta(c), \quad \omega \in A(\beta(c)) \cap D(c). \tag{6.5.42}$$

由于 $P(A(\beta(c))) = 1$. 故由 (6.5.42) 知当 $p < c < 1$ 时 (6.5.12) 成立. 仿照当 $c = 1$ 和 $c = 1 - p$ 时 (6.5.11) 的证明, 并注意到 $\beta(1) = p$, $\beta(p) = 1$, 可知当 $c = 1$ 和 $c = 1 - p$ 时 (6.5.12) 亦成立. 证毕.

**注 6.5.2** 由 (6.5.26) 知 $t_n(p, \omega) = r_n(\omega)$, 注意到 $P((A(p)) = 1$, 由 (6.5.23), 有

$$\lim_{n \to \infty} r_n(\omega) = \text{有限数} \quad \text{a.s..} \tag{6.5.43}$$

由此有

$$\limsup_{n \to \infty} [r_n(\omega)]^{1/\sum\limits_{i=1}^{n} Y_i} \leq 1 \quad \text{a.s. 于} \left\{ \omega : \sum_{i=1}^{\infty} Y_i = \infty \right\}. \tag{6.5.44}$$

由 (6.5.44) 与 (6.5.10) 知, 当 $c > 1$ 时, $P(D(c)) = 0$, 故此时 (6.5.11) 与 (6.5.12) 平凡地成立.

**推论 6.5.1** 在定理 6.5.1 的假设下

$$\lim_{n \to \infty} \frac{\sum\limits_{i=1}^{n} X_i Y_i}{\sum\limits_{i=1}^{n} Y_i} = p \quad \text{a.s. 于} D(1). \tag{6.5.45}$$

**证** 注意到 $\alpha(1) = \beta(1) = p$, 由 (6.5.11) 与 (6.5.12) 即得 (6.5.45).

**注 6.5.3** 如果 $\{X_n, n \geq 1\}$ 是以 $p$ 为参数的 Bernoulli 序列, 则 $r_n(\omega) \equiv 1$, 因而 $D(1) = \left\{ \omega : \sum\limits_{i=1}^{\infty} Y_i = \infty \right\}$, 故 (6.5.45) 是关于 Bernoulli 序列的无规则性定理 (参见伊藤清 1963, p.79) 的推广.

## §6.6  可列值赌博系统的强偏差定理

考虑一个 Bernoulli 试验序列, 并假定在每次试验中, 赌徒都有选择参赌与不赌的自由. 所谓赌博系统, 就是赌徒事先制订一套规则, 来决定哪一次参赌. 关于

赌博系统的一个定理断言，无论采取什么策略，赌徒参赌的哪些次试验组成一个 Bernoulli 序列，其成功概率不变. 本文的目的是利用似然比的概念和母函数方法对离散随机变量的任意序列研究这一问题. 证明中的关键部分是利用母函数和鞅收敛定理构造一个依赖于参数的非负鞅.

设 $S = \{s_1, s_2, \cdots\}$ 为一可数的实数列，$\{X_n, n \geq 1\}$ 是一列定义在概率空间 $(\Omega, \mathcal{F}, P)$ 上在 $S$ 中取值的随机变量，其联合分布为

$$P(X_1 = x_1, \cdots, X_n = x_n) = g_n(x_1, \cdots, x_n) > 0, \quad x_i \in S, \quad 1 \leq i \leq n. \quad n = 1, 2, \cdots.$$
(6.6.1)

设 $f_n(x_1, \cdots, x_n)$ 为一组定义在 $S^n(n = 1, 2, \cdots)$ 上取值于 $\{0, 1\}$ 的非负实值函数. 令

$$Y_{n+1} = f_n(X_1, \cdots, X_n), \quad Y_1 = 1.$$
(6.6.2)

根据 $\{Y_n, n \geq 1\}$ 选择 $\{X_n, n \geq 1\}$ 的子列. $X_n$ 的选择依赖于 $Y_n$ 是否取值于 1. 用赌博的语言来说，如果 $Y_n = 1$，则在第 $n$ 次试验赌徒参赌；如果 $Y_n = 0$，则他滑过这次试验. 于是 $\{X_n\}$ 被选出一个子序列，其中每一项按过去的结果选出. 将 $X_n$ 解释为赌徒在第 $n$ 次参赌的赢利. 故在所选的子列中，直到时刻 $n$ 赌徒的平均赢利为 $\sum_{i=1}^{n} Y_i X_i / \sum_{i=1}^{n} Y_i$，其中直到时刻 $n$ 赌徒参赌的次数为 $\sum_{i=1}^{n} Y_i$. 本文的目的就是讨论此平均赢利的极限性质. 显然，考虑此问题须有一附加条件 $\sum_{i=1}^{\infty} Y_i = \infty$，这个条件意味着对于我们所研究的样本点来说，所选的子列必为无限子列. 令

$$D = \{\omega : \sum_{i=1}^{\infty} Y_i(\omega) = \infty\}.$$
(6.6.3)

对任意的 $\omega$，由 (6.6.2) 定义的 $\{Y_n\}$ 称为一个选择系统或赌博系统.

设 $Q$ 为 $\mathcal{F}$ 上的另一测度，并令

$$p(s_1), p(s_2), \cdots, p(s_i) > 0$$
(6.6.4)

为 $S$ 上的一分布，使得对任意的 $n$ 有

$$h_n(x_1, \cdots, x_n) = Q(X_1 = x_1, \cdots, X_n = x_n),$$

$$= \prod_{k=1}^{n} p(x_k), \quad x_k \in S, \quad 1 \leq k \leq n,$$
(6.6.5)

即 $\{X_n, n \leq 1\}$ 在 $Q$ 下独立同分布，且

$$Q\{X_n = x_n\} = p(x_n), \quad x_k \in S, \quad n = 1, 2, \cdots.$$
(6.6.6)

令

$$r_n(\omega) = \frac{h_n(X_1, \cdots, X_n)}{g_n(X_1, \cdots, X_n)} = \frac{\prod_{k=1}^{n} p(X_k)}{g_n(X_1, \cdots, X_n)}, \tag{6.6.7}$$

其中 $\omega$ 为样本点. 按统计术语, $r_n(\omega)$ 为似然比.

**定义 6.6.1** 令

$$r(\omega) = \liminf_{n\to\infty}(1/\sum_{k=1}^{n} Y_k)\ln r_n(\omega), \quad \omega \in D. \tag{6.6.8}$$

$r(\omega)$ 称为 $Q$ 相对于 $P$ 关于 $\{X_n\}$ 和 $\{Y_n\}$ 的样本散度率.

设具有分布 $p(s_i)(s_i \in S)$ 的随机变量 $X$ 的数学期望于母函数分别为

$$m = \sum_{i=1}^{\infty} s_i\, p(s_i), \tag{6.6.9}$$

$$M(t) = \sum_{i=1}^{\infty} \mathrm{e}^{ts_i}p(s_i). \tag{6.6.10}$$

显然

$$m = E_Q(X_n), \quad M(t) = E_Q(\mathrm{e}^{tX_n}), n = 1, 2, \cdots \tag{6.6.11}$$

此处 $E_Q$ 代表在 $Q$ 下的期望.

**定理 6.6.1**(刘文 1999c) 设 $\{X_n, n \geq 1\}$, $\{Y_n, n \geq 1\}$, $r(\omega), m, M(t)$, 均如前定义, $c \geq 0$ 为常数, 令

$$D(c) = \{\omega : \omega \in D, r(\omega) \geq -c\}. \tag{6.6.12}$$

如果 $M(t)$ 在 $t = 0$ 的某邻域 $(a,b)$ 内有定义, 则

$$\liminf_{n\to\infty}\left(1/\sum_{k=1}^{n} Y_k\right)\sum_{k=1}^{n} Y_kX_k - m \geq \alpha(c) \quad P\text{-a.s. 于 } D(c), \tag{6.6.13}$$

此处

$$\alpha(c) = \sup\{\varphi(t), \ a < t < 0\}, \tag{6.6.14}$$

$$\varphi(t) = [\ln M(t)]/t - m + c/t, \quad t \in (a,b), \quad t \neq 0. \tag{6.6.15}$$

另外

$$\alpha(0) = 0, \quad \alpha(c) \leq 0, \tag{6.6.16}$$

$$\lim_{c\to 0+} \alpha(c) = 0. \tag{6.6.17}$$

**注 6.6.1** 显然，当 $P = Q$ 时 $r(\omega) \equiv 0$. 在 (6.6.24) 中我们将证明在一般情况下有

$$\limsup_{n\to\infty} \left(1/\sum_{k=1}^n Y_k\right) \ln r_n(\omega) \leq 0 \quad P\text{-a.s. } \text{于 } D. \tag{6.6.18}$$

这表明

$$r(\omega) \leq 0 \quad P\text{-a.s. } \text{于 } D. \tag{6.6.19}$$

因此 $r(\omega)$ 可以看做 $\{X_n, n \geq 1\}$ 在 $D$ 上的关于测度 $P$ 和测度 $Q$ 下偏差的度量. $|r(\omega)|$ 越小，偏差越小. 在 (6.6.12) 中定义 $D(c)$ 的条件可以看做对此偏差的一个限制. 上述定理和定理 6.6.2 给出在此限制下，$(1/n)\sum_{k=1}^n X_k - m$ 也得到相应的限制，(6.6.13) 和 (6.6.32) 分别给出了 $\liminf_{n\to\infty}(1/n)\sum_{k=1}^n X_k - m$ 关于 $c$ 的下界和 $\limsup_{n\to\infty}(1/n)\sum_{k=1}^n X_k - m$ 关于 $c$ 的上界的一个估计. 由 (6.6.17) 和 (6.6.35) 知，当 $c$ 很小时，这些界的绝对值也很小.

**定理 6.6.1 的证明** 对任意给定的 $t \in (a, b)$，易知

$$T_n(t) = T_n(t, \omega) = r_n(\omega) \exp\left\{t\sum_{k=1}^n Y_k X_k\right\} / [M(t)]^{\sum_{k=1}^n Y_k} \tag{6.6.20}$$

为一非负鞅 (关于 $P$). 实际上，用 $\mathcal{F}_n$ 代表有 $X_1, \cdots, X_n$ 生成的 $\sigma-$ 代数，则

$$\frac{T_{n+1}(t)}{T_n(t)} = \frac{h_{n+1}(X_1, \cdots, X_n, X_{n+1})}{h_n(X_1, \cdots, X_n)} \cdot \frac{g_n(X_1, \cdots, X_n)}{g_{n+1}(X_1, \cdots, X_n, X_{n+1})} \cdot \frac{\exp(tY_{n+1}X_{n+1})}{M(t)^{Y_{n+1}}}$$

$$= p(X_{n+1}) \cdot \frac{1}{P(X_{n+1}|X_1, \cdots, X_n)} \cdot \frac{\exp(tY_{n+1}X_{n+1})}{M(t)^{Y_{n+1}}},$$

由于 $Y_{n+1}$ 关于 $\mathcal{F}_n$ 可测，故

$$E\left(\frac{T_{n+1}(t)}{T_n(t)}\Big|\mathcal{F}_n\right) = \sum_{s\in S} P(X_{n+1} = s|X_1, \cdots, X_n)$$

$$\cdot \frac{p(s)}{P(X_{n+1} = s|X_1, \cdots, X_n)} \cdot \frac{\exp(tY_{n+1}s)}{M(t)^{Y_{n+1}}}$$

$$= \sum_{s\in S} \frac{p(s)\exp(tY_{n+1}s)}{M(t)^{Y_{n+1}}}$$

$$= \frac{M(t)^{Y_{n+1}}}{M(t)^{Y_{n+1}}}$$

$$= 1.$$

由于 $Y_{n+1} = 0$ 或 1. 因此 $\{T_n(t), n \geq 1\}$ a.s. 收敛，即存在 $A(t) \in \mathcal{F}$, $P(A(t)) = 1$，使得

$$\lim_{n\to\infty} T_n(\omega) = \text{有限数}, \quad \omega \in A(t). \tag{6.6.21}$$

由 (6.6.3) 和上式, 得

$$\limsup_{n \to \infty} \left( 1 / \sum_{k=1}^{n} Y_k \right) [\ln T_n(\omega)] \le 0, \quad \omega \in A(t) \cap D. \tag{6.6.22}$$

由 (6.6.20) 和 (6.6.22), 可得

$$\limsup_{n \to \infty} \left( 1 / \sum_{k=1}^{n} Y_k \right) \left[ \ln r_n(\omega) + t \sum_{k=1}^{n} Y_k X_k \right] \le \ln M(t), \quad \omega \in A(t) \cap D. \tag{6.6.23}$$

在 (6.6.23) 中令 $t = 0$, 可得

$$\limsup_{n \to \infty} \left( 1 / \sum_{k=1}^{n} Y_k \right) \ln r_n(\omega)] \le 0, \quad \omega \in A(0) \cap D. \tag{6.6.24}$$

由于 $P(A(0)) = 1$, 则可由 (6.6.24) 得到 (6.6.18). 由 (6.6.23) 和 (6.6.12), 可得

$$\limsup_{n \to \infty} \left( 1 / \sum_{k=1}^{n} Y_k \right) \sum_{k=1}^{n} Y_k X_k - mt \le \ln M(t) + c - mt,$$
$$\omega \in A(t) \cap D(c). \tag{6.6.25}$$

令 $t \in (a, 0)$, 对 (6.6.25) 两边同除以 $t$, 得

$$\liminf_{n \to \infty} \left( 1 / \sum_{k=1}^{n} Y_k \right) \sum_{k=1}^{n} Y_k X_k - m \ge [\ln M(t) + c - mt]/t = \varphi(t),$$
$$\omega \in A(t) \cap D(c). \tag{6.6.26}$$

由 (6.6.14) 知存在 $t_i \in (a, 0)$, $i = 1, 2, \cdots$, 使得

$$\lim_{n \to \infty} \varphi(t_i) = \alpha(c). \tag{6.6.27}$$

令 $A = \bigcap_{i=1}^{\infty} A(t_i)$. 由 (6.6.26) 和 (6.6.27), 有

$$\liminf_{n \to \infty} \left( 1 / \sum_{k=1}^{n} Y_k \right) \sum_{k=1}^{n} Y_k X_k - m \ge \alpha(c), \quad \omega \in A(t) \cap D(c). \tag{6.6.28}$$

由于 $P(A) = 1$, 则可由 (6.6.28) 直接得到 (6.6.13).

由 (6.6.10) 和 Jensen 不等式 (参见 Billingsley1986, p.75), $\ln M(t) \ge tm$. 这表明 $\varphi(c) < 0$, $t \in (a, 0)$. 因此 $\alpha(c) \le 0$. 由于 $\ln M(0) = 0$ 和

$$\frac{d}{dt} \ln M(t) = M'(t)/M(t) = m, \quad t = 0 \text{ 时},$$

有

$$\lim_{t\to 0}\varphi(t) = \lim_{t\to 0}[\ln M(t)]/t - m = 0, \quad \text{当 } c = 0 \text{ 时}. \tag{6.6.29}$$

上式和 $\alpha(0) \le 0$ 表明 $\alpha(0) = 0$. 当 $0 < c < a^2$ 时，有

$$\alpha(c) \ge \varphi(-\sqrt{c}) = -[\ln M(-\sqrt{c})]/\sqrt{c} - m - c/\sqrt{c}, \tag{6.6.30}$$

$$\lim_{c\to 0^+}[\ln M(-\sqrt{c})]/\sqrt{c} = -m. \tag{6.6.31}$$

由于 $\alpha(c) \le 0$, (6.6.30) 和 (6.6.31) 表明 $\alpha(c) \to 0 (c \to 0^+)$. 定理 6.6.1 证毕.

**定理 6.6.2**(刘文 1999c)　在定理 6.6.1 条件下，有

$$\limsup_{n\to\infty}\left(1/\sum_{k=1}^n Y_k\right)\sum_{k=1}^n Y_k X_k - m \le \beta(c) \quad P\text{-a.s. 于 } D(c), \tag{6.6.32}$$

此处

$$\beta(c) = \inf\{\varphi(t), \ 0 < t < b\}, \tag{6.6.33}$$

其中 $\varphi(t)$ 由 (6.6.15) 定义. 另外，

$$\beta(0) = 0, \quad \beta(c) \ge 0, \tag{6.6.34}$$

$$\lim_{c\to 0^+}\beta(c) = 0. \tag{6.6.35}$$

**证**　令 $t \in (0,b)$, 对 (6.6.25) 两边同除以 $t$, 得

$$\limsup_{n\to\infty}\left(1/\sum_{k=1}^n Y_k\right)\sum_{k=1}^n Y_k X_k - mt \le [\ln M(t)]/t - m + c/t = \varphi(t),$$

$$\omega \in A(t) \cap D(c). \tag{6.6.36}$$

由 (6.6.33) 知存在 $t_i \in (0,b)$, $i = 1,2,\cdots$, 使得

$$\lim_{n\to\infty}\varphi(t_i) = \beta(c). \tag{6.6.37}$$

令 $A = \bigcap_{i=1}^\infty A(t_i)$. 由式 (6.6.36) 和 (6.6.37), 有

$$\limsup_{n\to\infty}\left(1/\sum_{k=1}^n Y_k\right)\sum_{k=1}^n Y_k X_k - m \le \beta(c), \quad \omega \in A(t) \cap D(c). \tag{6.6.38}$$

由于 $P(A) = 1$, 则可由 (6.6.38) 直接得到 (6.6.32). 类似于 (6.6.16) 和 (6.6.17) 的证明方法, 可得到 (6.6.34), (6.6.35). 定理 6.6.2 证毕.

**推论 6.6.1**   在上述定理条件下, 有

$$\lim_{n\to\infty} \left(1/\sum_{k=1}^{n} Y_k\right) \sum_{k=1}^{n} Y_k X_k = m \quad P\text{-a.s. } \mathcal{F} \ D(0). \tag{6.6.39}$$

**证**   在 (6.6.13) 和 (6.6.32) 中令 $c=0$, 可直接得到 (6.6.39).

**推论 6.6.2**   当 $\{X_n, n \geq 1\}$ 为服从 (6.6.4) 的独立同分布的随机变量, 即 $P(X_n = s_i) = p(s_i)$, 则

$$\lim_{n\to\infty} \left(1/\sum_{k=1}^{n} Y_k\right) \sum_{k=1}^{n} Y_k X_k = m \quad P\text{-a.s. } \mathcal{F} \ D(0). \tag{6.6.40}$$

**证**   这时, $r_n(\omega) \equiv 1$, $D(0) = D$, (6.6.40) 可由 (6.6.39) 直接得到.

**注**   设 $\{X_n, n \geq 0\}$ 为一平稳遍历的马尔可夫链, 状态空间为 $S = \{1, 2, \cdots, N\}$. 设其转移矩阵为

$$\mathrm{P} = (p(i,j)), \quad i, j \in S, \tag{6.6.41}$$

平稳分布为 $\{\pi(i), i \in S\}$. 令

$$P(X_0 = i) = \pi(i), \quad i \in S. \tag{6.6.42}$$

则 $\{X_n, 0 \leq k \leq n\}$ 的联合分布为

$$g_n(x_0, \cdots, x_n) = \pi(x_0) \prod_{k=1}^{n} p(x_{k-1}, x_k). \tag{6.6.43}$$

令

$$r_n(\omega) = \frac{\displaystyle\prod_{k=1}^{n} \pi(X_k)}{\displaystyle\prod_{k=1}^{n} p(X_{k-1}, X_k)} \tag{6.6.44}$$

为关于参考分布 $\{\pi(i), i \in S\}$ 的似然比.

由关于马尔可夫链函数的强极限定理和 Shannon-McMillan 定理, 可得

$$\lim_{n\to\infty} (1/n) \sum_{k=1}^{n} \ln \pi(X_k) = \sum_{j=1}^{N} \pi(j) \ln \pi(j) = -H(X_n) \quad \text{a.s.}, \tag{6.6.45}$$

$$\lim_{n\to\infty} (1/n) \sum_{k=1}^{n} \ln p(X_{k-1}, X_k) = \sum_{i=1}^{N} \pi(i) \sum_{j=1}^{N} p(i,j) \ln p(i,j)$$
$$= -H(X_n | X_{n-1}) \quad \text{a.s.}, \tag{6.6.46}$$

此处 $H(X_n)$ 和 $H(X_n|X_{n-1})$ 分别代表 $X_n$ 的熵和 $X_n$ 在 $X_{n-1}$ 条件下的条件熵. $H(X_n|X_{n-1})$ 也为过程 $\{X_n\}$ 的熵. 由于 $H(X_n|X_{n-1}) \leq H(X_n)$, 有

$$d = \sum_{k=1}^{n} \pi(i) \sum_{j=1}^{N} p(i,j) \ln p(i,j) - \sum_{j=1}^{N} \pi(j) \ln \pi(j) \geq 0. \tag{6.6.47}$$

由 (6.6.44)—(6.6.46), 可得

$$\lim_{n \to \infty} (1/n) \ln r_n(\omega) = -d \leq 0 \quad \text{a.s..} \tag{6.6.48}$$

由熵的不等式

$$0 \leq d = H(X_n) - H(X_n|X_{n-1}) \leq \ln N. \tag{6.6.49}$$

令 $S = S_1 \cup S_2$, 并定义

$$f_n(x_0, \cdots, x_n) = \begin{cases} 1, & \text{如果 } x_n \in S_1, \\ 0, & \text{如果 } x_n \in S_2. \end{cases} \tag{6.6.50}$$

令

$$Y_{n+1} = f_n(X_0, \cdots, X_n), \quad n \geq 1, \quad Y_0 = 1. \tag{6.6.51}$$

易知

$$\lim_{n \to \infty} (1/n) \sum_{k=1}^{n} Y_k = \sum_{i \in S_1} \pi(i) \quad \text{a.s..} \tag{6.6.52}$$

假设 $\sum_{i \in S_1} \pi(i) > 0$, 由 (6.6.48) 和 (6.6.52), 可得

$$r(\omega) = \lim_{n \to \infty} \left(1/\sum_{k=1}^{n} Y_k\right) \ln r_n(\omega) = -d/\sum_{i \in S_1} \pi(i) \quad \text{a.s..} \tag{6.6.53}$$

由 (6.6.52) 和 (6.6.53) 表明

$$P\left(D\left(d/\sum_{i \in S_1} \pi(i)\right)\right) = 1, \tag{6.6.54}$$

此处 $D(\cdot)$ 由 (6.6.12) 定义. 令

$$m = E(X_n) = \sum_{i \in S_1} i\pi(i), \quad m_2 = E(X_n^2), \tag{6.6.55}$$

$$M(t) = E(e^{tX_n}) = \sum_{i=1}^{N} e^{ti}\pi(i), \tag{6.6.56}$$

并令 $\varphi(t)$ 由 (6.6.15) 定义.

现在我们给出 (6.6.13) 的下界 $\alpha(c)$ 的一个估计. 由不等式 $\ln x \leq x - 1(x > 0)$ 及

$$0 \leq e^x - 1 - x \leq \frac{1}{2}x^2, \quad x \leq 0,$$

可得

$$\begin{aligned}
\varphi(t) &\geq [M(t) - 1]/t - m + c/t \\
&= (1/t)E[e^{tX_n} - tX_n - 1] + c/t \\
&\geq (t/2)E(X_n^2) + c/t \\
&= (1/2)m_2 t + c/t, \quad t < 0.
\end{aligned}$$

令

$$\varphi_*(t) = (1/2)m_2 t + c/t, \quad t < 0,$$

$$\alpha_*(c) = \sup\{\varphi_*(t), \ t < 0\},$$

易知 $\varphi_*(t)$ 在 $t = -\sqrt{2c/m_2}$ 处达到它的最大值. 因此

$$\alpha_*(c) = \varphi_*(-\sqrt{2c/m_2}) = -\sqrt{2m_2 c}. \tag{6.6.57}$$

由于 $\varphi_*(t) \leq \varphi(t)$, $\alpha(c) \geq \alpha_*(c)$, 因此可由 (6.6.57), 得

$$\liminf_{n \to \infty} \left(1 / \sum_{k=1}^{n} Y_k\right) \sum_{k=1}^{n} Y_k X_k - m \geq -\sqrt{2m_2 c} \quad P\text{-a.s. } \mathcal{F} \ D(c). \tag{6.6.58}$$

取 $c = d/\sum_{i \in S_1} \pi(i)$, 由 (6.6.54) 和 (6.6.58), 可得

$$\liminf_{n \to \infty} \left(1 / \sum_{k=1}^{n} Y_k\right) \sum_{k=1}^{n} Y_k X_k - m \geq -\sqrt{2m_2 d / \sum_{i \in S_1} \pi(i)} \quad P\text{-a.s..} \tag{6.6.59}$$

现在我们对由 (6.6.32) 给出的上界 $\beta(c)$ 做一估计. 由不等式 $\ln x \leq x - 1(x > 0)$ 和

$$0 \leq e^x - 1 - x \leq \frac{1}{2}x^2, \quad x \geq 0,$$

可得

$$\begin{aligned}
\varphi(t) &\leq [M(t) - 1]/t - m + c/t \\
&= (1/t)E[e^{tX_n} - tX_n - 1] + c/t \\
&\leq (t/2)E[X_n^2 e^{tX_n}] + c/t
\end{aligned}$$

$$\leq (1/2)N^2 \mathrm{e}^{tN} + c/t, \quad t > 0. \tag{6.6.60}$$

取 $c = d/\sum_{i \in S_1} \pi(i)$, $t = \sqrt{d}$, 由 (6.6.60) 和 (6.6.49), 可得

$$\varphi(\sqrt{d}) \leq [(N^2/2)\mathrm{e}^{N(\sqrt{\ln N})} + 1/\sum_{i \in S_1} \pi(i)]/d. \tag{6.6.61}$$

由于 $\beta(d/\sum_{i \in S_1} \pi(i)) \leq \beta(\sqrt{d})$, 因此可由 (6.6.61) 和 (6.6.54), 得

$$\limsup_{n \to \infty} \left(1/\sum_{k=1}^{n} Y_k\right) \sum_{k=1}^{n} Y_k X_k - m \leq [(N^2/2)\mathrm{e}^{N(\sqrt{\ln N})} + 1/\sum_{i \in S_1} \pi(i)]\sqrt{d} \quad P\text{-a.s..}$$
$$\tag{6.6.62}$$

**注 6.6.2**　在上述的例子中, 状态空间的每一个子集对应马尔可夫链的一个赌博规则, 其中包括最优的赌博系统这个特例:

$$Y_{n+1} = f_n(X_1, \cdots, X_n) = 1 \quad \text{当且仅当} \quad E(X_{n+1}|X_n) > m. \tag{6.6.63}$$

实际上, 令

$$S_1 = \{i : E(X_{n+1}|X_n = i) > m\},$$

则对应于 $S_1$ 的赌博系统就是由 (6.6.63) 定义的最优赌博系统.

上述方法给出了对于绝对连续随机变量的一个自然类似.

**定理 6.6.3**(刘文 1999c)　设 $\{X_n, n \geq 1\}$ 是一列定义在概率空间 $(\Omega, \mathcal{F}, P)$ 上的随机变量, 其联合分布密度为 $g_n(x_1, \cdots, x_n)(1 \leq i \leq n, n = 1, 2, \cdots)$. 设 $p(x)$ 为另一密度函数. 为简便, 不妨设 $g_n$ 和 $p$ 几乎处处为正. 设 $\{X_n, n \geq 1\}$, $D$, $r_n(\omega)$, $r(\omega)$, $D(c)$ 分别由 (6.6.2) (6.6.3) (6.6.7) (6.6.8) 和 (6.6.12) 定义, 此处似然比 $r_n(\omega)$ 由密度函数表示. 令

$$m = \int_{-\infty}^{\infty} xp(x)dx, \quad M(t) = \int_{-\infty}^{\infty} \mathrm{e}^{tx}p(x)dx, \tag{6.6.64}$$

假设 $M(t)$ 在 $t = 0$ 的某邻域 $(a, b)$ 内有定义. 令

$$\varphi(t) = [\ln M(t)/t - m + c/t, \quad t \in (a, b), \quad t \neq 0, \tag{6.6.65}$$

则

$$\liminf_{n \to \infty} \left(1/\sum_{k=1}^{n} Y_k\right) \sum_{k=1}^{n} Y_k X_k - m \geq \alpha(c) \quad P\text{-a.s. 于 } D(c), \tag{6.6.66}$$

$$\limsup_{n \to \infty} \left(1/\sum_{k=1}^{n} Y_k\right) \sum_{k=1}^{n} Y_k X_k - m \leq \beta(c) \quad P\text{-a.s. 于 } D(c). \tag{6.6.67}$$

此处

$$\alpha(c) = \sup\{\varphi(t), \ a < t < 0\}, \tag{6.6.68}$$

$$\beta(c) = \inf\{\varphi(t), \ 0 < t < b\}, \tag{6.6.69}$$

另外，

$$\alpha(c) \leq 0, \quad \beta(c) \leq 0, \tag{6.6.70}$$

$$\lim_{c \to 0+} \alpha(c) = \lim_{c \to 0+} \beta(c) = \alpha(c) = \beta(c) = 0. \tag{6.6.71}$$

# 第七章 连续型及任意随机变量序列的
# 强极限定理

本章 §7.1 及 §7.2 中我们用 Laplace 变换方法及鞅方法研究连续型随机变量序列的极限性质, 得到一类强偏差定理. 在 §7.3 中我们得到一类任意随机变量序列的强极限定理. 作为推论, 得到了一类鞅差序列收敛定理, 马氏过程的强极限定理和若干经典的独立随机变量序列的强大数定律. 已有的若干鞅差序列收敛定理和可列非齐次马氏链的一个强极限定理是其特例. 此节的主要结果对随机变量序列除矩条件外没有任何要求.

## §7.1 一类强偏差定理与 Laplace 变换方法

本节用似然比的概念研究相依随机变量序列的极限性质, 得到一类用不等式表示的强极限定理, 即强偏差定理.

设 $\{X_n, n \geq 1\}$ 是非负随机变量序列, 其联合分布密度为

$$f_n(x_1, \cdots, x_n),\ x_k \geq 0,\ 1 \leq k \leq n,\ n = 1, 2, \cdots. \tag{7.1.1}$$

又设 $f(x) > 0 (0 < x < \infty)$ 是另一分布密度, 且

$$\int_0^\infty x f(x) dx = m = E(Y), \tag{7.1.2}$$

其中 $Y$ 是以 $f(x)$ 为密度的随机变量. 为了表征 $\{X_n, n \geq 1\}$ 与具有联合密度

$$g_n(x_1, \cdots, x_n) = \prod_{k=1}^n f(x_k) \tag{7.1.3}$$

的独立随机变量序列之间的差异, 我们引进如下的似然比:

$$r_n(\omega) = [\prod_{k=1}^n p_k(X_k)]/f_n(X_1, \cdots, X_n), \tag{7.1.4}$$

其中 $\{X_n, n \geq 1\}$ 具有联合分布密度 (7.1.3), $\omega$ 为样本点 (参见 Laha 与 Rohatgyi 1979).

设 $f(x)$ 的 Laplace 变换为

$$\widetilde{f}(s) = \int_0^\infty \mathrm{e}^{-sx} f(x) dx = E(\mathrm{e}^{-sY}). \tag{7.1.5}$$

**定理 7.1.1** (刘文 1998a)   设 $\{X_n, n \geq 1\}$, $r_n(\omega)$, $m$, $\widetilde{f}(s)$ 均如前定义, 并令

$$r(\omega) = -\liminf_{n \to \infty} \frac{1}{n} \ln r_n(\omega). \tag{7.1.6}$$

如果 $m < \infty$, 则有

$$\liminf_{n \to \infty} \frac{1}{n} \sum_{k=1}^{n} X_k \geq \alpha[r(\omega)] \quad \text{a.s.,} \tag{7.1.7}$$

其中

$$\alpha(x) = \sup\{\varphi(x, s), s > 0\}, \text{ 当 } 0 \leq x \leq \infty; \ \alpha(\infty) = \infty, \tag{7.1.8}$$

$$\varphi(x, s) = -[x + \ln \widetilde{f}(s)]/s, \quad x \geq 0, \tag{7.1.9}$$

且有

$$\alpha(x) \leq m, \quad x \geq 0, \tag{7.1.10}$$

$$\lim_{x \to 0} \alpha(x) = m = \alpha(0). \tag{7.1.11}$$

**注 7.1.1**   显然, 如果 $\{X_n, n \geq 1\}$ 具有联合分布密度 (7.1.3) 的独立同分布的随机变量, 则 $r(\omega) = 0$ a.s.. 以下的 (7.1.21) 表明, 在一般情况下恒有 $r(\omega) \geq 0$ a.s., 故 $r(\omega)$ 可作为 $\{X_n, n \geq 1\}$ 与具有联合分布密度 (7.1.3) 的独立同分布的随机变量序列之间的偏差的一种度量. $r(\omega)$ 越小, 偏差越小. 本文结果的意义在于, 在 a.s. 的意义下, 利用 $r(\omega)$ 给出了偏差 $(1/n) \sum_{k=1}^{n} X_k - m$ 的一种估计, 并证明了 $r(\omega)$ 越小, 此偏差也越小.

在刘文 (1990a) 中, 作者提出了研究强极限定理的一种分析方法, 这种方法的要点是构造一个依赖于参数的似然比, 然后证明此似然比 a.s. 收敛. 在以下的证明中, 利用 Laplace 变换的工具和鞅收敛定理, 将刘文 (1990a) 中的基本思想拓广到连续型随机变量的情况.

**证**   令

$$g(s, x) = \mathrm{e}^{-sx} f(x)/\widetilde{f}(s), \quad x \geq 0, \tag{7.1.12}$$

则

$$\int_0^{\infty} g(s, x)dx = 1. \tag{7.1.13}$$

令

$$q_n(s; x_1, \cdots, x_n) = \prod_{k=1}^{n} g(s, x_k) = \prod_{k=1}^{n} [\mathrm{e}^{-sx_k} f(x_k)/\widetilde{f}(s)]$$

$$= 1/[\widetilde{f}(s)]^n \exp(-s \sum_{k=1}^{n} x_k) \cdot \prod_{k=1}^{n} f(x_k). \tag{7.1.14}$$

由 (7.1.13) 知 $q_n(s; x_1, \cdots, x_n)$ 是 $n$ 元概率密度函数. 令

$$t_n(s, \omega) = \frac{q_n(s; x_1, \cdots, x_n)}{f_n(X_1, \cdots, X_n)}, \tag{7.1.15}$$

并设 $(\omega, \mathcal{F}, P)$ 为所考虑的概率空间. 由关于似然比的鞅收敛定理知, 存在 $A(s) \in \mathcal{F}, P(A(s)) = 1$, 使

$$\lim_{n \to \infty} t_n(s, \omega) = \text{有限数}, \ \omega \in A(s). \tag{7.1.16}$$

由 (7.1.16), 有

$$\limsup_{n \to \infty} \frac{1}{n} \ln t_n(s, \omega) \le 0, \ \omega \in A(s). \tag{7.1.17}$$

由 (7.1.17), (7.1.14) 与 (7.1.4), 有

$$\limsup_{n \to \infty} \frac{1}{n} \left\{ \ln r_n(\omega) - \ln \widetilde{f}(s) - \frac{s}{n} \sum_{k=1}^{n} X_k \right\} \le 0, \ \omega \in A(s). \tag{7.1.18}$$

令 $s = 0$, 得

$$\limsup_{n \to \infty} \frac{1}{n} \ln r_n(\omega) \le 0, \ \omega \in A(0). \tag{7.1.19}$$

由此有

$$\liminf_{n \to \infty} \frac{1}{n} \ln r_n(\omega) \le 0, \ \omega \in A(0), \tag{7.1.20}$$

即

$$r(\omega) \ge 0, \ \omega \in A(0). \tag{7.1.21}$$

当 $s > 0$ 时, 由 (7.1.18) 与 (7.1.6), 有

$$-s \liminf_{n \to \infty} \frac{1}{n} \sum_{k=1}^{n} X_k \le \limsup_{n \to \infty} \left[ \frac{1}{n} \ln r_n(\omega) + \ln \widetilde{f}(s) \right]$$

$$= r(\omega) + \ln \widetilde{f}(s), \ \omega \in A(s). \tag{7.1.22}$$

将 (7.1.22) 两边同除以 $-s$, 得

$$\liminf_{n \to \infty} \frac{1}{n} \sum_{k=1}^{n} X_k \ge -\frac{1}{s} r(\omega) - \frac{1}{s} \ln \widetilde{f}(s), \ \omega \in A(s), \ s > 0. \tag{7.1.23}$$

设 $Q^*$ 是正有理数的全体, $A^* = \bigcap_{s \in Q^*} A(s)$, 则 $P(A^*) = 1$. 由 (7.1.23), 有

$$\liminf_{n \to \infty} \frac{1}{n} \sum_{k=1}^{n} X_k \ge -\frac{1}{s} r(\omega) - \frac{1}{s} \ln \widetilde{f}(s), \ \omega \in A^*, \ \forall s \in Q^*. \tag{7.1.24}$$

由 (7.1.24), (7.1.21) 与 (7.1.9), 有

$$\liminf_{n\to\infty} \frac{1}{n} \sum_{k=1}^{n} X_k \geq \varphi[r(\omega), s], \quad \omega \in A^* \cap A(0), \quad \forall \, s \in Q^*. \tag{7.1.25}$$

因为当 $x \neq \infty$ 时, $\varphi(x, s)$ 关于 $s$ 连续, 且当 $s > 0$ 时, $\varphi(\infty, s) = -\infty$, 故由 (7.1.8) 与 (7.1.21) 知, 对每个 $\omega \in A^* \cap A(0)$, 存在 $s_n(\omega) \in Q^*$, $n = 1, 2, \cdots$, 使得

$$\lim_{n\to\infty} \varphi[r(\omega), s_n(\omega)] = \alpha[r(\omega)]. \tag{7.1.26}$$

由 (7.1.25), 有

$$\liminf_{n\to\infty} \frac{1}{n} \sum_{k=1}^{n} X_k \geq \varphi[r(\omega), s_n(\omega)], \quad \omega \in A^* \cap A(0), \quad n = 1, 2, \cdots. \tag{7.1.27}$$

由 (7.1.26) 与 (7.1.27), 有

$$\liminf_{n\to\infty} \frac{1}{n} \sum_{k=1}^{n} X_k \geq \alpha[r(\omega)], \quad \omega \in A^* \cap A(0). \tag{7.1.28}$$

因为 $P(A^* \cap A(0)) = 1$, 故由 (7.1.28) 知 (7.1.7) 成立.

由 Jenson 不等式, 有

$$\widetilde{f}(s) = E(\mathrm{e}^{-sY}) \geq \mathrm{e}^{-sE(Y)} = \mathrm{e}^{-sm}. \tag{7.1.29}$$

由 (7.1.9) 与 (7.1.29), 有

$$\varphi(x, s) \leq -\frac{x}{s} + m \leq m, \quad 0 \leq x < \infty, \quad s > 0. \tag{7.1.30}$$

故有

$$\alpha(x) \leq m, \quad x \geq 0, \tag{7.1.31}$$

即 (7.1.10) 成立. 由 (7.1.9) 及 (7.1.30), 有

$$\varphi(0, s) = -\frac{1}{s} \ln \widetilde{f}(s) \leq m. \tag{7.1.32}$$

由 Laplace 变换的性质 (参见邓永录、梁之舜 1992, p.559) 及 L'Hospital 法则, 有

$$\lim_{s\to 0} \frac{1}{s} \ln \widetilde{f}(s) = \lim_{s\to 0} \frac{\widetilde{f}'(s)}{\widetilde{f}(s)} = -m. \tag{7.1.33}$$

由 (7.1.8), (7.1.32) 与 (7.1.33), 有

$$\alpha(0) = m. \tag{7.1.34}$$

由 (7.1.9) 与 (7.1.8), 有

$$\alpha(x) \geq \varphi(x, \sqrt{x}) = -\sqrt{x} - \frac{\ln \widetilde{f}(\sqrt{x})}{\sqrt{x}}, \quad x > 0. \tag{7.1.35}$$

易知

$$\lim_{s \to 0^+} \varphi(x, \sqrt{x}) = m. \tag{7.1.36}$$

由 (7.1.31), (7.1.35) 与 (7.1.36), 有

$$\lim_{x \to 0^+} \alpha(x) = m. \tag{7.1.37}$$

由 (7.1.37), (7.1.35) 知 (7.1.11) 成立. 定理证毕.

**定理 7.1.2** (刘文 1998a)　设 Laplace 变换 $\widetilde{f}(s)$ 在包含原点的某邻域 $(-s_0, s_0)$ 内有定义, 则在定理 7.1.1 的条件下有

$$\limsup_{n \to \infty} \frac{1}{n} \sum_{k=1}^{n} X_k \leq \beta[r(\omega)] \quad \text{a.s.,} \tag{7.1.38}$$

其中

$$\beta(x) = \inf\{\varphi(x, s), \ -s_0 < s < 0\}, \ \text{当} \ 0 \leq x < \infty; \ \beta(\infty) = \infty. \tag{7.1.39}$$

$\varphi(x, s)$ 由 (7.1.9) 定义, 且有

$$\beta(x) \geq m, \quad x \geq 0, \tag{7.1.40}$$

$$\lim_{x \to 0^+} \beta(x) = m = \beta(0). \tag{7.1.41}$$

**证**　设 $-s_0 < s < 0$, 由 (7.1.18) 与 (7.1.6), 有

$$\limsup_{n \to \infty} \frac{1}{n} \sum_{k=1}^{n} X_k \leq -\frac{1}{s} r(\omega) - \frac{1}{s} \ln \widetilde{f}(s), \quad \omega \in A(s). \tag{7.1.42}$$

设 $Q_*$ 是 $(-s_0, 0)$ 中有理数的全体, $A_* = \bigcap_{s \in Q_*} A(s)$, 则 $P(A_*) = 1$. 由 (7.1.42), (7.1.21) 与 (7.1.9), 有

$$\limsup_{n \to \infty} \frac{1}{n} \sum_{k=1}^{n} X_k \leq \varphi[r(\omega), s], \quad \omega \in A_* \cap A(0), \ \forall \, s \in Q_*. \tag{7.1.43}$$

由 (7.1.21) 与 (7.1.9) 知, 对每个 $\omega \in A_* \cap A(0)$, 存在 $\tau_n(\omega) \in Q_*$, $n = 1, 2, \cdots$, 使得

$$\lim_{n \to \infty} \varphi[r(\omega), \tau_n(\omega)] = \beta[r(\omega)]. \tag{7.1.44}$$

由 (7.1.43), 有

$$\limsup_{n \to \infty} \frac{1}{n} \sum_{k=1}^{n} X_k \geq \varphi[r(\omega), \tau_n(\omega)], \quad \omega \in A_* \cap A(0), \quad n = 1, 2, \cdots. \tag{7.1.45}$$

由 (7.1.44) 与 (7.1.45), 有

$$\limsup_{n \to \infty} \frac{1}{n} \sum_{k=1}^{n} X_k \leq \beta[r(\omega)], \quad \omega \in A_* \cap A(0). \tag{7.1.46}$$

因为 $P(A_* \cap A(0)) = 1$, 故由 (7.1.46) 知 (7.1.38) 成立. 仿照 (7.1.31) 与 (7.1.34) 的推导可证

$$\beta(x) \geq m, \quad \beta(0) = m. \tag{7.1.47}$$

由 (7.1.9) 与 (7.1.39), 有

$$\beta(x) \leq \varphi(x, -\sqrt{x}) = \sqrt{x} + \frac{\ln \widetilde{f}(-\sqrt{x})}{\sqrt{x}}, \quad 0 < x < s_0^2. \tag{7.1.48}$$

由 (7.1.48) 与 (7.1.33), 有

$$\lim_{x \to 0^+} \varphi(x, -\sqrt{x}) = m. \tag{7.1.49}$$

由 (7.1.47) 的第一式, (7.1.48) 与 (7.1.49), 有

$$\lim_{x \to 0^+} \beta(x) = m. \tag{7.1.50}$$

由 (7.1.50) 与 (7.1.47) 的第二式知 (7.1.41) 成立. 定理证毕.

**注 7.1.2** 由 (7.1.11) 与 (7.1.41) 知

$$\lim_{x \to 0^+} [\beta(x) - \alpha(x)] = 0. \tag{7.1.51}$$

由此知当 $r(\omega)$ 很小时, 由 (7.1.38) 与 (7.1.7) 给出的上、下界之差 $\beta(r(\omega)) - \alpha(r(\omega))$ 也很小. 下面的定理进一步给出无穷小 $\beta(x) - \alpha(x)(x \to 0^+)$ 的阶的一种估计.

**定理 7.1.3**(刘文 1998a) 在定理 7.1.2 的条件下, 当 $x \to 0^+$ 时有

$$0 \leq \beta(x) - \alpha(x) = (2 + \sigma^2)\sqrt{x} + o(\sqrt{x}), \tag{7.1.52}$$

其中 $\sigma^2 = D(Y)(Y$ 是以 $f(x)$ 为密度的随机变量).

**证** 由 (7.1.31) 与 (7.1.47) 的第一式, 有

$$\beta(x) - \alpha(x) \leq 0, \quad 0 \leq x < s_0^2. \tag{7.1.53}$$

由 (7.1.35) 与 (7.1.48) 知

$$0 \le \beta(x) - \alpha(x) \le 2\sqrt{x} + \frac{1}{\sqrt{x}}[\ln \widetilde{f}(-\sqrt{x}) + \ln \widetilde{f}(\sqrt{x})], \quad 0 < x < s_0^2. \tag{7.1.54}$$

令 $g(s) = \ln \widetilde{f}(s)(0 \le s < s_0^2)$. 由于 $\widetilde{f}(0) = 1$, 故有

$$g''(0) = \widetilde{f}''(0) - [\widetilde{f}'(0)]^2 = \sigma^2. \tag{7.1.55}$$

(上式中的第二个等式见邓永录、梁之舜 1992, p.559). 令 $g^{('')}(s)$ 表示 $g(s)$ 的二阶 Schwartz 导数, 由于 $g(0) = 0$, 故由 (7.1.55), 有

$$\lim_{x \to 0^+} \frac{1}{\sqrt{x}}[\ln \widetilde{f}(\sqrt{x}) + \ln \widetilde{f}(-\sqrt{x}) + \ln \widetilde{f}(\sqrt{x})] = \lim_{x \to 0^+} \frac{1}{x}[g(\sqrt{x}) - 2g(0) + g(-\sqrt{x})]$$

$$= g^{('')}(0) = g''(0) = \sigma^2 \tag{7.1.56}$$

(参见那汤松 1958, p.334). 由此知当 $x \to 0^+$ 时有

$$\frac{1}{x}[\ln \widetilde{f}(\sqrt{x}) + \ln \widetilde{f}(-\sqrt{x})] = \sigma^2 \sqrt{x} + o(\sqrt{x}), \quad 0 < x < s_0^2. \tag{7.1.57}$$

由 (7.1.54) 与 (7.1.57), 即得 (7.1.52). 定理证毕.

**注 7.1.3** (7.1.52) 表明, 当 $x \to 0^+$ 时, 无穷小 $\beta(r(\omega)) - \alpha(r(\omega))$ 的阶不低于 $1/2$.

## §7.2 连续型随机变量序列的一类强偏差定理

设 $\{X_n, n \ge 1\}$ 是任意相依连续型随机变量序列, $\{B_n, n \ge 1\}$ 是实直线上的 Borel 集, $I_{B_n}(x)$ 是 $B_n$ 的示性函数. 本节研究 $\{I_{B_n}(X_n), n \ge 1\}$ 的极限性质, 得到一类用不等式表示的强偏差定理, 其偏差界依赖于样本点.

设 $\{X_n, n \ge 1\}$ 是概率空间 $(\Omega, \mathcal{F}, P)$ 上的任意一列连续型随机变量, 其联合分布密度为 $g_n(x_1, \cdots, x_n), n = 1, 2, \cdots$. 设 $f_k(x_k), k = 1, 2, \cdots$ 是任意一列分布密度. 为了表征 $g_n(x_1, \cdots, x_n)$ 与作为参考的乘积分布密度 $\prod\limits_{k=1}^{n} f_k(x_k)$ 之间的差异, 引进如下的似然比:

$$r_n(\omega) = \begin{cases} [\prod\limits_{k=1}^{n} f_k(X_k)]/g_n(X_1, \cdots, X_n), & \text{若分母大于0}; \\ 0, & \text{若分母等于0}, \end{cases} \tag{7.2.1}$$

其中 $\omega$ 为样本点. 令

$$r(\omega) = -\liminf_{n \to \infty} \frac{1}{n} \ln r_n(\omega) \tag{7.2.2}$$

(约定 $\ln 0 = -\infty$). $r(\omega)$ 称为渐近对数似然比. 易知如果 $g_n(x_1, \cdots, x_n) = \prod\limits_{k=1}^{n} f_k(x_k)$, $n \geq 1$, 则 $r_n(\omega) \equiv 0$ a.s.. 以下的 (7.2.11) 表明, 在相依的情况下, 恒有 $r(\omega) \geq 0$ a.s., 因此 $r(\omega)$ 可以作为 $\{X_n, n \geq 1\}$ 的真实分布密度 $g_n(x_1, \cdots, x_n)\,(n = 1, 2, \cdots)$ 与参考乘积分布密度 $\prod\limits_{k=1}^{n} f_k(x_k)$ 之间的偏差的一种随机度量 (粗略地说, 也可以看成是 $\{X_n, n \geq 1\}$ 与独立情况的偏差的一种度量). $r(\omega)$ 越小, 偏差越小. 本节利用似然比的概念及鞅收敛定理, 将刘文 (1990a) 及刘文与杨卫国 (2000) 中的方法拓展到连续型随机变量的情况, 得到关于 $\{X_n, n \geq 1\}$ 的一类用不等式表示的强偏差定理, 其偏差界用 $r(\omega)$ 表示.

**定理 7.2.1**(刘文、王玉津 2002)   设 $\{X_n, n \geq 1\}$, $r_n(\omega)$, $r(\omega)$ 均如前定义, $\{B_n, n \geq 1\}$ 是实直线上的 Borel 集, $I_{B_n}$ 是 $B_n$ 的示性函数, 并令

$$b = \limsup_{n \to \infty} \frac{1}{n} \sum_{k=1}^{n} \int_{B_k} f_k(x_k) dx_k, \tag{7.2.3}$$

$$D_1 = \{\omega : r(\omega) \leq b\}, \quad D_2 = \{\omega : r(\omega) \geq b\},$$

则

(a) $\displaystyle \limsup_{n \to \infty} \frac{1}{n} \sum_{k=1}^{n} \left[ I_{B_k}(X_k) - \int_{B_k} f_k(x_k) dx_k \right] \leq 2\sqrt{b\,r(\omega)} + r(\omega)$  a.s.;   (7.2.4)

(b) $\displaystyle \liminf_{n \to \infty} \frac{1}{n} \sum_{k=1}^{n} \left[ I_{B_k}(X_k) - \int_{B_k} f_k(x_k) dx_k \right] \geq -2\sqrt{b\,r(\omega)}$  a.s. 于 $D_1$,   (7.2.5)

且

$$\liminf_{n \to \infty} \frac{1}{n} \sum_{k=1}^{n} \left[ I_{B_k}(X_k) - \int_{B_k} f_k(x_k) dx_k \right] \geq -b - r(\omega) \quad \text{a.s. 于 } D_2. \tag{7.2.6}$$

**证**   设 $\lambda > 0$ 为常数, 令

$$h_k(x_k) = \begin{cases} \dfrac{\lambda f_k(x_k)}{1 + (\lambda - 1) \int_{B_k} f_k(x_k) dx_k}, & x_k \in B_k, \\[4mm] \dfrac{f_k(x_k)}{1 + (\lambda - 1) \int_{B_k} f_k(x_k) dx_k}, & x_k \notin B_k. \end{cases} \tag{7.2.7}$$

易知 $\prod\limits_{k=1}^{n} h_k(x_k)$ 是 $n$ 元乘积密度函数. 令

$$t_n(\lambda, \omega) = \begin{cases} [\prod\limits_{k=1}^{n} h_k(X_k)] / g_n(X_1, \cdots, X_n), & \text{若分母大于0}, \\[4mm] 0, & \text{若分母等于0}, \end{cases} \tag{7.2.8}$$

则 $t_n(\lambda, \omega)$ a.s. 收敛的上鞅, 故存在 $A(\lambda) \in \mathcal{F}$, $P(A(\lambda)) = 1$, 使得

$$\limsup_{n \to \infty} \frac{1}{n} \ln t_n(\lambda, \omega) \leq 0, \ \omega \in A(\lambda). \tag{7.2.9}$$

在 (7.2.9) 中令 $\lambda = 1$, 得

$$\limsup_{n \to \infty} \frac{1}{n} \ln r_n(\omega) \leq 0, \ \omega \in A(1). \tag{7.2.10}$$

由此有

$$r(\omega) \geq 0, \ \omega \in A(1). \tag{7.2.11}$$

由 (7.2.7), 有

$$\prod_{k=1}^{n} h_k(X_k) = \prod_{k=1}^{n} \frac{\lambda^{I_{B_k}(x_k)} f_k(x_k)}{1 + (\lambda - 1) \int_{B_k} f_k(x_k) dx_k},$$
$$= \lambda^{\sum_{k=1}^{n} I_{B_k}(x_k)} \prod_{k=1}^{n} \frac{f_k(x_k)}{1 + (\lambda - 1) \int_{B_k} f_k(x_k) dx_k}. \tag{7.2.12}$$

由 (7.2.1), (7.2.8) 及 (7.2.12) 知,

$$\ln t_n(\lambda, \omega) = \sum_{k=1}^{n} I_{B_k}(X_k) \ln \lambda - \sum_{k=1}^{n} \ln \left[ 1 + (\lambda - 1) \int_{B_k} f_k(x_k) dx_k \right] + \ln r_n(\omega). \tag{7.2.13}$$

由 (7.2.9), (7.2.13), 有

$$\limsup_{n \to \infty} \frac{1}{n} \left( \sum_{k=1}^{n} I_{B_k}(X_k) \ln \lambda - \sum_{k=1}^{n} \ln \left[ 1 + (\lambda - 1) \int_{B_k} f_k(x_k) dx_k \right] + \ln r_n(\omega) \right)$$
$$\leq 0, \omega \in A(\lambda). \tag{7.2.14}$$

**(a)** 令 $\lambda > 1$. 将 (7.2.16) 两边同除以 $\ln \lambda$, 得

$$\limsup_{n \to \infty} \frac{1}{n} \left( \sum_{k=1}^{n} I_{B_k}(X_k) - \sum_{k=1}^{n} \frac{\ln \left[ 1 + (\lambda - 1) \int_{B_k} f_k(x_k) dx_k \right]}{\ln \lambda} + \frac{\ln r_n(\omega)}{\ln \lambda} \right)$$
$$\leq 0, \omega \in A(\lambda). \tag{7.2.15}$$

由 (7.2.15) 和 (7.2.2), 有

$$\limsup_{n \to \infty} \frac{1}{n} \left( \sum_{k=1}^{n} I_{B_k}(X_k) - \sum_{k=1}^{n} \frac{\ln \left[ 1 + (\lambda - 1) \int_{B_k} f_k(x_k) dx_k \right]}{\ln \lambda} \right)$$
$$\leq \frac{r(\omega)}{\ln \lambda}, \ \omega \in A(\lambda). \tag{7.2.16}$$

由 (7.2.16), (7.2.3) 及上极限的性质

$$\limsup_{n\to\infty}(a_n - b_n) \le d \Longrightarrow \limsup_{n\to\infty}(a_n - c_n) \le \limsup_{n\to\infty}(b_n - c_n) + d,$$

和不等式 $0 \le \ln(1+x) \le x \ (x \ge 0)$, 有

$$\limsup_{n\to\infty} \frac{1}{n} \sum_{k=1}^{n} \left[ I_{B_k}(X_k) - \int_{B_k} f_k(x_k) dx_k \right]$$

$$\le \limsup_{n\to\infty} \frac{1}{n} \sum_{k=1}^{n} \left( \frac{\ln\left[1 + (\lambda-1)\int_{B_k} f_k(x_k)dx_k\right]}{\ln\lambda} - \int_{B_k} f_k(x_k)dx_k \right) + \frac{r(\omega)}{\ln\lambda}$$

$$\le \limsup_{n\to\infty} \frac{1}{n} \sum_{k=1}^{n} \left( \frac{(\lambda-1)\int_{B_k} f_k(x_k)dx_k}{\ln\lambda} - \int_{B_k} f_k(x_k)dx_k \right) + \frac{r(\omega)}{\ln\lambda}$$

$$\le b\left( \frac{\lambda-1}{\ln\lambda} - 1 \right) + \frac{r(\omega)}{\ln\lambda}, \ \omega \in A(\lambda). \tag{7.2.17}$$

利用不等式 $1 - \lambda^{-1} < \ln\lambda \ (\lambda > 1)$, 由 (7.2.17), 有

$$\limsup_{n\to\infty} \frac{1}{n} \sum_{k=1}^{n} \left[ I_{B_k}(X_k) - \int_{B_k} f_k(x_k)dx_k \right] \le b(\lambda-1) + \frac{\lambda r(\omega)}{\lambda - 1}, \ \omega \in A(\lambda). \tag{7.2.18}$$

设 $Q^*$ 表示区间 $(1, +\infty)$ 中一切有理数的集, 令 $A^* = \cap_{\lambda \in Q^*} A(\lambda)$, $g(\lambda, r) = b(\lambda - 1) + \lambda r/(\lambda - 1)$, 则由 (7.2.20), 有

$$\limsup_{n\to\infty} \frac{1}{n} \sum_{k=1}^{n} \left[ I_{B_k}(X_k) - \int_{B_k} f_k(x_k)dx_k \right] \le g(\lambda, r(\omega)), \ \omega \in A^*, \ \lambda \in Q^*. \tag{7.2.19}$$

令 $b > 0$. 易知当 $r > 0$ 时, $g(\lambda, r)$ (作为 $\lambda$ 的函数) 在 $\lambda = 1 + \sqrt{r/b}$ 处达到它在 $(1, +\infty)$ 上的最小值 $g(1 + \sqrt{r/b}, r) = 2\sqrt{br} + r$. 又 $g(\lambda, 0)$ 在区间 $(1, +\infty)$ 上递增且 $\lim_{\lambda\to 1+0} g(\lambda, 0) = 0$. 对每个 $\omega \in A^* \cap A(1)$, 如果 $r(\omega) \ne \infty$, 取 $\lambda_n(\omega) \in Q^*$, $n = 1, 2, \cdots$, 使 $\lambda_n(\omega) \to 1 + \sqrt{r(\omega)/b}$. 则有

$$\lim_{n\to+\infty} g(\lambda_n(\omega), r(\omega)) = 2\sqrt{br(\omega)} + r(\omega). \tag{7.2.20}$$

由 (7.2.19), 有

$$\limsup_{n\to\infty} \frac{1}{n} \sum_{k=1}^{n} \left[ I_{B_k}(X_k) - \int_{B_k} f_k(x_k)dx_k \right] \le g(\lambda_n(\omega), r(\omega)), \ n = 1, 2, \cdots. \tag{7.2.21}$$

由 (7.2.20) 与 (7.2.21), 得

$$\limsup_{n\to\infty} \frac{1}{n} \sum_{k=1}^{n} \left[ I_{B_k}(X_k) - \int_{B_k} f_k(x_k)dx_k \right] \le 2\sqrt{br(\omega)} + r(\omega), \ \omega \in A^* \cap A(1).$$

$$\tag{7.2.22}$$

当 $r(\omega) = \infty$ 时, (7.2.22) 自然成立. 由于 $P(A^* \cap A(1)) = 1$, 故由 (7.2.22) 知, 当 $b > 0$ 时, (7.2.4) 成立.

当 $b = 0$ 时, 在 (7.2.19) 中令 $\lambda = e$, 得

$$\limsup_{n \to \infty} \frac{1}{n} \sum_{k=1}^{n} \left[ I_{B_k}(X_k) - \int_{B_k} f_k(x_k)dx_k \right] \leq r(\omega), \ \omega \in A(e). \tag{7.2.23}$$

由于 $P(A(e)) = 1$, 故由 (7.2.23) 知, 当 $b = 0$ 时, (7.2.4) 仍成立.

**(b)** 设 $0 < \lambda < 1$. 将 (7.2.14) 两边同除以 $\ln \lambda$, 得

$$\liminf_{n \to \infty} \frac{1}{n} \left( \sum_{k=1}^{n} I_{B_k}(X_k) - \sum_{k=1}^{n} \frac{\ln \left[ 1 + (\lambda - 1) \int_{B_k} f_k(x_k)dx_k \right]}{\ln \lambda} + \frac{\ln r_n(\omega)}{\ln \lambda} \right) \geq 0. \tag{7.2.24}$$

由 (7.2.24) 与 (7.2.2), 有

$$\liminf_{n \to \infty} \frac{1}{n} \left( \sum_{k=1}^{n} I_{B_k}(X_k) - \sum_{k=1}^{n} \frac{\ln \left[ 1 + (\lambda - 1) \int_{B_k} f_k(x_k)dx_k \right]}{\ln \lambda} \right) \geq \frac{r(\omega)}{\ln \lambda}, \ \ \omega \in A(\lambda). \tag{7.2.25}$$

由 (7.2.25), (7.2.3), 下极限的性质

$$\liminf_{n \to \infty}(a_n - b_n) \geq d \Longrightarrow \liminf_{n \to \infty}(a_n - c_n) \geq \liminf_{n \to \infty}(b_n - c_n) + d,$$

及不等式 $\ln(1 + x) \leq x \ (-1 < x \leq 0)$, 有

$$\liminf_{n \to \infty} \frac{1}{n} \sum_{k=1}^{n} \left[ I_{B_k}(X_k) - \int_{B_k} f_k(x_k)dx_k \right]$$

$$\geq \liminf_{n \to \infty} \frac{1}{n} \sum_{k=1}^{n} \left( \frac{\ln \left[ 1 + (\lambda - 1) \int_{B_k} f_k(x_k)dx_k \right]}{\ln \lambda} - \int_{B_k} f_k(x_k)dx_k \right) + \frac{r(\omega)}{\ln \lambda}$$

$$\geq \liminf_{n \to \infty} \frac{1}{n} \sum_{k=1}^{n} \left( \frac{(\lambda - 1) \int_{B_k} f_k(x_k)dx_k}{\ln \lambda} - \int_{B_k} f_k(x_k)dx_k \right) + \frac{r(\omega)}{\ln \lambda}$$

$$\geq b \left( \frac{\lambda - 1}{\ln \lambda} - 1 \right) + \frac{r(\omega)}{\ln \lambda}, \ \omega \in A(\lambda). \tag{7.2.26}$$

利用不等式 $1 - \lambda^{-1} < \ln \lambda < 0$ 及 $\ln \lambda < \lambda - 1 < 0 \ (0 < \lambda < 1)$, 由 (7.2.26), 有

$$\liminf_{n \to \infty} \frac{1}{n} \sum_{k=1}^{n} \left[ I_{B_k}(X_k) - \int_{B_k} f_k(x_k)dx_k \right] \geq b(\lambda - 1) + \frac{r(\omega)}{\lambda - 1}, \ \omega \in A(\lambda) \cap A(1). \tag{7.2.27}$$

设 $Q_*$ 表示区间 $(0, 1)$ 中一切有理数集, 令 $A_* = \cap_{\lambda \in Q_*} A(\lambda)$, $h(\lambda, r) = b(\lambda - 1) + r/(\lambda - 1)$. 则由 (7.2.27), 有

$$\liminf_{n \to \infty} \frac{1}{n} \sum_{k=1}^{n} \left[ I_{B_k}(X_k) - \int_{B_k} f_k(x_k)dx_k \right] \geq h(\lambda, r(\omega)), \ \omega \in A_* \cap A(1), \ \lambda \in Q_*.$$
$$(7.2.28)$$

设 $b > 0$. 易知当 $0 < r < b$ 时, $h(\lambda, r)$ (作为 $\lambda$ 的函数) 在 $\lambda = 1 - \sqrt{r/b}$ 处达到它在区间 $(0, 1)$ 上的最大值 $h(1 - \sqrt{r/b}, r) = -2\sqrt{br}$. 又 $h(\lambda, 0) = b(\lambda - 1)$ 在区间 $(0, 1)$ 上递增且 $\lim_{\lambda \to 1-0} h(\lambda, 0) = 0$, $h(\lambda, b) = b[\lambda - 1 + 1/(\lambda - 1)]$ 在区间 $(0, 1)$ 上递减且 $\lim_{\lambda \to 0+} h(\lambda, b) = -2b$. 对每个 $\omega \in A_* \cap A(1) \cap D_1$, 取 $\tau_n(\omega) \in Q_*$, $n = 1, 2, \cdots$, 使 $\tau_n(\omega) \to 1 - \sqrt{r(\omega)/b}$. 则有

$$\lim_{n \to +\infty} h(\tau_n(\omega), r(\omega)) = -2\sqrt{br(\omega)}.$$
$$(7.2.29)$$

由 (7.2.28), 有

$$\liminf_{n \to \infty} \frac{1}{n} \sum_{k=1}^{n} \left[ I_{B_k}(X_k) - \int_{B_k} f_k(x_k)dx_k \right] \geq h(\tau_n(\omega), r(\omega)), \quad n = 1, 2, \cdots.$$
$$(7.2.30)$$

由 (7.2.29) 和 (7.2.30), 有

$$\liminf_{n \to \infty} \frac{1}{n} \sum_{k=1}^{n} \left[ I_{B_k}(X_k) - \int_{B_k} f_k(x_k)dx_k \right] \geq -2\sqrt{br(\omega)}, \ \omega \in A_* \cap A(1) \cap D_1.$$
$$(7.2.31)$$

由于 $P(A_* \cap A(1)) = 1$, 故由 (7.2.31) 知, 当 $b > 0$ 时, (7.2.5) 成立.

当 $b = 0$ 时, $r(\omega) = 0$, $\omega \in D_1 \cap A(1)$. 于是由 (7.2.28), 有

$$\liminf_{n \to \infty} \frac{1}{n} \sum_{k=1}^{n} \left[ I_{B_k}(X_k) - \int_{B_k} f_k(x_k)dx_k \right] \geq 0, \ \omega \in A(\lambda) \cap A(1) \cap D_1, \ 0 < \lambda < 1.$$
$$(7.2.32)$$

由于 $P(A(\lambda) \cap A(1)) = 1$, 故由 (7.2.32) 知, 当 $b = 0$ 时, (7.2.5) 亦成立.

易知当 $r > b \geq 0$ 时, $h(\lambda, r)$ (作为 $\lambda$ 的函数) 在 $(0, 1)$ 上递减且 $\lim_{\lambda \to 0+} h(\lambda, r) = -(r + b)$. 于是对每个 $\omega \in A_* \cap A(1) \cap D_2$, 当 $r(\omega) \neq \infty$, 取 $\lambda_n(\omega) \in Q_*$, $n = 1, 2, \cdots$, 使 $\lambda_n(\omega) \to 0$, 则有

$$\lim_{n \to \infty} h(\lambda_n(\omega), r(\omega)) = -r(\omega) - b.$$
$$(7.2.33)$$

由 (7.2.28), 有

$$\liminf_{n \to \infty} \frac{1}{n} \sum_{k=1}^{n} \left[ I_{B_k}(X_k) - \int_{B_k} f_k(x_k)dx_k \right] \geq h(\lambda_n(\omega), r(\omega)), \quad n = 1, 2, \cdots. \quad (7.2.34)$$

由 (7.2.33) 和 (7.2.34), 得

$$\liminf_{n\to\infty}\frac{1}{n}\sum_{k=1}^{n}\left[I_{B_k}(X_k)-\int_{B_k}f_k(x_k)dx_k\right]\geq -r(\omega)-b,\ \omega\in A_*\cap A(1)\cap D_2.\ (7.2.35)$$

显然当 $r(\omega)=\infty$ 时, (7.2.35) 仍成立. 由于 $P(A_*\cap A(1))=1$, 故由 (7.2.35) 知 (7.2.6) 成立.

**推论 7.2.1** 设 $B$ 是直线上的 Borel 集, $S_n(B,\omega)$ 表示 $X_k\,(1\leq k\leq n)$ 在 $B$ 中出现的次数, 即

$$S_n(B,\omega)=\sum_{k=1}^{n}I_B(X_k),$$

则在定理条件下, 有

$$\limsup_{n\to\infty}\frac{1}{n}\sum_{k=1}^{n}\left[S_n(B,\omega)-\int_B f_k(x_k)dx_k\right]\leq 2\sqrt{b\,r(\omega)}+r(\omega)\ \text{a.s.},$$

$$\liminf_{n\to\infty}\frac{1}{n}\sum_{k=1}^{n}\left[S_n(B,\omega)-\int_B f_k(x_k)dx_k\right]\geq -2\sqrt{b\,r(\omega)}\ \text{a.s. 于}\ D_1,$$

$$\liminf_{n\to\infty}\frac{1}{n}\sum_{k=1}^{n}\left[S_n(B,\omega)-\int_B f_k(x_k)dx_k\right]\geq -b-r(\omega)\ \text{a.s. 于}\ D_2.$$

**证** 在定理中令 $B_k=B\,(k=1,2,\cdots)$ 即得.

以下的推论表明, 关于 $I_{B_n}(X_n),n\geq 1$, 的强大数定律是本节定理的推论.

**推论 7.2.2** 设 $\{X_k,k\geq 1\}$ 具有密度 $f_k(x_k),k=1,2,\cdots$, 且相互独立, 则

$$\lim_{n\to\infty}\frac{1}{n}\sum_{k=1}^{n}\left[I_{B_k}(X_k)-\int_{B_k}f_k(x_k)dx_k\right]=0\ \text{a.s.}.\qquad(7.2.36)$$

**证** 此时 $g_n(x_1,\cdots,x_n)=\prod_{k=1}^{n}f_k(x_k)$, 故 $r(\omega)=0$ a.s.. 于是 (7.2.38) 可直接由 (7.2.4) 和 (7.2.5) 得到.

## §7.3　关于任意随机变量序列的一类强极限定理

设 $\{X_n,n\geq 0\}$ 是任意随机变量序列, $\{f_n(x),n\geq 0\}$ 是一列可测函数. 本节主要研究随机序列 $\{f_n(X_n),n\geq 0\}$ 的强极限定理.

本节的目的是要通过改进刘文 (1990a) 及刘国欣、刘文 (1994) 中所用方法, 给出任意随机变量序列的一类强极限定理. 作为推论, 得到了一类鞅差序列收敛定理, 马尔可夫过程的强极限定理和若干经典的独立随机变量序列的强大数定律,

而已有的若干鞅差序列收敛定理和可列非齐次马氏链的一个强极限定理是本文结果的特例. 本节所用的证明方法的要点是, 通过构造适当的鞅, 然后利用 Doob 鞅收敛定理来证明某些极限 a.s. 收敛. 本节的主要结果对随机变量序列除矩条件外没有任何要求.

**定理 7.3.1**(刘文、杨卫国、张丽娜 1997)   设 $\{X_n, n \geq 0\}$ 是任意随机变量序列, $\{f_n(x), n \geq 0\}$ 是一列可测函数. 记 $X^n = \{X_0, \cdots, X_n\}$, 设 $\{a_n, n \geq 0\}$ 是递增的正数序列. 设 $\varphi_n(x)$ 是一列 $R$ 上的非负偶函数, 使当 $|x|$ 增加时

$$\varphi_n(x)/|x| \uparrow, \quad \varphi_n(x)/x^2 \downarrow. \tag{7.3.1}$$

设

$$A = \left\{ \omega : \sum_{n=1}^{\infty} E[\varphi_n(f_n(X_n))|X^{n-1}]/\varphi_n(a_n) < +\infty \right\}. \tag{7.3.2}$$

则有

$$\sum_{n=1}^{\infty} (f_n(X_n) - E[f_n(X_n)|X^{n-1}])/a_n \ \text{在} \ A \ \text{中 a.s. 收敛}. \tag{7.3.3}$$

若进一步有 $a_n \uparrow \infty$, 则有

$$\lim_{n \to \infty} \frac{1}{a_n} \sum_{m=1}^{n} \{f_m(X_m) - E[f_m(X_m)|X^{m-1}]\} = 0 \ \text{a.s. 于 A}. \tag{7.3.4}$$

**证**   设 $n \geq 0$, $f_n^*(X_n) = f_n(X_n)I(|f_n(X_n)| \leq a_n)$. 设 $k$ 为正整数, 记

$$Z_n = \varphi_n(f_n(X_n))/\varphi_n(a_n),$$

$$A_k = \left\{ \omega : \sum_{n=1}^{\infty} E[z_n|X^{n-1}] \leq k \right\}, \tag{7.3.5}$$

$$\tau_k = \min \left\{ n : n \geq 1, \sum_{i=1}^{n+1} E[Z_i|X^{i-1}] > k \right\}. \tag{7.3.6}$$

当 (7.3.6) 右边集为空集时, 令 $\tau_k = +\infty$. 这样 $\sum_{n=1}^{\tau_k} Z_n = \sum_{n=1}^{\infty} I(\tau_k \geq n)Z_n$. 因为 $I(\tau_k \geq n)$ 是 $\sigma(X^{n-1})$ 可测的, 由 $Z_n$ 的非负性, 有

$$E\left( \sum_{n=1}^{\tau_k} Z_n \right) = E\left( \sum_{n=1}^{\infty} I(\tau_k \geq n)Z_n \right) = E\left\{ \sum_{n=1}^{\infty} E[I(\tau_k \geq n)Z_n|X^{n-1}] \right\}$$

$$= E\left\{ \sum_{n=1}^{\infty} I(\tau_k \geq n)E[Z_n|X^{n-1}] \right\} = E\left\{ \sum_{n=1}^{\tau_k} E[Z_n|X^{n-1}] \right\} \leq k. \tag{7.3.7}$$

由于 $A_k = \{\tau_k = +\infty\}$, 于是由 (7.3.7), 有

$$\sum_{n=1}^{\infty} \int_{A_k} Z_n dP = \sum_{n=1}^{\infty} E(I((A_k)Z_n) = E\left\{ I(A_k) \sum_{n=1}^{\infty} Z_n \right\}$$

$$= E\left\{ I(\tau_k = +\infty) \sum_{n=1}^{\infty} Z_n \right\} E\left\{ I(\tau_k = +\infty) \sum_{n=1}^{\tau_k} Z_n \right\}$$

$$\leq E\left( \sum_{n=1}^{\tau_k} Z_n \right) \leq k. \tag{7.3.8}$$

由 (7.3.1) 知, 当 $|x|$ 增加时, $\varphi(x)$ 增加. 由 (7.3.8), 有

$$\sum_{n=1}^{\infty} P(A_k(f_n^*(X_n) \neq f_n(X_n))) = \sum_{n=1}^{\infty} \int_{A_k(|f_n(X_n)|>a_n)} dP$$

$$\leq \sum_{n=1}^{\infty} \int_{A_k(|f_n(X_n)|>a)} \frac{\varphi_n(f_n(X_n))}{\varphi_n(a_n)} dP \leq \sum_{n=1}^{\infty} \int_{A_k} Z_n dP \leq k. \tag{7.3.9}$$

于是由 Borel-Cantelli 引理知 $P(A_k(f_n^*(X_n) \neq f_n(X_n)), \text{i.o.}) = 0$. 于是有

$$\sum_{n=1}^{\infty} (f_n(X_n) - f_n^*(X_n))/a_n \text{ 在 } A_k \text{ 中 a.s. 收敛.} \tag{7.3.10}$$

由于 $A = \cup_k A_k$, 由 (7.3.10), 有

$$\sum_{n=1}^{\infty} (f_n(X_n) - f_n^*(X_n))/a_n \text{ 在 } A \text{ 中 a.s. 收敛.} \tag{7.3.11}$$

设

$$Y_m = (f_m^*(X_m) - E[f_m^*(X_n)|X^{m-1}])/a_m, \quad m \geq 1. \tag{7.3.12}$$

设 $\lambda = 1, -1$, 定义随机变量如下:

$$t_n(\lambda) = \frac{\exp\left\{ \lambda \sum_{m=1}^{n} Y_m \right\}}{\prod_{m=1}^{n} E[\exp\{\lambda Y_m\}|X^{m-1}]}, \quad n \geq 1. \tag{7.3.13}$$

则 $\{t_n(\lambda), n \geq 1\}$ 是鞅. 事实上, 由于

$$t_n(\lambda) = t_{n-1}(\lambda) \frac{\exp\{\lambda Y_n\}}{E[\exp\{\lambda Y_n\}|X^{n-1}]}, \tag{7.3.14}$$

及 $t_{n-1}(\lambda)$ 与 $E[\exp\{\lambda Y_n\}|X^{n-1}]$ 是 $\sigma(X^{n-1})$ 可测的, 有

$$E[t_n(\lambda)|X^{n-1}] = t_{n-1}(\lambda)\frac{E[\exp\{\lambda Y_n\}|X^{n-1}]}{E\{\exp\{\lambda Y_n\}|X^{n-1}\}} = t_{n-1}(\lambda) \text{ a.s..} \tag{7.3.15}$$

因此 $\{t_n(\lambda), n \geq 1\}$ 是鞅, 又 $E|t_n(\lambda)| = Et_n(\lambda) = Et_1(\lambda) = 1$, 于是由 Doob 鞅收敛定理有

$$\lim_{n\to\infty} t_n(\lambda) \quad \text{a.s. 存在且有限.} \tag{7.3.16}$$

由不等式

$$0 \leq e^x - 1 - x \leq x^2 e^{|x|}, \quad \forall x \in R, \tag{7.3.17}$$

并注意到 $|Y_n| \leq 2$, $E[Y_n|X^{n-1}] = 0$ a.s. 及

$$\begin{aligned} E[Y_n^2|X^{n-1}] &= E[((f_n^*(X_n) - E[f_n^*(X_n)|X^{n-1}])/a_n)^2|X^{n-1}] \\ &= (E[(f_n^*(X_n))^2|X^{n-1}] - (E[f_n^*(X_n)|X^{n-1}])^2)/a_n^2 \\ &\leq E[(f_n^*(X_n))^2|X^{n-1}]/a_n^2 \text{ a.s.,} \end{aligned}$$

有

$$0 \leq E[\exp\{\lambda Y_n\}|X^{n-1}] - 1 = E[(\exp\{\lambda Y_n\} - \lambda Y_n - 1)|X^{n-1}]$$

$$\leq E[\lambda^2 Y_n^2 e^{|\lambda Y_n|}|X^{n-1}] \leq e^2 E[Y_n^2|X^{n-1}] \leq e^2 E[(f_n^*(X_n))^2|X^{n-1}]/a_n^2 \text{ a.s..} \tag{7.3.18}$$

由 (7.3.1) 知当 $|x| \leq a_n$ 时有 $x^2/a_n \leq \varphi_n(x)/\varphi_n(a_n)$, 所以有

$$\frac{(f_n^*(X_n))^2}{a_n^2} \leq \frac{\varphi_n(f_n^*(X_n))}{\varphi_n(a_n)} \leq \frac{\varphi_n(f_n(X_n))}{\varphi_n(a_n)}. \tag{7.3.19}$$

由 (7.3.18) 与 (7.3.19), 有

$$0 \leq E[\exp\{\lambda Y_n\}|X^{n-1}] - 1 \leq e^2 \frac{E[\varphi_n(f_n(X_n))|X^{n-1}]}{vp_n(a_n)} \text{ a.s..} \tag{7.3.20}$$

由 (7.3.20) 与 (7.3.2) 有

$$\sum_{n=1}^{\infty}(E[\exp\{\lambda Y_n\}|X^{n-1}] - 1) \text{ 在 } A \text{ 中 a.s. 收敛,} \tag{7.3.21}$$

或等价地有

$$\prod_{n=1}^{\infty} E[\exp\{\lambda Y_n\}|X^{n-1}] \text{ 在 } A \text{ 中 a.s. 收敛.} \tag{7.3.22}$$

由 (7.3.13) 、 (7.3.16) 与 (7.3.22), 有

$$\lim_{n\to\infty} \exp\left\{\lambda \sum_{m=1}^{n} Y_m\right\} \text{ 在 } A \text{ 中 a.s. 存在且有限.} \tag{7.3.23}$$

由于上式对 $\lambda = 1, -1$ 均成立, 所以有

$$\sum_{n=1}^{\infty} Y_n = \sum_{n=1}^{\infty} (f_n^*(X_n) - E[f_n^*(X_n)|X^{n-1}])/a_n \text{ 在 } A \text{ 中 a.s. 收敛.} \tag{7.3.24}$$

由 (7.3.1) 知, 当 $|x| > a_n$ 时有 $|x|/a_n \le \varphi_n(x)/\varphi_n(a_n)$, 所以

$$|(E[f_n(X_n)|X^{n-1}] - E[f_n^*(X_n)|X^{n-1}])/a_n| = 1|E[(f_n(X_n) - f_n^*(X_n))/a_n|X^{n-1}]|$$

$$\le E[|f_n(X_n) - f_n^*(X_n)|/a_n|X^{n-1}] = E[(|f_n(X_n)|/a_n)I(|f_n(X_n)| > a_n)|X^{n-1}]$$

$$\le E[(\varphi_n(f_n(X_n))/\varphi_n(a_n))I(|f_n(X_n)| > a_n)|X^{n-1}]$$

$$\le E[\varphi_n(f_n(X_n))|X^{n-1}]/\varphi_n(a_n) \text{ a.s..} \tag{7.3.25}$$

由 (7.3.25) 与 (7.3.2), 有

$$\sum_{n=1}^{\infty} (E[f_n(X_n)|X^{n-1}] - E[f_n^*(X_n)|X^{n-1}])/a_n \text{ 在 } A \text{ 中 a.s. 收敛.} \tag{7.3.26}$$

由 (7.3.11), (7.3.24) 与 (7.3.26) 知

$$\sum_{n=1}^{\infty} (f_n(X_n) - E[f_n(X_n)|X^{n-1}])/a_n \text{ 在 } A \text{ 中 a.s. 收敛,}$$

即 (7.3.3) 成立.

若进一步有 $0 < a_n \uparrow \infty$, 由 (7.3.3) 与 Kronecker 引理知 (7.3.4) 成立. 证毕.

**推论 7.3.1** 在定理 7.3.1 中, 如果作为条件的 (7.3.2) 换为以下条件:

$$\sum_{n=1}^{\infty} \frac{E[\varphi_n(f_n(X_n))]}{\varphi_n(a_n)} < +\infty, \tag{7.3.27}$$

则

$$\sum_{n=1}^{\infty} (f_n(X_n) - E[f_n(X_n)|X^{n-1}])/a_n \text{ a.s. 收敛.} \tag{7.3.28}$$

若进一步有 $0 < a_n \uparrow \infty$, 则有

$$\lim_{n\to\infty} \frac{1}{a_n} \sum_{m=1}^{n} \{f_m(X_m) - E[f_m(X_m)|X^{m-1}]\} = 0 \text{ a.s..} \tag{7.3.29}$$

**证**  由于 (7.3.27) 可表示为

$$\sum_{n=1}^{\infty} \frac{E(E[\varphi_n(f_n(X_n))|X^{n-1}])}{\varphi_n(a_n)} < +\infty, \tag{7.3.30}$$

由 $\varphi_n$ 的非负性, 有

$$\sum_{n=1}^{\infty} \frac{E[\varphi_n(f_n(X_n))|X^{n-1}]}{\varphi_n(a_n)} \text{ a.s. 收敛}, \tag{7.3.31}$$

即 $P(A) = 1$. 由定理 7.3.1, 即得本推论.

**推论 7.3.2** (Chung)  设 $\{X_n, n \geq 0\}$ 是独立随机变量序列, $\varphi_n$ 及 $a_n$ 如定理 7.3.1. 如果

$$\sum_{n=1}^{\infty} E[\varphi_n(X_n)]/\varphi_n(a_n) < +\infty, \tag{7.3.32}$$

则有

$$\sum_{n=1}^{\infty} \frac{1}{a_n}(X_n - E(X_n)) \text{ a.s. 收敛}. \tag{7.3.33}$$

如果进一步有 $a_n \uparrow \infty$, 则有

$$\lim_{n \to \infty} \frac{1}{a_n} \sum_{i=1}^{n} [X_i - E(X_i)] = 0 \text{ a.s.}. \tag{7.3.34}$$

这就是 Chung (1974, p.124), Petrov (1975, p.267) 和陆传荣、林正炎 (1987, p.150) 中的经典强大数定律.

**推论 7.3.3**  设 $\{X_n, n \geq 0\}$ 是鞅差序列, $\varphi_n$ 与 $a_n$ 如定理 7.3.1. 设

$$A = \left\{ \omega : \sum_{n=1}^{\infty} \frac{E[\varphi_n(X_n)|X^{n-1}]}{\varphi_n(a_n)} < +\infty \right\}, \tag{7.3.35}$$

则

$$\sum_{n=1}^{\infty} \frac{X_n}{a_n} \text{ 在 } A \text{ 中 a.s. 收敛}. \tag{7.3.36}$$

若 $a_n \uparrow \infty$, 则有

$$\lim_{n \to \infty} \frac{1}{a_n} \sum_{i=1}^{n} X_i = 0 \text{ a.s. 于 A}. \tag{7.3.37}$$

**证**  在定理 7.3.1 中取 $f_n(x) = x$, 注意到 $E[X_n|X^{n-1}] = 0$ a.s., 由定理 7.3.1 即得推论 7.3.3.

**推论 7.3.4** (Chow 1988, p.249)  设 $\{X_n, n \geq 0\}$ 是一 $L_p$ 鞅差序列，且 $0 < a_n \uparrow \infty$, 则

$$\lim_{n \to \infty} \frac{1}{a_n} \sum_{i=1}^{n} X_i = 0 \quad \text{a.s. 于 A,}$$

其中 $A = \left\{ \omega : \sum_{n=1}^{\infty} a_n^{-p} E[|X_n|^p | X^{n-1}] < \infty \right\}, p \in [1, 2]$.

**证**  在推论 7.3.3 中取 $\varphi_n(x) = |x|^p$, $p \in [1, 2]$, 即得.

**推论 7.3.5** (参见陆传荣、林正炎 1987, p.294)  设 $\{X_n, n \geq 0\}$ 是一平方可积鞅差序列. 设 $S_n = \sum_{i=1}^{n} X_i$, 则在集 $A = \left\{ \omega : \sum_{n=1}^{\infty} E[X_n^2 | X^{n-1}] < +\infty \right\}$ 上 $S_n$ a.s. 收敛.

**证**  在推论 7.3.3 中取 $\varphi_n(x) = x^2$, $a_n = 1$ 即得.

**推论 7.3.6**  设 $\{X_n, n \geq 0\}$ 是一马尔可夫过程, $f_n(x), \varphi_n(x), 0 < a_n \uparrow \infty$, 如定理 7.3.1. 如果

$$\sum_{n=1}^{\infty} \frac{E[\varphi_n(f_n(X_n))]}{\varphi_n(a_n)} < +\infty. \tag{7.3.38}$$

则 $\forall k \geq 1$, 有

$$\sum_{n=1}^{\infty} \frac{1}{a_n} \{f_n(X_n) - E[f_n(X_n)|X_{n-k}]\} \quad \text{a.s. 收敛} \tag{7.3.39}$$

和

$$\lim_{n \to \infty} \frac{1}{a_n} \sum_{m=1}^{n} \{f_m(X_m) - E[f_m(X_m)|X_{m-k}]\} = 0 \quad \text{a.s.,} \tag{7.3.40}$$

其中 $X_{-n}, n \geq 1$ 为常量.

**证**  如果 $\{X_n, n \geq 0\}$ 是一马氏过程, 则有 $E[f_n(X_n)|X^{n-1}] = E[f_n(X_n)|X_{n-1}]$, 则由推论 7.3.1, 有

$$\sum_{n=1}^{\infty} \frac{1}{a_n} \{f_n(X_n) - E[f_n(X_n)|X_{n-1}]\} \quad \text{a.s. 收敛} \tag{7.3.41}$$

和

$$\lim_{n \to \infty} \frac{1}{a_n} \sum_{m=1}^{n} \{f_m(X_m) - E[f_m(X_m)|X_{m-1}]\} = 0 \quad \text{a.s.,} \tag{7.3.42}$$

即当 $k = 1$ 时 (7.3.39) 与 (7.3.40) 成立.

完全类似于刘国欣、刘文 (1994) 的定理 7.3.1 的证明, 可得当 $k > 1$ 时 (7.3.39) 与 (7.3.40) 仍成立. 证毕.

如果 $\{X_n, n \geq 0\}$ 是在 $S = \{1, 2, \cdots\}$ 中取值的非齐次马氏链, 则推论 7.3.6 仍成立. 于是由推论 7.3.6 可得刘国欣、刘文 (1994) 的定理.

**定理 7.3.2**(刘文、杨卫国、张丽娜 1997)  如果定理 7.3.1 中的假设 (7.3.1) 用如下的假设代替: 当 $|x|$ 增加时

$$\varphi_n(x) \uparrow, \quad \frac{\varphi_n(x)}{|x|} \downarrow . \tag{7.3.43}$$

设

$$A = \left\{ \omega : \sum_{n=1}^{\infty} \frac{E[\varphi_n(X_n)|X^{n-1}]}{\varphi_n(a_n)} < +\infty \right\}, \tag{7.3.44}$$

则有

$$\sum_{n=1}^{\infty} \frac{X_n}{a_n} \ \text{在} \ A \ \text{中 a.s. 收敛}. \tag{7.3.45}$$

特别当

$$\sum_{n=1}^{\infty} \frac{E[\varphi_n(X_n)]}{\varphi_n(a_n)} < +\infty \tag{7.3.46}$$

时有

$$\sum_{n=1}^{\infty} \frac{X_n}{a_n} \ \text{a.s. 收敛}. \tag{7.3.47}$$

**证**  设 $X^* = X_n I(|X_n| \le a_n)$, 完全类似于 (7.3.11) 的证明, 可得

$$\sum_{n=1}^{\infty} \frac{1}{a_n}(X_n - X_n^*) \ \text{在} \ A \ \text{中 a.s. 收敛}. \tag{7.3.48}$$

设 $A_k$ 与 $\tau_k$ 类似于 (7.3.5) 与 (7.3.6) 所定义. 由 (7.3.43) 有

$$|X_n^*|/a_n \le \varphi_n(X_n^*)/\varphi_n(a_n) \le \varphi_n(X_n)/\varphi_n(a_n). \tag{7.3.49}$$

完全类似于 (7.3.8), 有

$$\sum_{n=1}^{\infty} \int_{A_k} \frac{\varphi_n(X_n)}{\varphi_n(a_n)} dP \le k. \tag{7.3.50}$$

由 (7.3.49) 与 (7.3.50), 有

$$\int_{A_k} \left( \sum_{n=1}^{\infty} \frac{|X_n^*|}{a_n} \right) dP = \sum_{n=1}^{\infty} \int_{A_k} \frac{|X_n^*|}{a_n} dP \le k.$$

于是 $\sum_{n=1}^{\infty} \frac{X_n^*}{a_n}$ 在 $A_k$ 中 a.s. 绝对收敛, 因而在 $A_k$ 中 a.s. 收敛. 由于 $A = \cup_k A_k$, 故有

$$\sum_{n=1}^{\infty} \frac{X_n^*}{a_n} \ \text{在} \ A \ \text{中 a.s. 收敛}. \tag{7.3.51}$$

由 (7.3.48) 与 (7.3.51) 可得 (7.3.45) 成立.

由于当 (7.3.46) 成立时有 $P(A) = 1$, 故这时 (7.3.47) 成立.

**推论 7.3.7** (Loéve, 见 Chow 与 Teicher 1988, p.117)　设 $\{X_n, n \geq 0\}$ 为任意随机变量序列, 如果存在 $r_n \in [0, 1]$ $(n = 1, 2, \cdots)$, 使得 $\sum_{n=1}^{\infty} E|X_n|^{r_n} < +\infty$, 则 $\sum_{n=1}^{\infty} X_n$ a.s. 绝对收敛.

**证**　考查随机变量序列 $\{|X_n|, n \geq 0\}$, 取 $\varphi_n(x) = |x|^{r_n}$, $a_n = 1$, 由定理 7.3.2 即得.

# 第八章　树上马尔可夫链场的若干极限性质

关于树上马尔可夫链场的早期研究见 Spitzer (1975) 及所引文献. 树模型近年来已引起物理学、概率论及信息论界的广泛兴趣. Berger 与叶中行研究了树上 G 不变随机场的熵率存在性 (见 Berger 与叶中行 1990), 之后叶中行与 Berger 又研究了树上 PPG 不变随机场的遍历性及 Shannon–McMilan 定理 (见叶中行与 Berger 1996), 但他们的工作中的收敛是依概率收敛. 在本章中我们将研究一类无限树上马氏链场的若干 a.s. 收敛的极限性质.

## §8.1　广义 Bethe 树上马尔可夫链场的若干极限性质

### §8.1.1　基　本　概　念

本节引进广义 Bethe 树和广义 Cayley 树的概念. 我们首先证明这种树上的马氏链场关于状态序偶出现频率的一个强极限定理, 并由此导出 Bethe 树 $T_{B,N}$ 及 Cayley 树 $T_{C,N}$ 上马氏链场的若干强极限定理, 其中包括 a.s. 收敛的 Shannon–McMillan 定理. 在证明中采用了作者提出的研究概率论强极限定理的新方法 (见刘文 1990a), 并对此方法有所改进, 使它适应于随机场的情况.

设 $T$ 是一个无限树, $x \neq y$ 是 $T$ 中任两个顶点, 则存在惟一的从 $x$ 到 $y$ 的路径 $x = z_1, z_2, \cdots, z_m = y$, 其中 $z_1, z_2, \cdots, z_m$ 互不相同, 且 $z_i$ 与 $z_{i+1}$ 为相邻两顶点. $m-1$ 称为 $x$ 到 $y$ 的距离. 为给 $T$ 中的顶点编号, 我们选定一个顶点作为根顶点 (简称根), 并记之为 $o$. 如果一个顶点与根顶点的距离为 $n$, 则称此顶点为第 $n$ 层上的顶点. 为统一起见, 根顶点也称为位于第 0 层上的顶点.

**定义 8.1.1**　设 $T$ 是一个具有根顶点 $o$ 的无限树, $\{N_n, n \geq 1\}$ 是一列正整数. 如果第 $n$ 层 ($n \geq 0$) 上的每个顶点均与第 $n+1$ 层上的 $N_{n+1}$ 个顶点相邻, 则称 $T$ 为广义 Bethe 树或广义 Cayley 树.

设 $N$ 是正整数. 如果 $N_1 = N+1$, 且对所有的 $n \geq 2, N_n = N$, 则称 $T$ 为 Bethe 树, 记为 $T_{B,N}$ ($T_{B,2}$ 如图 8.1 所示); 如果对所有的 $n \geq 1, N_n = N$, 则称 $T$ 是 Cayley 树, 记为 $T_{C,N}$.

以下 $T$ 恒表示广义 Bethe 树或广义 Cayley 树, $T^{(n)}$ 表示含有从第 0 层 ( 根顶点) 到第 $n$ 层的所有顶点的子图. 设 $|B|$ 表示 $T$ 的子图 $B$ 的顶点数, 并令 $N_0 = 1$,

则

$$|T^{(n)}| = \sum_{k=0}^{n} N_0 \cdots N_k. \tag{8.1.1}$$

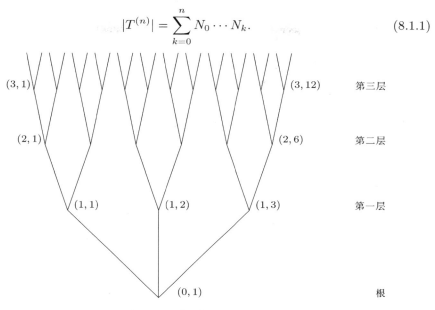

图 8.1　Bethe 树 $T_{B,2}$

用 $(n,j)(1 \le j \le N_1 \cdots N_n, n \ge 1)$ 表示第 $n$ 层上的第 $j$ 个顶点，为统一起见，也记根顶点 $o$ 为 $(0,1)$.

设 $b$ 是正整数，$S = \{1, 2, \cdots, b\}, \Omega = S^T, \omega = \omega(\cdot) \in \Omega$，其中 $\omega(\cdot)$ 是定义在 $T$ 上在 $S$ 中取值的函数，$\mathcal{F}$ 是 $\Omega$ 的所有有限维柱子集产生的最小 $\sigma-$ 代数，$\mu$ 是可测空间 $(\Omega, \mathcal{F})$ 上的概率测度. X$= \{X_t, t \in T\}$ 是定义在 $(\Omega, \mathcal{F})$ 上的坐标随机过程，即对任何 $\omega = \omega(\cdot) \in \Omega$, 定义

$$X_t(\omega) = \omega(t), \ \ t \in T^{(n)}. \tag{8.1.2}$$

记

$$X^{T^{(n)}} = \{X_t, t \in T^{(n)}\}; \ \ \mu(X^{T^{(n)}} = x^{T^{(n)}}) = \mu(x^{T^{(n)}}).$$

下面我们直接利用柱集的分布给出树 $T$ 上的马氏链场的一种定义，它是马氏链场古典定义 (见 Feller(1957), p.338) 的自然推广.

**定义 8.1.2**　设 $\boldsymbol{P} = (P(j|i))$ 是 $S$ 上严格为正的随机矩阵，$\boldsymbol{q} = (q(1), \cdots, q(b))$ 是 $S$ 上的严格为正的分布，$\mu_P$ 是 $(\Omega, \mathcal{F})$ 上的概率测度. 如果

$$\mu_P(x_{0,1}) = q(x_{0,1}), \tag{8.1.3}$$

$$\mu_P(x^{T^{(n)}}) = q(x_{0,1}) \prod_{m=0}^{n-1} \prod_{i=1}^{N_0 \cdots N_m} \prod_{j=N_{m+1}(i-1)+1}^{N_{m+1}i} P(x_{m+1,j}|x_{m,i}), \ \ n \ge 1, \tag{8.1.4}$$

则称 $\mu_P$ 为随机矩阵 $P$ 及分布 $q$ 决定的树 $T$ 上的马氏链场.

**注 8.1.1** 由 (8.1.3) 与 (8.1.4) 定义的 $\mu_P$ 也依赖于 $q$. 在 Spitzer(1975) 及 Berger 与叶中行 (1990) 给出的定义中 $q$ 被取为由 $P$ 决定的平稳分布 $\pi = (\pi(1), \cdots, \pi(b))$. 故此处的定义稍有推广.

**注 8.1.2** 设对所有的 $n \geq 0, N_n = 1$, 并记 $(n,1)$ 为 $n$, 则由 (8.1.3) 与 (8.1.4), 有

$$\mu_P(x^{T^{(n)}}) = \mu_p(X_0 = x_0, \cdots, X_n = x_n) = q(x_0) \prod_{m=0}^{n-1} P(x_{m+1}|x_m).$$

这就是马氏链柱集的分布.

## §8.1.2 若干引理

**引理 8.1.1** 设 $\mu_1$ 与 $\mu_2$ 是可测空间 $(\Omega, \mathcal{F})$ 上的两个概率测度, $D \in \mathcal{F}, \{\tau_n, n \geq 1\}$ 是一列正值随机变量使得

$$\liminf_{n \to \infty} \frac{\tau_n}{|T^{(n)}|} > 0 \quad \mu_1\text{- a.s.} 于 D, \tag{8.1.5}$$

则

$$\limsup_{n \to \infty} \frac{1}{\tau_n} \ln \frac{\mu_2(X^{T^{(n)}})}{\mu_1(X^{T^{(n)}})} \leq 0 \quad \mu_1\text{- a.s.} 于 D. \tag{8.1.6}$$

特别地, 如果取 $\tau_n = |T^{(n)}|$, 则有

$$\limsup_{n \to \infty} \frac{1}{|T^{(n)}|} \ln \frac{\mu_2(X^{T^{(n)}})}{\mu_1(X^{T^{(n)}})} \leq 0 \quad \mu_1\text{- a.s.} \tag{8.1.7}$$

**证** 设 $Z_n = \mu_2(X^{T^{(n)}})/\mu_1(X^{T^{(n)}})$. 易知 $E_{\mu_1}(Z_n) \leq 1$, 其中 $E_{\mu_1}$ 表示关于 $\mu_1$ 的数学期望. $\forall \varepsilon > 0$, 由 Markov 不等式有

$$\sum_{n=1}^{\infty} \mu_1(|T^{(n)}|^{-1} \ln Z_n \geq \varepsilon) \leq \sum_{n=1}^{\infty} \exp(-|T^{(n)}|\varepsilon) < \infty. \tag{8.1.8}$$

因为 $\varepsilon > 0$ 是任意的, 故根据 Borel–Cantelli 引理由 (8.1.8) 知 (8.1.7) 成立. 显然 (8.1.5) 与 (8.1.7) 蕴含 (8.1.6).

设 $k, l \in S, S_n(k, \omega)$ 是 $X^{T^{(n)}} = \{X_t, t \in T^{(n)}\}$ 中 $k$ 的个数, $S_n(k, l, \omega)$ 是随机变量序偶

$(X_{m,i}, X_{m+1,j}), 0 \leq m \leq n-1, 1 \leq i \leq N_0 \cdots N_m, N_{m+1}(i-1)+1 \leq j \leq N_{m+1}i, n \geq 1$

中状态序偶 $(k, l)$ 的个数, 即

$$S_n(k, \omega) = \sum_{m=0}^{n} \sum_{j=1}^{N_0 \cdots N_m} \delta_k(X_{m,j}), \tag{8.1.9}$$

$$S_n(k, l, \omega) = \sum_{m=0}^{n-1} \sum_{i=1}^{N_0 \cdots N_m} \sum_{j=N_{m+1}(i-1)+1}^{N_{m+1}i} \delta_k(X_{m,i})\delta_l(X_{m+1,j}), \tag{8.1.10}$$

其中 $\delta_k(\cdot)$ 是 $S$ 上的 Kronecker $\delta$ 函数. 令

$$\sigma_n(k, \omega) = \sum_{j=1}^{b} S_n(k, j, \omega). \tag{8.1.11}$$

易知

$$\sum_{k=1}^{b} S_n(k, \omega) = |T^{(n)}|, \tag{8.1.12}$$

$$\sum_{i=1}^{b} S_n(i, k, \omega) = S_n(k, \omega) - \delta_k(X_0), \tag{8.1.13}$$

$$\sigma_n(k, \omega) = \sum_{m=0}^{n-1} \sum_{j=1}^{N_0 \cdots N_m} N_{m+1}\delta_k(X_{m,j}), \tag{8.1.14}$$

$$\sum_{k=1}^{b} \sigma_n(k, \omega) = |T^{(n)}| - 1. \tag{8.1.15}$$

以下恒假定 $\mu_P$ 是由随机矩阵 $\boldsymbol{P} = (P(j|i))$ 及分布 $\boldsymbol{q}$ 决定的树 $T$ 上的马氏链场.

**引理 8.1.2** 对所有的 $k \in S$, 有

$$\liminf_{n \to \infty} \frac{S_n(k, \omega)}{|T^{(n)}|} > 0 \quad \mu_P\text{- a.s.} \tag{8.1.16}$$

**证** 设 $0 < \lambda < 1$ 为常数, $\boldsymbol{Q} = (Q(j|i)), i, j \in S$ 是另一随机矩阵, 其中对所有的 $i \in S$,

$$Q(k|i) = \lambda, \quad Q(j|i) = \frac{(1-\lambda)P(j|i)}{1 - P(k|i)}, j \neq k. \tag{8.1.17}$$

用 $\mu_Q$ 表示由 $\boldsymbol{Q}$ 及分布 $\boldsymbol{q}$ 决定的树 $T$ 上的马氏链场, 则

$$\mu_Q(x^{T^{(n)}}) = q(x_{0,1}) \prod_{m=0}^{n-1} \prod_{i=1}^{N_0 \cdots N_m} \prod_{j=N_{m+1}(i-1)+1}^{N_{m+1}i} Q(x_{m+1,j}|x_{m,i}), n \geq 1. \tag{8.1.18}$$

令
$$a_k = \min\{P(k|i), i \in S\}, \quad b_k = \max\{P(k|i), i \in S\}. \tag{8.1.19}$$

由 (8.1.4), (8.1.1), (8.1.15) 及 (8.1.17)—(8.1.19), 有

$$\begin{aligned}
\frac{\mu_Q(X^{T^{(n)}})}{\mu_P(X^{T^{(n)}})} &= \prod_{i=1}^{b}\prod_{j=1}^{b}\left[\frac{Q(j|i)}{P(j|i)}\right]^{S_n(i,j,\omega)} \\
&= \prod_{i=1}^{b}\left[\frac{\lambda}{P(k|i)}\right]^{S_n(i,k,\omega)}\left[\frac{1-\lambda}{1-P(k|i)}\right]^{\sigma_n(i,\omega)-S_n(i,k,\omega)} \\
&\geq \prod_{i=1}^{b}\left[\frac{\lambda}{b_k}\right]^{S_n(i,k,\omega)}\left[\frac{1-\lambda}{1-a_k}\right]^{\sigma_n(i,\omega)-S_n(i,k,\omega)} \\
&= \left(\frac{\lambda}{b_k}\right)^{S_n(k,\omega)-\delta_k(X_0)}\left(\frac{1-\lambda}{1-a_k}\right)^{|T^{(n)}|-1-S_n(k,\omega)+\delta_k(X_0)}.
\end{aligned} \tag{8.1.20}$$

利用引理 8.1.1 由 (8.1.20) 知存在 $A(\lambda) \in \mathcal{F}, \mu_P(A(\lambda)) = 1$, 使得

$$\limsup_{n\to\infty}\frac{1}{|T^{(n)}|}S_n(k,\omega)\ln\frac{\lambda(1-a_k)}{b_k(1-\lambda)} \leq \ln\frac{(1-a_k)}{(1-\lambda)}, \omega \in A(\lambda). \tag{8.1.21}$$

取 $\lambda \in (0, a_k)$ 并注意

$$0 < \frac{\lambda(1-a_k)}{b_k(1-\lambda)} < 1, \ 0 < \frac{1-a_k}{1-\lambda} < 1,$$

由 (8.1.21), 有

$$\liminf_{n\to\infty}\frac{1}{|T^{(n)}|}S_n(k,\omega) \geq \left[\ln\frac{1-a_k}{1-\lambda}\right]\Big/\ln\frac{\lambda(1-a_k)}{b_k(1-\lambda)} > 0, \quad \omega \in A(\lambda). \tag{8.1.22}$$

故 (8.1.16) 成立.

**引理 8.1.3**  如果存在正整数 $N_*, N^*$ 与 $d$, 使得当 $n \geq d$ 时 $N_* \leq N_n \leq N^*$, 则

$$\liminf_{n\to\infty}\frac{\sigma_n(k,\omega)}{|T^{(n)}|} \geq \frac{N_*}{N^*}\liminf_{n\to\infty}\frac{S_n(k,\omega)}{|T^{(n)}|} > 0 \quad \mu_P\text{- a.s.}, \tag{8.1.23}$$

$$\liminf_{n\to\infty}\frac{S_n(k,\omega)}{|T^{(n)}|} \geq \frac{N_*}{N^*}\liminf_{n\to\infty}\frac{\sigma_n(k,\omega)}{|T^{(n)}|}, \tag{8.1.24}$$

$$\limsup_{n\to\infty}\frac{\sigma_n(k,\omega)}{|T^{(n)}|} \leq \frac{N^*}{N_*}\limsup_{n\to\infty}\frac{S_n(k,\omega)}{|T^{(n)}|}, \tag{8.1.25}$$

$$\limsup_{n\to\infty}\frac{S_n(k,\omega)}{|T^{(n)}|} \leq \frac{N^*}{N_*}\limsup_{n\to\infty}\frac{\sigma_n(k,\omega)}{|T^{(n)}|}. \tag{8.1.26}$$

**证** 由假设易知，存在有限数 $a,b$ 及有限随机变量 $\alpha(\omega)$ 与 $\beta(\omega)$, 使得

$$a + N_*|T^{(n-1)}| \le |T^{(n)}| \le b + N^*|T^{(n-1)}|, \tag{8.1.27}$$

$$\alpha(\omega) + N_*S_{n-1}(k,\omega) \le \sigma_n(k,\omega) \le N^*S_{n-1}(k,\omega) + \beta(\omega), \tag{8.1.28}$$

故有

$$\frac{\sigma_n(k,\omega)}{|T^{(n)}|} \ge \frac{\alpha(\omega) + N_*S_{n-1}(k,\omega)}{b + N^*|T^{(n-1)}|}.$$

显然利用引理 8.1.2 即可推出 (8.1.23). 应用不等式 (8.1.27) 与 (8.1.28) 类似可证 (8.1.24)—(8.1.26).

**引理 8.1.4** 设 $0 < p < 1, \{c_n, n \ge 1\}$ 是一列非负实数，如果存在实数列 $\{\alpha_k, k \ge 1\}$ 使得 $p < \alpha_k < 1, \alpha_k \to p$, 且

$$\liminf_{n\to\infty} \left(\frac{\alpha_k}{p}\right)^{c_n} \left(\frac{1-\alpha_k}{1-p}\right)^{1-c_n} \ge 1, \tag{8.1.29}$$

则

$$\liminf_{n\to\infty} c_n \ge p. \tag{8.1.30}$$

如果存在实数列 $\{\beta_k, k \ge 1\}$ 使得 $p < \beta_k < 1, \beta_k \to p$, 且

$$\limsup_{n\to\infty} \left(\frac{\beta_k}{p}\right)^{c_n} \left(\frac{1-\beta_k}{1-p}\right)^{1-c_n} \le 1,$$

则

$$\limsup_{n\to\infty} c_n \le p.$$

**证** 由 (8.1.29), 有

$$\limsup_{n\to\infty} c_n \ln \frac{\alpha_k(1-p)}{p(1-\alpha_k)} \le \ln \frac{1-p}{1-\alpha_k}.$$

因为

$$0 < \frac{\alpha_k(1-p)}{p(1-\alpha_k)} < 1, \ \ 0 < \frac{1-p}{1-\alpha_k} < 1,$$

故有

$$\liminf_{n\to\infty} c_n \ge \left[\ln \frac{1-p}{1-\alpha_k}\right] / \ln \frac{\alpha_k(1-p)}{p(1-\alpha_k)}. \tag{8.1.31}$$

易知

$$\lim_{k\to\infty} \left[\ln \frac{1-p}{1-\alpha_k}\right] / \ln \frac{\alpha_k(1-p)}{p(1-\alpha_k)} = p. \tag{8.1.32}$$

由 (8.1.31) 与 (8.1.32) 直接可得 (8.1.30). 类似可证引理的第二部分.

## §8.1.3　状态与状态序偶频率的若干极限性质
## 与 Shannon–McMillan 定理

**定理 8.1.1**(刘文、杨卫国 2001)　如果存在正整数 $N_*, N^*$ 与 $d$, 使得当 $n \geq d$ 时有 $N_* \leq N_n \leq N^*$, 则对所有的 $k, l \in S$, 有

$$\lim_{n \to \infty} \frac{S_n(k, l\omega)}{\sigma_n(k, \omega)} = P(l|k) \quad \mu_P\text{- a.s.} \tag{8.1.33}$$

**证**　设 $0 < \lambda < 1$ 为常数,　$\boldsymbol{D} = (D(j|i)), i, j \in S$ 为另一随机矩阵, 其中

$$D(l|k) = \lambda, \quad D(j|k) = \frac{(1-\lambda)P(j|k)}{1 - P(l|k)}, \;\; j \neq l,$$

$$D(j|i) = P(j|i), \;\; i \neq k, \;\; j \in S.$$

用 $\mu_D$ 表示由 $\boldsymbol{D}$ 及分布 $\boldsymbol{q}$ 决定的树 $T$ 上的马氏链场, 则

$$\frac{\mu_D(X^{T^{(n)}})}{\mu_P(X^{T^{(n)}})} = \prod_{i=1}^{b}\prod_{j=1}^{b}\left[\frac{D(j|i)}{P(j|i)}\right]^{S_n(i,j,\omega)} = \prod_{j=1}^{b}\left[\frac{D(j|k)}{P(j|k)}\right]^{S_n(k,j,\omega)}$$
$$= \left[\frac{\lambda}{P(l|k)}\right]^{S_n(k,l,\omega)}\left[\frac{1-\lambda}{1-P(l|k)}\right]^{\sigma_n(k,\omega)-S_n(k,l,\omega)}. \tag{8.1.34}$$

由 (8.1.23) 及引理 8.1.1 知, 存在 $A(k,l,\lambda) \in \mathcal{F}, \mu_P(A(k,l,\lambda)) = 1$, 使得

$$\limsup_{n \to \infty}\left[\frac{\mu_D(X^{T^{(n)}})}{\mu_P(X^{T^{(n)}})}\right]^{1/\sigma_n(k,\omega)} \leq 1, \quad \omega \in A(k,l,\lambda). \tag{8.1.35}$$

取 $\alpha_i \in (0, P(l|k)), \beta_i \in (P(l|k), 1), i = 1, 2, \cdots$, 使得 $\alpha_i \to P(l|k), \beta_i \to P(l|k)(i \to \infty)$, 并令 $A_*(k,l) = \bigcap_{i=1}^{\infty} A(k,l,\alpha_i)$. 则由 (8.1.34) 与 (8.1.35), 对所有的 $i \geq 1$, 有

$$\limsup_{n \to \infty}\left[\frac{\alpha_i}{P(l|k)}\right]^{S_n(k,l,\omega)/\sigma_n(k,\omega)}\left[\frac{1-\alpha_i}{1-P(l|k)}\right]^{1-S_n(k,l,\omega)/\sigma_n(k,\omega)} \leq 1, \omega \in A_*(k,l). \tag{8.1.36}$$

利用引理 8.1.4 由 (8.1.36), 有

$$\liminf_{n \to \infty} \frac{S_n(k,l,\omega)}{\sigma_n(k,\omega)} \geq P(l|k), \; \omega \in A_*(k,l). \tag{8.1.37}$$

令 $A^*(k,l) = \bigcap_{i=1}^{\infty} A(k,l,\beta_i)$. 类似可证

$$\limsup_{n \to \infty} \frac{S_n(k,l,\omega)}{\sigma_n(k,\omega)} \leq P(l|k), \; \omega \in A^*(k,l). \tag{8.1.38}$$

因为 $\mu_P(A_*(k,l)) \cap \mu_P(A^*(k,l)) = 1$, 故定理成立.

**推论 8.1.1**　在定理 8.1.1 的条件下有

$$\liminf_{n\to\infty} \frac{S_n(k,l,\omega)}{S_{n-1}(k,\omega)} \geq N_* P(l|k) \quad \mu_P\text{- a.s.},$$

$$\limsup_{n\to\infty} \frac{S_n(k,l,\omega)}{S_{n-1}(k,\omega)} \leq N^* P(l|k) \quad \mu_P\text{- a.s.}.$$

特别, 如果 $T$ 是 Bethe 树 $T_{B,N}$ 或 Cayley 树 $T_{C,N}$, 则

$$\lim_{n\to\infty} \frac{S_n(k,l,\omega)}{S_{n-1}(k,\omega)} = N P(l|k) \quad \mu_P\text{- a.s.}. \tag{8.1.39}$$

**证**　由定理 8.1.1 及 (8.1.14) 直接可得.

**定理 8.1.2**(刘文、杨卫国 2001)　如果 $T$ 是 Bethe 树 $T_{B,N}$ 或 Cayley 树 $T_{C,N}$, 则对所有 $k \in S$, 有

$$\lim_{n\to\infty} \frac{S_n(k,\omega)}{|T^{(n)}|} = \pi(k) \quad \mu_P\text{- a.s.}, \tag{8.1.40}$$

$$\lim_{n\to\infty} \frac{\sigma_n(k,\omega)}{|T^{(n)}|} = \pi(k) \quad \mu_P\text{- a.s.}, \tag{8.1.41}$$

此处 $\boldsymbol{\pi} = (\pi(1), \cdots, \pi(b))$ 为由 $\boldsymbol{P}$ 决定的平稳分布.

**证**　令

$$H(i,j) = \{\omega : \lim_{n\to\infty} \frac{S_n(i,j,\omega)}{S_{n-1}(i,\omega)} = N P(j|i)\}, \ H = \bigcap_{i,j=1}^{b} H(i,j).$$

由 (8.1.39) 有 $\mu_P(H) = 1$. 令 $\omega \in H$, 则

$$S_n(j,k,\omega) - S_{n-1}(j,\omega)P(k|j) = \alpha_n(j,k,\omega)S_{n-1}(j,\omega),$$

此处 $\alpha_n(j,k,\omega) \to 0 (n \to \infty)$. 将上式中的 $b$ 个等式 $(j = 1,2,\cdots,b)$ 相加, 并利用 (8.1.13) 有

$$S_n(k,\omega) - \sum_{j=1}^{b} N S_{n-1}(j,\omega)P(k|j) = \sum_{j=1}^{b} \alpha_n(j,k,\omega)S_{n-1}(j,\omega) + I_k(X_0). \tag{8.1.42}$$

由 (8.1.42) 与 (8.1.12), 可得

$$\lim_{n\to\infty} \frac{S_n(k,\omega)}{|T^{(n)}|} - \frac{1}{|T^{(n-1)}|} \sum_{j=1}^{b} S_{n-1}(j,\omega)P(k|j) = 0, \quad \omega \in H. \tag{8.1.43}$$

利用 $P(i|k)(k = 1, 2, \cdots, b)$ 乘 (8.1.43) 中的第 $k$ 个等式, 将它们相加, 并再次利用 (8.1.43), 得

$$\lim_{n\to\infty} \{ \frac{1}{|T^{(n)}|} \sum_{k=1}^{b} S_n(k,\omega)P(i|k) - \frac{S_{n+1}(i,\omega)}{|T^{(n+1)}|}$$

$$+ [\frac{S_{n+1}(i,\omega)}{|T^{(n+1)}|} - \frac{1}{|T^{(n-1)}|} \sum_{k=1}^{b}\sum_{j=1}^{b} S_{n-1}(j,\omega)P(k|j)P(i|k)]\}$$

$$= \lim_{n\to\infty} [\frac{S_{n+1}(i,\omega)}{|T^{(n+1)}|} - \frac{1}{|T^{(n-1)}|} \sum_{j=1}^{b} S_{n-1}(j,\omega)P^{(2)}(i|j)] = 0, \quad \omega \in H,$$

此处 $P^{(h)}(i|j)(h$ 为正整数$)$ 是由随机矩阵 $\boldsymbol{P} = (P(j|i))$ 决定的 $h$ 步转移概率. 由归纳法有

$$\lim_{n\to\infty} \{ \frac{1}{|T^{(n+h)}|} S_{n+h}(i,\omega) - \frac{1}{|T^{(n-1)}|} \sum_{j=1}^{b} S_{n-1}(j,\omega)P^{(h+1)}(i|j)\} = 0, \quad \omega \in H.$$

$$(8.1.44)$$

令

$$\alpha_h(i) = \min\{P^{(h+1)}(i|j), j \in S\}, \quad \beta_h(i) = \max\{P^{(h+1)}(i|j), j \in S\}.$$

由 (8.1.44) 与 (8.1.12), 有

$$\limsup_{n\to\infty} \frac{1}{|T^{(n+h)}|} S_{n+h}(i,\omega) \leq \beta_h(i), \quad \omega \in H, \tag{8.1.45}$$

$$\liminf_{n\to\infty} \frac{1}{|T^{(n+h)}|} S_{n+h}(i,\omega) \geq \alpha_h(i), \quad \omega \in H. \tag{8.1.46}$$

因为 $\lim_{h\to\infty} P^{(h+1)}(i|j) = \pi(i)$, 故

$$\lim_{h\to\infty} \alpha_h(i) = \lim_{h\to\infty} \beta_h(i) = \pi(i). \tag{8.1.47}$$

由 (8.1.45)—(8.1.47) 可得 (8.1.40), (8.1.41) 可由 (8.1.40) 与 (8.1.23)—(8.1.26) 推出.

**推论 8.1.2** 在定理 8.1.2 的条件下有

$$\lim_{n\to\infty} \frac{S_n(k,j,\omega)}{|T^{(n)}|} = \pi(k)P(l|k) \quad \mu_P\text{- a.s.}, \tag{8.1.48}$$

$$\lim_{n\to\infty} \frac{S_n(k,j,\omega)}{S_n(k,\omega)} = P(l|k) \quad \mu_P\text{- a.s..} \tag{8.1.49}$$

**证** (8.1.48) 由 (8.1.33) 与 (8.1.41) 可得, (8.1.49) 由 (8.1.48) 与 (8.1.40) 可得.

**定理 8.1.3**(刘文、杨卫国 2001)　设 $T$ 是 Bethe 树 $T_{B,N}$ 或 Cayley 树 $T_{C,N}$, $f(x,y)$ 是定义在 $S^2$ 上的函数. 令

$$Y_n(\omega) = \sum_{m=0}^{n-1} \sum_{i=1}^{N_0 \cdots N_m} \sum_{j=N_{m+1}(i-1)+1}^{N_{m+1}i} f(X_{m,i}, X_{m+1,j}), \tag{8.1.50}$$

则

$$\lim_{n \to \infty} \frac{Y_n(\omega)}{|T^{(n)}|} = \sum_{k=1}^{b} \sum_{l=1}^{b} \pi(k)P(l|k)f(k,l) \qquad \mu_P\text{- a.s.}. \tag{8.1.51}$$

**证**　由 (8.1.50) 与 (8.1.10), 有

$$\begin{aligned}
Y_n(\omega) &= \sum_{m=0}^{n-1} \sum_{i=1}^{N_0 \cdots N_m} \sum_{j=N_{m+1}(i-1)+1}^{N_{m+1}i} \sum_{k=1}^{b} \sum_{l=1}^{b} f(k,l)I_k(X_{m,i})I_l(X_{m+1,j}) \\
&= \sum_{k=1}^{b} \sum_{l=1}^{b} f(k,l)S_n(k,l,\omega).
\end{aligned} \tag{8.1.52}$$

由 (8.1.52) 与 (8.1.48) 即得定理的结论.

设 $\mu$ 是 $(\Omega, \mathcal{F})$ 上的概率测度, 令

$$f_n(\omega) = -\frac{1}{|T^{(n)}|} \ln \mu(X^{T^{(n)}}).$$

$f_n(\omega)$ 称为树 $T$ 的子图 $T^{(n)}$ 上关于 $\mu$ 的熵密度. 如果 $\mu = \mu_P$, 则由 (8.1.4), 有

$$f_n(\omega) = -\frac{1}{|T^{(n)}|} \Big[ \ln q(X_{0,1}) + \sum_{m=0}^{n-1} \sum_{i=1}^{N_0 \cdots N_m} \sum_{j=N_{m+1}(i-1)+1}^{N_{m+1}i} \ln P(X_{m+1,j}|X_{m,i}) \Big]. \tag{8.1.53}$$

$f_n(\omega)$ 在一定的意义下收敛于常数 ($L_1$ 收敛, 依概率收敛, a.s. 收敛) 称为 Shannon–McMillan 定理或信源的渐近均匀分割性 (AEP). 关于整数集上信源的 Shannon–McMillan 定理已有广泛和深入的研究 (参见刘文、杨卫国 1995a 与 1996a 及所引文献). 近年来, 由于信息论发展的需要, 人们开始研究随机场的 Shannon–McMillan 定理 (参见叶中行与 Berger 1996). 利用定理 8.1.3 容易得到 Bethe 树 $T_{B,N}$ 和 Cayley 树 $T_{C,N}$ 上马氏链场具有 a.s. 收敛的 Shannon–McMillan 定理.

**定理 8.1.4**(刘文、杨卫国 2001)　设 $\mu_P$ 是 Bethe 树 $T_{B,N}$ 或 Cayley 树 $T_{C,N}$ 上的马氏链场, $f_n(\omega)$ 由 (8.1.53) 定义, 则

$$\lim_{n \to \infty} f_n(\omega) = -\sum_{k=1}^{b} \sum_{l=1}^{b} \pi(k)P(l|k)\ln P(l|k) \qquad \mu_P\text{- a.s.} \tag{8.1.54}$$

**证**  在定理 8.1.3 中令 $f(x, y) = -\ln P(y|x)$, (8.1.54) 可直接由 (8.1.51) 得到.

**注 8.1.3**  如前所述, 叶中行与 Berger 研究了树上 PPG 不变随机场的 Shannon-McMillan 定理, 但他们的结果中的收敛仅为依概率收敛, 他们猜测这些结果对 a.s. 收敛也成立. 因为马氏链场是 PPG 不变随机场的特殊情况, 所以定理 8.1.4 部分地解决了叶中行与 Berger 的猜测.

## §8.2  二进树上奇偶马尔可夫链场的若干强极限定理

### §8.2.1  引    言

本节建立了二进树上奇偶马氏链场关于状态和状态序偶出现频率的若干强极限定理, 其中包括渐近熵密度上、下界的一个估计式及 Shannon-McMillan 定理的一种逼近. 证明中将研究马氏链强极限定理的一种新的分析方法推广到马氏链场的情况.

设 $T$ 是一无限树, $N$ 为正整数. 如果第 $n(n \geq 0)$ 层上的每个顶点均与第 $n+1$ 层上的 $N$ 个顶点相邻, 则此树为 Cayley 树 $T_{C,N}$. 为简便起见, 本章只讨论 $T_{C,2}$, 并简记为 $T$, $T$ 也称为二进树. 设 $L_m^n$ 表示含有 $T$ 的从第 $m$ 层到第 $n$ 层所有顶点的子图; $L_n = L_n^n$ 表示含有 $n$ 层上所有顶点的子图; $T^{(n)} = L_0^n$ 表示含有从根顶点到第 $n$ 层的所有顶点的子图. $T^e$ 与 $T_n^e$ 分别表示含所有偶数层中的所有顶点和前 $n$ 层的偶数层中的所有顶点 (包括根顶点 $o$) 的子图; $T^o$ 与 $T_n^o$ 分别表示含所有奇数层中的所有顶点和前 $n$ 层的奇数层中所有顶点的子图. 用 $(n, j)$ 表示第 $n$ 层上的第 $j$ 个顶点. 为统一起见, 也记根顶点为 $(0, 1)$. 易知 $(n, j)(n \geq 1)$ 有 $(n+1, 2j-1), (n+1, 2j)$ 及 $(n-1, \lceil j/2 \rceil)$ 三个相邻顶点, 其中 $\lceil a \rceil$ 表示不小于 $a$ 的最小整数 (见图 8.2).

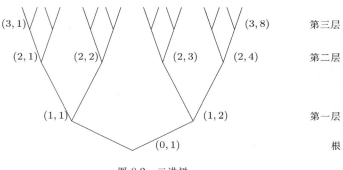

图 8.2  二进树

为方便起见, $T$ 的子图 $B$ 所含顶点的集合仍用 $B$ 表示, 并用 $|B|$ 表示 $B$ 中

的顶点的数. 易知

$$|L_n| = 2^n, \qquad |T^{(n)}| = 2^{n+1} - 1. \tag{8.2.1}$$

取 $S = \{0,1\}, \Omega = S^T, \omega = \omega(\cdot) \in \Omega$, 其中 $\omega(\cdot)$ 是定义在 $T$ 上在 $S$ 中取值的函数, $\mathcal{F}$ 是 $\Omega$ 的所有有限维柱集产生的 $\sigma$- 代数, $\mu$ 是可测空间 $(\Omega, \mathcal{F})$ 上的概率测度, $X = \{X_t, t \in T\}$ 是定义在 $(\Omega, \mathcal{F})$ 上的坐标过程, 即对任何 $\omega = \omega(\cdot) \in \Omega$, 定义

$$X_t(\omega) = \omega(t), \quad t \in T. \tag{8.2.2}$$

记

$$X^{T^{(n)}} = \{X_t, t \in T^{(n)}\}; \qquad \mu(X^{T^{(n)}} = x^{T^{(n)}}) = \mu(x^{T^{(n)}}). \tag{8.2.3}$$

Spitzer(1975) 中给出树上奇偶马氏链场的如下定义.

**定义 8.2.1** 设 $\boldsymbol{Q}^e = (Q^e(j|i)), \boldsymbol{Q}^o = (Q^o(j|i))$, $i, j \in S$, 为两个严格为正的随机矩阵, $\boldsymbol{\pi}^e = (\pi^e(0), \boldsymbol{\pi}^e(1))$ 与 $\pi^o = (\pi^o(0), \pi(1))$ 是 $S$ 上的两个严格为正的概率分布, 并且满足

$$\pi^e(i)Q^e(j|i) = \pi^o(j)Q^o(i|j), \quad \forall i, j \in S. \tag{8.2.4}$$

令

$$I^e(n) = \begin{cases} 1, & \text{当 } n \text{ 为偶数}, \\ 0, & \text{当 } n \text{ 为奇数}. \end{cases} \qquad I^o(n) = \begin{cases} 1, & \text{当 } n \text{ 为奇数}, \\ 0, & \text{当 } n \text{ 为偶数}. \end{cases}$$

设 $A$ 是 $T$ 的一个有限连通子集, 定义 $A$ 上的一个简单序 $A = \{x_1, x_2, \cdots, x_k\}$ 满足如下性质 (记为 *): 对每一个 $x_j \in A(j > 1)$, 有惟一的一个 $x_i \in \{x_1, x_2, \cdots, x_{j-1}\}$ 是其相邻顶点. 记为 $i = i(j)$. 定义 $\mu_{Q^e, Q^o}$ 在 $A$ 上的柱集概率为

$$\mu_{Q^e, Q^o}(\omega(t) = \varepsilon(t), \in A)$$
$$= [\pi^e(\varepsilon(x_1))]^{I^e(x_1)}[\pi^o(\varepsilon(x_1))]^{I^o(x_1)} \prod_{\substack{x_{i(j)} \in T^e \\ 2 \le j \le k}} Q^e(\varepsilon(x_j)|\varepsilon(x_{i(j)}) \cdot \prod_{\substack{x_{i(j)} \in T^o \\ 2 \le j \le k}} Q^o(\varepsilon(x_j)|\varepsilon(x_{i(j)})), \tag{8.2.5}$$

其中 $\varepsilon(t)$ 在 $S$ 中取值.

(8.2.5) 定义惟一相容的柱集测度 (与 $A$ 的序无关), 因而定义 $(\Omega, \mathcal{F})$ 上的一个概率测度. 这样定义的 $\mu_{Q^e, Q^o}$ 称为由随机矩阵 $\boldsymbol{Q}^e$, $\boldsymbol{Q}^o$ 及分布 $\boldsymbol{\pi}^e$ 与 $\boldsymbol{\pi}^o$ 确定的树 $T$ 的奇偶马氏链场. 当 $\boldsymbol{Q}^e = \boldsymbol{Q}^o = \boldsymbol{Q}$ 时, 简记 $\mu_{Q^e, Q^o}$ 为 $\mu_Q$, 并称之为由 $\boldsymbol{Q}$ 确定的树 $T$ 上的马氏链场.

考虑 $A = T^{(n)}$ 的序 $\{(0,1), (1,1), (1,2), \cdots, (n,1), \cdots, (n,2^n)\}$ (此序满足性质 *). 由 (8.2.5) 有

$$\mu_{Q^e, Q^o}(x^{T^{(n)}})$$

$$= \pi^e(x_{0,1}) \prod_{m=0}^{n-1} \prod_{h=1}^{2^m} \prod_{s=2h-1}^{2h} [Q^e(x_{m+1,s}|x_{m,h})]^{I^e(m)} [Q^o(x_{m+1,s}|x_{m,h})]^{I^o(m)} \quad (8.2.6)$$

$k, l \in S$, $S_n(k,\omega), S_n^o(k,\omega), S_n^e(k,\omega)$ (简记为 $S_n(k), S_n^o(k), S_n^e(k)$) 分别为 $X^{T^{(n)}} = \{X_t, t \in T^{(n)}\}$, $X^{T_n^o} = \{X_t, t \in T_n^o\}$, 与 $X^{T_n^e} = \{X_t, t \in T_n^e\}$ 中 $k$ 的个数, $S_n(k,l,\omega), S_n^o(k,l,\omega), S_n^e(k,l,\omega)$(分别记为 $S_n(k,l), S_n^o(k,l), S_n^e(k,l)$) 分别表示随机变量序偶

$$(X_{m,h}, X_{m+1,s}), \ 0 \le m \le n-1, \ 1 \le h \le 2^m, \ 2h-1 \le s \le 2h, \ n \ge 1;$$

$$(X_{m,h}, X_{m+1,s}), \ 0 \le m \le n-1, \text{且} m \text{为奇数}, \ 1 \le h \le 2^m, \ 2h-1 \le s \le 2h, \ n \ge 2;$$

$$(X_{m,h}, X_{m+1,s}), \ 0 \le m \le n-1, \text{且} m \text{为偶数}, \ 1 \le h \le 2^m, \ 2h-1 \le s \le 2h, \ n \ge 1$$

中数偶 $(k,l)$ 的个数. 令 $\delta_k(\cdot)$ 是 $S$ 上的 Kronecker $\delta$ 函数, 则有

$$S_n(k,\omega) = \sum_{m=0}^{n} \sum_{h=1}^{2^m} \delta_k(X_{m,h}), \quad (8.2.7)$$

$$S_n^o(k,\omega) = \sum_{m=0}^{n} \sum_{h=1}^{2^m} I^o(m) \delta_k(X_{m,h}), \quad (8.2.8)$$

$$S_n^e(k,\omega) = \sum_{m=0}^{n} \sum_{h=1}^{2^m} I^e(m) \delta_k(X_{m,h}), \quad (8.2.9)$$

$$S_n(k,l,\omega) = \sum_{m=0}^{n-1} \sum_{h=1}^{2^m} \sum_{s=2h-1}^{2h} \delta_k(X_{m,h}) \delta_l(X_{m+1,s}), \quad (8.2.10)$$

$$S_n^o(k,l,\omega) = \sum_{m=0}^{n-1} \sum_{h=1}^{2^m} \sum_{s=2h-1}^{2h} I^o(m) \delta_k(X_{m,h}) \delta_l(X_{m+1,s}), \quad (8.2.11)$$

$$S_n^e(k,l,\omega) = \sum_{m=0}^{n-1} \sum_{h=1}^{2^m} \sum_{s=2h-1}^{2h} I^e(m) \delta_k(X_{m,h}) \delta_l(X_{m+1,s}). \quad (8.2.12)$$

## §8.2.2 关于状态和状态序偶频率的若干强极限定理

**定理 8.2.1**(刘文、王丽英、杨卫国 2002)  设 $S_n^o(k), S_n^e(k), S_n^o(i), S_n^e(i)$ 如前定义, 则

$$\lim_{n \to \infty} \left[ \frac{S_n^o(k)}{|T^{(n)}|} - \frac{1}{|T^{(n-1)}|} \sum_{i=0}^{1} S_{n-1}^e(i) Q^e(k|i) \right] = 0 \quad \mu_{Q^e, Q^o}\text{- a.s.}, \quad (8.2.13)$$

$$\lim_{n\to\infty}\left[\frac{S_n^e(k)}{|T^{(n)}|}-\frac{1}{|T^{(n-1)}|}\sum_{i=0}^{1}S_{n-1}^o(i)Q^o(k|i)\right]=0 \quad \mu_{Q^e,Q^o}\text{- a.s..} \tag{8.2.14}$$

**证** 由于 $|T^{(n)}|=2^{n+1}-1$, 故上式等价于

$$\lim_{n\to\infty}\left[\frac{S_n^o(k)}{2^{n+1}}-\frac{1}{2^n}\sum_{i=0}^{1}S_{n-1}^e(i)Q^e(k|i)\right]=0 \quad \mu_{Q^e,Q^o}\text{- a.s..} \tag{8.2.15}$$

设 $\lambda>0$ 为常数, $k$ 固定. 令 $\boldsymbol{P}_k^o=\boldsymbol{Q}^o$, $\boldsymbol{P}_k^e=(P_k^e(j|i))$, $i,j\in S$, 是另一个随机矩阵, 其中

$$P_k^e(j|i)=\begin{cases}\dfrac{\lambda Q^e(k|i)}{1+(\lambda-1)Q^e(k|i)}, & \text{当 } j=k,\\[3mm]\dfrac{Q^e(1-k|i)}{1+(\lambda-1)Q^e(k|i)}, & \text{当 } j=1-k,\end{cases} \tag{8.2.16}$$

则

$$\frac{P_k^e(x_{m+1,s}|x_{m,h})}{Q^e(x_{m+1,s}|x_{m,h})}=\lambda^{\delta_k(x_{m+1,s})}\prod_{i=0}^{1}\left[\frac{1}{1+(\lambda-1)Q^e(k|i)}\right]^{\delta_i(x_{m,h})}, \quad m\geq 0. \tag{8.2.17}$$

$$\frac{P_k^o(x_{m+1,s}|x_{m,h})}{Q^o(x_{m+1,s}|x_{m,h})}=1. \tag{8.2.18}$$

设 $\boldsymbol{\pi}_k^e=(\pi_k^e(0),\pi_k^e(1))$ 与 $(\pi_k^o(0),\pi_k^o(1))$ 是 $S$ 上的两个概率分布, 且满足条件

$$\pi_k^e(i)P_k^e(j|i)=\pi_k^o(j)P_k^o(i|j), \quad \forall\, i,j\in S.$$

设 $\mu_{P_k^e,P_k^o}$ 为树 $T$ 上的由随机矩阵 $\boldsymbol{P}_k^e$, $\boldsymbol{P}_k^o$ 及其上述分布所确定的奇偶马氏链场. 与 (8.2.18) 类似, 有

$$\mu_{P_k^e,P_k^o}(x^{T^{(n)}})$$

$$=\pi_k^e(x_{0,1})\prod_{m=0}^{n-1}\prod_{h=1}^{2^m}\prod_{s=2h-1}^{2h}\left[P_k^e(x_{m+1,s}|x_{m,h})\right]^{I^e(m)}\left[P_k^o(x_{m+1,s}|x_{m,h})\right]^{I^o(m)} \tag{8.2.19}$$

由 (8.2.17)—(8.2.19), (8.2.6) 及 (8.2.8) 并注意到 $\boldsymbol{P}_k^o=\boldsymbol{Q}^o$, $I^e(m)=I^o(m+1)$, 有

$$\frac{\mu_{P_k^e,P_k^o}(X^{T^{(n)}})}{\mu_{Q_k^e,Q_k^o}(X^{T^{(n)}})}$$

$$=\frac{\pi_k^e(X_{0,1})}{\pi^e(X_{0,1})}\prod_{m=0}^{n-1}\prod_{h=1}^{2^m}\prod_{s=2h-1}^{2h}\left[\frac{P_k^e(X_{m+1,s}|X_{m,h})}{Q_k^e(X_{m+1,s}|X_{m,h})}\right]^{I^e(m)}$$

$$= \frac{\pi_k^e(X_{0,1})}{\pi^e(X_{0,1})} \prod_{m=0}^{n-1} \prod_{h=1}^{2^m} \prod_{s=2h-1}^{2h} \left[ \lambda^{I^e(m)\delta_k(X_{m+1,s})} \prod_{i=0}^{1} \left[ \frac{1}{1+(\lambda-1)Q^e(k|i)} \right]^{I^e(m)\delta_i(x_{m,h})} \right]$$

$$= \frac{\pi_k^e(X_{0,1})}{\pi^e(X_{0,1})} \lambda^{\sum_{m=1}^{n} \sum_{h=1}^{2^m} I^o(m)\delta_k(X_{m,h})}$$

$$\cdot \prod_{i=0}^{1} \left[ \frac{1}{1+(\lambda-1)Q^e(k|i)} \right]^{2\sum_{m=1}^{n-1} \sum_{h=1}^{2^m} I^e(m)\delta_i(X_{m,h})}$$

$$= \frac{\pi_k^e(X_{0,1})}{\pi^e(X_{0,1})} \lambda^{S_n^o(k)} \prod_{i=0}^{1} \left[ \frac{1}{1+(\lambda-1)Q^e(k|i)} \right]^{2S_{n-1}^e(i)}. \tag{8.2.20}$$

由引理 8.1.1 及 (8.2.20), 得

$$\limsup_{n\to\infty} \left[ \frac{S_n^o(k)}{2^{n+1}} \ln\lambda - \frac{1}{2^n} \sum_{i=0}^{1} S_{n-1}^e(i) \ln\left(1+(\lambda-1)Q^e(k|i)\right) \right] \leq 0 \quad \mu_{Q^e,Q^o}\text{- a.s..} \tag{8.2.21}$$

取 $\lambda > 1$. 将 (8.2.21) 两端同除以 $\ln\lambda$, 得

$$\limsup_{n\to\infty} \left[ \frac{S_n^o(k)}{2^{n+1}} - \frac{1}{2^n\ln\lambda} \sum_{i=0}^{1} S_{n-1}^e(i) \ln\left(1+(\lambda-1)Q^e(k|i)\right) \right] \leq 0 \quad \mu_{Q^e,Q^o}\text{- a.s..} \tag{8.2.22}$$

由 (8.2.22) 及不等式

$$1 - \frac{1}{x} \leq \ln x \leq x - 1 \quad (x > 0) \tag{8.2.23}$$

有

$$\limsup_{n\to\infty} \left[ \frac{S_n^o(k)}{2^{n+1}} - \frac{1}{2^n} \sum_{i=0}^{1} S_{n-1}^e(i) Q^e(k|i) \right]$$

$$\leq \limsup_{n\to\infty} \sum_{i=0}^{1} \frac{S_{n-1}^e(i)}{2^n} \left[ \frac{\ln\left(1+(\lambda-1)Q^e(k|i)\right)}{\ln\lambda} - Q^e(k|i) \right]$$

$$\leq \sum_{i=0}^{1} (\lambda-1)Q^e(k|i))$$

$$\leq 2(\lambda-1). \tag{8.2.24}$$

因 $2(\lambda-1) \to 0$ $(\lambda \to 1+0)$, 故由 (8.2.24), 得

$$\limsup_{n\to\infty} \left[ \frac{S_n^o(k)}{2^{n+1}} - \frac{1}{2^n} \sum_{i=0}^{1} S_{n-1}^e(i) Q^e(k|i) \right] \leq 0 \quad \mu_{Q^e,Q^o}\text{- a.s..} \tag{8.2.25}$$

取 $0 < \lambda < 1$, 类似可证

$$\liminf_{n\to\infty}\left[\frac{S_n^o(k)}{2^{n+1}} - \frac{1}{2^n}\sum_{i=0}^1 S_{n-1}^e(i)Q^e(k|i)\right] \geq 0 \quad \mu_{Q^e,Q^o}\text{- a.s..} \tag{8.2.26}$$

由 (8.2.25) 与 (8.2.26), 即得 (8.2.15). 证毕.

仿照 (8.2.15) 的证明可得 (8.2.14).

**推论 8.2.1** 设 $S_n(k)$ 如前定义, 则

$$\lim_{n\to\infty}\left[\frac{S_n(k)}{|T^{(n)}|} - \frac{1}{|T^{(n-1)}|}\sum_{i=0}^1\left(S_{n-1}^e(i)Q^e(k|i) + S_{n-1}^o(i)Q^o(k|i)\right)\right] = 0 \quad \mu_{Q^e,Q^o}\text{- a.s..} \tag{8.2.27}$$

**证** 因为 $S_n(k) = S_n^e(k) + S_n^o(k)$, 由 (8.2.13) 与 (8.2.14), 即得 (8.2.27).

**推论 8.2.2** 设 $Q^e = Q^o = Q$, 则

$$\lim_{n\to\infty}\frac{S_n(k)}{|T^{(n)}|} = \pi(k) \quad \mu_Q\text{- a.s.,} \tag{8.2.28}$$

其中 $\boldsymbol{\pi} = (\pi(0), \pi(1))$ 是 $\boldsymbol{Q}$ 的平稳分布.

**证** 由 (8.2.27) 存在 $H \in \mathcal{F}$, $\mu_Q(H) = 1$, 使得

$$\lim_{n\to\infty}\left[\frac{S_n(k,\omega)}{2^{n+1}} - \frac{1}{2^n}\sum_{i=0}^1 S_{n-1}(i,\omega)Q(k|i)\right] = 0, \quad \omega \in H. \tag{8.2.29}$$

将 (8.2.29) 乘以 $Q(j|k)$　$(k = 0,1)$, 然后将所得的两个等式相加, 并再次利用 (8.2.29), 得

$$\lim_{n\to\infty}\left\{\frac{1}{2^{n+1}}\sum_{k=0}^1 S_n(k,\omega)Q(j|k) - \frac{S_{n+1}(j,\omega)}{2^{n+2}}\right.$$
$$\left. + \left[\frac{S_{n+1}(j,\omega)}{2^{n+2}} - \frac{1}{2^n}\sum_{k=0}^1\sum_{i=0}^1 S_{n-1}(i,\omega)Q(k|i)Q(j|k)\right]\right\}$$
$$= \lim_{n\to\infty}\left[\frac{S_{n+1}(j,\omega)}{2^{n+2}} - \frac{1}{2^n}\sum_{i=0}^1 S_{n-1}(i,\omega)Q^{(2)}(j|i)\right] = 0, \quad \omega \in H,$$

其中 $Q^{(m)}(j|i)(m$ 为正整数) 是由 $\boldsymbol{Q}$ 确定的 $m$ 步转移概率. 由归纳法有

$$\lim_{n\to\infty}\left[\frac{S_{n+m}(j,\omega)}{2^{n+m+1}} - \frac{1}{2^n}\sum_{i=0}^1 S_{n-1}(i,\omega)Q^{(m+1)}(j|i)\right] = 0, \quad \omega \in H. \tag{8.2.30}$$

令

$$\alpha_m(j) = \min\{Q^{(m+1)}(j|i), \ i \in S\}, \qquad \beta_m(j) = \max\{Q^{(m+1)}(j|i), \ i \in S\}.$$

注意到 $\sum_{i=0}^{1} S_{n-1}(i,\omega) = |T^{(n-1)}| = 2^n - 1$, 由 (8.2.30), 有

$$\limsup_{n\to\infty} \frac{S_{n+m}(j,\omega)}{2^{n+m+1}} \leq \beta_m(j), \qquad \omega \in H, \tag{8.2.31}$$

$$\liminf_{n\to\infty} \frac{S_{n+m}(j,\omega)}{2^{n+m+1}} \geq \alpha_m(j), \qquad \omega \in H. \tag{8.2.32}$$

因为 $\lim_{m\to\infty} Q^{(m+1)}(j|i) = \pi(j)$, 故有

$$\lim_{m\to\infty} \alpha_m(j) = \lim_{m\to\infty} \beta_m(j) = \pi(j). \tag{8.2.33}$$

由 (8.2.31)—(8.2.33) 即得 (8.2.28).

**推论 8.2.3**   设

$$Q^o(k) = \max\{Q^o(k|i), \ i \in S\}, \qquad Q^o_*(k) = \min\{Q^o(k|i), \ i \in S\},$$

$$Q^e(k) = \max\{Q^e(k|i), \ i \in S\}, \qquad Q^e_*(k) = \min\{Q^e(k|i), \ i \in S\},$$

则有

$$\limsup_{n\to\infty} \frac{S^o_n(k)}{|T^o_n|} \leq Q^o(k), \qquad \mu_{Q^e,Q^o}- \text{a.s.}, \tag{8.2.34}$$

$$\liminf_{n\to\infty} \frac{S^o_n(k)}{|T^o_n|} \geq Q^o_*(k), \qquad \mu_{Q^e,Q^o}- \text{a.s.}, \tag{8.2.35}$$

$$\limsup_{n\to\infty} \frac{S^e_n(k)}{|T^e_n|} \leq Q^e(k), \qquad \mu_{Q^e,Q^o}- \text{a.s.}, \tag{8.2.36}$$

$$\liminf_{n\to\infty} \frac{S^e_n(k)}{|T^e_n|} \geq Q^e_*(k), \qquad \mu_{Q^e,Q^o}- \text{a.s.}. \tag{8.2.37}$$

**证**   设 $N^o$ 与 $N^e$ 分别表示奇数集和偶数集. 注意到

$$\lim_{n\to\infty} |T^o_n|/|T^{(n)}| = \frac{2}{3}, \ n \in N^o; \qquad \lim_{n\to\infty} |T^o_n|/|T^{(n)}| = \frac{1}{3}, \ n \in N^e;$$

$$\lim_{n\to\infty} |T^e_n|/|T^{(n)}| = \frac{1}{3}, \ n \in N^o; \qquad \lim_{n\to\infty} |T^e_n|/|T^{(n)}| = \frac{2}{3}, \ n \in N^e.$$

由 (8.2.13) 与 (8.2.26), 有

$$\lim_{n\to\infty} \frac{1}{|T^o_n|}\left[ S^o_n(k) - 2\sum_{i=0}^{1} S^e_{n-1}(i)Q^e(k|i) \right] = 0 \quad \mu_{Q^e,Q^o}- \text{a.s.}, \tag{8.2.38}$$

$$\lim_{n\to\infty} \frac{1}{|T^e_n|}\left[ S^e_n(k) - 2\sum_{i=0}^{1} S^o_{n-1}(i)Q^o(k|i) \right] = 0 \quad \mu_{Q^e,Q^o}- \text{a.s.}. \tag{8.2.39}$$

注意到 $\sum_{i=0}^{1} S_{n-1}^{e}(i) = |T_{n-1}^{e}|$, $2|T_{n-1}^{e}| = |T_n^o|$, 由 (8.2.38), 得

$$\limsup_{n\to\infty} \frac{S_n^o(k)}{|T_n^o|} \le Q^e(k) \limsup_{n\to\infty} 2\sum_{i=0}^{1} \frac{S_{n-1}^{e}(i)}{|T_n^o|} = Q^e(k) \quad \mu_{Q^e,Q^o}- \text{a.s.}. \quad (8.2.40)$$

即 (8.2.34) 成立. 类似可证 (8.2.35)—(8.2.37).

**推论 8.2.4** 令

$$Q^*(k) = \max\{Q^o(k),\ Q^e(k)\}, \qquad Q_*(k) = \min\{Q_*^o(k),\ Q_*^e(k)\},$$

则有

$$\limsup_{n\to\infty} \frac{S_n(k)}{|T^{(n)}|} \le Q^*(k) \quad \mu_{Q^e,Q^o}- \text{a.s.}, \quad (8.2.41)$$

$$\liminf_{n\to\infty} \frac{S_n(k)}{|T^{(n)}|} \ge Q_*(k) \quad \mu_{Q^e,Q^o}- \text{a.s.}. \quad (8.2.42)$$

**证** 由 (8.2.34) 与 (8.2.36), 可得 (8.2.41), 由 (8.2.35) 与 (8.2.37), 可得 (8.2.42).

**定理 8.2.2** (刘文、王丽英、杨卫国 2002) 设 $S_n(k,l)$, $S_n^e(k,l)$, $S_n^o(k,l)$, $S_n^e(k)$, $S_n^o(k)$ 均为如前定义, 则

$$\lim_{n\to\infty} \frac{1}{|T^{(n)}|}\left[ S_n^e(k,l) - 2S_{n-1}^e(k)Q^e(l|k) \right] = 0 \quad \mu_{Q^e,Q^o}- \text{a.s.}, \quad (8.2.43)$$

$$\lim_{n\to\infty} \frac{1}{|T^{(n)}|}\left[ S_n^o(k,l) - 2S_{n-1}^o(k)Q^o(l|k) \right] = 0 \quad \mu_{Q^e,Q^o}- \text{a.s.}, \quad (8.2.44)$$

$$\lim_{n\to\infty} \frac{1}{|T^{(n)}|}\left[ S_n(k,l) - 2S_{n-1}^e(k)Q^e(l|k) - 2S_{n-1}^o(k)Q^o(l|k) \right] = 0 \quad \mu_{Q^e,Q^o}- \text{a.s.}. \quad (8.2.45)$$

**证** 设 $\lambda > 0$ 为常数, $k,l \in S$ 固定. 令 $\boldsymbol{P}^o = \boldsymbol{Q}^o$, $\boldsymbol{P}^e = (P^e(j|i))$, $j,i \in S$, 是另一随机矩阵, 其中

$$P^e(l|k) = \frac{\lambda Q^e(l|k)}{1 + (\lambda-1)Q^e(l|k)}, \qquad P^e(1-l|k) = \frac{Q^e(1-l|k)}{1 + (\lambda-1)Q^e(l|k)}, \quad (8.2.46)$$

$$P^e(j|i) = Q^e(j|i), \quad i \ne k, \quad j \in S. \quad (8.2.47)$$

由 (8.2.46) 与 (8.2.47), 有

$$\frac{P^e(x_{m+1,s}|x_{m,h})}{Q^e(x_{m+1,s}|x_{m,h})} = \lambda^{\delta_k(x_{m,h})\delta_l(x_{m+1,s})}\left[ \frac{1}{1 + (\lambda-1)Q^e(l|k)} \right]^{\delta_k(x_{m,h})}, \quad m \ge 0. \quad (8.2.48)$$

设 $\boldsymbol{\pi}_\lambda^e = (\pi_\lambda^e(0), \pi_\lambda^e(1))$ 与 $\boldsymbol{\pi}_\lambda^o = (\pi_\lambda^o(0), \pi_\lambda^o(1))$ 是满足条件 $\pi_\lambda^e(i)P^e(j|i) =$ $\pi_\lambda^o(j)P^o(i|j)$ 的两个分布，$\mu_{P^e,P^o}$ 为树 $T$ 上的由随机矩阵 $\boldsymbol{P}^e$ 与 $\boldsymbol{P}^o$ 及上述分布所确定的奇偶马氏链场. 注意到 $\boldsymbol{P}^o = \boldsymbol{Q}^o$, 与 (8.2.18) 类似, 有

$$
\mu_{P^e,P^o}\big(x^{T^{(n)}}\big)
$$

$$
= \pi_\lambda^e(x_{0,1}) \prod_{m=0}^{n-1}\prod_{h=1}^{2^m}\prod_{s=2h-1}^{2h} \Big[P^e(x_{m+1,s}|x_{m,h})\Big]^{I^e(m)} \Big[Q^o(x_{m+1,s}|x_{m,h})\Big]^{I^o(m)}.
$$
$$\tag{8.2.49}$$

由 (8.2.48), (8.2.49), (8.2.9) 与 (8.2.12), 有

$$
\frac{\mu_{P^e,P^o}\big(X^{T^{(n)}}\big)}{\mu_{Q^e,Q^o}\big(X^{T^{(n)}}\big)}
$$

$$
= \frac{\pi_\lambda^e(X_{0,1})}{\pi^e(X_{0,1})} \prod_{m=0}^{n-1}\prod_{h=1}^{2^m}\prod_{s=2h-1}^{2h} \left[\frac{P^e(X_{m+1,s}|X_{m,h})}{Q^e(X_{m+1,s}|X_{m,h})}\right]^{I^e(m)}
$$

$$
= \frac{\pi_\lambda^e(X_{0,1})}{\pi^e(X_{0,1})} \prod_{m=0}^{n-1}\prod_{h=1}^{2^m}\prod_{s=2h-1}^{2h} \left[\lambda^{I^e(m)\delta_k(X_{m,h})\delta_l(X_{m+1,s})}\left[\frac{1}{1+(\lambda-1)Q^e(l|k)}\right]^{I^e(m)\delta_k(x_{m,h})}\right]
$$

$$
= \frac{\pi_\lambda^e(X_{0,1})}{\pi^e(X_{0,1})} \lambda^{S_n^e(k,l)} \left[\frac{1}{1+(\lambda-1)Q^e(l|k)}\right]^{2S_{n-1}^e(k)}.
$$
$$\tag{8.2.50}$$

由 (8.2.50) 及引理 8.1.1, 得

$$
\limsup_{n\to\infty} \left[\frac{S_n^e(k,l)}{2^{n+1}}\ln\lambda - \frac{1}{2^n}S_{n-1}^e(k)\ln\Big(1+(\lambda-1)Q^e(l|k)\Big)\right] \le 0 \quad \mu_{Q^e,Q^o}- \text{a.s.}.
$$
$$\tag{8.2.51}$$

类似 (8.2.24) 与 (8.2.25) 的证明, (8.2.43) 可由 (8.2.51) 推出.

令 $\boldsymbol{P}^e = \boldsymbol{Q}^e$, 并取随机矩阵 $\boldsymbol{P}^o = (P^o(j|i))$, $j, i \in S$, 其中

$$
P^o(l|k) = \frac{\lambda Q^o(l|k)}{1+(\lambda-1)Q^o(l|k)}, \qquad P^o(1-l|k) = \frac{Q^o(1-l|k)}{1+(\lambda-1)Q^o(l|k)}.
$$

$$
P^o(j|i) = Q^o(j|i), \quad i \ne k, \quad j \in S.
$$

类似可证 (8.2.44). 因为 $S_n(k,l) = S_n^e(k,l) + S_n^o(k,l)$, 故 (8.2.45) 可由 (8.2.43) 与 (8.2.44) 推出.

**推论 8.2.5** 设 $\boldsymbol{Q} = \boldsymbol{Q}^e = \boldsymbol{Q}^o$, 则

$$
\lim_{n\to\infty} \frac{S_n(k,l)}{|T^{(n)}|} = \pi(k)Q(l|k) \quad \mu_Q- \text{a.s.},
$$
$$\tag{8.2.52}$$

$$
\lim_{n\to\infty} \frac{S_n(k,l)}{S_{n-1}(k)} = 2Q(l|k) \quad \mu_Q- \text{a.s.},
$$
$$\tag{8.2.53}$$

其中 $\boldsymbol{\pi} = (\pi(0), \pi(1))$ 是 $\boldsymbol{Q}$ 的平稳分布.

**证**　注意到 $S_{n-1}^e(k) + S_{n-1}^o(k) = S_{n-1}(k)$, 由 (8.2.45), 有

$$\lim_{n\to\infty} \frac{1}{|T^{(n)}|}[S_n(k,l) - 2S_{n-1}(k)Q(l|k)] = 0 \quad \mu_Q\text{- a.s.}. \tag{8.2.54}$$

由 (8.2.54) 及 (8.2.28), 即得 (8.2.52) 与 (8.2.53).

### §8.2.3　Shannon-McMillan 定理的一种逼近

设 $\mu$ 是定义在 $(\Omega, \mathcal{F})$ 上的一个概率测度, 令

$$f_n(\omega) = -\frac{1}{|T^{(n)}|}\ln\mu(X^{T^{(n)}}).$$

$f_n(\omega)$ 称为 $T^{(n)}$ 上关于 $\mu$ 的熵密度. 如果 $\mu = \mu_{Q^e, Q^o}$, 则由 (8.2.6), 有

$$\begin{aligned}
&f_n(\omega)\\
&= -\frac{1}{|T^{(n)}|}\Bigg\{\ln\pi^e(X_{0,1}) + \sum_{m=1}^{n-1}\sum_{h=1}^{2^m}\sum_{s=2h-1}^{2h}\Big[I^e(m)\ln Q^e(X_{m+1,s}|X_{m,h})\\
&\quad + I^o(m)\ln Q^o(X_{m+1,s}|X_{m,h})\Big]\Bigg\}\\
&= -\frac{1}{|T^{(n)}|}\Bigg\{\ln\pi^e(X_{0,1}) + \sum_{m=1}^{n-1}\sum_{h=1}^{2^m}\sum_{s=2h-1}^{2h}\sum_{k=0}^{1}\sum_{l=0}^{1}\Big[I^e(m)\delta_k(X_{m,h})\delta_l(X_{m+1,s})\ln Q^e(l|k)\\
&\quad + I^o(m)\delta_k(X_{m,h})\delta_l(X_{m+1,s})\ln Q^o(l|k)\Big]\Bigg\}\\
&= -\frac{1}{|T^{(n)}|}\Bigg\{\ln\pi^e(X_{0,1}) + \sum_{k=0}^{1}\sum_{l=0}^{1}\Big[S_n^e(k,l)\ln Q^e(l|k) + S_n^o(k,l)\ln Q^o(l|k)\Big]\Bigg\}. \quad (8.2.55)
\end{aligned}$$

断言 $f_n(\omega)$ 在一定的意义下收敛于常数的定理称为 Shannon-McMillan 定理 (或信源的渐近均匀分割性). 我们知道, 当 $\boldsymbol{Q}^e \ne \boldsymbol{Q}^o$ 时, 对 $\mu_{Q^e, Q^o}$ 而言, Shannon-McMillan 定理并不成立 (参见叶中行与 Berger 1998, p.54). 本节的目的是要给出当 $n\to\infty$ 时渐近熵密度 $\limsup_{n\to\infty} f_n(\omega)$ 与 $\liminf_{n\to\infty} f_n(\omega)$ 的上、下界的一种估计.

**定理 8.2.3**(刘文、王丽英、杨卫国 2002)　设 $Q^*(k), Q_*(k)$ 如前定义, 并令

$$Q^*(l|k) = \max\{Q^e(l|k), Q^o(l|k)\}, \tag{8.2.56}$$

$$Q_*(l|k) = \min\{Q^e(l|k), Q^o(l|k)\}, \tag{8.2.57}$$

则

$$\limsup_{n\to\infty} f_n(\omega) \leq -\sum_{k=0}^{1}\sum_{l=0}^{1} Q^*(k)Q^*(l|k)\ln Q_*(l|k) \quad \mu_{Q^e,Q^o}-\text{a.s.}, \tag{8.2.58}$$

$$\liminf_{n\to\infty} f_n(\omega) \geq -\sum_{k=0}^{1}\sum_{l=0}^{1} Q_*(k)Q_*(l|k)\ln Q^*(l|k) \quad \mu_{Q^e,Q^o}-\text{a.s.}. \tag{8.2.59}$$

**证** 由 (8.2.55) 与 (8.2.57), 有

$$\limsup_{n\to\infty} f_n(\omega) \leq \limsup_{n\to\infty} \frac{1}{|T^{(n)}|}\sum_{k=0}^{1}\sum_{l=0}^{1}\{S_n^e(k,l)\ln[1/Q^e(l|k)]+S_n^o(k,l)\ln[1/Q^e(l|k)]\}$$

$$\leq \limsup_{n\to\infty}\frac{1}{|T^{(n)}|}\sum_{k=0}^{1}\sum_{l=0}^{1}S_n(k,l)\ln[1/Q_*(l|k)]. \tag{8.2.60}$$

由 (8.2.45),(8.2.41) 与 (8.2.56), 有

$$\limsup_{n\to\infty}\frac{S_n(k,l)}{|T^{(n)}|} \leq \limsup_{n\to\infty}\frac{1}{|T^{(n-1)}|}\left[S_{n-1}^e(k)Q^*(l|k)+S_{n-1}^o(k)Q^*(l|k)\right]$$

$$\leq Q^*(k)Q^*(l|k) \quad \mu_{Q^e,Q^o}-\text{a.s.}. \tag{8.2.61}$$

由 (8.2.60) 与 (8.2.61), 即得 (8.2.58). 类似可证 (8.2.59).

**注 8.2.1** 记 $Q = \begin{pmatrix} \frac{1}{2} & \frac{1}{2} \\ \frac{1}{2} & \frac{1}{2} \end{pmatrix}$, 则当 $Q^e \to Q, Q^o \to Q$ 时, $Q^*(l|k), Q_*(l|k),$ $Q^*(k)$ 与 $Q_*(k)$ 均趋近于 $\frac{1}{2}$, 故 (8.2.58) 与 (8.2.59) 可以看成是当 $Q^e \to Q, Q^o \to Q$ 时 Shannon-McMillan 定理的一种逼近.

## §8.3　Cayley 树上随机场的马尔可夫逼近

本节通过引进样本相对熵率作为 Cayley 树上任意随机场与马尔可夫链场之间的偏差的一种度量, 建立了关于状态序偶频率的一类强偏差定理 (也称为小偏差定理). 证明中应用了研究马尔可夫链强极限定理的一种新的分析方法.

设 $N$ 为正整数. 如果第 $n(n \geq 0)$ 层上的每个顶点均与第 $n+1$ 层上的 $N$ 个顶点相邻, 则称此树为 Cayley 树, 并用记号 $T_N$ 表示.

以下 $T$ 恒表示 Cayley 树 $T_N$, $T^{(n)}$ 表示 $T$ 的含有从根顶点到第 $n$ 层的所有顶点的子图. 用 $|B|$ 表示子图 $B$ 中的顶点的个数, 则

$$|T^{(n)}| = \sum_{k=0}^{n} N^k. \tag{8.3.1}$$

用 $(n, j)(1 \le j \le N^n, n \ge 1)$ 表示第 $n$ 层上的第 $j$ 个顶点. 为统一起见, 也记根顶点为 $(0,1)$. $T_2$ 如图 8.2 所示.

设 $b$ 是正整数, 取 $S = \{1, 2, \cdots, b\}, \Omega = S^T, \omega = \omega(\cdot) \in \Omega$, 其中 $\omega(\cdot)$ 是定义在 $T$ 上在 $S$ 中取值的函数, $\mathcal{F}$ 是 $\Omega$ 的所有有限维柱集产生的 $\sigma$- 代数, $\mu$ 是可测空间 $(\Omega, \mathcal{F})$ 上的概率测度, $X = \{X_t, t \in T\}$ 是定义在 $(\Omega, \mathcal{F})$ 上的坐标过程, 即对任何 $\omega = \omega(\cdot) \in \Omega$, 定义

$$X_t(\omega) = \omega(t), \quad t \in T. \tag{8.3.2}$$

记

$$X^{T^{(n)}} = \{X_t, t \in T^{(n)}\}; \quad \mu(X^{T^{(n)}} = x^{T^{(n)}}) = \mu(x^{T^{(n)}}).$$

下面我们直接利用柱集的分布给出树 $T$ 上马氏链场的一种定义, 它是马氏链古典定义的自然推广.

**定义 8.3.1** 设 $\boldsymbol{P} = (P(j|i))$ 是 $S$ 上严格为正的随机矩阵, $\boldsymbol{q} = (q(1), \cdots, q(b))$ 是 $S$ 上的严格为正的分布, $\mu_P$ 是 $(\Omega, \mathcal{F})$ 上的概率测度. 如果

$$\mu_P(x_{0,1}) = q(x_{0,1}), \tag{8.3.3}$$

$$\mu_P(x^{T^{(n)}}) = q(x_{0,1}) \prod_{m=0}^{n-1} \prod_{i=1}^{N^m} \prod_{j=N(i-1)+1}^{Ni} P(x_{m+1,j}|x_{m,i}), \quad n \ge 1, \tag{8.3.4}$$

则 $\mu_P$ 称为随机矩阵 $\boldsymbol{P}$ 及分布 $\boldsymbol{q}$ 决定的树 $T$ 上的马氏链场.

**注 8.3.1** 由 (8.3.3) 与 (8.3.4) 定义的 $\mu_P$ 也依赖于 $\boldsymbol{q}$. 在 Spitzer(1975) 及 Berger 与叶中行 (1990) 给出的定义中 $\boldsymbol{q}$ 被取为由 $\boldsymbol{P}$ 决定的平稳分布 $\boldsymbol{\pi} = (\pi(1), \cdots, \pi(b))$. 故此处的定义比上述文献中的相应定义稍有推广.

**注 8.3.2** 设对 $N = 1$, 并记 $(n, 1)$ 为 $n$, 则由 (8.3.3) 与 (8.3.4), 有

$$\mu_P(x^{T^{(n)}}) = \mu_P(X_0 = x_0, \cdots, X_n = x_n) = q(x_0) \prod_{m=0}^{n-1} P(x_{m+1}|x_m).$$

这就是马氏链基本柱集的分布.

**定义 8.3.2** 设 $\mu_P$ 如前定义, $\mu$ 是 $(\omega, \mathcal{F})$ 上的另一概率测度, $\{X_t, t \in T\}$ 关于 $\mu$ 的分布为

$$\mu(X^{T^{(n)}} = x^{T^{(n)}}) = \mu(x^{T^{(n)}}) > 0.$$

令

$$\varphi_n(\omega) = \frac{\mu(X^{T^{(n)}})}{\mu_P(X^{T^{(n)}})}, \tag{8.3.5}$$

$$\varphi(\omega) = \limsup_{n \to \infty} \frac{1}{|T^{(n)}|} \ln \varphi_n(\omega), \tag{8.3.6}$$

$\ln \varphi_n(\omega)$ 与 $\varphi(\omega)$ 分别称为关于 $\mu$ 和 $\mu_P$ 的样本相对熵和样本相对熵率. $\varphi(\omega)$ 也称为渐近对数似然比.

**注 8.3.3** 显然当 $\mu = \mu_P$ 时 $\varphi(\omega) \equiv 0$, 又由下面的 (8.3.12) 表明, 在一般情况下恒有 $\varphi(\omega) \geq 0$, 故 $\varphi(\omega)$ 可作为 $T$ 上的任意随机场与马尔可夫场之间的偏差的一种度量.

本文的目的是通过引进样本相对熵率作为 Cayley 树上任意随机场与马尔可夫链场之间的偏差的一种度量, 建立了关于状态序偶频率的一类强偏差定理 (也称小偏差定理). 在证明中应用了研究马尔可夫链强极限定理的一种新的分析方法 (参见刘文、杨卫国 1996a 及 2000).

**引理 8.3.1** 设 $\mu_1$ 与 $\mu_2$ 是 $(\Omega, \mathcal{F})$ 上的两个概率测度, $D \in \mathcal{F}$, $\{\tau_n, n \geq 1\}$ 是一列正值随机变量序列使得

$$\liminf_{n \to \infty} \frac{\tau_n}{|T^{(n)}|} > 0, \quad \mu_1\text{- a.s.} \mp D, \tag{8.3.7}$$

则

$$\limsup_{n \to \infty} \frac{1}{\tau_n} \ln \frac{\mu_2(X^{T^{(n)}})}{\mu_1(X^{T^{(n)}})} \leq 0, \quad \mu_1\text{- a.s.} \mp D, \tag{8.3.8}$$

**证** 设 $Z_n = \mu_2(X^{T^{(n)}})/\mu_1(X^{T^{(n)}})$. 易知,

$$\begin{aligned}
E_{\mu_1}(Z_n) &= \sum_{x^{T^{(n)}} \in S^{T^{(n)}}} \frac{\mu_2(x^{T^{(n)}})}{\mu_1(x^{T^{(n)}})} \mu_1(x^{T^{(n)}}) \\
&= \sum_{x^{T^{(n)}} \in S^{T^{(n)}}} \mu_2(x^{T^{(n)}}) \\
&= \mu_2(S^{T^{(n)}}).
\end{aligned}$$

由于 $S^{T^{(n)}} \in \mathcal{F}$, $\mu_2$ 是 $(\Omega, \mathcal{F})$ 上的概率测度, 从而 $\mu_2(S^{T^{(n)}}) \leq 1$, 即 $E_{\mu_1}(Z_n) \leq 1$. 对任意 $\epsilon \geq 0$, 由 Markov 不等式, 有

$$\sum_{n=1}^{\infty} \mu_1(|T^{(n)}|^1 \ln Z_n \geq \epsilon) \leq \sum_{n=1}^{\infty} \exp(-|T^{(n)}|\epsilon) < \infty. \tag{8.3.9}$$

因为 $\epsilon$ 是任意的, 故根据 Borel-Cantelli 引理由 (8.3.9), 有

$$\limsup_{n \to \infty} \frac{1}{\tau_n} \ln \frac{\mu_2(X^{T^{(n)}})}{\mu_1(X^{T^{(n)}})} \leq 0 \quad \mu_1\text{- a.s.}. \tag{8.3.10}$$

显然 (8.3.7) 与 (8.3.10) 蕴涵 (8.3.8).

**注 8.3.4**　令 $\mu_1 = \mu, \mu_2 = \mu_P$. 由 (8.3.10) 知, 存在 $A \in \mathcal{F}, \mu(A) = \infty$, 使得

$$\liminf_{n \to \infty} \frac{1}{\tau_n} \ln \frac{\mu(X^{T^{(n)}})}{\mu_P(X^{T^{(n)}})} \geq 0, \quad \omega \in A. \tag{8.3.11}$$

由此有

$$\varphi(\omega) \geq 0, \quad \omega \in A. \tag{8.3.12}$$

设 $k, l \in S$, $S_n(k, \omega)$(简记为 $S_n(k)$) 是 $X^{T^{(n)}} = \{X_t, t \in T^{(n)}\}$ 中 $k$ 的个数, $S_n(k, l, \omega)$(简记为 $S_n(k, l)$) 是随机变量序偶

$$(X_{m,i}, X_{m+1,j}), \ 0 \leq m \leq n-1, \ 1 \leq i \leq N^m, \ N(i-1)+1 \leq j \leq Ni, \ n \geq 1$$

中状态序偶 $(k, l)$ 的个数, 即

$$S_n(k, \omega) = \sum_{m=0}^{n} \sum_{j=1}^{N^m} \delta_k(X_{m,j}), \tag{8.3.13}$$

$$S_n(k, l, \omega) = \sum_{m=0}^{n-1} \sum_{i=1}^{N^m} \sum_{j=N(i-1)+1}^{Ni} \delta_k(X_{m,i})\delta_l(X_{m+1,j}), \tag{8.3.14}$$

其中 $\delta_k(\cdot)(k \in S)$ 是 $S$ 上的 Kronecker $\delta$ 函数. 令

$$\sigma_n(k, \omega) = \sum_{j=1}^{b} S_n(k, j, \omega). \tag{8.3.15}$$

易知

$$\sum_{j=1}^{b} S_n(k, \omega) = |T^{(n)}|, \tag{8.3.16}$$

$$\sum_{i=1}^{b} S_n(i, k, \omega) = S_n(k, \omega) - \delta_k(X_0), \tag{8.3.17}$$

$$\sigma_n(k, \omega) = \sum_{m=0}^{n-1} \sum_{j=1}^{N^m} N\delta_k(X_{m,j}), \tag{8.3.18}$$

$$\sum_{k=1}^{b} \sigma_n(k, \omega) = |T^{(n)}| - 1. \tag{8.3.19}$$

以下恒假定 $\mu_P$ 为由随机矩阵 $\boldsymbol{P} = (P(j|i))$ 及分布 $\boldsymbol{q}$ 决定的树 $T$ 上的马氏链场.

**引理 8.3.2**　设 $0 \leq c < \ln(1 - a_k)^{-1}$ 为一常数，令

$$D(c) = \{\omega : \varphi(\omega) \leq c\} \tag{8.3.20}$$

$$M_k = \max\{[\ln \frac{1 - a_k}{1 - \lambda} + c]/\ln \frac{\lambda(1 - a_k)}{b_k(1 - \lambda)}, \ 0 < \lambda \leq 1 + (a_k - 1)e^c\}, \tag{8.3.21}$$

则

$$\liminf_{n \to \infty} \frac{S_{n-1}(k, \omega)}{|T^{(n)}|} > \frac{M_k}{N} \quad \mu - \text{a.e.} \ \ \text{于} \ \ D(c). \tag{8.3.22}$$

**证**　设 $0 < \lambda < 1$ 为常数，$\boldsymbol{Q} = (Q(j|i)), i, j \in S$ 是另一随机矩阵，其中对所有的 $i \in S$，

$$Q(k|i) = \lambda, \ \ Q(j|i) = \frac{(1 - \lambda)P(j|i)}{1 - P(k|i)}, \ \ j \neq k. \tag{8.3.23}$$

用 $\mu_Q$ 表示由 $\boldsymbol{Q}$ 及分布 $\boldsymbol{q}$ 决定的树 $T$ 上的马氏链场，则

$$\mu_Q(x^{T^{(n)}}) = q(x_{0,1}) \prod_{m=0}^{n-1} \prod_{i=1}^{N^m} \prod_{j=N(i-1)+1}^{Ni} Q(x_{m+1,j}|x_{m,i}), \ \ n \geq 1. \tag{8.3.24}$$

令

$$a_k = \min\{P(k|i), i \in S\}, \ \ b_k = \max\{P(k|i), i \in S\}. \tag{8.3.25}$$

由 (8.3.4), (8.3.17), (8.3.19) 及 (8.3.23)—(8.3.25), 有

$$
\begin{aligned}
\frac{\mu_Q(X^{T^{(n)}})}{\mu(X^{T^{(n)}})} &= \frac{\mu_P(X^{T^{(n)}})}{\mu(X^{T^{(n)}})} \frac{\mu_Q(X^{T^{(n)}})}{\mu_P(X^{T^{(n)}})} = \frac{\mu_P(X^{T^{(n)}})}{\mu(X^{T^{(n)}})} \prod_{i=1}^{b} \prod_{j=1}^{b} \left[\frac{Q(j|i)}{P(j|i)}\right]^{S_n(i,j,\omega)} \\
&= \frac{\mu_P(X^{T^{(n)}})}{\mu(X^{T^{(n)}})} \prod_{i=1}^{b} \left[\frac{\lambda}{P(k|i)}\right]^{S_n(i,k,\omega)} \left[\frac{1 - \lambda}{1 - a_k}\right]^{\sigma_n(i,\omega) - S_n(i,k,\omega)} \\
&\geq \frac{\mu_P(X^{T^{(n)}})}{\mu(X^{T^{(n)}})} \prod_{i=1}^{b} \left[\frac{\lambda}{b_k}\right]^{S_n(i,k,\omega)} \left[\frac{1 - \lambda}{1 - a_k}\right]^{\sigma_n(i,\omega) - S_n(i,k,\omega)} \\
&= \frac{\mu_P(X^{T^{(n)}})}{\mu(X^{T^{(n)}})} \left(\frac{\lambda}{b_k}\right)^{S_n(k,\omega) - \delta_k(X_0)} \left(\frac{1 - \lambda}{1 - a_k}\right)^{|T^{(n)}| - 1 - S_n(k,\omega) + \delta_k(X_0)} 
\end{aligned}
\tag{8.3.26}
$$

利用引理 8.3.1, 由 (8.3.26) 知, 存在 $A(\lambda) \in \mathcal{F}, \mu(A(\lambda)) = 1$, 使得

$$\liminf_{n \to \infty} \frac{1}{|T^{(n)}|} \ln \frac{\mu_P(X^{T^{(n)}})}{\mu(X^{T^{(n)}})} + \limsup_{n \to \infty} \frac{S_n(k, \omega)}{|T^{(n)}|} \ln \frac{\lambda(1 - a_k)}{b_k(1 - \lambda)} \leq \ln \frac{(1 - a_k)}{(1 - \lambda)}, \ \omega \in A(\lambda), \tag{8.3.27}$$

即

$$\limsup_{n \to \infty} \frac{1}{|T^{(n)}|} S_n(k, \omega) \ln \frac{\lambda(1 - a_k)}{b_k(1 - \lambda)} \leq \ln \frac{(1 - a_k)}{(1 - \lambda)} + \varphi(\omega) \ \ \omega \in A(\lambda). \tag{8.3.28}$$

取 $\lambda \in (0, 1 + (a_k - 1)e^c)$. 注意 $0 < 1 + (a_k - 1)e^c < a_k$, 且

$$0 < \frac{\lambda(1 - a_k)}{b_k(1 - \lambda)} < 1, \quad \ln \frac{1 - a_k}{1 - \lambda} + c < 0,$$

由 (8.3.28) 及 (8.3.20), 有

$$\liminf_{n \to \infty} \frac{1}{|T^{(n)}|} S_n(k, \omega) \geq \left[ \ln \frac{1 - a_k}{1 - \lambda} + c \right] / \ln \frac{\lambda(1 - a_k)}{b_k(1 - \lambda)} > 0 \quad \omega \in A(\lambda) \cap D(c).$$

$$(8.3.29)$$

令

$$g_k(\lambda) = [\ln \frac{1 - a_k}{1 - \lambda} + c] / \ln \frac{\lambda(1 - a_k)}{b_k(1 - \lambda)}, \quad 0 < \lambda < 1 + (a_k - 1)e^c.$$

易知存在 $\lambda_k \in (0, 1 + (a_k - 1)e^c)$ 使得 $M_k = g_k(\lambda_k)$. 于是由 (8.3.29), 有

$$\liminf_{n \to \infty} \frac{1}{|T^{(n)}|} S_n(k, \omega) \geq M_k, \quad \omega \in A(\lambda_k) \cap D(c). \quad (8.3.30)$$

由 (8.3.30) 及 (8.3.1), 有

$$\liminf_{n \to \infty} \frac{1}{|T^{(n+1)}|} S_n(k, \omega) = \frac{1}{N} \liminf_{n \to \infty} \frac{1}{|T^{(n)}|} S_n(k, \omega) \geq \frac{M_k}{N}, \quad \omega \in A(\lambda_k) \cap D(c).$$

$$(8.3.31)$$

由于 $\mu(A(\lambda_k)) = 1$, 故由 (8.3.31) 知 (8.3.22) 成立.

**定理 8.3.1** (刘文、王丽英 2003)　设 $\{X_t, t \in T\}$ 是 $T$ 上的随机场, $\mu, \mu_P, M_k$, $D(c)$(其中 $0 \leq c < \ln(1 - a_k)^{-1}$) 等记号均如前定义, 则

$$\limsup_{n \to \infty} \left[ \frac{S_n(k, l, \omega)}{N S_{n-1}(k, \omega)} - P(l|k) \right] \leq 2\sqrt{P(l|k)c/M_k} + c/M_k \quad \mu\text{- a.s. } \mp \quad D(c).$$

$$(8.3.32)$$

当 $0 \leq c < M_k P(l|k)$ 时

$$\liminf_{n \to \infty} \left[ \frac{S_n(k, l, \omega)}{N S_{n-1}(k, \omega)} - P(l|k) \right] \geq -2\sqrt{P(l|k)c/M_k}, \quad \mu\text{- a.s. } \mp \quad D(c). \quad (8.3.33)$$

**证**　设 $\lambda > 0$ 为常数. $k, l \in S$ 固定. 令 $\boldsymbol{R} = (R(j|i)), i, j \in S$ 是另一个随机矩阵, 其中

$$R(l|k) = \frac{\lambda P(l|k)}{1 + (\lambda - 1)P(l|k)}, \quad R(j|k) = \frac{P(j|k)}{1 + (\lambda - 1)P(l|k)}, \quad j \neq l, \quad (8.3.34)$$

$$R(j|i) = P(j|i), \quad i \neq k, \quad j \in S. \quad (8.3.35)$$

由 (8.3.34) 与 (8.3.35), 有

$$\frac{R(x_{m+1,j}|x_{m,i})}{P(x_{m+1,j}|x_{m,i})} = \lambda^{\delta_k(x_{m,i})\delta_l(x_{m+1,j})} \left[ \frac{1}{1 + (\lambda - 1)P(l|k)} \right]^{\delta_k(x_{m,i})}. \quad (8.3.36)$$

由 (8.3.36), (8.3.13) 与 (8.3.14), 有

$$\frac{\mu_R(X^{T^{(n)}})}{\mu(X^{T^{(n)}})} = \frac{\mu_R(X^{T^{(n)}})}{\mu_P(X^{T^{(n)}})} \varphi_n(\omega)^{-1}$$

$$= \varphi_n(\omega)^{-1} \prod_{m=0}^{n-1} \prod_{i=1}^{N^m} \prod_{j=N(i-1)+1}^{Ni} \frac{R(X_{m+1,j}|X_{m,i})}{P(X_{m+1,j}|X_{m,i})}$$

$$= \varphi_n(\omega)^{-1} \lambda^{S_n(k,l,\omega)} \left( \frac{1}{1+(\lambda-1)P(l|k)} \right)^{NS_{n-1}(k,\omega)}. \qquad (8.3.37)$$

根据引理 8.3.1 与引理 8.3.2, 由 (8.3.37), 有

$$\limsup_{n\to\infty} \left\{ \frac{S_n(k,l,\omega)}{S_{n-1}(k,\omega)} \ln\lambda - N\ln[1+(\lambda-1)P(l|k)] - \frac{\ln\varphi_n(\omega)}{S_{n-1}(k,\omega)} \right\} \leq 0. \quad \mu\text{- a.s. } 于 D(c).$$
$$\qquad (8.3.38)$$

由 (8.3.38), (8.3.6), (8.3.20) 及 (8.3.22), 有

$$\limsup_{n\to\infty} \frac{S_n(k,l,\omega)}{S_{n-1}(k,\omega)} \ln\lambda$$

$$\leq N\ln[1+(\lambda-1)P(l|k)] + \limsup_{n\to\infty} \frac{\ln\varphi_n(\omega)}{|T^{(n)}|} \limsup_{n\to\infty} \frac{|T^{(n)}|}{S_{n-1}(k,\omega)}$$

$$\leq N\ln[1+(\lambda-1)P(l|k)] + \frac{cN}{M_k} \quad \mu\text{- a.s. } 于 D(c). \qquad (8.3.39)$$

取 $\lambda > 1$. 将 (8.3.39) 两边同除以 $N\ln\lambda$, 并利用不等式 $1-\dfrac{1}{x} \leq \ln x \leq x-1(x>0)$, 得

$$\limsup_{n\to\infty} \left[ \frac{S_n(k,l,\omega)}{NS_{n-1}(k,\omega)} - P(l|k) \right]$$

$$\leq \frac{\ln[1+(\lambda-1)P(l|k)]}{\ln\lambda} - P(l|k) + \frac{c}{M_k\ln\lambda}$$

$$\leq \frac{(\lambda-1)P(l|k)}{(\lambda-1)/\lambda} - P(l|k) + \frac{c}{M_k(1-1/\lambda)}$$

$$= (\lambda-1)P(l|k) + \frac{c\lambda}{M_k(\lambda-1)} \quad \mu\text{- a.s. } 于 D(c). \qquad (8.3.40)$$

令 $g(\lambda) = (\lambda-1)P(l|k) + \dfrac{c\lambda}{M_k(\lambda-1)}$. 易知当 $c>0$ 时, $g(\lambda)$ 在 $\lambda = 1+\sqrt{c/[M_kP(l|k)]}$ 处达到它在区间 $(1,\infty)$ 上的最小值 $g(1+\sqrt{c/[M_kP(l|k)]}) = 2\sqrt{P(l|k)c/M_k}+c/M_k$. 在 (8.3.40) 中令 $\lambda = 1+\sqrt{c/[M_kP(l|k)]}$, 即得 (8.3.32). 当 $c=0$ 时, 取 $\lambda_i \to 1+0(i\to\infty)$, 由 (8.3.40) 知 (8.3.32) 此时亦成立.

取 $0 < \lambda < 1$. 将 (8.3.39) 两边同除以 $N \ln \lambda$, 并利用不等式 $1 - \dfrac{1}{x} \le \ln x \le x - 1 (x > 0)$, 得

$$
\begin{aligned}
&\liminf_{n \to \infty} \left[ \frac{S_n(k, l, \omega)}{N S_{n-1}(k, \omega)} - P(l|k) \right] \\
&\ge \frac{\ln[1 + (\lambda - 1)P(l|k)]}{\ln \lambda} - P(l|k) + \frac{c}{M_k \ln \lambda} \\
&\ge \frac{(\lambda - 1)P(l|k)}{(\lambda - 1)/\lambda} - P(l|k) + \frac{c}{M_k(\lambda - 1)} \\
&= (\lambda - 1)P(l|k) + \frac{c}{M_k(\lambda - 1)} \quad \mu\text{- a.s. } \ \text{于} \ D(c).
\end{aligned} \tag{8.3.41}
$$

令 $h(\lambda) = (\lambda - 1)P(l|k) + \dfrac{c}{M_k(\lambda - 1)}$. 易知当 $0 < c < M_k P(l|k)$ 时, $h(\lambda)$ 在 $\lambda = 1 - \sqrt{c/[M_k P(l|k)]}$ 处达到它在区间 $(0,1)$ 上的最大值 $h(1 - \sqrt{c/[M_k P(l|k)]}) = -2\sqrt{P(l|k)c/M_k}$. 在 (8.3.41) 中令 $\lambda = 1 - \sqrt{c/[M_k P(l|k)]}$, 即得 (8.3.33). 当 $c = 0$ 时, 取 $\tau_i \to 1 - 0(i \to \infty)$, 由 (8.3.41) 知 (8.3.33) 此时亦成立. 定理证毕.

**推论 8.3.1** 在定理 8.3.1 的条件下有

$$
\lim_{n \to \infty} \left[ \frac{S_n(k, l, \omega)}{N S_{n-1}(k, \omega)} \right] = P(l|k) \quad \mu\text{- a.s. } \ \text{于} \ D(0). \tag{8.3.42}
$$

**证** 在定理 8.3.1 中取 $c = 0$, 由 (8.3.32) 与 (8.3.33), 即得 (8.3.42).

**推论 8.3.2** 设 $\{X_t, t \in T\}$ 如前定义, $\mu_P$ 是由随机矩阵 $\boldsymbol{P}$ 及分布 $\boldsymbol{q}$ 所确定的 $T$ 上的马氏链场, 则

$$
\lim_{n \to \infty} \frac{S_n(k, l, \omega)}{N S_{n-1}(k, \omega)} = P(l|k) \quad \mu_P\text{- a.s.}. \tag{8.3.43}
$$

**证** 在定理中取 $\mu = \mu_P$, 则 $\varphi_n(\omega) \equiv 0, D(0) = \Omega$. 于是 (8.3.43) 可由 (8.3.42) 得出.

# 参 考 文 献

王梓坤 (1978). 随机过程论. 科学出版社

邓永录，梁之舜 (1992). 随机点过程及其应用. 科学出版社

刘文 (1978). 关于可列齐次马氏链转移概率的强大数定律. 数学学报， **23**, No.3, 231—242

刘文 (1979a). 一类奇异单调函数与二进制小数的一个度量性质. 科学通报， **24**, No.22,1009—1013

刘文 (1979b). 关于概率中的函数论方法. 自然杂志， **2**, 259—260

刘文 (1981a). 实数的广义二进展式的概率性质. 自然杂志， **4**, 872

刘文 (1981b). 强大数定理中的纯分析方法. 科学通报， **26**, No.23, 1470—1471

刘文 (1982a). 关于可列非齐次马氏链转移概率的强大数定律. 科学通报， **26**, No.23, 1470

刘文 (1982b). 奇异单调函数在实数展式的概率理论中的应用. 数学的实践与认识， No.3, 20—26

刘文 (1983). 可列非齐次马氏链强极限理论中的函数论方法. 河北工学院学报， No.1, 11—19

刘文 (1984a). 实数展式的一个性质. 数学杂志， **4**, No.3, 233—238

刘文 (1984b). 可列非齐次马氏链的分析模型及其应用. 天津市数学研究成果选编， 8—12, 天津科技出版社

刘文 (1984c). 强大数定律中的分析方法. 天津市数学研究成果选编， 13—17, 天津科技出版社

刘文 (1987a). 马尔可夫链的一个强大数定律的推广. 数理统计与应用概率， **2**, No.3, 333—340

刘文 (1987b). $m$ 值随机变量序列的随机比较系数与马尔可夫链的一个强大数定律的推广. 河北工学院学报， No.2, 15—22

刘文 (1988a). 任意二进信源相对熵密度的若干性质. 应用概率统计， **4**, No.1, 1—8

刘文 (1988b). 二值随机变量序列的随机比较系数和强大数定律. 河北工学院学报， No.1, 1—6

刘文 (1989a). m- 值随机变量序列一类极限定理的信息条件. 科学通报， **34**, No.1, 5—8

刘文 (1989b). 任意信源相对熵密度的若干性质. 科学通报， **34**, No.13, 890—893

刘文 (1991a). 任意信源的一个极限性质. 科学通报， **36**, No.4, 254—257

刘文 (1994a). Borel 正规数定理的一种证明与强极限定理中的分析方法. 河北工学院学报， **23**, No.4, 82—86

刘文 (1995). 非负整值随机变量序列的一类强律. 科学通报， **40**, No.12, 1068—1072

刘文 (1996a). 一个对离散信源普遍成立的强极限定理. 数学物理学报， **16**, No.4, 440—443

刘文 (1997a). 非负整值随机变量序列的一类强偏差定理. 数学物理学报， **17** , No.4, 375—381

刘文 (1997b). 一类随机偏差定理. 河北工业大学学报， **26**, No.4, 60—68

刘文 (1998a). 一类强偏差定理与 Laplace 变换方法. 科学通报， **43**, No.10, 1036—1041

刘文 (1998b). 离散随机变量序列的一类强极限定理. 河北工业大学学报， **2**, No.1, 1—7

刘文 (1999a). 一类随机偏差定理与母函数方法. 应用概率统计， **15**, No.1, 1—7

刘文 (1999b). 对数似然比的一类极限性质. 河北工业大学学报， **28**, No.4, 10—16

刘文 (2000a). 渐进对数似然比与一类强偏差定理. 河北工业大学学报， **29**, No.1, 34—42

刘文 (2000b). 有限非齐次马氏链随机转移概率调和平均的一个强极限定理. 数学物理学报， **20**, No.1, 181—184

刘文 (2000c). 随机条件概率的一个极限性质与条件矩母函数方法. 应用数学学报, **23**, No.2, 275—279

刘文 (2000d). 极限相对对数似然比的一类强偏差定理. 应用概率统计, **16**, No.3, 269—276

刘文 (2001). 一类奇异分布函数的构造. 应用概率统计, **17**, No.4, 399—402

刘文 (2002). 关于公平赌博的一个强极限定理. 系统科学与数学, **22**, No.4, 452—457

刘文, 王玉津 (2001). 连续性随机变量序列的一类强偏差定理. 数学物理学报, **21A(1)**, 23—28

刘文, 王丽英 (2003). Cayley 树上随机场的马尔可夫逼近与一类小偏差定理. 数学物理学报, **23A(2)**

刘文, 王丽英, 杨卫国 (2002). 二进树上奇偶马氏链场的若干极限定理与 Shannon-McMillan 定理的一种逼近. 应用概率统计, **18**, No.3, 277—285

刘文, 王金亭 (1999). 关于赌博策略的一个强极限定理的推广. 应用概率统计, **15**, No.4, 302—309

刘文, 王梓坤 (1997). 一类迭代序列 Cesaro 平均收敛的条件. 数学物理学报, **17**, 增刊, 23—27

刘文, 刘玉灿 (1995). 似然比与整值随机变量序列的一类用不等式表示的极限定理. 应用概率统计, **11**, No.4, 378—384

刘文, 刘玉灿 (1996). 似然比与整值随机变量序列的一类强极限定理. 河北工业大学学报, **24**, No.2, 1—7

刘文, 刘自宽 (1994a). 一类条件独立的随机变量序列的极限定理. 数理统计与应用概率, **9**, No.2, 50—52

刘文, 刘自宽 (1994b). 整值随机变量序列的一类强律的信息条件. 数理统计与应用概率, **9**, No.1, 27—31

刘文, 刘自宽 (1994c). 整值随机变量序列的强大数定律. 河北工学院学报, **23**, No.3, 113—118

刘文, 刘自宽 (1994d). 整值随机变量序列的一类强律的信息条件. 河北工学院学报, **23**, No.4, 87—92

刘文, 刘自宽 (1995). 整值随机变量序列与二重马氏链的比较及其极限性质. 应用数学学报, **18**, No.3, 339—345

刘文, 刘自宽 (1997a). 对数似然比与整值随机变量序列的一类强律. 系统科学与数学, **17**, No.4, 316—323

刘文, 刘自宽 (1997b). 一个对二值随机变量序列普遍成立的一类强极限定理. 应用数学, **10**, No.1, 57—59

刘文, 刘自宽 (1997c). 整值随机变量序列的一类强律. 应用数学, **10**, No.1, 67—70

刘文, 刘自宽 (1999). 一类被有限非齐次马氏链控制的条件独立的随机变量序列的强极限定理. 河北工业大学学报, **28**, No.5, 14—21

刘文, 刘灿齐 (1989). 马尔可夫链的一个强大数定律的推广 III. 河北工学院学报, **18**, No.4, 1—9

刘文, 刘国欣 (1987). 可列非齐次马氏链的一个强大数定律. 经济数学, **4**, 7—16

刘文, 刘国欣, 陈志刚 (1995). 可列非齐次马氏链泛函的一类强大数定律. 经济数学, **12**, No.1, 1—8

刘文, 李伟 (1994). 关于多重马氏链的一个极限定理及其推广. 河北工学院学报, **23**, No.3, 12—19

刘文, 李志才 (1996). $N$ 值随机变量序列的一个强极限定理. 应用数学, **9**, 增刊 54—57

刘文, 张丽娜 (1995). 一类强大数定律的推广. 经济数学, **12**, No.2, 27—31

刘文, 张丽娜 (2000). B 值随机变量序列的强极限定理. 沈阳化工学院学报, No.3

刘文, 张丽娜 (2001). 随机序列的强收敛性. 数学物理学报, **21A**(增刊), 672—675

刘文, 汪忠志 (1993). 相依二值随机序列的无规则性定理. 河北工学院学报, **22**, No.3, 111—120

刘文, 汪忠志 (1994a). 任意二值随机序列无规则性定理. 应用数学学报, **17**, No.4, 534—540

刘文, 汪忠志 (1994b). Bernoulli 序列无规则性定理的推广. 应用数学, **7**, No.4, 449—455

刘文, 汪忠志 (1996a). 无规则性概念在马尔可夫链中的推广. 经济数学, **13**, No.1, 32—37

刘文, 宋珍 (1989). 马尔可夫链的一个强大数定律的推广 II. 河北工学院学报, **18**, No.2, 11—20

刘文, 宋珍, 刘灿齐 (1989). 马尔可夫链的一个强大数定律的再推广. 数理统计与应用概率, **4**, No.2, 218—230

刘文, 宋珍, 刘灿齐 (2000). 关于赌博系统的一个强极限定理. 河北工业大学学报, **29**, No.2, 32—38

刘文, 杨卫国 (1987). $m$ 值随机变量序列的一个极限定理. 应用数学, No.4, 11—15

刘文, 杨卫国 (1988). 相依二值随机变量序列的强大数定律. 河北工学院学报, **17**, No.4, 9—17

刘文, 杨卫国 (1989a). 有限非齐次马氏链的一个强大数定理. 河北工学院学报, **18**, No.4, 13—17

刘文, 杨卫国 (1989b). 可列非齐次马氏链的一个强大数定律. 河北工学院学报, **18**, No.4, 107—114

刘文, 杨卫国 (1990a). 关于一类极限定理的信息条件. 河北工学院学报, **19**, No.2, 39—47

刘文, 杨卫国 (1990b). 任意二进信源的一类极限定理. 河北工学院学报, **19**, No.3, 1—6

刘文, 杨卫国 (1990c). 有限非齐次马氏链的随机条件熵与 Shannon 定理的推广. 河北工学院学报, **19**, No.4, 65—78

刘文, 杨卫国 (1991a). 广义 Cantor 展式及其概率性质. 数理统计与应用概率, **6**, No.3, 344—349

刘文, 杨卫国 (1991b). $m$ 值随机变量的几个强大数定律. 河北工学院学报, **20**, No.4, 9—6

刘文, 杨卫国 (1991c). 关于有限非齐次马氏链占据时间的一个强大数定律. 河北工学院学报, **20**, No.4, 9—16

刘文, 杨卫国 (1992a). 一类对可列非齐次马氏链普遍成立的强大数定律. 科学通报, **37**, No.16, 1448-1451

刘文, 杨卫国 (1992b). 可列非齐次马氏链的若干极限定理. 应用数学学报, **15**, No.4, 479—489

刘文, 杨卫国 (1992c). 可列非齐次马氏链的一类极限定理. 应用概率统计, **8**, No.1, 64—69

刘文, 杨卫国 (1992d). 随机比较系数与马尔可夫链的一个强大数定理的某些推广. 数理统计与应用概率, **7**, No.4, 49—61

刘文, 杨卫国 (1993). 关于一类极限定理的信息条件. 河北工学院学报, **22**, No.3, 1-6

刘文, 杨卫国 (1994a). 相对熵密度与任意二进信源的若干极限定理. 应用数学学报, **17**, No.1, 85—99

刘文, 杨卫国 (1994b). 有限非齐次马氏链的随机条件熵与 Shannon-McMillan 定理的推广. 应用数学学报, **17**, No.2, 234-247

刘文, 杨卫国 (1994c). 关于 Shannon-McMillan 定理若干研究. 数学物理学报, **14**, No.3, 337— 345.

刘文, 杨卫国 (1995a). 任意信源二元函数一类平均值的极限性质. 应用概率统计, **11**, No.2, 195—203

刘文, 杨卫国 (1996a). 任意信源与马氏信源的比较及小偏差定理. 数学学报, **39**, No.1, 22— 36

刘文, 杨卫国 (1997a). 关于 Shannon-McMillan 定理的若干研究 (II). 数学物理学报, **17**, No.3, 176—183

刘文, 杨卫国 (1997b). 关于非齐次马氏信源的渐近均分割性. 应用概率统计, **13**, No.4, 359—366

刘文, 杨卫国 (1999). 非齐次马氏链二元泛函的若干极限性质. 河北工业大学学报, **28**, No.4, 1—9

刘文, 杨卫国 (2001). 树上马氏链场的若干极限性质. 数学物理学报, **21A**(4), 512—520

刘文, 杨卫国, 张丽娜 (1997). 关于任意随机变量系列的一类强极限定理. 数学学报, **40**, No.4, 537—544

刘文, 金少华 (1992). 关于可列非齐次马氏链状态三元序组出现频率的一类强大数定律. 河北工学院学报, **21**, No.1, 91—101

刘文, 金少华 (1994). 关于可列非齐次马氏链 m 元序组出现频率的一类强大数定律. 河北工学院学报, **23**, No.3, 48—56

刘文, 陈文波 (1995). 二值随机变量的一个极限定理. 河北工学院学报, **24**, No.3, 20—26

刘文, 陈志刚 (1994). 离散随机变量序列一类强律. 数理统计与应用概率, **9**, No.4, 61—71

刘文, 陈志刚 (1996). 对数似然比与离散随机变量序列强极限定理一种分析方法. 应用数学学报, **19**, No.3, 359—368

刘文, 陈爽 (1998). $N$ 值随机变量序列的 AEP 型极限及若干强偏差定理. 数学物理学报, **18**, No.4, 444—450

刘文, 陈爽, 杨国国 (2000). 关于样本熵的一类强偏差定理. 应用数学学报, **23**, No.4, 610—619.

刘文, 顾巧论 (1995). 任意 $m$ 值随机变量序列与独立序列的比较及其极限性质. 数学物理学报, **15**, No.2, 163—167

刘文, 顾巧论 (1995). 随机比较系数的若干极限性质. 河北工学院学报, **24**, No.3, 85—95

刘文, 臧国平 (1991). 关于有限非齐次马氏链状态序偶频率的一个强大数定律. 河北工学院学报, **20**, No.3, 29—35

朱成熹, 陈俊雅, 魏文元 (1998). 离散参量非齐次马尔可夫链函数的强大数定理. 数学学报, **31**, No.4, 464—474

刘国欣, 刘文 (1988). 关于可列非齐次马氏链的常返性与强大数定律. 河北工学院学报, **17**, No.2, 62—74

那汤松 (1958). 实变函数论. 徐瑞云译. 高等教育出版社

伊藤清 (1963). 概率论 (刘璋温译). 科学出版社

严加安 (1998). 测度论讲义. 科学出版社

严士健, 王秀骧, 刘秀芳 (1985). 概率论基础. 科学出版社

李伟, 刘文 (1988). 二重马氏链的遍历性定理. 河北工学院学报, **17**, No.2, 99—108

金少华 (2002). 关于可列非齐次马尔可夫链的一类强极限定理. 应用概率统计, **18**, No.3, 230—234

张丽娜 (1998). 可数非齐次马氏链随机转移概率的若干极限定理. 河北工业大学学报, **27**, No.5, 71—75

张丽娜 (2001). $B$ 值随机变量序列的强极限定理和强大数定律. 应用概率统计, **17**, No.4, 417—420

杨卫国 (1992). 关于有限非齐次马氏链绝对平均遍历性和熵率. 河北煤炭建筑工程学院, **9**, No.3, 158—161

杨卫国 (1993). 可列非齐次马氏链熵率的存在定理. 数学的实践与认识, No.2, 86—90

杨卫国, 刘文 (1999). 关于非齐次二重马氏信源的若干极限定理. 应用概率统计, **15**, No.2, 113—123

杨卫国, 刘文 (2001). 关于 Bethe 树图上二维马氏链渐进分割性. 江苏理工大学学报, **22**, No.4, 1—6

杨卫国, 刘文 (2002). 关于非齐次 $m$ 阶马氏信源的渐近均分割性. 应用数学学报, **25**, No. 4, 686—693

杨卫国, 刘开第 (1998a). 关于可列非齐次马氏链的 Cesaro 平均收敛性及二元函数的强大数定律. 数学物理学报, **18**, 增刊, 27—34

杨卫国, 刘开第 (1998b). 可列非齐次马氏链二元泛函的强大数定律. 应用概率统计, **14**, No.4, 381—385

杨卫国, 韩金舫 (1997). 关于可列非齐次马氏链的 Cesaro 平均收敛性. 工程数学物理学报, **14**, No.1, 57—62

陈木法 (1989). 随机场概论. 数学进展, **18**, No.3, 294-32

陈永义, 傅自晦, 张学显 (1996). 非齐次马尔可夫链的遍历性的一些结果. 系统科学与数学, **16**, No.4, 311—317

陆传荣, 林正炎 (1997). 混合相依随机变量的极限定理. 科学出版社

陆传荣, 林正炎, 陆传赉 (1989). 概率论极限定理引论. 高等教育出版社

陈爽 (1998). 信息论中的极限定理及信源编码和信息量. 南开大学博士论文

邱德华 (1999). 可列值随机变量序列的一个小偏差定理. 经济数学, **16**, No.3, 68—73

邱德华, 杨向群 (1999). 无规则性概念在非齐次 Markov 链中的推广. 经济数学, **16**, No.1, 42—47

孟庆生 (1986). 信息论. 西安交通大学出版社

袁德美 (1999). 一类强偏差定理矩母函数方法. 西南师范大学学报 (自然科学版), **24**, No.3, 260—266

章照止, 林须端 (1993). 信息论与最优编码. 上海科学技术出版社

Adler, A. and Rosalsky, A. (1987a). Some general strong law for sums of stochasticlly dominated random variables. Stoch. Analysis Appl., **5**(1), 1—16

Adler, A. and Rosalsky, A. (1987b). On the strong law of large numbers for normed weighted sums of i.i.d. random variables. Stoch. Anslysis Appl., **5**(4), 467—483

Algoet, P. and Cover, T. (1988). A sandwich proof the Shannon-McMillan-Breiman throrem. Ann. Probab. **16**, 899—909

Algoet, P. and Cover, T. (1989). On the Chow-Robbins "fair" games problems. Bull. Inst. Math. Acad. Sinica. **17**, 211—227(Taiwan)

Ash, R. B. (1972). Real Analysis and Probability. Academic Press, New York

Ash, R. B. (1975). Topic in Stochastic Process. Acedemic Press, New York

Barron, A. R. (1985). The strong ergodic theorem of densities: Generalized Shannon-McMillan-Breiman theorem. Ann. Probab., **13**, 1292—1303

Benfamini, I and Peres.Y. (1994). Markov chains indexed by trees. Ann. Probab., **22**, 219—243

Berger, T. and Ye, Z. (1990). Entropic aspects of random fields on trees. IEEE Trans. Information Theory, **36**(5): 1006—1018

Billingsley, B. (1986). Probability and Measure. Wiley, New York

Breiman, L. (1957). The individual ergodic theorem of information theory. Ann. Math. Stastist, **28** , 809—81

Chow, Y. S. and Robbins, H. (1961). On sums of independent random variables with infinite moments and "fair" games. Proc. Nat. Acad. Sci. U. S. A., **47**, 330—335

Chow, Y. S. and Teicher, H. (1988). Probability Theory. Spinger

Chung, K. L.(钟开莱) (1961). The ergodic theorem of information theory. Ann. Math. Statist **32**, 612—614

Chung, K. L.(钟开莱) (1967). Markov chains with stationary transition probabilities. 2nd ed. Springer, New York.

Chung, K. L.(钟开莱) (1974). A Course in Probability Theory. Academic Press, New York. (中译本：刘文，吴让泉译，上海科学技术出版社， 1989)

Cover, T. M. and Thomas, J. A (1991). Elements of Information. Wiley, New York

Doob, J. L. (1945). Note on the law of large numbers and "fair" game. Ann. Math. Statist., **16**, 301—304

Doob, J. L. (1953). Stochastic Processes. Wiley, New York

Feinstein, A. (1954). A new basic theory of information. IRE Trans. P.G.I.T., 2—22

Feller, W. (1957). An introduction to Probability and Its Applications. Vol.1 2nd ed., Willey, New York. (第一卷中译本：威廉·费勒著，上册，胡迪鹤，林向清译，下册，刘文译，概率论及其应用，科学出版社， 1964, 1979)

Freilich, G. (1973). Increasing continuous singular functions. Amer. Math. Monthly, **80**, 918—919

Gelbaum, R. B. and Olmsted, J. M. H. (1964). Counterexamples in Analysis. Holden—Day, San Francisco

Goodman, G.S. (1999). Statistical independence and normal numbers: An Aftermath to Mark Kac's Carus Monograph. Amer. Math. Monthly, **106**, 112—126

Gray, R. M. (1990). Entropy and Information theorey. Springer, New York

Gray, R. M. and Kieffer,J.C (1980). Asymptotically mean stationary measure. Ann. Probab, **8**, 962—973

Hall, P. and Heyde, C. C. (1980). Martingle Limit Theory and Its Application. Academic Press, New York

Halmos, P. R. (1974). Measure Theory. Springer, New York (中译本：P. R. Halmos 著, 王建华译, 测度论, 科学出版社, 1965)

Hewitt. E. and Stromberg K. R. (1994). Real and Abstract Analysis—A Modern Treament of the Theory of Functions of a Real Variable. Springer, New York(中译本：实分析与抽象分析 —— 现代实变函数论, E. 侯域, K. R. 斯特朗堡著, 孙广润译, 天津大学出版社)

Hildebrandt, T. H. (1963). Introduction to the Theory of Integration . Academic Press, New York

Hunter, J. J. (1983a). Mathematical Techniques of Applied Probability, Vol.1, Discrete Time Models:Basic Theory . Academic Press, New York

Hunter, J. J. (1983b). Mathematical Techniques of Applied Probability, Vol.2, Discrete Time Models: Techniques and Applications. Academic Press, New York

Isaacson, D. L. and Madsen, R. W. (1976). Markov Chains Theory and Applications. Willey, New York

Jardas, C. and Pečarić, J. (1998). A note on Chung's strong law of large numbers. J. Math. Analysis Appl., **217**, 328—334

Karlin, S. and Taylor, H. M. (1975). A first Course in Stochastic Processes. 2nd ed., Academic Press, New York.

Kac, M. (1999) Statistical Indenpendence in Probability, Analysis and Numbers Theory. Carus Math, Monograph, Amer. Math. Monthly, **106**, 112—126

Kemeny, J. G., Snell, J. L. and Knapp, A. W. (1976). Denumerable Markov Chains. Springer, New York

Kieffer, J. C. (1974). A simple proof the Moy-Perez generalization of Shannon-McMillan theorem. Pacific J. Math., **51**, 203—204

Komogorov, A. N. (1982). On the logical fundaction of probability theory. Lecture Notes in Mathematics, 1021, 1—5, Springer, New York

Kvatadze, Z. A. and Shervashidze, T. L. (1986). On limit throrems for conditionally independent random variables controlled by a Markov chain. Lecture Notes in Mathematics, 1229, Springer, Berllin

Laha, R.G. and Rohatgyi, V. K. (1979). Probability Theory. 2nd ed., Springer, New York

Lin, K. H., Chen, T. G. and Yang, L. H. (1993). On the "fair" games problem for the weighted generalized Petersburg games. Chinese J. Math.(Taiwan), **21**, 21—31

Liu Guoxin and Liu Wen(刘国欣与刘文) (1994). On the strong law of large number of functional of counable nonhomogeneous Markov chains. Stochastic Process. Appl. **50**, 375—391

Liu Wen(刘文) (1990a). Relative entropy densities and a class of limit theorems of the sequence of $m$-valued random variables. Ann. Probab., **18**, No.2, 829—839

Liu Wen(刘文) (1990b). An extension of a strong law of large numbers of Markov chains. Approximation, Optimization and Computing, 137—139, North-Holland Amsterdam

Liu Wen(刘文) (1991b). An analytic technique to prove Borel strong law of large numbers. Amer Math. Monthly, **98**, No.2, 146—148

Liu Wen(刘文) (1994b). The comparison between arbitrary information soures and memoryless information sources and its limit properties. J. of Information & Optimization Science, **15**, No.3, 394—404

Liu Wen(刘文) (1994c). Some strong limit theorems relative to the geometric average of random transition probabilities of arbitrary finite nonhomogeneous Markov chains. Stat. Probab. Letts. **21**, 77—83

Liu Wen(刘文) (1994d). A strong limit theorems under no assumption of stationarity or various dependence. Stat. Probab. Letts., **21**, No.2, 157—161

Liu Wen(刘文) (1996b). A strong limit theorem for arbitrary countable nonhomogeneous Markov chains. Chinese J. Math.(Taiwan), **24**, No.3, 211—232

Liu Wen(刘文) (1996c). A strong limit theorem for generalied Cantor-like random sequence. Acta Mathematicae Applicatae Sinica, **12**, No.3, 326—331

Liu Wen(刘文) (1997c). A kind of strong deviation theorem for the sequence of random sequence of nonnegative integer-valued random variables. Stat. Probab. Letts., **32**, 343—349

Liu Wen(刘文) (1997d). A kind of small deviation theorems for the sequence of nonnegative integer-valued random variables. Taiwanese J. Math., **1**, No.3, 291—320

Liu Wen(刘文) (1998c). An approach to construct the singular monotone functions by using Markov chains. Taiwanese J. Math., **2**, No.3, 361—368

Liu Wen(刘文) (1999c). A theorem on gambling systems for arbitrary sequence of random variables. Bull. London Math. Soc., **31**, 607—615

Liu Wen(刘文) (1999d). A limit property of arbitrary discrete information sources. Taiwanese J. Math., **3**, No.4, 539—546

Liu Wen(刘文) (2000e). A limit property of random conditional probabilities. Stat. Probab. Letts., **49**, No.3, 299—304

Liu Wen(刘文) (2003). Some limit properties of the multivariate function sequences of discrete random variables. Stat. Probab. Letts. **61**(2003), 41—50

Liu Wen and Cheng Zhigang(刘文与陈志刚) (1995). The logarithmetic likelihood ratio and an analytic approach to prove strong limit theorems for discrete random variables. Chinese J. Math.(Taiwan)., **23**, No.4, 371—382

Liu Wen and Jiang Dongming(刘文与蒋东明) (1997). An extension of a strong limit theorem on randon selection. Bulletin Institut of Mathematics, Academic Sinica(Taiwan), **25**, No.4, 289—309

Liu Wen and Li Zhicai(刘文与李志才) (1995). A strong limit theorem for frequencey of m-tuple of the sequence of integer valued random variables. Chinese J. Math.(Taiwan), **23**, No.1, 87—91

Liu Wen and Liu Guoxin(刘文与刘国欣) (1995). A class of strong laws for functionals of countable nonhomogeneous Markov chains. Stat. Probab. Letts. **22**, 87—96

Liu Wen, Chen Shuang and Yang Weiguo(刘文, 陈爽与杨卫国) (2003). A class of small deviation theorem on sample entropy. Stats. Probab. Letts. (to appear)

Liu Wen and Liu Zikuan(刘文与刘自宽) (1995). Likelihood ratio and a class of strong laws for the sequence of Integer valued random varibles. Stat. Probab. Letts. **22**, 249—256

Liu Wen, C. L. Wang and Cheng R. J. Tomkins(刘文, 王中烈与 Tomkins) (1990). Generalized expansions of real numbers and their probabilistic properties. J. of Math., **10**, No.2, 161—172

Liu Wen and Wang Yujin(刘文与王玉津) (2002). A strong limit theorem expressed by inequalities for the sequences of absolutely continuous random variables. Hiroshima Math. J. Japan, **32**, 379—387

Liu Wen and Wang Jinting(刘文与王金亭) (2002). A strong limit theorem on gambling system. J. Multivariate Analysis, **84**, 262—273

Liu Wen and Wang Liying(刘文与王丽英) (2003). The Markov approximation of the random fields on Cayley trees and a class of a small deviation theorems. Stat. Probab. Letts. (to appear)

Liu Wen and Wang Zhongzhi(刘文与汪忠志) (1995). An extention of a theorem on gambling system. J. of Multivariate Analysis., **55** , No.1, 125—132

Liu Wen and Wang Zhongzhi(刘文与汪忠志) (1996a). An extention of a theorem on gambling system to arbitrary binary random sequences. Stat. Probab. Letts. **28**, 51—58

Liu Wen and Wang Zhongzhi(刘文与汪忠志) (1996b). A strong limit theorem on random selection for countable nonhomogenous Markov chains. Chinese J. Math.(Taiwan), **24**, No.2, 187—197

Liu Wen and Yang Weiguo(刘文与杨卫国) (1995b). A limit theorem for the entropy densities of nonhomogeneous Markov information source. Stat. Probab. Letts., **22**, 295—301

Liu Wen and Yang Weiguo(刘文与杨卫国) (1995c). Some limit properties of nonhomogeneous Markov information source. J. of Combinatorics, Information & System Sciences(JCISS)., **20**, Nos.1—4, 279—292

Liu Wen and Yang Weiguo(刘文与杨卫国) (1996b). An extention of Shannon-McMillan theorem and some limit properties for nonhomogeeous Markov chains. Stochastic Process. Appl., **61**, 129—145

Liu Wen and Yang Weiguo(刘文与杨卫国) (1996c). Some extention of Shannon-McMillan theorem. J. of Combinatorics Information & System Sciences, **21**, No. 1—4, 211—223

Liu Wen and Yang Weiguo(刘文与杨卫国) (2000). The Markov approximation of the sequences of N-valued varliables and a class of samll deviation theorems, Stochastic Process. Appl., **89**, No.1, 117—130

Liu Wen and Yang Weiguo(刘文与杨卫国) (2003). A class of strong limit theorem for the sequence of arbitrary random variables. Stat. Probab. Letts. (to appear)

Liu Zikuan and Liu Wen(刘自宽与刘文) (1997). A strong limit theorem for the sequence of depentdent binary random variables. Soochow J. of Math. **23**, No.3, 323—328(Taiwan)

Loéve, M. (1977). Probability Theory. Springer, New York, 4th ed. (中译本： M. 洛易甫著, 梁文骐 译, 上册, 科学出版社, 1965)

McMillan, B. (1953). The basic theorem of information theory. Ann. Math. Stastist, **24**, 196—219

Mitrinović, D. S. (1994). Analytic Inqualitiies. Spinger, New York(中译本： D. S. 密特利诺维奇著, 张小萍, 王龙译, 解析不等式, 科学出版社)

Parzen,E. (1962). Stochastic Process. Holden-Day, San Francisco

Petrov, V. V. (1975). Sums of Independent Random Variables. Springer, New York

Pinker, M. S. (1964). Information and information stability of random variables and processes. Translated and edited by Amiel Feinstein, San Fracisco

Preston, C. J. (1974). Gibbs States on countable sets. Cambirdge Univ. Press

Preston, C. J. (1976). Random Flelds: Lecture Notes in Math. **534**. Springer, Berlin

Rényi, A. (1958). Probability methods in number theory. 王寿仁，越民义译，数学进展，**4**, No.4, 465—510

Rényi, A. (1970). Foundations of Probability. Holden-Day, London

Revesz, P. (1968). The Strong Laws of Large Numbers. Academic Press, New York

Riesz, F. and Sz-Nagy, B. (1965). Functional Analysis. Ungar , New York

Rohatgi, V. K. (1976). An introduction to Probability Theorey and Mathematical Statistics.Welly,New York

Rosalsky, A. (1994). On the Lin-Chen-Yang Solution to the "fair" game problem. Chinese J. Math. (Taiwan), **22**, 385—394

Rosenblatt-Roth, M. (1963). Some theorems concerning the law of large numbers for non-homogeneous Markov chains. Z.f. Wahrsch. **1**, 433—455

Rosenblatt-Roth, M. (1964). Some theorems concerning the strong law of large numbers for nonhomogeneous Markov chains. Ann. Math. Statist., **35**, 566—576

Ross, S. M. (1983). Stochastic Processes. Wiley, New York

Shannon, C. (1948). A mathematical theory of communication. Bell System Tech J., **27**, 379—423, 623—656

Shiryayev, A. N. (1984). Probability. Springer, New York

Spiter, F. (1975). Markov random fields on an infinite tree. Ann. Probab., **3**, 387—398

Stout, W. F. (1974). Almost Sure Convergence. Academic Press, New York

Takacs, L. (1978). An increasing continuous sigular function. Amer. Math. Monthly, **85**, 35—37

Taylor, R. L. and Hu T. C. (1987). Sub-Gaussian techniques in proving strong laws of large numbers. Amer. Monthly, **94**, No.3, 260—297

Tomkins, R. J. (1984). Anther proof of Borel strong law of large number. Amer. Statist., **38**, 208—209

Tulcea, A. (1960). Contributon to information theory for abstract alphabets. Arkiv for Mathematik, **18**, No.2, 235—247

Yan Jia-an, Liu Wen and Yang Weiguo(严加安，刘文与杨卫国) (2003). A limit theorem for partial sums of random variables and its application. Stats. Probab. Letts. **62**, 79—86

Yang Weiguo(杨卫国) (1998). The asymptotic equipartion property for a nonhomogeneous Markov information source. Probability in the Engineering and Informational Sciences, **12**, 509—518

Yang Weiguo(杨卫国) (2002). Convergence in the Cesàro sense and strong law of large numbers for nonhome-geneous Markov chains. Linear Algebra and its Applications. **354**, 275—288

Yang Weiguo and Liu Wen(杨卫国与刘文) (2000). Strong law of large numbers for Markov chain fields on a Bethe tree. Stat. Probab. Letts. **49**, No.3, 245—250

Yang Weiguo and Liu Wen(杨卫国与刘文)(2001). Strong law of large numbers and Shannon-McMillan theorem for Markov chains field on Cayley trees. Acta Mathematica Scientia, **21B**(4), 495—502

Yang Weiguo and Liu Wen(杨卫国与刘文) (2002). Strong law of numbers and Shannon-Mcmillan theorem for Markov fields on trees. IEEE Trans. Inform.Theory, **48**, No.1, 313—318

Ye, Z. and Berger,T. (叶中行与 Berger) (1993). Asymptotic equipartition property for random fields on trees. Chinese J. Appl. Probab. Stat., **9**, 296—309

Ye, Z. and Berger,T (叶中行与 Berger) (1996). Ergodicity, regularity and asymptotic equipartition proterty of random fields on trees. J. of Combinatonarics, Information & System Sciences, **21**(2): 157—184

Ye, Z. and Berger,T. (叶中行与 Berger) (1998). Information Measure for Discrete Random Fields. Science Press, Beijing, New York

# 索　引

# 《现代数学基础丛书》已出版书目